# 数字滤波器的MATLAB与FPGA实现

（第3版）

杜 勇 / 编著

電子工業出版社
Publishing House of Electronics Industry
北京 · BEIJING

## 内容简介

本书以 Xilinx 公司的 Artix-7 系列 FPGA 器件为开发平台，以 MATLAB 及 Verilog HDL 语言为开发工具，详细阐述数字滤波器的 FPGA 实现原理、结构、方法及仿真测试过程，并通过大量工程实例分析使用 FPGA 实现滤波器的具体技术细节，主要包括 FIR 滤波器、IIR 滤波器、多速率滤波器、自适应滤波器、变换域滤波器、DPSK 调制解调等内容。本书思路清晰、语言流畅、分析透彻，在简明阐述设计原理的基础上，主要追求对工程实践的指导性，力求使读者在较短的时间内掌握数字滤波器的 FPGA 设计知识和技能。

编著者精心设计了与本书配套的 FPGA 数字信号处理开发板，详细讲解了工程实例的板载测试步骤及方法，形成了从理论到实践的完整学习过程，可以有效加深读者对数字滤波器技术的理解，提高学习效率。

本书的配套资源包含完整的 MATLAB 及 Verilog HDL 实例工程代码。读者可以关注编著者的微信公众号“杜勇 FPGA”下载程序资料及开发环境，关注 B 站 UP 主“杜勇 FPGA”观看教学视频。

本书适合从事 FPGA 技术及数字信号处理领域的工程师、科研人员，以及相关专业的本科生、研究生使用。



**图书在版编目（CIP）数据**

数字滤波器的 MATLAB 与 FPGA 实现 / 杜勇编著. 3 版. -- 北京 : 电子工业出版社, 2024. 9. -- ISBN 978-7-121-48538-1

Ⅰ. TN713

中国国家版本馆 CIP 数据核字第 2024MY1750 号

责任编辑：田宏峰
印　　刷：固安县铭成印刷有限公司
装　　订：固安县铭成印刷有限公司
出版发行：电子工业出版社
　　　　　北京市海淀区万寿路 173 信箱　　邮编 100036
开　　本：787×1092　1/16　印张：22.5　字数：561.6 千字
版　　次：2015 年 3 月第 1 版
　　　　　2024 年 9 月第 3 版
印　　次：2025 年 1 月第 2 次印刷
定　　价：88.00 元

凡所购买电子工业出版社图书有缺损问题，请向购买书店调换。若书店售缺，请与本社发行部联系，联系及邮购电话：（010）88254888，88258888。

质量投诉请发邮件至 zlts@phei.com.cn，盗版侵权举报请发邮件至 dbqq@phei.com.cn。

本书咨询联系方式：tianhf@phei.com.cn。

# 作者简介

杜勇，四川省广安市人，高级工程师、副教授，现居住于成都。1999 年于湖南大学获电子工程专业学士学位，2005 年于国防科技大学获信息与通信工程专业硕士学位。发表了学术论文十余篇，出版了《数字滤波器的 MATLAB 与 FPGA 实现》《数字通信同步技术的 MATLAB 与 FPGA 实现》《数字调制解调技术的 MATLAB 与 FPGA 实现》《锁相环技术原理及 FPGA 实现》《Xilinx FPGA 数字信号处理设计——基础版》《零基础学 FPGA 设计——理解硬件编程思想》等著作。

大学毕业后在酒泉卫星发射中心从事航天测控工作，参与和见证了祖国航天事业的飞速发展，近距离体会到“大漠孤烟直，长河落日圆”的壮观景色。金秋灿烂绚丽的胡杨，初夏潺潺流淌的河水，永远印刻在脑海里。

退伍回到成都后，先后在多家企业从事 FPGA 技术相关领域的研发工作。2018 年回到大学校园，主要讲授“数字信号处理”“FPGA 技术及应用”“FPGA 高级设计及应用”“FPGA 数字信号处理设计”“FPGA 综合实训”等课程。2022 年创立米恩工作室，专注于 FPGA 技术产品研发、教学培训、推广及应用。

人生四十余载，大学毕业已二十余年。常自豪于自己退伍军人、电子工程师、高校教师的身份，且电子工程师的身份伴随了整个工作经历。或许热爱不需要理由，从读研时初次接触 FPGA 技术起，就被其深深吸引，长期揣摩研习，乐此不疲。

作者的微信公众号和 B 站号均为“杜勇 FPGA”，欢迎广大读者和作者交流。

# 前　言

## 版本说明

时光飞逝，十多年时间似乎只在一瞬间，从 2012 年首次出版《数字滤波器的 MATLAB 与 FPGA 实现》一书至今，已过去 12 年了。

十余年来，本书陆续出版了多个版本，每个版本的基本情况如下。

2012 年 3 月：出版《数字滤波器的 MATLAB 与 FPGA 实现》，采用 ISE14.7/VHDL/MATLAB 环境编写，没有配套开发板测试内容。

2014 年 8 月：出版《数字滤波器的 MATLAB 与 FPGA 实现（第 2 版）》，采用 ISE14.7/VHDL/MATLAB 环境编写，修改了第 1 版中的文字错误，增加了自适应陷波器内容，补充了配套程序文件，没有配套开发板测试内容。

2015 年 3 月：出版《数字滤波器的 MATLAB 与 FPGA 实现——Altera/Verilog 版》，采用 Quartus II 13.1/Verilog HDL/MATLAB 环境编写，没有配套开发板测试内容。

2017 年 9 月：出版《数字滤波器的 MATLAB 与 FPGA 实现——Xilinx/VHDL 版》，采用 ISE14.7/VHDL/MATLAB 环境编写，增加了配套开发板 CXD301 的板载测试内容。

2019 年 6 月：出版《数字滤波器的 MATLAB 与 FPGA 实现——Altera/Verilog 版（第 2 版）》，采用 Quartus II 13.1/Verilog HDL/MATLAB 环境编写，增加了配套开发板 CRD500 的板载测试内容。

Xilinx 公司目前的主流器件为 7 系列器件，主流开发工具为 Vivado 环境，Verilog HDL 语言在国内 FPGA 设计领域应用广泛，本书在《数字滤波器的 MATLAB 与 FPGA 实现（第 2 版）》的基础上进行编写，采用 Vivado/Verilog/MATLAB 开发环境，研发了基于 Artix-7 系列 FPGA 芯片的配套开发板 CXD720，并在此平台上进行重新编写。此次改版主要涉及以下几个方面。

（1）采用 Vivado/Verilog/MATLAB 环境进行编写。

（2）对书中大部分实例增加了基于 CXD720 开发板的板载测试内容。

（3）调整了章节内容，由 9 章调整为 12 章。

（4）采用单独章节详细描述了 FIR 滤波器 IP 核的设计方法。

（5）简化了各种滤波器实例的仿真测试方法，更利于学习理解。

（6）修改了原版中的文字错误。

## 为什么要写这本书

通常来讲，一名电子通信专业的技术人员，在从业之初都会遇到类似的困惑：如何将教材中的理论知识与实际中的工程设计结合起来？如何将教材中的理论知识转换成实际的电路？绝大多数的数字通信类教材对通信原理的讲解都十分透彻，但理论知识与工程实践之间显然需要一些可以顺利通过的桥梁。一种常用的方法是通过采用 MATLAB 等工具进行软件仿真来加深对理论知识的理解，但更好的方法是直接参与工程的设计与实现。

然而，刚毕业的工科院校学生极少有机会参与实际工程设计，工作中往往感到学校所学的理论知识很难与工程实践联系起来。数字通信类教材中多是讲解通信原理性的内容，即使可以很好地解答教材后面的习题，或者说能够熟练地推导书中的基本公式，在实际进行产品设计时，如何将这些理论知识用具体的电路或硬件平台实现出来，仍然是摆在广大工程师面前的一个巨大难题。尤其对于数字通信专业来讲，由于涉及的理论知识比较复杂，真正进行工程设计时才发现根本无从下手。采用 MATLAB、System View 等软件对通信理论进行仿真，虽然可以直观地验证算法的正确性，并查看仿真结果，但这类软件的仿真毕竟只停留在算法或模型的仿真上，与真正的工程设计及实现完全是两个不同的概念。FPGA 技术很好地解决了这一问题。FPGA 技术本来就是基于工程应用的技术，其仿真技术可以很好地仿真产品实际的工作情况，在计算机上通过了时序仿真的程序设计，几乎不再需要修改就可以直接应用到工程中。这种设计、验证、仿真的一体化方式可以极好地将理论知识与工程实践结合起来，从而提高读者的学习兴趣。

FPGA 技术因其快速的并行运算能力，以及独特的组成结构，在电子通信领域已成为必不可少的实现平台之一。本书的目的正是架起一座数字通信技术理论知识与工程实践之间的桥梁，通过具体的设计实例，详细讲解从理论知识到工程实践的方法、步骤和过程，以便读者尽快掌握利用 FPGA 平台实现数字通信技术的方法。

目前，市场上已有很多介绍 Vivado、Quartus II 等 FPGA 开发环境，以及 Verilog HDL 等硬件编程语言的书籍。如果我们仅仅使用 FPGA 来实现一些数字逻辑电路，或者理论性不强的控制电路设计，那么掌握 FPGA 开发工具及 Verilog HDL 语法就可以开始工作了。数字通信技术的理论性非常强，采用 FPGA 平台实现数字通信技术的前提条件是要对理论知识有深刻的理解。在深刻理解理论知识的基础上，关键的问题是如何利用 FPGA 的特点，找到合适的算法实现结构，厘清工程实现的思路，并采用 Verilog HDL 等硬件编程语言进行正确的实现。因此，想要顺利地读懂本书，掌握用 FPGA 实现数字通信技术的知识和技能，读者还需要对 FPGA 的开发环境和设计语言有一定的了解。

编著者在写作本书的过程中，兼顾数字滤波器的理论，以及工程设计过程的完整性，重点突出 FPGA 设计方法、结构、实现细节，以及仿真测试方法；在讲解理论知识的时候，重点从工程应用的角度进行介绍，主要介绍工程设计时必须掌握和理解的知识点，并且结合 FPGA 的特点进行讨论，便于读者尽快找到理论知识与工程实践之间的结合点；在讲解实例的 FPGA 实现时，不仅对所有实例给出了完整的 Verilog HDL 程序代码，而且从思路和结构上对每段代码均进行了详细的分析和说明。根据编著者的理解，本书针对一些似是而非的概念，结合工程实例的仿真测试加以阐述，希望能够为读者提供更多有用的参考。相信读者按照书中讲解的步骤完成一个个工程实例时，会逐步感觉到理论知识与工程实践之间完美结合的畅快。随着读者掌握的工程实践技能的提高，对数字滤波器理论知识的理解必将越来越深刻，重新阅读以前学过的滤波器原理时，就更容易在头脑里构建起理论知识与工程实践之间的桥梁。

## 本书的内容安排

第 1 章首先介绍了滤波器的基本概念、FPGA 的基本知识，以及 Xilinx 公司的主要器件。该章在介绍了 FPGA 的发展历程后，对 FPGA 的基本工作原理及内部结构进行了简要说明。目前最大的 FPGA 厂家主要有 Xilinx 公司（2022 年被 AMD 公司收购）及 Altera 公司（2015 年被 Intel 公司收购）。两家公司有许多性能相近的产品，但所使用的开发工具无法通用。Xilinx 公司作为 FPGA 的发明者及 FPGA 行业的领导者，通过不断应用尖端技术来长久保持其行业领袖地位。由于不同器件的结构不同，因此各有其合理的应用领域，为了提高设计性能并节约产品成本，了解器件基本特性，合理选择最终的目标器件显得尤为重要。该章最后对基于 Artix-7 系列 FPGA 芯片 XC7A100T 的配套开发板 CXD720 进行了简要介绍。为便于读者快速掌握数字滤波器 FPGA 设计方法，本书中的绝大多数 FPGA 实例均可直接在配套开发板上进行验证。

第 2 章首先介绍了硬件描述语言的基本概念及优势，并对 Verilog HDL 语言进行了简要介绍；然后对本书使用到的 Vivado 软件及 MATLAB 软件进行了简要介绍，重点阐述了常用 MATLAB 函数的使用方法。数字滤波器的 FPGA 设计与实现是一项将理论知识与工程实践紧密结合的技术，要求设计者不仅要十分清楚数字滤波器及数字信号处理的基本原理，还要掌握 MATLAB 软件的使用方法、Verilog HDL 编程及 FPGA 实现技术。

数字信号在 FPGA 等硬件系统中实现时，由于受寄存器长度的限制，不可避免地会产生有限字长效应。工程师必须了解有限字长效应可能对数字系统带来的影响，并在实际设计中通过仿真来确定最终的量化位数、寄存器长度等内容。第 3 章在详细分析了字长效应在 FPGA 设计中的影响后，阐述了 FPGA 中常用的数的运算方法，并通过实例仿真分析说明运算过程中的有效数据位等基本概念。特别需要说明的是，从读者反馈的信息来看，虽然大多数问题是针对其他章节的实例提出的，但问题的本质不少都与数据有限字长效应有关。因此，建议读者详细阅读该章内容，并且深入理解 FPGA 中数的运算，以及有限字长效应对信号处理的影响。

从第 4 章开始，本书正式讨论各种数字滤波器的 FPGA 实现。FIR 滤波器是数字滤波器中最常见、使用最广泛的一种。为便于读者深入了解 FIR 滤波器的设计原理及方法，该章首先简要讲述了与数字滤波器设计相关的基础理论知识，然后对常用的 MATLAB 函数设计方法进行了介绍，采用 MATLAB 软件设计出符合要求的滤波器系数后，还应采用 Verilog HDL 等硬件编程语言进行设计实现。根据 FPGA 的结构特点，具体实现 FIR 滤波器时有几种不同的设计方法，最后该章详细阐述了几种常用结构的设计方法。

Vivado 提供了功能强大的 FIR 滤波器 IP 核，在了解 FIR 滤波器原理的基础上，利用 IP 核可以轻松设计出性能优良的 FIR 滤波器。第 5 章详细介绍了 FIR 滤波器 IP 核的设计方法，阐述了实现通带内增益为 1 的滤波器系数量化方法，通过实例讲解了系数可重载 FIR 滤波器的实现步骤。

第 6 章讨论了 IIR 滤波器的 FPGA 实现。IIR 滤波器因其较高的滤波效率，适合在不需要严格线性相位特性的系统中使用。该章在介绍 IIR 滤波器的基本原理时，重点对 IIR 滤波器与 FIR 滤波器进行了比较，并对常用的 5 种 IIR 滤波器设计函数进行了介绍，比较了这几种设计函数的滤波性能。IIR 滤波器的 FPGA 实现相对于 FIR 滤波器的 FPGA 实现来讲要复杂一些，主要原因在于其反馈结构，并且目前的 FPGA 设计软件并没有提供通用的 IP 核。该章详细阐述了 IIR 滤波器的 FPGA 实现过程，以及实现过程中需要注意的系数量化方法、计算输出数据位宽、MATLAB 仿真等关键问题。

第 7 章主要介绍了多速率信号处理原理及 CIC 滤波器设计。抽取与内插是多速率信号处理的基础，读者需要从原理上了解抽取与内插的具体过程，及其对信号在时域及频域上的影响。抽取与内插操作本身十分简单，多速率信号处理的关键问题是如何有效地设计滤波器。CIC 滤波器结构简单，没有乘法器，只有加法器、积分器和寄存器，适合在高抽样频率条件下工作。该章详细讨论了单级及多级 CIC 滤波器的 Verilog HDL 设计过程。

半带滤波器可以使 2 倍抽取的每秒乘法次数比一般线性相位的 FIR 滤波器减少近 1/2，因此特别适合应用于转换率为 2 的整数次幂的系统。多级半带滤波器的设计关键在于合理确定各级滤波器的通带及阻带的频率及纹波系数。第 8 章讨论了半带滤波器的 Verilog HDL 设计方法，并详细讨论了多级半带滤波器的设计、仿真及板载测试过程。

第 9 章首先对自适应滤波器的概念、应用及一般原理进行了简单介绍，而后针对应用广泛的 LMS 算法原理、实现结构进行了阐述，并采用 MATLAB 软件对 LMS 算法进行了仿真验证。该章以 LMS 算法为基础，以通道失配校正系统为具体实例，详细阐述了通过 FPGA 实现自适应滤波器的步骤、方法及过程。

第 10 章继续讨论基于 LMS 算法的自适应滤波器设计，详细讨论了自适应天线阵、自适应陷波器的工作原理及 Verilog HDL 设计方法，给读者提供了更多的设计参考。在讨论上述不同自适应滤波器的 FPGA 实现过程中，该章分别对常规 LMS 算法、符号 LMS 算法进行讨论。自适应滤波器相对于经典滤波器来讲，在 FPGA 实现过程中，关键在于清楚掌握实现过程中各数据变量的变化范围，并以此确定各中间变量的数据字长及小数点位置，同时需要根据各运算步骤所需的运算量，合理分配各时钟周期内的运算量，提高系统的整体运算速度。

相对时域滤波器而言，变换域滤波器给出了一个全新的滤波器设计思路。一些在时域无法滤除的干扰信号，在变换域可十分容易地滤除。具体选择哪种滤波器，要根据输入信号的统计特征、滤波器实现的复杂度、运算速度等因素综合考虑。第 11 章首先对变换域滤波器的基本概念、快速傅里叶变换（FFT）、Vivado 提供的 FFT 核等内容进行了简单介绍，这些知识都是进行变换域滤波器设计的基础。然后重点对变换域滤波器实现抗窄带干扰的 FPGA 设计与实现进行了详细讨论。采用变换域滤波技术实现窄带干扰滤除的原理并不复杂，在 FPGA 设计与实现过程中，难点在于准确把握各模块之间、各运算步骤之间，以及各信号接口之间的时序关系，并在设计中严格按照这些时序关系进行程序的编写。从该章的实例中读者可以进一步体会时序在 FPGA 设计中的重要性。

为了使读者对数字通信技术的 FPGA 实现有更完整的认识，第 12 章以一个较为完整的 DPSK 解调系统为实例，在简单介绍数字接收机、DPSK 调制解调原理的基础上，详细讨论了整个工程设计的全过程，尤其对解调环路中的数字滤波器设计、载波环路的参数设计、FPGA 实现细节进行了详尽的分析，并给出了具有指导意义的几个设计原则。可以看到，在整个工程设计过程中，滤波器仍然是解调系统的重要组成部分，其性能的优劣直接影响整个系统的性能。通过详细分析讨论，并动手设计整个 DPSK 解调系统，相信读者会对数字通信技术的 FPGA 实现方法、手段、过程有较为深刻的理解。

## 关于 FPGA 开发环境的说明

目前，世界两大 FPGA 厂商 Xilinx 和 Altera 的产品占据了全球 90%左右的 FPGA 市场份额。可以说，在一定程度上正是由于这两家 FPGA 公司的相互竞争态势，才有力地推动了 FPGA 技术的不断发展。虽然 HDL（硬件描述语言）的编译及综合可以采用第三方公司所开发的产品，如 ModelSim、Synplify 等，但 FPGA 器件的物理实现必须采用各自公司开发的软件平台，无法通用。Xilinx 公司目前的主流开发环境是 Vivado（Vivado 只能开发 7 系列器件，7 系列以前的器件只能采用 ISE 环境开发，读者可参考《数字滤波器的 MATLAB 与 FPGA 实现——Xilinx/VHDL 版》了解 ISE 的开发方法），Altera 公司目前的主流开发环境是 Quartus 系列套件。与 FPGA 开发环境类似，HDL 也存在两种难以取舍的选择：VHDL 和 Verilog HDL。

如何选择 HDL 呢？其实，对于有志于从事 FPGA 技术开发的技术人员来讲，选择哪种 HDL 并不重要，因为两种 HDL 具有很多相似的地方，精通一种 HDL 后，再学习另一种 HDL 也不是一件困难的事。通常来讲，可以根据周围同事、朋友、同学，或者公司的主要使用情况进行选择，这样在学习过程中，可以很方便地找到能够给你指点迷津的专业人士，从而加快学习进度。由于 Verilog HDL 在国内应用更为广泛，本书采用 Verilog HDL 进行讲解，读者可参考本书的前两个版本了解 VHDL 的设计方法。

本书采用的是 Xilinx 公司的 Vivado 开发环境，采用 Verilog HDL 作为实现手段。由于 Verilog HDL 并不依赖于某家公司的 FPGA 产品，因此本书的 Verilog HDL 程序文件可以很方便地移植到 Altera 公司或国内各大 FPGA 厂商的 FPGA 产品上。当程序中应用了 IP 核资源时，由于各家公司的 IP 核是不能通用的，因此需要根据 IP 核的功能和参数，在另外一个开发环境上重新生成 IP 核，或者编写 Verilog HDL 代码来实现。

有人说过这样一句话："技术只是一个工具，关键在于思想。"将这句话套用过来，对于本书来讲，具体的开发环境及 HDL 只是实现数字通信技术的工具，关键在于设计的思路和方法。因此，读者完全不必过于在意开发环境的差别，相信只要掌握了本书所讲述的设计思路和方法，加上读者已经具备的 FPGA 开发经验，那么采用任何一种 FPGA 开发环境都可以很快地设计出满足用户需求的产品。

## 如何使用本书

本书讨论的是数字滤波器的 MATLAB 与 FPGA 实现。相信大部分工科院校的学生对 MATLAB 软件都至少有一个基本的了解。凭借其易用性及强大的功能，MATLAB 软件已经成为数学分析、信号仿真、数字信号处理必不可少的工具。MATLAB 软件具有专门针对数字信号处理的常用函数，如滤波器函数、傅里叶分析函数等。在进行数字滤波器设计时，采用 MATLAB 软件常常会起到事半功倍的效果。因此，在具体讲解某个实例时，通常会采用 MATLAB 软件作为仿真验证工具。在采用 MATLAB 软件对设计的电路进行原理性验证后，才开始使用 Verilog HDL 完成 FPGA 程序设计。

本书的大部分实例都给出了基于 CXD720 开发板的板载测试例程，这些例程可以直接下载到 CXD720 开发板上进行验证。为了更加直观地感受 FPGA 完成滤波器设计的效果，本书中大多数实例均采用示波器对滤波前后的信号进行测试验证。如果读者没有示波器进行波形测试，也可以采用 Vivado 提供的“在线逻辑分析仪”工具实时抓取 CXD720 开发板中的接口信号，验证滤波器的性能。虽然学习 FPGA 滤波器设计知识时，开发板不是必备的，可以通过仿真工具验证电路的功能，但还是建议大家配合 CXD720 开发板进行学习，以加深对滤波器设计的理解，提高设计效率。

限于篇幅，本书中部分实例的 MATLAB 或 Verilog HDL 程序代码没有全部列出，本书的配套程序资料上收录了本书所有实例的源程序及工程设计资源。读者可关注编著者的微信公众号“杜勇 FPGA”免费下载配套程序资料。程序代码及工程文件按章节序号置于根目录下，读者可以将其直接复制到本地硬盘中运行。需要说明的是，在部分工程实例中，需要由 MATLAB 软件产生 FPGA 测试所需的文本数据文件，或者由 MATLAB 软件读取外部文件进行数据分析，同时 FPGA 仿真的测试激励文件需要从指定的路径下读取外部文件数据，或者将仿真结果输出到指定的路径下。文本文件的路径均在程序中指定为绝对路径，如 fid=fopen('D:\FilterVivado\ MultHalfBand\Int_Sin.txt'，'w')。因此，读者将 FPGA 工程文件或 MATLAB 程序复制到本地硬盘后，请修改程序中的绝对路径，确保程序能在正确的路径下读取文件。

## 致谢

有人说，每个人都有他存在的使命，如果迷失他的使命，就失去了他存在的价值。不只是每个人，每件物品也都有其存在的使命。对于一本书来讲，其存在的使命就是被阅读，并给读者带来收获。数字通信 FPGA 设计的系列图书，如果能够对读者的工作及学习有所帮助，就是编著者莫大的欣慰。

编著者在写作本书的过程中查阅了大量的资料，在此对资料的作者及提供者表示衷心的感谢。由于写作本书，因此编著者重新阅读了一些经典的数字通信理论书籍，再次深刻感受到了前辈们严谨的治学态度和细致的写作作风。

感谢电子工业出版社的大力支持，本书的出版使得我有机会在采纳广大读者反馈意见的基础上，修正以前版本中的不足之处，尽力使本书变得更加完善。

FPGA 技术博大精深，数字通信技术种类繁多且实现难度大。本书虽尽量详细地讨论了 FPGA 实现数字滤波器技术的相关内容，但仍感觉到难以详尽叙述工程实现所有细节。相信读者在实际工程应用中经过不断地实践、思考及总结，一定可以快速掌握数字滤波器技术的工程设计方法，提高应用 FPGA 进行工程设计的能力。

由于编著者水平有限，书中难免存在疏漏之处，敬请广大读者批评指正。欢迎读者就相关技术问题与编著者进行交流，或者对本书提出改进意见及建议。建议读者关注编著者的微信公众号“杜勇 FPGA”获取本书配套资料和相关信息；关注 B 站 UP 主“杜勇 FPGA”观看编著者发布的 FPGA 数字信号处理设计相关教学视频。如需本书配套 CXD720 开发板，可到淘宝米恩工作室选购。

编著者<br>2024 年 6 月

# 目　　录

# 第 1 章 数字滤波器及 FPGA 概述

数字滤波器（Digital Filter，DF）一词出现在 20 世纪 60 年代中期，通常定义为通过对数字信号的运算处理，改变信号频谱，完成滤波作用的算法或装置。由于计算机技术和大规模集成电路的发展，数字滤波器既可用计算机软件实现，也可用大规模集成数字硬件实时实现。数字滤波器在语音信号处理、图像信号处理、生物医学信号处理，以及其他应用领域都得到了广泛应用。

现场可编程门阵列（Field Programmable Gate Array，FPGA）具有良好的并行运算能力，以及无与伦比的可重配置性、可扩展性，已经成为现代电子设备中不可或缺的组成部分，尤其在数字滤波器设计等数字信号处理领域中得到了十分广泛的应用。AMD 和 Intel 公司作为 FPGA 器件的行业领导者，通过对 FPGA 技术的创新，不断推出了性能优良、价格低廉的 FPGA 产品及配套开发工具，从而推动 FPGA 行业不断发展。

## 1.1 滤波器概述

### 1.1.1 滤波器简介

滤波器是一种用来减少或消除干扰的电气部件，其功能是对输入信号进行过滤处理，从而得到所需的信号。滤波器最常见的用法是对特定频率的频点或该频点以外的频率信号进行有效滤除，从而实现消除干扰、获取某特定频率信号的功能。一种更广泛的定义是将凡是有能力进行信号处理的装置都称为滤波器。在现代电子设备和各类控制系统中，滤波器的应用极为广泛，其性能优劣在很大程度上直接决定产品的优劣。

滤波器的分类方法有很多种，从处理的信号形式来讲可分为模拟滤波器和数字滤波器两大类。模拟滤波器由电阻、电容、电感、运算放大器等电子元件组成，可对模拟信号进行滤波处理；数字滤波器通过软件或数字信号处理器件对数字信号进行滤波处理。两者各有优缺点及适用范围，且均经历了由简到繁和性能逐步提高的发展历程。

1917 年，美国和德国的科学家分别发明了 LC 滤波器，次年美国科学家实现了第一个多路复用系统。20 世纪 50 年代，无源滤波器日趋成熟。自 20 世纪 60 年代起，由于计算机技术、集成工艺和材料工业的发展，滤波器的发展上了一个新台阶，并且朝着低功耗、高精度、小体积、多功能、稳定可靠和价格低廉的方向发展，其中小体积、多功能、高精度、稳定可靠成为 20 世纪 70 年代以后的主流方向，并导致 RC 有源滤波器、开关电容滤波器、电荷转移器和数字滤波器等各种滤波器的飞速发展。20 世纪 70 年代后期，上述几种滤波器的单片集成芯片已被研制出来并得到应用。在 20 世纪 80 年代，人们致力于各类新型滤波器的研究，努力提高性能并逐渐扩大应用范围。20 世纪 90 年代至今，业界主要致力于把各类滤波器应用于各类产品的开发和研制中。当然，对滤波技术本身的研究也在不断深入。

随着数字信号处理理论的成熟、实现方法的不断改进，以及数字信号处理器件性能的不断提高，数字滤波器技术的应用也越来越广泛，并成为广大技术人员研究的热点。综合起来，与模拟滤波器相比，数字滤波器主要有以下特点。

1）数字滤波器是一个离散时间系统

应用数字滤波器处理模拟信号时，首先要对输入模拟信号进行限带、抽样和模/数转换。数字滤波器输入信号的抽样（也称采样）频率应大于被处理信号带宽的 2 倍，其频率响应具有以抽样频率为间隔的周期重复特性。为得到模拟信号，数字滤波器的输出数字信号必须经数/模转换和平滑处理。

2）数字滤波器的工作方式与模拟滤波器的工作方式完全不同

模拟滤波器完全依靠电阻、电容、晶体管等电子元件组成的物理网络实现滤波功能；数字滤波器通过数字运算器件对输入的数字信号进行运算和处理，从而实现设计要求的特性。

3）数字滤波器具有比模拟滤波器更高的精度

数字滤波器甚至能够实现模拟滤波器在理论上无法达到的性能。例如，对数字滤波器来说，很容易就能做到一个 1000Hz 的低通滤波器，该滤波器允许 999Hz 信号通过并完全阻止 1001Hz 的信号，模拟滤波器却无法区分如此接近的信号。数字滤波器的两个主要限制条件是速度和成本，随着集成电路成本的不断降低，数字滤波器变得越来越常见，并且已经成为如收音机、蜂窝电话、立体声接收机等日常用品的重要组成部分。

4）数字滤波器具有比模拟滤波器更高的信噪比

因为数字滤波器是以数字器件执行运算的，从而避免了模拟电路中噪声（如电阻热噪声）的影响。数字滤波器中的主要噪声源是在数字系统之前的模拟电路引入的电路噪声，以及在数字系统输入端的模/数转换过程中产生的量化噪声。这些噪声在数字系统的运算中可能会被放大，因此在设计数字滤波器时需要采用合适的结构，以降低输入噪声对系统性能的影响。

5）数字滤波器具有模拟滤波器无法比拟的可靠性

组成模拟滤波器的电子元件的电路特性会随着时间、温度、电压的变化而变化，而数字电路就没有这种问题。只要在数字电路允许的工作环境下，数字滤波器就能够稳定可靠地工作。

6）数字滤波器的处理能力受到系统抽样频率的限制

根据奈奎斯特定理，数字滤波器的处理能力受到系统抽样频率的限制。如果输入信号的频率分量包含超出滤波器 1/2 抽样频率的分量时，数字滤波器就会因为频谱的混叠而无法正常工作。如果超出 1/2 抽样频率的分量不占主要地位，那么通常的解决办法是在模/数转换电路之前放置一个低通滤波器（抗混叠滤波器）将超过的高频分量滤除，否则就必须用模拟滤波器实现要求的功能。

7）数字滤波器与模拟滤波器的使用方式不同

对于电子工程设计人员来讲，使用模拟滤波器时通常直接购买满足性能的滤波器件，或者给出滤波器的性能指标让厂家定做即可，使用方便。使用数字滤波器时通常需要自己编写软件程序代码，或者使用可编程逻辑器件搭建所需性能的滤波模块，工作量大、调试设计复杂，但换来的是设计的灵活性、高可靠性、可扩展性等一系列优势，并可以大大降低硬件电路板的设计及制作成本。

## 1.1.2　数字滤波器的分类

数字滤波器的种类很多，分类方法也不同，既可以从功能上分类，也可以从实现方法上分类，还可以从设计方法上分类。一种比较通用的分类方法是将数字滤波器分为两大类，即经典滤波器和现代滤波器。

经典滤波器假定输入信号 $x(n)$ 中的有效信号和噪声（或干扰）信号分布在不同的频带，当 $x(n)$ 通过一个线性滤波系统后，可以有效地减少或去除噪声信号。如果有效信号和噪声信号的频带相互重叠，那么经典滤波器将无能为力。经典滤波器主要有低通滤波器（Low Pass Filter，LPF）、高通滤波器（High Pass Filter，HPF）、带通滤波器（Band Pass Filter，BPF）、带阻滤波器（Band Stop Filter，BSF）和全通滤波器（All Pass Filter，APF）等。图 1-1 所示为经典滤波器的幅频特性响应示意图。

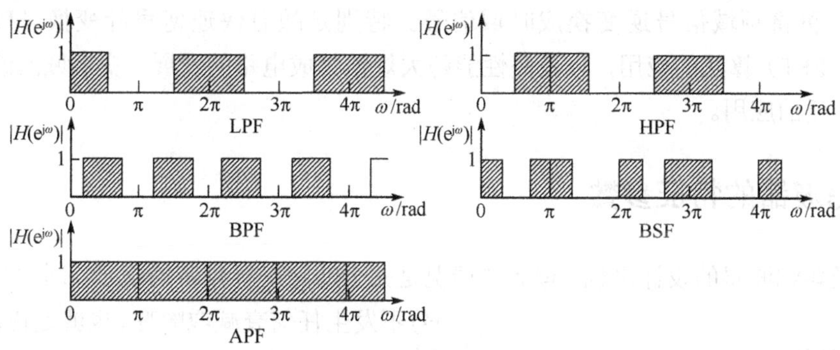


图 1-1　经典滤波器的幅频特性响应示意图

在图 1-1 中，$\omega$ 为数字角频率，$|H(e^{j\omega})|$是归一化的幅频响应值。数字滤波器的幅频特性相对于 π 对称，且以 2π 为周期。

现代滤波理论研究的主要内容是从含有噪声的数据记录（又称为时间序列）中估计出信号的某些特征或信号本身。一旦信号被估计出，估计出的信号就将比原信号有更高的信噪比。现代滤波器把信号和噪声都视为随机信号，利用它们的统计特征（如自相关函数、功率谱函数等）推导出一套最佳的估值算法，然后用硬件或软件实现。现代滤波器主要有维纳滤波器（Weiner Filter）、卡尔曼滤波器（Kalman Filter）、线性预测器（Liner Predictor）、自适应滤波器（Adaptive Filter）等。一些专著将基于特征分解的频率估计和奇异值分解算法也归入现代滤波器的范畴。

从实现的网络结构或单位脉冲响应来看，数字滤波器可以分成无限冲激响应（Infinite Impulse Response，IIR）滤波器和有限冲激响应（Finite Impulse Response，FIR）滤波器，二者的根本区别在于其系统函数结构不同。式（1-1）和式（1-2）分别为 FIR 滤波器和 IIR 滤波器的系统函数。

$$H(Z)=\sum_{n=0}^{N-1}h(n)Z^{-n} \tag{1-1}$$

$$H(Z)=\frac{\sum_{i=0}^{M}b_iZ^{-i}}{1-\sum_{l=1}^{N}a_lZ^{-l}} \tag{1-2}$$

FIR 滤波器与 IIR 滤波器的系统函数的特点决定了它们具有不同的实现结构及特点：FIR 滤波器不存在输出对输入的反馈结构，IIR 滤波器存在输出对输入的反馈结构；FIR 滤波器具有严格的线性相位特性，IIR 滤波器无法实现线性相位特性，且其频率选择性越好相位的非线性越严重。本书后面章节将分别详细讨论 FIR 滤波器及 IIR 滤波器的特点和设计实现方法。

以上所介绍的滤波器有一个共同的特点，即它们都是在时域对信号进行各种处理的，以实现滤除干扰获取有用信号的功能。但有些情况下在时域很难滤除的干扰，在频域却可以十分容易地进行分辨及处理。例如，在有用信号频段内的窄带干扰，如果将信号变换到频域，那么可以十分容易地进行滤除。这种信号处理方法也就是频域滤波器技术，即将输入的时域信号先经过运算变换成频域信号，在频域也可以采用与时域相似的滤波处理方法对干扰信号进行处理，再将频域信号逆变换成时域信号。特别是随着快速傅里叶变换（Fast Fourier Transform，FFT）算法的应用，以及高性能超大规模集成电路的发展，变换域滤波技术得到了越来越广泛的应用。

## 1.1.3 滤波器的特征参数

对于经典滤波器的设计来说，理想的情况是完全滤除干扰频带的信号，同时有用频带信号不发生任何衰减或畸变。也就是说，滤波器的形状在频域呈矩形，而在频域上呈矩形的滤波器转换到时域后就变成一个非因果系统了（详细分析及推导请参见文献[1，2]），这在物理上是无法实现的。因此，在工程上设计时只能尽量设计一个可实现的滤波器，并且使设计的滤波器尽可能地逼近理想滤波器性能。图 1-2 所示为低通滤波器特征参数示意图。

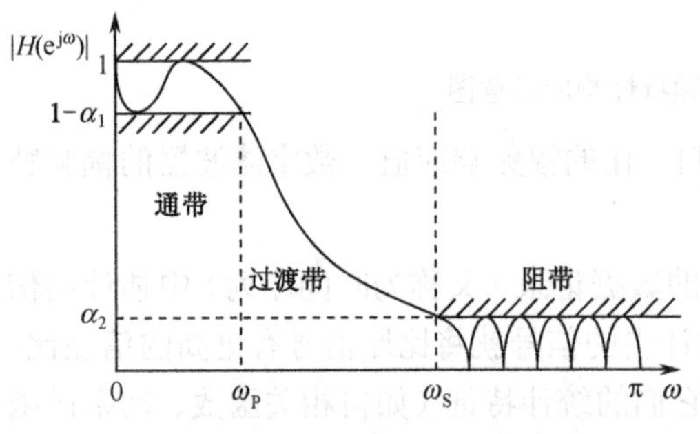


图 1-2 低通滤波器特征参数示意图

图 1-2 中，低通滤波器的通带截止频率为 $\omega_P$，通带容限为 $\alpha_1$，阻带截止频率为 $\omega_S$，阻带容限为 $\alpha_2$。通带定义为 $|\omega|\leqslant\omega_P$，$1-\alpha_1\leqslant|H(e^{j\omega})|\leqslant 1$；阻带定义为 $\omega_S\leqslant|\omega|\leqslant\pi$，$|H(e^{j\omega})|\leqslant\alpha_2$；过渡带定义为 $\omega_P\leqslant\omega\leqslant\omega_S$。通带内和阻带内允许的衰减一般用 dB 表示，通带内允许的最大衰减用 $\alpha_P$ 表示，阻带内允许的最小衰减用 $\alpha_S$ 表示，$\alpha_P$ 和 $\alpha_S$ 分别定义为

$$\alpha_{\mathrm{P}} = 20\lg\frac{|H(\mathrm{e}^{\mathrm{j}\omega_0})|}{|H(\mathrm{e}^{\mathrm{j}\omega_{\mathrm{P}}})|}\mathrm{dB} = -20\lg|H(\mathrm{e}^{\mathrm{j}\omega_{\mathrm{P}}})|(\mathrm{dB}) \tag{1-3}$$

$$\alpha_{\mathrm{S}} = 20\lg\frac{|H(\mathrm{e}^{\mathrm{j}\omega_0})|}{|H(\mathrm{e}^{\mathrm{j}\omega_{\mathrm{S}}})|}\mathrm{dB} = -20\lg|H(\mathrm{e}^{\mathrm{j}\omega_{\mathrm{S}}})|(\mathrm{dB}) \tag{1-4}$$

式中，$|H(\mathrm{e}^{\mathrm{j}\omega_0})|$归一化为 1。当$\frac{|H(\mathrm{e}^{\mathrm{j}\omega_0})|}{|H(\mathrm{e}^{\mathrm{j}\omega_{\mathrm{P}}})|} = \frac{\sqrt{2}}{2} \approx 0.707$时，$\alpha_{\mathrm{P}} = 3\ \mathrm{dB}$，称此时的$\omega_{\mathrm{p}}$为低通滤波器的 3dB 通带截止频率。

## 1.2 FPGA 基本知识

### 1.2.1 FPGA 的基本概念及发展历程

#### 1．基本概念

随着数字集成电路的发展，越来越多的模拟电路逐渐被数字电路取代，同时数字集成电路本身也在不断地进行更新换代，它由早期的电子管、晶体管、中小规模集成电路发展到超大规模集成电路（Very Large-Scale Integrated Circuit，VLSIC），以及许多具有特定功能的专用集成电路（Application Specific Integrated Circuit，ASIC）。但是，随着微电子技术的发展，设计与制造集成电路的任务已不完全由半导体厂商独立承担。电子工程设计师更愿意自己设计专用集成电路芯片，而且希望 ASIC 的设计周期尽可能短，最好是在实验室里就能设计出合适的 ASIC，并且立即投入实际应用中，因而出现了可编程逻辑器件（Programmable Logic Device，PLD），其中应用最广泛的是现场可编程门阵列（Field Programmable Gate Array，FPGA）和复杂可编程逻辑器件（Complex Programmable Logic Device，CPLD）。PLD 的主要特点是芯片或器件的功能完全由用户通过特定软件编程控制，并完成相应功能，可反复擦写。这样，用户在用 PLD 设计好印制电路板（Print Circuit Board，PCB）后，只要预先安排好 PLD 引脚的硬件连接，即可只通过软件编程的方式灵活改变芯片功能，从而达到改变整块 PCB 功能的目的。这种方法不需要对 PCB 进行任何更改，从而可大大缩短产品的开发周期和成本。也就是说，由于使用了 PLD 进行设计，硬件设计已部分实现了软件化。随着生产工艺的不断革新，高密度、超大规模 FPGA/CPLD 器件越来越多地在电子信息类产品的设计中得到应用，同时由于 DSP（Digital Signal Processing，数字信号处理）、ARM（Advanced RISC Machines）与 FPGA 技术相互融合，在数字信号处理等领域，已出现了具有较强通用性的硬件平台，核心硬件设计工作正逐渐演变为软件设计。

#### 2．发展历程

早期的可编程逻辑器件是在 20 世纪 70 年代初出现的，这一时期只有可编程只读存储器（Programmable Read-only Memory，PROM）、可擦可编程只读存储器（Erasable PROM，EPROM）和电可擦除只读存储器（Electrically EPROM，EEPROM）三种。这类器件结构相对简单，只能完成简单的数字逻辑功能，但也足以给数字电路设计带来巨大的变化。

20 世纪 70 年代中期出现了结构上稍复杂的可编程芯片，即可编程逻辑器件（PLD），它能够完成各种数字逻辑功能。典型的 PLD 由“与”门和“或”门阵列组成。由于任意一个组合逻辑都可以用“与-或”表达式来描述，所以 PLD 能以“乘积项”的形式完成大量的组合逻辑功能。这一阶段的产品主要有可编程阵列逻辑（Programmable Array Logic，PAL）和通用阵列逻辑（Generic Array Logic，GAL）。PAL 由一个可编程的“与”平面和一个固定的“或”平面构成。PAL 器件是现场可编程的，它的实现工艺有反熔丝技术、EPROM 技术和 EEPROM 技术。还有一类结构更为灵活的逻辑器件是可编程逻辑阵列（Programmable Logic Array，PLA），它也是由一个“与”平面和一个“或”平面构成的，但是这两个平面的连接关系是可编程的。PLA 器件既有现场可编程的，也有掩膜可编程的。在 PAL 的基础上又发展了一种通用阵列逻辑，如 GAL16V8、GAL22V10 等，它采用了 EEPROM 工艺，实现了电可擦除、电可改写功能，其输出结构是可编程的逻辑宏单元，因而其设计具有很强的灵活性，至今仍有许多人在使用。这些早期 PLD 的一个共同特点是，可以实现速度特性较好的逻辑功能，但过于简单的结构使它们只能实现规模较小的电路。

为了弥补这一缺陷，20 世纪 80 年代中期，Altera（2015 年被 Intel 公司收购，本书后续统一为 Intel 公司）和 Xilinx（2022 年被 AMD 公司收购，本书后续统一为 AMD 公司）两家公司分别推出了类似于 PAL 结构的扩展型 CPLD 及与标准门阵列类似的 FPGA，它们都具有体系结构和逻辑单元灵活、集成度高、适用范围宽等特点。这两种器件兼容了 PLD 和 GAL 的优点，可实现较大规模的电路，编程也很灵活。与门阵列等其他 ASIC 相比，它们又具有设计开发周期短、设计制造成本低、开发工具先进、标准产品无须测试、质量稳定，以及可实时在线检验等优点，因此被广泛应用于产品的原型设计和产品生产之中。几乎所有应用门阵列、PLD 和中小规模通用数字集成电路的场合均可使用 FPGA 和 CPLD 器件。

20 世纪 90 年代末以来，随着可编程逻辑器件工艺和开发工具的日新月异发展，尤其是 AMD 公司和 Intel 公司不断推出新一代超大规模可编程逻辑器件，FPGA 技术与 ASIC、DSP 及 CPU 技术不断融合，FPGA 器件中已成功以硬核的形式嵌入了 ASIC、PowerPC、ARM 处理器，以 HDL 的形式嵌入越来越多的标准数字处理单元，如 PCI 控制器、以太网控制器、MicroBlaze 处理器、NIOS 及 NIOS II 处理器等。新技术的发展不仅实现了软/硬件设计的完美结合，也实现了灵活性与速度设计的完美结合，使得可编程逻辑器件超越了传统意义上的 FPGA，并以此发展形成了现在流行的系统级芯片（System on Chip，SoC）及片上可编程系统（System On a Programmable Chip，SOPC）设计技术，其应用领域扩展到了系统级，涵盖了实时数字信号处理技术、高速数据收发器、复杂计算，以及嵌入式系统设计等技术。

Intel 公司于 2004 年首次推出 90nm 制造工艺的 Stratix-II 系列 FPGA 后，紧接着于 2006 年推出了 65nm 的 Stratix-III 系列 FPGA，于 2008 年推出了 40nm 的 Stratix-IV 系列 FPGA，并于 2010 年先于 AMD 公司推出了 28nm 制造工艺的 Stratix-V 系列 FPGA。2013 年，Intel 推出了最新的基于 14nm 三栅极工艺技术的 Stratix-10 系列 FPGA。

AMD 公司于 2003 年率先推出了 90nm 制造工艺的 Spartan-3 系列 FPGA，于 2011 年推出了 28nm 制造工艺的 7 系列 FPGA，并于 2013 年推出了 20nm 制造工艺的 UltraScale 系列 FPGA，且宣称基于最新 UltraScale 的开发不但可实现从 20nm 向 16nm 乃至更高级的 FinFET 技术扩展，而且可实现从单片向 3D IC 的扩展。作为可实现 ASIC 级性能的 All Programmable 架构，UltraScale 不仅可解决总体系统吞吐量及延时的限制问题，而且可直接解决高级节点芯片之间的互连问题。

随着芯片制造工艺技术的不断进步，FPGA 正向低成本、高集成度、低功耗、可扩展性、高性能的目标不断前进。相信 FPGA 的应用会得到更大的发展！FPGA 的演进历程示意图如图 1-3 所示。

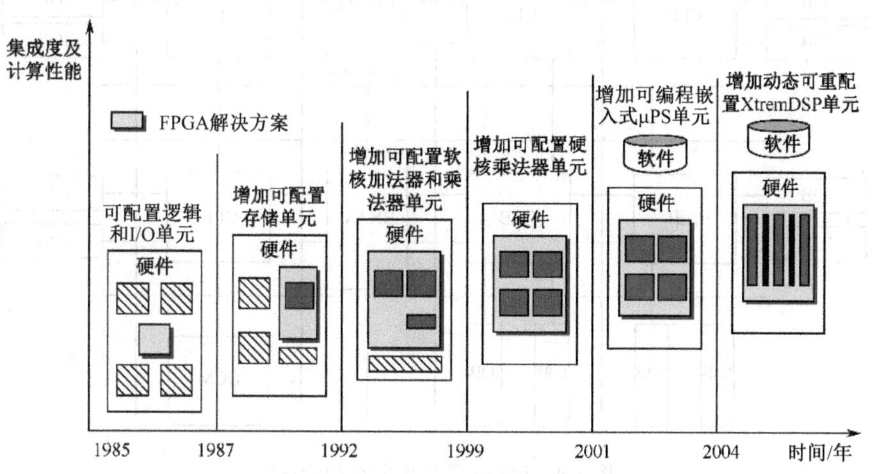


图 1-3　FPGA 的演进历程示意图

## 1.2.2 FPGA 的结构和工作原理

### 1. FPGA 的结构

目前所说的 PLD，通常是指 FPGA 与 CPLD。FPGA 与 CPLD 因其内部结构不同，导致其集成度、运算速度、功耗及应用方面均有一定的差别。通常，将以乘积项结构方式构成逻辑行为的器件称为 CPLD，如 AMD 公司的 XC9500 系列、Intel 公司的 MAX7000S 系列和 Lattice 公司的 Mach 系列等，这类器件的逻辑门密度在几千到几万个逻辑单元之间。CPLD 更适合触发器有限而乘积项丰富的结构，适合完成复杂的组合逻辑；通常将基于查找表（Look-Up-Table，LUT）结构的 PLD 器件称为 FPGA，如 AMD 公司的 Spartan-3、Spartan-6、Virtex II、Virtex-4、Virtex-5、Virtex-6 系列，Intel 公司的 FLEX10K 或 ACEX1K 系列等。FPGA 是在 CPLD 等逻辑器件的基础上发展起来的。作为 ASIC 领域的一种半定制电路器件，它克服了 ASIC 灵活性不足的缺点，同时克服了 CPLD 等器件逻辑门电路资源有限的缺点，这种器件的逻辑门密度通常在几万到几百万个逻辑单元之间。FPGA 更适合于触发器丰富的结构，适合完成时序逻辑，因此在数字信号处理领域多使用 FPGA 器件。

目前主流的 FPGA 仍是基于查找表技术的，但已经远远超出了先前版本的基本性能，并且整合了常用功能（如 RAM、时钟管理和 DSP）的硬核模块。如图 1-4 所示（图 1-4 只是一个示意图，实际上每个系列的 FPGA 都有其相应的内部结构），FPGA 芯片主要由 7 部分组成，分别为可编程输入/输出单元（Input/Output Block，IOB）、基本可编程逻辑块（Configurable Logic Block，CLB）、数字时钟管理模块（Digital Clock Manager，DCM）、嵌入式块 RAM（Block RAM，BRAM）、丰富的布线资源、底层内嵌功能单元和内嵌专用硬核。

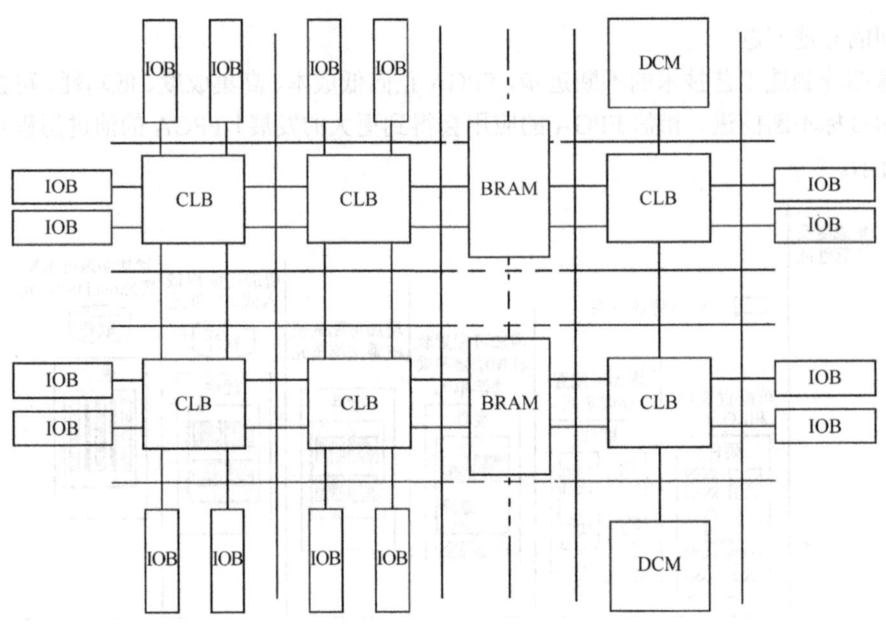


图 1-4 FPGA 芯片内部结构示意图

1）可编程输入/输出单元（IOB）

可编程输入/输出单元简称 IOB，是芯片与外界电路的接口部分，完成不同电气特性下对输入/输出信号的驱动与匹配要求，图 1-5 所示为 AMD 公司 FPGA 内部的 IOB 结构示意图。

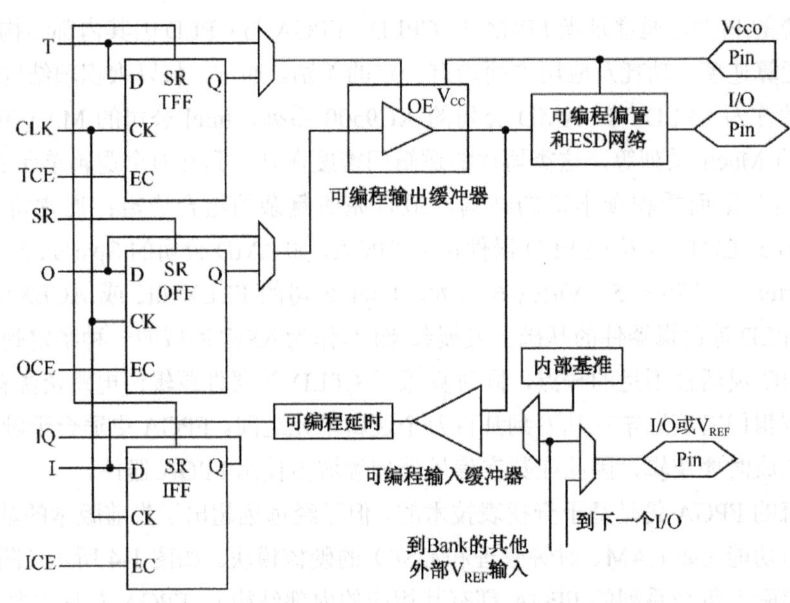


图 1-5 AMD 公司 FPGA 内部的 IOB 结构示意图

FPGA 内的 I/O 按组分类，每组都能够独立地支持不同的 I/O 标准。通过软件的灵活配置，可适应不同的电气标准与 I/O 物理特性，调整驱动电流的大小，改变上、下拉电阻的阻值。目前，IOB 的频率也越来越高，一些高端的 FPGA 通过 DDR 寄存器技术可以支持高达

2Gbit/s 的数据速率。外部输入信号可以通过 IOB 的存储单元输入 FPGA 的内部，也可以直接输入 FPGA 内部。为了便于管理和适应多种电气标准，FPGA 的 IOB 被划分为若干个组（Bank），每个 Bank 的接口标准由其接口电压 Vcco 决定，一个 Bank 只能有一种 Vcco，但不同 Bank 的 Vcco 可以不同。只有相同电气标准的 IOB 才能连接在一起，Vcco 电压相同是接口标准化的基本条件。

2）基本可编程逻辑块（CLB）

CLB 是 FPGA 内的基本逻辑单元，其实际数量和特性会依器件的不同而不同，但是每个 CLB 都包含一个可配置开关矩阵（Switch Matrix），此矩阵由 4 个或 6 个输入模块、多路复用器和触发器等组成。开关矩阵是高度灵活的，可以对其进行配置以便实现组合逻辑、移位寄存器或 RAM 等功能。在 AMD 公司的 FPGA 器件中，CLB 由多个（一般为 4 个或 2 个）相同的 Slice 和附加逻辑构成，如图 1-6 所示。每个 CLB 不仅可以用于实现组合逻辑、时序逻辑，还可以配置为分布式 RAM 和分布式 ROM。

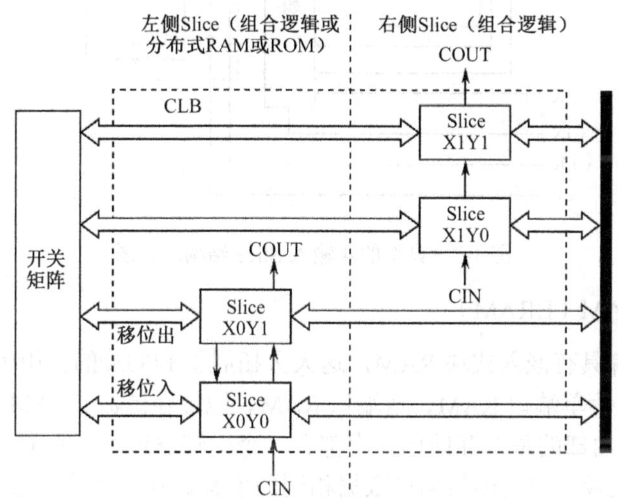


图 1-6 典型的 CLB 结构示意图

Slice 是 AMD 公司的 FPGA 定义的基本逻辑单位，一个 Slice 由两个 4 输入函数发生器、进位逻辑、算术逻辑、存储逻辑和函数复用器组成。算术逻辑包括一个异或门（XORG）和一个专用与门（MULTAND）。异或门可以使一个 Slice 实现 2 bit 全加操作，专用与门用于提高乘法器的效率；进位逻辑包括两条进位链，由专用进位信号和函数复用器（MUXC）组成，用于实现快速的算术加减法操作；4 输入函数发生器用于实现 4 输入 LUT、分布式 RAM 或 16bit 移位寄存器（Virtex-5 系列芯片 Slice 中的两个输入函数为 6 输入，可以实现 6 输入 LUT 或 64bit 移位寄存器）。典型的 4 输入 Slice 结构示意图如图 1-7 所示。

3）数字时钟管理模块（DCM）

业内大多数 FPGA 均提供数字时钟管理模块（AMD 公司的全部 FPGA 均具有这种特性）。AMD 公司推出的最先进 FPGA 提供数字时钟管理模块和相位环路锁定，相位环路锁定能够提供精确的时钟综合且能够降低抖动，并实现过滤功能。

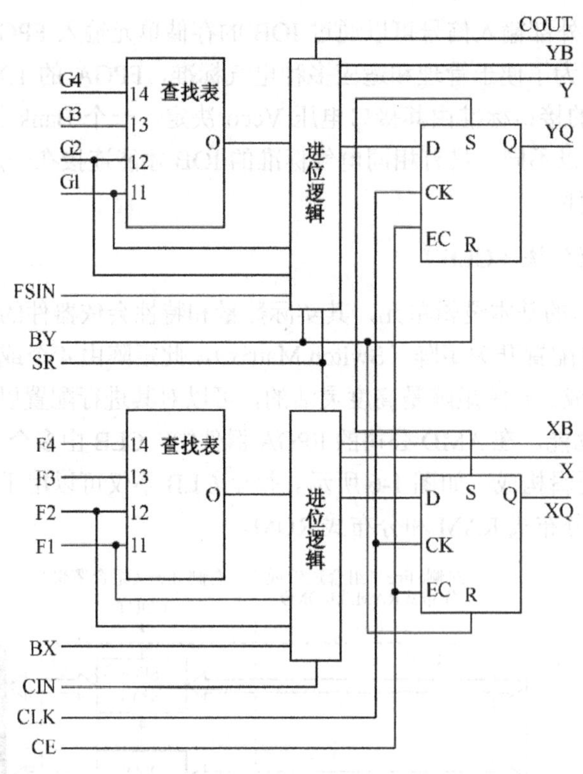


图 1-7 典型的 4 输入 Slice 结构示意图

4）嵌入式块 RAM（BRAM）

大多数 FPGA 都具有嵌入式块 RAM，这大大拓展了 FPGA 的应用范围和灵活性。嵌入式块 RAM 可被配置为单端口 RAM、双端口 RAM、地址存储器（CAM）及 FIFO 等常用存储结构。CAM 在其内部的每个存储单元中都有一个比较逻辑，写入 CAM 中的数据会和内部的每个数据进行比较，并返回与端口数据相同的所有数据的地址。除了嵌入式块 RAM，还可以将 FPGA 中的 LUT 灵活地配置成 RAM、ROM 和 FIFO 等结构。在实际应用中，FPGA 内部的嵌入式块 RAM 数量也是选择芯片的一个重要因素。

单片嵌入式块 RAM 的容量为 18kbit。用户可以根据需要改变其位宽和深度，如可配置为位宽为 18bit、深度为 1 024 的 RAM。嵌入式块 RAM 在使用过程中要满足两个原则：首先，修改后的容量（位宽×深度）不能大于 18kbit；其次，位宽最大不能超过 36bit。当然，可以将多片嵌入式块 RAM 级联起来形成更大的 RAM，此时只受限于芯片内嵌入式块 RAM 的数量，而不再受上面两条原则约束。

5）丰富的布线资源

FPGA 通过连线将内部的所有单元连接在一起，而连线的长度和工艺决定着信号在连线上的驱动能力和传输速率。FPGA 芯片内部有着丰富的布线资源。根据工艺、长度、宽度和分布位置的不同，布线资源可分为 4 种不同的类别：第一种是全局布线资源，用于芯片内部全局时钟和全局复位/置位的布线；第二种是长线资源，用于完成芯片 Bank 间的高速信号和第二全局时钟信号的布线；第三种是短线资源，用于完成基本逻辑单元之间的逻辑互连和布线；第四种是分布式的布线资源，用于专有时钟、复位等控制信号线。

在实际工程设计中，设计者不需要直接选择布线资源，布局布线器可自动根据输入逻辑网表的拓扑结构和约束条件选择布线资源来连接各个模块单元。从本质上来讲，布线资源的使用方法和设计的结果有密切、直接的关系。

6）底层内嵌功能单元

底层内嵌功能单元主要指延迟锁定环（Delay Locked Loop，DLL）、锁相环（Phase Locked Loop，PLL）、DSP 等软核。现在，越来越丰富的内嵌功能单元使得单片 FPGA 成了系统级的设计工具，使其具备了软硬件联合设计的能力，并逐步向 SoC 平台过渡。DLL 和 PLL 具有类似的功能，可以完成时钟高精度、低抖动的倍频和分频，以及占空比调整和移相等功能。AMD 公司生产的 FPGA 集成了 DCM 和 DLL，Intel 公司生产的 FPGA 集成了 PLL，Attice 公司生产的新型 FPGA 集成了 PLL 和 DLL。PLL 和 DLL 可以通过 IP 核生成工具方便地进行管理和配置。典型 DLL 的结构如图 1-8 所示。

7）内嵌专用硬核

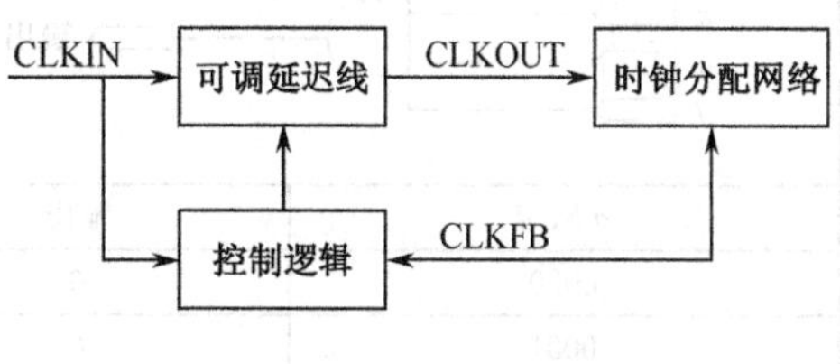


图 1-8　典型 DLL 的结构

内嵌专用硬核是相对底层内嵌的软核而言的，FPGA 内部集成的处理能力强大的硬核等效于 ASIC 电路。为了提高 FPGA 性能，芯片生产商在芯片内部集成了一些专用的硬核。例如，为了提高 FPGA 的乘法速度，主流的 FPGA 中都集成了专用乘法器；为了适用通信总线与接口标准，很多高端的 FPGA 内部都集成了串/并收发器（SERDES），可以达到数 10Gbit/s 的收发速率。AMD 公司的高端产品不仅集成了 ARM 核，还内嵌了 DSP Core 模块，并以此提出了片上系统的概念。通过专用的开发工具，能够开发标准的 DSP 处理器及其相关应用，达到片上系统开发的目的。

### 2．FPGA 的工作原理

众所周知，类似于 PROM、EPROM、EEPROM 可编程器件的可编程原理是通过加高压或紫外线导致三极管或 MOS 管内部的载流子密度发生变化，从而实现可编程功能，但是这些器件大多只能实现单次可编程，或者编程状态难以稳定。FPGA 则不同，它采用了逻辑单元阵列（Logic Cell Array，LCA），内部包括可配置逻辑模块（Configurable Logic Block，CLB）、输入/输出模块（Input Output Block，IOB）和内部连线（Interconnect）三个部分。

FPGA 的可编程实际上是改变了 CLB 和 IOB 的触发器状态，这样就可以实现多次重复的编程。FPGA 需要被反复烧写，它实现组合逻辑的基本结构不可能像 ASIC 那样通过固定的与非门来完成，而只能采用一种易于反复配置的结构。查找表可以很好地满足这一要求，目前主流 FPGA 都采用了基于 SRAM 工艺的查找表结构，也有一些军品和宇航级 FPGA 采用 Flash 或熔丝与反熔丝工艺的查找表结构。

根据数字电路的基本知识可以知道，对于一个 $n$ 输入的逻辑运算，无论是与运算、或运算，还是其他逻辑运算，最多只可能存在 $2^n$ 种结果。如果事先将相应的结果存放于一个存储单元，就相当于实现了与非门电路的功能。FPGA 的原理也是如此，它通过烧写程序文件去配置查找表的内容，从而在相同电路结构的情况下实现了不同的逻辑功能。查找表简称为 LUT，其本质就是一个 RAM。目前主流 FPGA 中大多使用 4～6 输入的 LUT，所以每个 LUT

可以看成一个有 4～6 位地址线的 RAM。当用户通过 HDL 描述一个逻辑电路后，FPGA 开发环境会自动计算逻辑电路的所有可能结果，并把真值表（结果）事先写入 RAM。这样，每输入一个信号进行逻辑运算就等于输入一个地址进行查表，找出地址对应的内容，然后输出即可。

从表 1-1 中可以看到，LUT 具有和逻辑电路相同的功能。实际上，LUT 具有更快的执行速度且更利于大规模集成。由于基于 LUT 的 FPGA 具有很高的集成度，其器件的逻辑门密度从数万到数千万个逻辑单元，可以完成极其复杂的时序逻辑电路与组合逻辑电路功能，所以适用于高速、高密度的高端数字逻辑电路设计领域。

**表 1-1　LUT 输入与门的真值表**

| 实际逻辑电路 | | LUT 的实现方式 | |
|---|---|---|---|
| a b c d 输出 | | 地址线 a b c d 16×1 RAM (LUT) 输出 | |
| *a b c d* | 输出 | 地址 | RAM 中存储的内容 |
| 0000 | 0 | 0000 | 0 |
| 0001 | 0 | 0001 | 0 |
| … | 0 | … | 0 |
| 1111 | 1 | 1111 | 1 |

FPGA 是由存放在片内 RAM 中的程序来设置其工作状态的，因此在工作时需要对片内 RAM 进行编程。用户可以根据不同的配置模式，采用不同的编程方式编程。加电时，FPGA 将 EPROM 中数据读入片内 RAM 中，配置完成后，FPGA 进入工作状态。掉电后，FPGA 恢复成白片，内部逻辑关系消失，因此 FPGA 能够反复使用。FPGA 的编程无需专用的 FPGA 编程器，只需通用的 EPROM、PROM 编程器。Actel、QuickLogic 等公司还提供反熔丝技术的 FPGA，具有抗辐射、耐高低温、低功耗和速度快等优点，在军品和航空航天领域中应用较多，但这种 FPGA 不能重复擦写，开发初期比较麻烦，费用比较昂贵。

### 1.2.3　IP 核的概念

IP（Intelligent Property）核是指具有知识产权的集成电路模块或软件功能模块的总称，是经过反复验证过的、具有特定功能的宏模块，与芯片制造工艺无关，可以移植到不同的半导体工艺中。到了 SoC 阶段，IP 核设计已成为 ASIC 电路设计公司和 FPGA 提供商的重要任务，也是其实力的体现。对于 FPGA 开发环境，其提供的 IP 核越丰富，用户的设计就越方便，其市场占有率就越高。目前，IP 核已经变成系统设计的基本单元，并作为独立设计成果被交换、转让和销售。

从 IP 核的提供方式上来看，通常将其分为软核、固核和硬核三类。从完成 IP 核所花费的成本来讲，硬核代价最大；从使用灵活性来讲，软核的可复用性最高。

### 1．软核（Soft IP Core）

软核在 EDA 设计领域指的是综合之前的寄存器传输级（Register Transfer Level，RTL）模型，在 FPGA 设计中指的是对电路的硬件语言描述，包括逻辑描述、网表和帮助文档等。软核是已通过功能仿真的功能模块，需要经过综合及布局布线才能使用。其优点是灵活性高、可移植性强，允许用户自配置；缺点是对模块的预测性较低，在后续设计中存在发生错误的可能性，有一定的设计风险。软核是 IP 核应用最广泛的形式。

### 2．固核（Firm IP Core）

固核在 EDA 设计领域指的是带有平面规划信息的网表，在 FPGA 设计中可以看成带有布局规划的软核，通常以 RTL 代码和对应具体工艺网表的混合形式提供。将 RTL 描述的标准单元库进行综合优化设计，形成门级网表，再通过布局布线工具即可使用。与软核相比，固核的设计灵活性稍差，但在可靠性上有较大的提高。目前，固核是 IP 核的主流形式之一。

### 3．硬核（Hard IP Core）

硬核在 EDA 设计领域指的是经过验证的设计版图，在 FPGA 设计中指布局和工艺固定、经过前端和后端验证的设计，设计人员不能对其修改。不能修改的原因有两个：首先是系统设计对各个模块的时序要求很严格，不允许打乱已有的物理版图；其次是保护知识产权的要求，不允许设计人员对其有任何改动。硬核的不许修改特点使其复用有一定的困难，因此只能用于某些特定应用，使用范围较窄，但其性能优良、可靠性及稳定性高。

## 1.3 FPGA 在数字信号处理中的应用

现代数字信号处理技术的实现平台主要有 ASIC、DSP、CPU 及 FPGA 四种。随着半导体芯片生产工艺的不断发展，四种平台的应用领域已越来越呈现相互融合的趋势，但因各自的侧重点不同，依然有各自的优势及鲜明特点。关于对四者的性能、特点、应用领域等方面的比较分析一直都是广大技术人员及专业杂志讨论的热点之一。相对而言，ASIC 只提供可以接受的可编程性和集成水平，通常可为指定的功能提供最佳解决方案；DSP 可为涉及复杂分析或决策分析的系统提供最佳可编程解决方案；CPU 在需要嵌入式操作系统、可视化显示等领域得到广泛应用；FPGA 可为高度并行或涉及线性处理的高速信号处理提供最佳的可编程解决方案。

任何信号处理器件性能的鉴定必须包括评估该器件是否能在指定的时间内完成所需的功能。这类评估中一种最基本的测量方法就是 1024 点快速傅里叶变换（FFT）处理时间的测量。考虑一个具有 16 个抽头的简单 FIR 滤波器，该滤波器要求在每次采样中完成 16 次乘积和累加（MAC）操作。TI 公司的 TMS320C6203 DSP 具有 300 MHz 的时钟频率，在合理的优化设计中，每秒可完成 4 亿次至 5 亿次 MAC 操作。这意味着基于 TMS320C6203 DSP 的 FIR 滤波器具有最大为 3100 万次每秒采样的输入速率。但在 FPGA 中，所有 16 次 MAC 操作均可并行执行。对于 AMD 的 Virtex 系列 FPGA，16 位 MAC 操作大约需要配置 160 个结构可重置的逻辑块（CLB），因此 16 个并发 MAC 操作的设计实现将需要大约 2560 个 CLB。XCV300E 可轻松地实现上述配置，并允许 FIR 滤波器工作在每秒 1 亿个样本的输入抽样频率下。

目前，无线通信技术的发展十分迅速。无线通信技术发展的理论基础之一是软件无线电技术，而数字信号处理技术无疑是实现软件无线电技术的基础。无线通信技术一方面正向语音和数据综合的方向发展；另一方面，在手持 PDA 产品中越来越多地需要综合移动技术。这一需求对应用于无线通信中的 FPGA 提出了严峻的挑战，其中最重要的三个方面是功耗、性能和成本。为适应无线通信的发展需要，FPGA 系统芯片（System on Chip，SoC）的概念、技术、芯片应运而生。利用系统芯片技术将尽可能多的功能集成在一片 FPGA 上，使其具有速率高、功耗低的特点，不仅价格低廉，还可以降低复杂性，便于使用。

实际上，FPGA 的功能早已超越了传统意义上的胶合逻辑功能。随着各种技术的相互融合，为了同时满足运算速度、复杂度，以及降低开发难度的需求，目前在数字信号处理领域及嵌入式技术领域，FPGA 加 CPU 的配置模式已浮出水面，并逐渐成为标准的配置模式。全球最大的两家 FPGA 厂商——Intel 和 AMD，均推出了各自的嵌入了 CPU 核的 FPGA 及开发软件。AMD 于 2010 年在其 28nm 工艺的 FPGA 上嵌入了 ARM Cortex-A9 内核，紧接着 Intel 宣布在其 28nm FPGA 上嵌入了 ARM Cortex-A9、MIPS32 等内核。这也直接推动嵌入式设计跨入了新的设计时代。

## 1.4 AMD 系列器件简介

### 1.4.1 AMD 系列器件概览

1984 年，在硅谷工作的两个聪明的工程师和一个营销主管做了一个“梦”，即 Bernie Vondersch mitt、Ross Freeman 和 Jim Barnett 梦想创立一家不同于一般的公司，他们希望创建一家公司来为一个全新的领域开发和推出先进技术，并且他们还希望以下面这种方式来管理公司：在这里工作的人们热爱他们的工作、享受工作带来的乐趣，并且对他们所从事的工作着迷。

图 1-9 FPGA 的发明者及 Xilinx 公司的共同创始人 Ross Freeman

新型半导体（现称为现场可编程门阵列）是由 Xilinx 公司的共同创始人 Ross Freeman（见图 1-9）发明的，它是一种全新的可编程逻辑。用户可以个性化这些芯片，从而在软件的帮助下对其进行编程来实现多种功能。要实现这种想法则需要大量晶体管，而那时晶体管是相当宝贵的，因此人们认为 Ross Freeman 的想法是不切实际的。Ross Freeman 预计：根据摩尔定律（每 18 个月晶体管密度就会翻 1 倍），晶体管会越来越便宜，因此它就越来越常见。接下来的几年里，就出现了数十亿美元的现场可编程门阵列市场，为 Xilinx 公司的成功打下了基础。2009 年，Xilinx 公司共同创始人 Ross Freeman 携 FPGA 发明荣登 2009 年美国“全国发明家名人堂”。作为 FPGA 的发明者及行业领导者，Xilinx 公司通过不断应用尖端技术来长久保持它的行业领袖地位：Xilinx 公司是首家采用 180nm、150nm、130nm、90nm 和 65nm 工艺技术的企业，目前提供约占世界 90%的高端 65nm FPGA 产品。

Xilinx 公司于 2022 年被 AMD 公司收购，其交易估值约 500 亿美元，成为半导体史上规模最大的一次收购案。

AMD（Xilinx）公司产品种类众多，随着新技术的不断发展，器件的性能仍在不断提高，目前已推出 7 Series FPGA、Virtex-6、Virtex-5、Virtex-4、Virtex-II Pro、Virtex-II、Virtex-E EM、Virtex-E、Virtex、Spartan-6、Spartan-3E、Spartan-3 等 FPGA 器件族，Cool Runner-II、Cool Runner XPLA3、XC9500XL、XC9500XV、XC9500、XC3000、XC4000、XC5200 等 CPLD 器件族，Virtex-5Q FPGA、Virtex-4QV FPGA、Virtex-4Q FPGA、QPro Virtex-II Pro FPGA、QPro Virtex-II 抗辐射加固 FPGA、QPro Virtex FPGA 等航天及军用产品器件族，XA Spartan-3A FPGA、XA Spartan-3A DSP FPGA、XA Spartan-3E FPGA、XA 9500XL CPLD、XA CoolRunner-II CPLD 等汽车专用产品器件族，XC1700、XC17S00、XC17V00、XC17S00A、XC18V00、Platform Flash、Platform Flash XL 等配置存储器器件族。表 1-2 所示为 AMD 公司部分器件族一览表。

**表 1-2　AMD 公司部分器件族一览表**

| FPGA | | CPLD | | 配置存储器器件 | |
|---|---|---|---|---|---|
| 7 Series FPGA | XC7A12T、XC7A35T、XC7A100T、XC7A200T、XC7K30T、XC7K70T、XC7K160T、XC7K325T、XC7K410T、XC7V285T、XC7V450T、XC7V585T、XC7V855T、XC7V1500T、XC7V2000T、XC7VX415T、XC7VX485T、XC7VX575T、XC7VX690T、XC7VX850T、XC7V865T、XC7VH290T、XC7VH580T、XC7V870T | Cool Runner-II | XC2C32A、XC2C64A、XC2C128、XC2C256、XC2C384、XC2C512 | XC17S00A | XC17S15A、XC17S30A、XC17S50A、XC17S100A、XC17S150A、XC17S200A、XC17S300A |
| Virtex-5 | XC5VLX30、XC5VLX50、XC5VLX85、XC5VLX110、XC5VLX155、XC5VLX220、XC5VLX330、XC5VLX20T、XC5VLX30T、XC5VLX50T、XC5VLX85T、XC5VLX110T、XC5VLX155T、XC5VLX220T、 | Cool Runner XPLA3 | XCR3032XL、XCR3064XL、XCR3128XL、XCR3256XL、XCR3384XL、XCR3512XL | XC1700 | XC1704L、XC1702L、XC1701/L、XC17512L、XC1736E、XC1765E/EL、XC17128E/E、 |
| Virtex-II | XC2V40、XC2V80、XC2V250、XC2V500、XC2V1000、XC2V1500、XC2V2000、XC2V3000、XC2V4000、XC2V6000、XC2V8000 | XC9500XV | XC9536XV、XC9572XV、XC95144XV、XC95288XV | XC17V00 | XC17V16、XC17V08 |
| Spartan-6 | XC6SLX4、XC6SLX9、XC6SLX16、XC6SLX25、XC6SLX45、XC6SLX75、XC6SLX100、XC6SLX150、XC6SLX25T、XC6SLX45T、XC6SLX75T、XC6SLX100T、XC6SLX150T | XC9500 | XC9536、XC9572、XC95108、XC95144、XC95216、XC95288 | XC18V00 | XC18V01、XC18V02、XC18V04、XC18V05、XC18V012 |

续表

| FPGA | | CPLD | | 配置存储器器件 | |
|---|---|---|---|---|---|
| Spartan-3 | XC3S50、XC3S200、XC3S400、XC3S1000、XC3S1500、XC3S2000、XC3S4000、XC3S5000 | XC9500XL | XC9536XL、XC9572XL、XC95144XL、XC95288XL | Platform Flash | XCF01S、XCF02S、XCF04S、XCF08P、XCF16P、XCF32P |

从芯片基本架构及开发工具的角度来看，AMD 公司的 FPGA 芯片大致可以分为两类：一类是 7 系列 FPGA 芯片，另一类是 7 系列以前的 FPGA 芯片。其中，AMD 公司前期的开发环境 ISE 可以开发绝大多数 7 系列以前的 FPGA（公司早期的 CPLD 和部分 FPGA 无法采用 ISE 开发），以及部分 7 系列 FPGA；目前主推的 Vivado 开发环境可以开发全部 7 系列 FPGA，但无法开发 7 系列以前的 FPGA。由于本书采用 Vivado 开发环境进行阐述，因此仅对 7 系列 FPGA 进行简要介绍。读者可参考《数字滤波器的 MATLAB 与 FPGA 实现——Xilinx/VHDL 版》，了解在开发环境 ISE 下进行滤波器设计的方法。

## 1.4.2 7 系列 FPGA 芯片简介

2010 年 6 月 22 日，Xilinx 公司推出业界首款采用唯一统一架构、将整体功耗降低一半且具有业界最高容量的 FPGA 系列产品，能满足从低成本到超高端系列产品的扩展需求。全新的 7 系列 FPGA 不仅在帮助客户降低功耗和成本方面取得了新的突破，而且有助于容量的增加和性能的提升，从而进一步扩展了可编程逻辑的应用领域。7 系列 FPGA 采用针对低功耗高性能精心优化的 28nm 工艺技术，解决了 ASIC 和 ASSP（Application Specific Standard Parts，专用标准产品）等方法开发成本过高、过于复杂且不够灵活的问题，使 FPGA 能够满足日益多样化的设计群体的需求。

28nm 的 FPGA 进一步扩展了与 40 nm Virtex-6 和 45 nm Spartan-6 系列 FPGA 同步推出的目标设计平台战略。该目标设计平台战略将 FPGA、ISE（Integrated Software Environment）设计套件软件工具和 IP、开发套件，以及目标参考设计整合在一起，使用户能够充分利用现有的设计投资，降低整体成本，满足不断发展的市场需求。

AMD 的 7 系列 FPGA 主要包括 4 个系列的产品：针对最低功耗和最低成本而优化设计的 Spartan-7 系列，针对低成本及信号处理优化设计的 Artix-7 系列，针对更低功耗的经济型信号处理而优化设计的 Kintex-7 系列，以及为低功耗和最高系统性能而优化设计的 Virtex-7 系列。

新推出的 FPGA 系列产品都拥有更高的性能及更大的可用容量，使其能够满足更复杂、要求更严苛的客户设计需求。但是，为了降低风险和加速设计进程，用户往往更依赖于原有库的 IP 核及第三方 IP 供应商，这就迫使设计人员必须重新设计现有的 IP 核，这样才能将这些 IP 核移植到不同的 FPGA 系列产品上。7 系列 FPGA 采用统一架构，从而使客户能够针对某个特定 7 系列产品创建设计方案，然后在不需要进行重新设计的情况下将此设计方案无缝移植到其他的 7 系列产品上。已开发超低成本系统的客户可充分利用这种可移植性将设计系统进行扩展，以满足更高性能或更大容量的需求。同样，已开发高性能系统的客户也能将 Virtex-7 FPGA 设计移植到 Kintex-7 或 Artix-7 FPGA 上，从而轻松创建成本更低的系统版本。过去，在程序中修改元件的控制和时钟输入等参数后，会导致 IP 核无法在不同的 FPGA 之间移植。设计人员必须检查数据手册、例化模板和用户指南来确定需要对 IP 核进行哪些修改。明确修改后，设计人员需要重新综合、测试和验证 IP 核。通过统一 7 系列 FPGA 中的基本组成元件，不同系列 FPGA 中的 IP 核可采用相同的数据、控制和时钟输入。这种可移植性大大简化了 IP 核的使用方法，进而加快了高度可扩展应用的开发，这对拥有大量 IP 核库的公司及第三方 IP 核开发商来说具有深远的意义。表 1-3 所示为 7 系列部分 FPGA 的主要技术特征。

表 1-3　7 系列部分 FPGA 的主要技术特征

| 型号 | 收发器 GTP/GTX/GTH | Slice 数量/个 | 分布式 RAM/Kbit | 最大 RAM 容量/Kbit | DSP48E1 数量/个 | PCI Express/个 | MMCM 数量/个 | 最大用户引脚数量/个 |
|---|---|---|---|---|---|---|---|---|
| Spartan-7 系列 | | | | | | | | |
| XC7S6 | 0 | 938 | 70 | 180 | 10 | 0 | 2 | 100 |
| XC7S25 | 0 | 3650 | 313 | 1620 | 80 | 0 | 3 | 150 |
| XC7S50 | 0 | 8150 | 600 | 2700 | 120 | 0 | 5 | 250 |
| XC7S100 | 0 | 16 000 | 1100 | 4320 | 160 | 0 | 8 | 400 |
| Artix-7 系列 | | | | | | | | |
| XC7A12T | GTP（2 个） | 2800 | 171 | 720 | 40 | 1 | 3 | 150 |
| XC7A35T | GTP（4 个） | 5200 | 400 | 1800 | 90 | 1 | 5 | 250 |
| XC7A100T | GTP（8 个） | 15 850 | 1188 | 4860 | 240 | 1 | 6 | 300 |
| XC7A200T | GTP（16 个） | 33 650 | 2 888 | 13 140 | 740 | 1 | 10 | 500 |
| Kintex-7 系列 | | | | | | | | |
| XC7K70T | GTP（8 个） | 10 250 | 838 | 4860 | 240 | 1 | 6 | 200 |
| XC7K160T | GTP（8 个） | 25 350 | 2188 | 11 700 | 600 | 1 | 8 | 250 |
| XC7K325T | GTP（16 个） | 55 650 | 4000 | 16 020 | 840 | 1 | 10 | 350 |
| XC7K410T | GTP（16 个） | 63 550 | 5663 | 28 620 | 1540 | 1 | 10 | 350 |
| Virtex-7 系列 | | | | | | | | |
| XC7V585T | GTX（36 个） | 91 050 | 6938 | 28 620 | 1260 | 3 | 18 | 750 |
| XC7V2000T | GTX（36 个） | 305 400 | 21 550 | 46 512 | 2160 | 4 | 24 | 1200 |
| XC7VX415T | GTX（24 个） | 64 400 | 6525 | 31 680 | 2160 | 2 | 12 | 1100 |
| XC7VX485T | GTX（56 个） | 75 900 | 8175 | 37 080 | 2800 | 4 | 14 | 1100 |
| XC7VX550T | GTH（48 个） | 86 600 | 8725 | 42 480 | 2880 | 0 | 20 | 1100 |
| XC7VH580T | GTH（48 个） | 90 700 | 8850 | 33 840 | 1680 | 0 | 12 | 600 |
| XC7VH870T | GTH（72 个） | 136 900 | 13 275 | 50 760 | 2520 | 0 | 18 | 300 |

## 1.5 FPGA 信号处理板 CXD720

为便于学习实践，我们精心设计了与本书配套的 FPGA 信号处理板 CXD720（见图 1-10），并在本书中详细讲解了工程实例的实验步骤及方法，形成了从理论到实践的完整学习体验过程，可以有效地加深读者对 FPGA 数字信号处理技术的理解，并提高学习效率，从而更好地构建数字信号处理技术理论知识与工程实践之间的桥梁。

图 1-10 FPGA 信号处理板 CXD720 实物图

CXD720 为 140mm×95mm 的 6 层板结构，其中完整的地层保证了整个开发板具有很强的抗干扰能力和良好的工作稳定性。综合考虑信号处理算法对逻辑资源的需求，以及产品价格等因素，CXD720 开发板采用 AMD 公司的 Artix-7 系列 XC7A100TFGG484 为主芯片。FPGA 芯片逻辑资源表如表 1-4 所示（表中未注明单位的项，其单位为个）。

**表 1-4 FPGA 芯片逻辑资源表**

| Devlce | Logic Cell | Configurable Logic Blocks(CLB) | | DSP48E1 Sllces | Block RAM Blocks | | | CMT | Pcle | GTP | XADC Block | Total I/O Bank | Max User I/O |
|---|---|---|---|---|---|---|---|---|---|---|---|---|---|
| | | Slices | Max Distributed RAM (Kbit) | | 18Kbit | 36Kbit | Max (Kbit) | | | | | | |
| XC7A12T | 12800 | 2000 | 171 | 40 | 40 | 20 | 720 | 3 | 1 | 2 | 1 | 3 | 150 |
| XC7A15T | 16640 | 2600 | 200 | 45 | 50 | 25 | 900 | 5 | 1 | 4 | 1 | 5 | 250 |
| XC7A25T | 23360 | 3650 | 313 | 80 | 90 | 45 | 1620 | 3 | 1 | 4 | 1 | 3 | 150 |
| XC7A35T | 33280 | 5200 | 400 | 90 | 100 | 50 | 1800 | 5 | 1 | 4 | 1 | 5 | 250 |
| XC7A50T | 52160 | 8150 | 600 | 120 | 150 | 75 | 2700 | 5 | 1 | 4 | 1 | 5 | 250 |
| XC7A75T | 75520 | 11800 | 892 | 180 | 210 | 105 | 3780 | 8 | 1 | 8 | 1 | 6 | 300 |
| XC7A100T | 101440 | 15850 | 1188 | 240 | 270 | 135 | 4860 | 6 | 1 | 8 | 1 | 6 | 300 |
| XC7A200T | 215360 | 33650 | 2888 | 740 | 730 | 365 | 13140 | 10 | 1 | 16 | 1 | 10 | 500 |

CXD720 的顶层结构示意图如图 1-11 所示，主要有以下特点及功能接口。

- 6 层板结构，完整的地层，增加了开发板的稳定性和可靠性。
- 采用 AMD 公司的 Artix-7 系列 XC7A100TFGG484-2，丰富的资源可胜任一般数字信号处理算法，BGA 封装更加稳定，提供标准 14 针 JTAG 接口。
- 128Mbit 的 Flash（N25Q128SE），有足够的空间存储 FPGA 配置程序，还可以作为外部数据存储器使用。
- 1 个独立的 100MHz 晶振。
- 2 路最高转换频率为 125MHz，14bit 的 D/A 接口（AD 9767）；1 路最高抽样频率为 65MHz，12bit 的 A/D 接口（AD 9226）；一块开发板可以完成从模拟信号产生、A/D

采样、信号处理，处理后 D/A 转换输出的整个信号处理算法验证。

- 5 个低噪运放芯片 AD8065 有效调节 AD/DA 信号幅度大小。
- 4 个 8 段共阳极数码管显示。
- 8 个 LED。
- 5 个独立按键。
- 40 针扩展座，扩展输出独立的 FPGA 用户引脚。

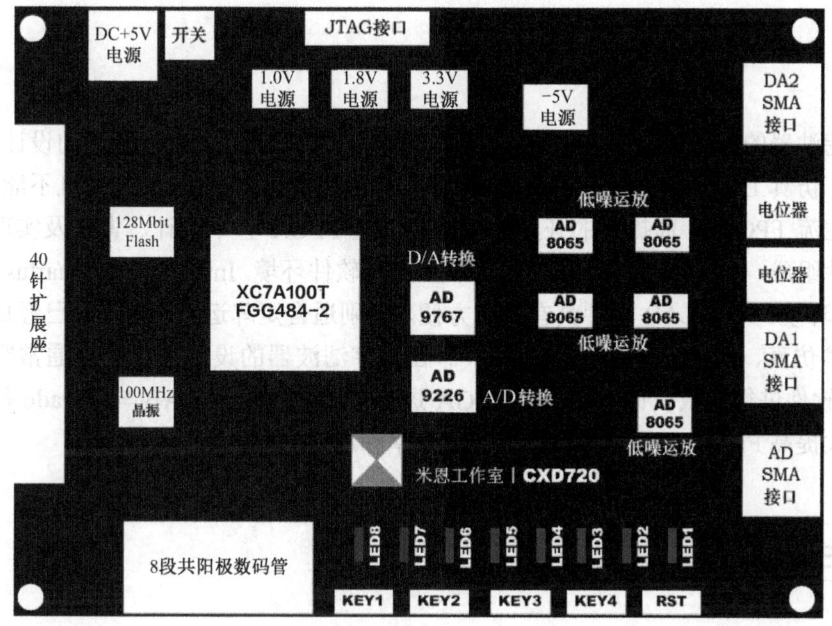


图 1-11　CXD720 的顶层结构示意图

## 1.6 小结

本章首先介绍了滤波器的基本概念，以及数字滤波器与模拟滤波器之间的区别。工程上设计的滤波器无法达到理想滤波器的性能，只可能尽量逼近，因此工程师在设计滤波器之前必须明确滤波器的特征参数。本章接着介绍了 FPGA 的基本概念、发展历程、结构及工作原理等基本知识。FPGA 因其使用灵活、可重复配置、适合并行运算等特点，越来越成为电子、通信产品中不可或缺的部分。通过比较的方法，本章分析了 FPGA 在数字信号处理中的应用特点及优势。目前世界上的 FPGA 厂商有 AMD、Intel、Lattice、Actel、Cypress、Lucent、QuickLogic、Atmel 等，其中最主要的厂商为 AMD、Intel 两家。由于不同器件的结构不同，各有其合理的应用领域，为了提高设计性能并降低产品成本，了解器件基本特性，合理选择目标器件显得尤为重要。本章最后对 AMD 公司的主要芯片进行了介绍，同时在后续章节中将利用 AMD 公司的 Artix-7 系列 XC7A100TFGG484-2 作为目标器件进行讲解。

# 第2章 设计语言及环境介绍

数字滤波器的FPGA设计需要用到FPGA专用开发工具，如硬件编程的设计输入工具、综合工具、仿真工具等。不同FPGA器件生产厂商均有各自的开发工具，且不能互相通用。目前几家主流FPGA厂商提供的开发软件均由涵盖FPGA整个设计、调试及实现过程的多个工具软件组成，如AMD公司的Vivado、ISE集成软件环境，Intel公司的Quartus II、Quartus Prime开发环境。MATLAB软件具有使用方便、特别适合矩阵运算的特点，已经成为数字信号处理技术仿真、设计、分析的通用工具。在数字滤波器的设计过程中，通常需要先使用MATLAB软件进行参数设计，再使用FPGA进行实现，将MATLAB与Vivado联合起来使用可以大大提高FPGA工程技术人员的设计效率和质量。

## 2.1 Verilog HDL语言简介

### 2.1.1 HDL语言

PLD（可编程逻辑器件）出现后，需要有一种设计切入点（Design Entry）将设计者的意图表现出来，并最终在具体的器件上实现。早期主要有两种设计方式：一种是采取画原理图的方式，就像PLD出现之前将分散的TTL（Transistor-Transistor Logic）芯片组合成电路板一样进行设计，这种方式只是将电路板变成了一块芯片而已；还有一种设计方式是用逻辑方程式来表现设计者意图，先将多条方程式语句组成的文件经过编译器编译后产生相应文件，再由专用工具写到PLD中，从而实现各种逻辑功能。

随着PLD技术的发展，开发工具的功能已十分强大。目前设计输入方式在形式上仍有原理图输入方式、状态机输入方式和HDL输入方式，由于HDL输入方式具有其他方式无可比拟的系列优点，因此在FPGA设计过程中几乎均采用这种方式，其他输入方式很少使用。HDL输入方式，即采用编程语言进行设计输入的方式，主要有以下几方面的优点。

（1）HDL没有固定的目标器件，在进行设计时不需要考虑器件的具体结构。不同厂商生产的PLD虽然功能相似，但内部结构上毕竟有不同之处，若采用原理图输入方式，则需要对具体器件的结构、功能部件有一定的了解，从而增加了设计的难度。

（2）HDL设计通用性、兼容性好，十分便于移植。在大多数情况下，用HDL进行设计几乎不需要进行任何修改就可以在各种设计环境、PLD之间编译实现，这给项目的升级开发、程序复用、程序交流、程序维护带来了很大的便利。

（3）由于 HDL 在设计之时不需要考虑硬件结构，不需要考虑布局布线等问题，只需要结合仿真软件对设计结果进行仿真即可得到满意的结果，因此大大降低了设计的复杂度和难度。

目前的 HDL 较多，主要有 VHDL（VHSIC Hardware Description Language，其中的 VHSIC 是 Very High Speed Integrated Circuit 的缩写，超高速集成电路硬件描述语言）、Verilog HDL、AHDL、SystemC、HandelC、System Verilog、System VHDL 等，其中主流工具语言为 VHDL 和 Verilog HDL。

VHDL 和 Verilog HDL 各有优势。VHDL 语法严谨，虽然在描述具体设计时感觉较为烦琐，但正因为其严谨使得语法的编译纠错能力较强；Verilog HDL 语法宽松，因其宽松导致描述具体设计时容易产生问题。例如，VHDL 会在编译过程中检查信号的位宽问题，而 Verilog HDL 不会检查位宽问题。虽然两种语言的结构及形式不同，但编程设计的思路是一样的，读者在掌握了其中一种语言后，很容易读懂其他 HDL。由于目前 Verilog HDL 在国内应用更为广泛，本书所有 FPGA 实例均采用 Verilog HDL 进行设计。

## 2.1.2　Verilog HDL 语言

### 1．Verilog HDL 简介

Verilog HDL 是在 1983 年由 GDA（GateWay Design Automation）公司的 Phil Moorby 首创的。Phil Moorby 后来成为 Verilog-XL 的主要设计者和 Cadence 公司（Cadence Design System）的第一个合伙人。1984—1985 年，Phil Moorby 设计出了第一个关于 Verilog-XL 的仿真器。1986 年，他对 Verilog HDL 的发展又做出了一个巨大贡献：提出了用于快速门级仿真的 XL 算法。

随着 Verilog-XL 算法的成功，Verilog HDL 得到迅速发展。1989 年，Cadence 公司收购了 GDA 公司，Verilog HDL 成为 Cadence 公司的私有财产。1990 年，Cadence 公司决定公开 Verilog HDL，于是成立了 OVI（Open Verilog International）组织来负责 Verilog HDL 语言的发展。基于 Verilog HDL 的优越性，IEEE 于 1995 年制定了 Verilog HDL 语言的 IEEE 标准，即 Verilog HDL 1364—1995。随着 Verilog HDL 语言的不断完善和发展，先后制定了 IEEE 1364—2001、IEEE 1364—2005 两个标准。

Verilog HDL 是一种用于数字逻辑电路设计的语言，用 Verilog HDL 描述的电路设计就是该电路的 Verilog HDL 模型。Verilog HDL 既是一种行为描述语言，也是一种结构描述语言。也就是说，既可以用电路的功能描述，也可以用器件和它们之间的连接来建立所设计电路的 Verilog HDL 模型。Verilog HDL 模型可以是实际电路的不同级别的抽象，这些抽象的级别和它们对应的模型类型共有以下几种。

- 系统级（System）：用高级语言实现设计模块的外部性能模型。
- 算法级（Algorithm）：用高级语言实现设计算法的模型。
- RTL 级（Register Transfer Level）：描述数据在寄存器之间流动，以及如何处理这些数据的模型。
- 门级（Switch-Level）：描述器件中三极管、存储节点和它们之间连接的模型。

一个复杂电路系统的完整 Verilog HDL 模型是由若干个 Verilog HDL 模块构成的，每个

模块又可以由若干个子模块构成，其中有些模块需要综合成具体电路，而有些模块只是生成激励信号源且不需要生成具体电路，这些不需要生成具体电路的模块，可以仅从语法角度进行设计，设计更加灵活。利用 Verilog HDL 模型所提供的这种功能可以构造一个模块间的清晰层次结构，从而描述极其复杂的大型设计，并对所做设计的逻辑进行严格的验证。

作为一种结构描述和行为描述的语言，Verilog HDL 的语法结构非常适合算法级和 RTL 级的模型设计。这种行为描述的语言具有以下功能。

- 可描述顺序执行或并行执行的程序结构。
- 可用延时表达式或事件表达式来明确控制过程的启动时间。
- 可通过命名的事件来触发其他过程中的激活行为或停止行为。
- 提供了条件、if-else、case、循环程序结构。
- 提供了可带参数且非零延迟时间的任务（Task）程序结构。
- 提供了可定义新的操作符的函数（Function）结构。
- 提供了用于建立表达式的算术运算符、逻辑运算符和位运算符。

作为一种结构描述的语言，Verilog HDL 也非常适合门级和开关级的模型设计，因其结构化的特点使它具有以下功能。

- 提供了一套完整的组合型原语（Primitive）。
- 提供了双向通路和电路器件的原语。
- 可建立 MOS 器件的电荷分享和电荷衰减的动态模型。

Verilog HDL 语言的构造性语句可以精确地建立信号的模型，是因为在 Verilog HDL 语言中，提供了延迟和输出强度的原语来建立精确程度很高的信号模型。信号值可以有不同的强度，可以通过设计宽范围的模糊值来降低不确定条件的影响。

作为一种高级的硬件描述编程语言，Verilog HDL 有着类似 C 语言的风格，其中有许多语句，如 if 语句、case 语句等，与 C 语言中的对应语句十分相似。需要特别说明的是，虽然 Verilog HDL 的一些语法与 C 语言类似，但 Verilog HDL 本质上是描述硬件的“并行”语言，而 C 语言本质上是“顺序”语言，两者在设计思想上有本质的区别。关于 Verilog HDL 的详细学习方法可参考《零基础学 FPGA 设计——理解硬件编程思想》。

Verilog HDL 是一套完整的语言，有严密的语法体系。但用于 FPGA 电路设计的常用语法只有很少的几条，完成特定功能电路设计的核心在于工程师的设计思想。下面介绍在本书的编写过程中，需要用到的几条 Verilog HDL 的基本语法，以及几条简单的代码设计规则。

### 2．Verilog HDL 程序结构

Verilog HDL 的基本设计单元是 module（模块）。一个模块由两部分组成，一部分描述接口，另一部分描述逻辑功能，即定义输入是如何影响输出的。下面是一段完整的 Verilog HDL 程序代码。

```
module mdesign (          //第 1 行
   input a,b,             //第 2 行
   output c,d);           //第 3 行
   assign c= a | b;       //第 4 行
   assign d= a & b;       //第 5 行
```

```
endmodule               //第 6 行
```

在上面的例子中，加粗字体为 Verilog HDL 的关键字。完整的 Verilog HDL 设计文件以 module 开始，以 endmodule 结束。第 1～3 行声明了模块名为 mdesign 的模块，其中第 2 行声明了模块的两个输入信号 a、b，第 3 行声明了模块的两个输出信号 c、d；第 4 行表示信号 c 为 a 和 b 相或的运算结果；第 5 行表示信号 d 为 a 和 b 相与的运算结果。

以上就是设计一个简单的 Verilog HDL 程序模块所需的全部内容。从这个例子可以看出，Verilog HDL 结构完全嵌在声明语句 module 和 endmodule 之间。每个 Verilog HDL 程序都包括三个主要部分：端口定义、内部信号声明和功能定义。

（1）端口定义：模块的端口声明了模块的输入/输出接口，其格式如下。

```
module 模块名(
    input   [N-1:0] 端口名 1，端口名 2，…，端口名 i；//输入端口
    output [M-1:0] 端口名 1，端口名 2，…，端口名 j)；//输出端口
```

其中，N 为输入端口的位宽，如信号为单比特信号，则不写位宽说明；M 为输出端口信号的位宽，如信号为单比特信号，则不写位宽说明。需要注意的是，端口声明中最后一个信号名后为右括号“)”，并以分号“；”结束。

（2）内部信号声明：在模块内用到的 wire 和 reg 信号的声明，其格式如下。

```
reg   [width-1: 0] R 变量 1，R 变量 2…；
wire [width-1: 0] W 变量 1，W 变量 2…；
```

（3）功能定义：模块中最重要的部分就是逻辑的功能定义部分。有三种方法可以在模块中产生逻辑，即用 assign 声明语句、例化模块和用 always 块。下面分别是这三种方法实现逻辑功能定义的例子。

```
//用 assign 声明语句
assign a = b & c;

//例化模块
and and_inst(q, a, b);

//用 always 块
always @(posedge clk or posedge rst)
begin
    if (rst) q <= 0;
    else if (en) q <= d;
end
```

如果用 Verilog HDL 程序模块实现一定的功能，那么首先应该清楚哪些是同时发生的，哪些是顺序发生的。上面三个例子分别采用了 assign 声明语句、例化模块和 always 块。这三个例子描述的逻辑功能是同时执行的，也就是说，如果把这三个例子写到一个 Verilog HDL 程序模块文件中，它们的次序不会影响逻辑实现的功能。这三个例子是同时执行的，也就是并发的。

请注意，两个或多个 always 块是同时执行的，但是模块内部的语句一般是顺序执行的。

看一下 always 块内的语句，你就会明白它是如何实现功能的。if…else…if 必须顺序执行，否则其功能就没有任何意义。如果 else 语句在 if 语句之前执行，功能就不符合要求了。为了能实现上述描述的功能，always 块内部的语句将按照书写的顺序执行。

### 2.1.3 本书中的 Verilog HDL 代码设计原则

完整的 Verilog HDL 语法包括信号位宽，信号的加、减、乘、除运算，参数调用，激励文件的编写等。本书主要讨论采用 FPGA 进行数字滤波器设计，由于读者已经具备一定的 FPGA 设计知识，本书不再详细介绍完整的 Verilog HDL 语法。但是，为了明确“语法是次要的，思想才是关键”的思想，本书在编写过程中，会尽量采用简单明了的语法，所有可综合成电路的 FPGA 程序（不含仿真测试激励文件代码）实例应遵循以下几条简单的设计原则。

（1）所有 wire、reg 信号在使用之前，均需要进行声明。

（2）所有在 always 块内被赋值的信号均声明为 reg 类型，否则声明为 wire 类型。

（3）所有在 always 块内的赋值均采用非阻塞赋值语句“<=”，否则使用阻塞赋值语句“=”。

（4）仅使用加、减、比较运算符，一律不直接使用移位、乘、除、开方、指数运算符。

（5）如果需要实现乘、除运算，那么一律通过调用 IP 核的方式实现。

（6）主要使用 if/else、case 等简单的语句，尽量减少复杂语句的使用。

## 2.2 FPGA 设计流程

FPGA 设计过程可以和采用 Altium Designer 软件设计 PCB 的流程进行类比。图 2-1 所示为 FPGA 设计流程图。本节只是简单介绍各个设计流程的基本知识，后面再以一个完整的流水灯实例详细讨论 FPGA 设计过程。

**1. 设计准备**

在进行一个设计之前，总要进行一些准备工作，好比在进行 VC 软件开发前需要进行需求分析，进行电路板设计前总要明确电路板的功能及对外接口。设计一个 FPGA 项目就好比设计一块电路板，只是设计的对象是一块芯片的内部功能结构。一个 FPGA 设计就是一块 IC 芯片设计，动手进行代码输入前必须明确这块 IC 芯片的功能及对外接口。电路板的对外接口是一些接口插座及信号线，IC 芯片的对外接口反映在芯片的引脚上。FPGA 灵活性最直接的体现，即在于每个用户引脚均可自由定义。也就是说，在没有下载程序文件前，FPGA 所有引脚均没有任何功能，各引脚是输入还是输出，是复位信号还是 LED 驱动信号，这些完全由程序文件确定。这种功能对于常规的专用芯片来说是无法实现的。

**2. 设计输入**

明确了设计功能及对外接口后，就可以开始设计输入了。设计输入就是指编写代码、绘制原理图、设计状态机等设计输入工作。当然，对于复杂的设计，在动手编写代码前还需要进行顶层设计、模块功能设计等一系列工作；对于简单的设计来讲就不用那么麻烦了，一个文件即可解决所有问题。设计输入的方式有多种，如原理图输入方式、状态机输入方式、HDL 输入方式、IP 核输入方式（高效率的输入方式，用经过测试的别人的劳动成果可确保设计的性能并提高设计效率）等。

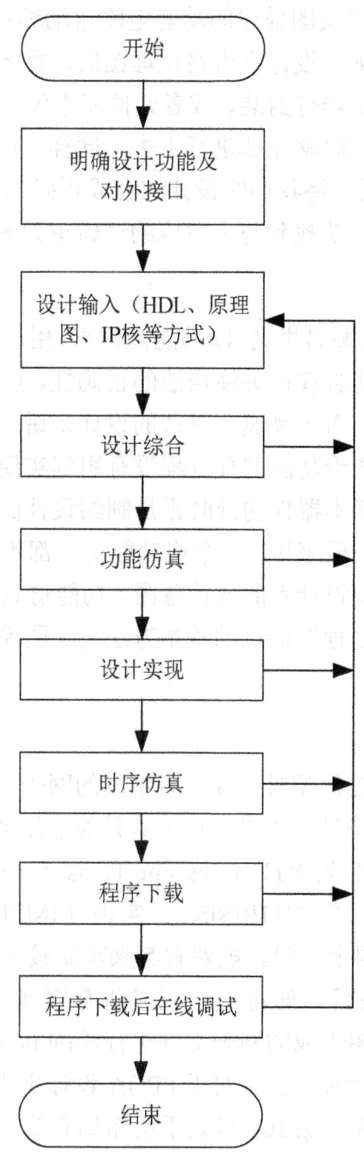


图 2-1　FPGA 设计流程图

**3．设计综合**

大多 FPGA 设计的教材及参考书在讲解设计流程时，均把设计综合放在功能仿真之后，原因是功能仿真只是对设计输入的语法进行检查及仿真，不涉及具体的电路综合与实现。换句话说，即使写出的代码最终无法综合成具体电路，功能仿真也可能正确无误。作者认为，如果辛辛苦苦写出的代码最终无法综合成电路，即根本是一个不可能实现的设计，那么这种情况下不尽早检查设计并修改，而是费尽心思地追求功能仿真的正确性，岂不是在进一步浪费我们宝贵的时间？所以，在设计输入完成后，先对设计综合一下，看看我们的设计是否能形成电路，再去进行仿真可能会更好些。设计综合就是将 HDL、原理图等设计输入翻译成由与门、或门、非门、触发器等基本逻辑单元组成的逻辑连接，并形成网表格式文件，供布局布线器进行实现。FPGA 内部本身是由一些基本的组合逻辑门、触发器、存储器等组成的，综合的过程也就是将使用语言或绘图描述的功能电路自动编译成基本逻辑单元组合的过程。这好比用 Altium Designer 设计时，设计好电路原理图后，要将原理图转换成网表文件，如果没有为每个原理图中的元件指定器件封装，或者元件库中没有指定的元件封装，那么在转换成网表文件并进行后期布局布线时就无法进行下去。同样，如果 HDL 输入语句本身没有与之对应的硬件实现，自然也就无法将我们的设计综合成正确的电路，这样的设计即使在功能、语法上是正确的，在硬件上却无法找到与之对应的逻辑单元来实现。

#### 4．功能仿真

功能仿真又称为行为仿真，顾名思义，即功能性仿真，用于检查设计输入语法是否正确，功能是否满足要求。由于功能仿真仅仅关注语法的正确性，因而即使功能仿真正确后，也无法保证最后设计实现的正确性。对于高速或复杂的设计来讲，在功能仿真正确后，还要做的工作可能仍然十分繁杂，原因在于功能仿真过程没有用到实现设计的时序信息，仿真延时基本忽略不计，处于理想状态，基本器件的延时正是制约设计的瓶颈。虽然如此，功能仿真在设计初期仍然是十分有用的，一般来讲，一个连功能仿真都不能通过的设计是不可能通过布局布线后仿真的，也不可能实现设计者的设计意图。功能仿真的另一好处是可以对设计中的每个模块进行单独仿真，这也是程序调试的基本方法，底层模块先分别进行仿真调试，再进行顶层模块综合调试。

#### 5．设计实现

设计实现是指根据选定的芯片型号、综合后生成的网表文件，将设计配置到具体 FPGA 的过程。由于涉及具体的器件型号，所以实现工具只能选用器件厂商提供的软件。AMD 的 Vivado 软件中的实现过程又可分为 RTL（Resistor Transistor Logic，寄存器传输级逻辑）分析（RTL ANALYSIS）、综合（SYNTHESIS）、实现（IMPLEMENTATION）和编程调试（PROGRAM AND DEBUG）四个步骤。虽然看起来步骤较多，但在具体设计时，直接单击开发软件环境中的编程下载条目，即可自动完成所有实现步骤。设计实现的过程就好比 Altium Designer 软件根据原理图生成的网表文件进行绘制 PCB 的过程。绘制 PCB 可以采用自动布局布线及手动布局布线两种方式。对于 FPGA 设计来讲，FPGA 实现工具同样提供了自动布局布线和手动布局布线两种方式，只是手动布局布线相对困难得多。对于常规或相对简单的设计，仅依靠开发软件自动布局布线功能即可得到满意的效果。

#### 6．时序仿真

一般来说，无论软件工程师还是硬件工程师，都更愿意在设计过程中充分展示自己的创造才华，而不太愿意花过多的时间去做测试或仿真工作。对于一个具体的设计来讲，工程师们愿意更多地关注设计功能的实现，只要功能正确，差不多工作也就完成了。由于目前设计工具的快速发展，尤其仿真工具的功能日益强大，这种观念恐怕需要进行修正了。对于 FPGA 设计来讲，布局布线后仿真也叫作后仿真或时序仿真，具有十分精确的器件延时模型，只要约束条件设计正确合理、通过仿真、程序下载到芯片上，基本上也就不用担心会出现什么问题了。在介绍功能仿真时说过，功能仿真通过了，设计还离成功较远，但只要时序仿真通过了，设计离成功就很近了。

**7. 程序下载**

时序仿真通过后就可以将设计生成的芯片配置文件写入芯片中进行最后的硬件调试，如果硬件电路板没有问题，那么在将程序下载到芯片后即可看到自己的设计已经在正确地工作了。

**8. 程序下载后在线调试**

对于规模较小的设计来讲，程序下载后有可能功能正确。对于比较复杂的项目来讲，前期即使进行了详细的仿真，程序下载到芯片上仍然可能会出现各种各样的问题。将程序下载到芯片上实时调试，是 FPGA 工程师的一项必备技能。FPGA 开发环境大多提供了使用灵活方便的在线调试工具，可以实时获取 FPGA 上电运行时的信号状态。与前面讨论的行为仿真或时序仿真相比，在线调试不仅可以更准确地通过获取芯片内部信号的状态来定位查找问题，而且调试获取信号的速度较快，与电路的实际运行时间相同，而仿真的速度一般要慢得多。当程序规模较大时，几秒钟的仿真波形可能需要几个小时的时间才能被观察到，在线调试则在几秒钟之内就可以获得所需信号的状态。

前面讨论的 FPGA 设计步骤比较多，实际设计工程中并非都要采用，可根据实际情况进行简化处理。例如，前面提到的时序仿真，虽然时序仿真的模型准确，但仿真速度慢、耗时长。如果工程师对设计的代码有透彻的理解，对代码所形成的电路了然于胸，对代码所形成电路的最高运行速度也有准确的估计，那么时序仿真的必要性就不大了。对于作者本人来讲，后期进行 FPGA 设计时，几乎不再进行时序仿真了。

## 2.3 Vivado 软件开发步骤

### 2.3.1 流水灯电路功能

**例 2-1：Vivado 设计流水灯电路。**

流水灯电路几乎成为 FPGA 设计的入门实验，用这个实验来讨论 FPGA 的设计流程比较直观。流水灯的功能是通过控制开发板上的 8 个 LED 依次被点亮来实现的。如果仔细思考一下，还可以通过调整每个 LED 被点亮的时长来控制流水灯的工作频率。并且，流水灯的设计代码有很多种，感兴趣的读者可参考《零基础学 FPGA 设计——理解硬件编程思想》了解多种设计方法。由于这个实例主要展示 Vivado 的开发流程，下面的实例仅设计一种固定频率的流水灯功能。

进行 Verilog HDL 代码设计之前，首先要了解流水灯功能电路的相关硬件接口情况。流水灯电路需要一个时钟输入信号 gclk、8 个 LED 输出信号 led[7:0]，为简化设计，程序不设置复位电路。为了准确控制 LED 的亮灭状态，还需要明确 LED 电路的硬件电路原理。本实例采用的开发板为 CXD720，根据硬件原理图可知 LED 为高电平点亮，如图 2-2 所示。

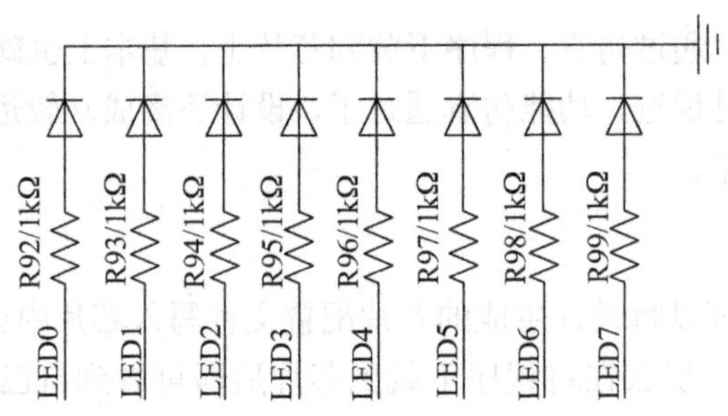


图2-2　CXD720开发板LED电路原理图

查阅CXD720开发板的电路原理图，可知流水灯电路中的引脚定义如表2-1所示。

表2-1　流水灯电路中的引脚定义

| 信号名称 | FPGA引脚 | 信号方向 | 备注 |
|---|---|---|---|
| gclk | C19 | FPGA← | 100MHz时钟 |
| led[0] | Y4 | FPGA→ | 高电平点亮 |
| led[1] | V4 | FPGA→ | 高电平点亮 |
| led[2] | T3 | FPGA→ | 高电平点亮 |
| led[3] | T4 | FPGA→ | 高电平点亮 |
| led[4] | P5 | FPGA→ | 高电平点亮 |
| led[5] | K3 | FPGA→ | 高电平点亮 |
| led[6] | H3 | FPGA→ | 高电平点亮 |
| led[7] | F3 | FPGA→ | 高电平点亮 |

## 2.3.2　流水灯电路设计输入与实现

### 1. 新建流水灯工程

打开Vivado软件，执行菜单命令“File”→“Project”→“New”，打开新建工程（New Project）对话框，单击“Next”按钮，在弹出的对话框中勾选“Create project subdirectory”复选框，在“Project location”编辑框中输入工程目录的存放路径，在“Project name”编辑框中输入工程名称“waterlight”，如图2-3所示。

单击“Next”按钮，在弹出的对话框中勾选“RTL Project”复选框，持续单击“Next”按钮进入目标器件选择对话框。选中CXD720的FPGA器件型号“xc7a100tfgg484-2”，单击“OK”按钮，完成名为waterlight的FPGA工程创建，如图2-4所示。

### 2. 代码输入与程序实现

完成waterlight工程创建后，在Vivado主界面中，单击左侧“Flow Navigator”中的“Add Sources”条目，在弹出的对话框中勾选“Add or create design sources”复选框，单击“Next”按钮，在弹出的对话框中单击“Create File”按钮，弹出新建文件对话框。在“File type”列表框中选择“Verilog”选项，在“File name”编辑框中输入文件名“waterlight”，如图2-5所示。单击“OK”按钮，进入文件端口设置对话框。

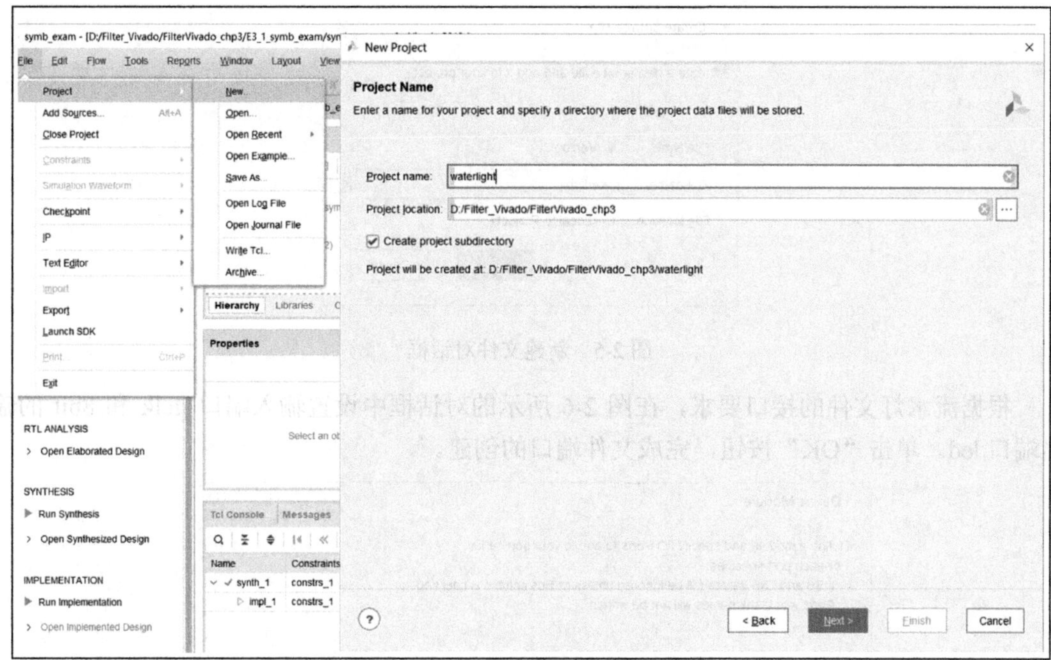


图 2-3　Vivado FPGA 工程创建对话框

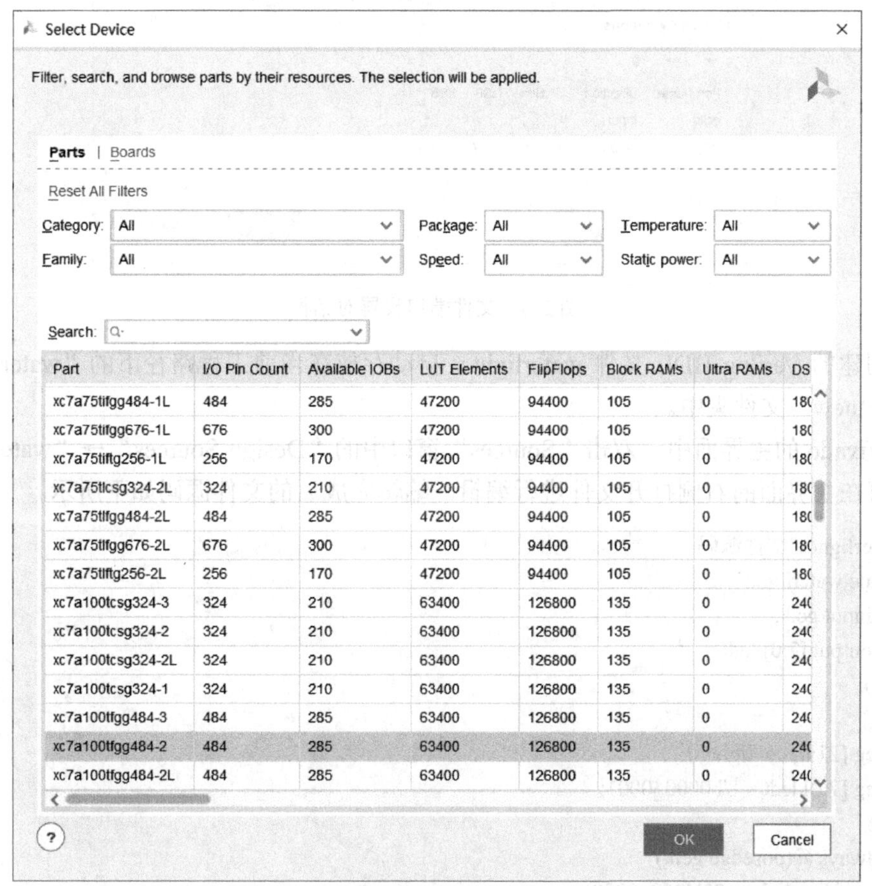


图 2-4　FPGA 目标器件选择对话框

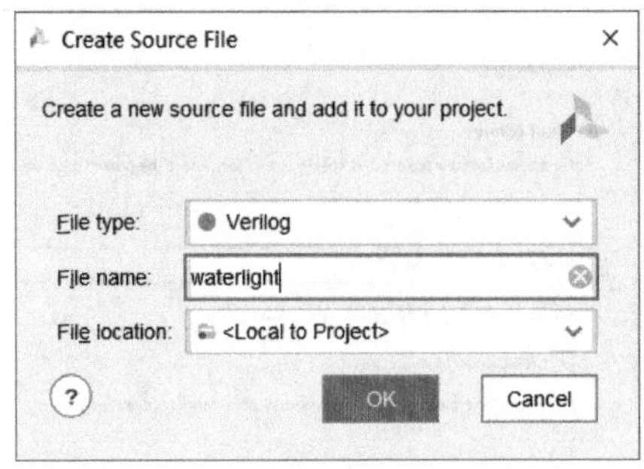


图 2-5　新建文件对话框

根据流水灯文件的接口要求，在图 2-6 所示的对话框中设置输入端口 gclk 和 8bit 的输出端口 led。单击“OK”按钮，完成文件端口的创建。

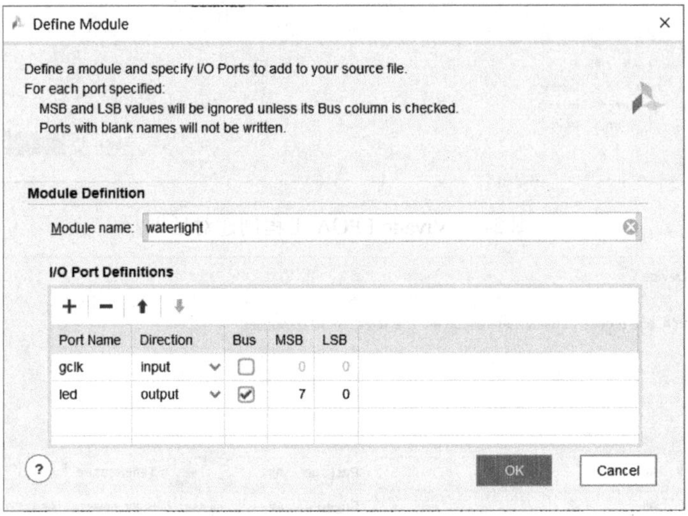

图 2-6　文件端口设置对话框

新创建的 Verilog HDL 文件 waterlight.v 自动存放在当前工程路径下的“waterlight.srcs\sources_1\new”文件夹中。

在 Vivado 的主界面中，双击“Sources”窗口中的“Design Sources”→“waterlight.v”按钮，可在主界面的右侧打开文件进行编辑，编辑完成后的文件源码如下所示。

```
//waterlight.v 文件源码
module waterlight(
    input gclk,
    output [7:0] led
    );

   reg [21:0] cn_light=0;
   reg [7:0] ledt = 8'b0000_0001;

   always @(posedge gclk)
      if (cn_light < 22'd250_0000)
         cn_light <= cn_light + 1;
```

```
        else begin
            cn_light <= 0;
            ledt <= {ledt[6:0],ledt[7]};
            end

    assign led = ledt;

endmodule
```

完成文件编辑后，可单击 Vivado 左侧窗口中的“RTL ANALYSIS”→“Open Elaborated”“Design”→“Schematic”按钮，查看 RTL 原理图。

单击 Vivado 界面左侧的“Add Sources”条目，新建“constraints”约束文件 CXD720.xdc，并在文件中编辑引脚约束语句，如下所示。

```
set_property BITSTREAM.CONFIG.SPI_BUSWIDTH 4 [current_design]
set_property CONFIG_MODE SPIx4 [current_design]
set_property BITSTREAM.CONFIG.CONFIGRATE 50 [current_design]

create_clock -period 10.000 -name sys_clk [get_ports gclk]
set_property PACKAGE_PIN C19 [get_ports gclk]
set_property IOSTANDARD LVCMOS33 [get_ports {gclk}]
set_property CLOCK_DEDICATED_ROUTE FALSE [get_nets {gclk_IBUF}]

set_property PACKAGE_PIN Y4 [get_ports {led[0]}]
set_property IOSTANDARD LVCMOS33 [get_ports {led[0]}]

set_property PACKAGE_PIN V4 [get_ports {led[1]}]
set_property IOSTANDARD LVCMOS33 [get_ports {led[1]}]

set_property PACKAGE_PIN T3 [get_ports {led[2]}]
set_property IOSTANDARD LVCMOS33 [get_ports {led[2]}]

set_property PACKAGE_PIN T4 [get_ports {led[3]}]
set_property IOSTANDARD LVCMOS33 [get_ports {led[3]}]

set_property PACKAGE_PIN P5 [get_ports {led[4]}]
set_property IOSTANDARD LVCMOS33 [get_ports {led[4]}]

set_property PACKAGE_PIN K3 [get_ports {led[5]}]
set_property IOSTANDARD LVCMOS33 [get_ports {led[5]}]

set_property PACKAGE_PIN H3 [get_ports {led[6]}]
set_property IOSTANDARD LVCMOS33 [get_ports {led[6]}]

set_property PACKAGE_PIN F3 [get_ports {led[7]}]
set_property IOSTANDARD LVCMOS33 [get_ports {led[7]}]
```

其中，前 3 行代码用于设置程序下载到 FLASH 芯片时的配置模式：数据位宽为 4bit、采用 SPIx4 配置模式、配置速率为 50MHz。对于 CXD720 来讲，这 3 行代码可以始终写在

xdc 的文件前面，不需要进行任何修改。

第 4 行代码用于设置对时钟信号 gclk 的周期约束，设置周期为 10ns，即 100MHz。CXD720 的晶振时钟频率为 100MHz。

第 5、6 代码用于设置时钟信号 gclk 的引脚及电气特性约束。由于 FPGA 芯片的 C19 管脚为差分时钟输入端，程序中将 C19 作为单端时钟输入，程序综合实现时会检查到 C19 的使用规则与使用方法冲突，而无法完成综合实现。第 7 行代码用于屏蔽对时钟管脚规则的检查，从而完成程序的综合实现过程。

后续代码中，每 2 行代码为一组，完成对端口信号引脚及电气特性的约束。以 gclk 为例，PACKAGE_PIN 后面的序号 C19 表示 gclk 信号对应的 FPGA 引脚编号为 C19。如果查阅 CXD720 的电路原理图可知，100MHz 的晶振时钟信号正好与 FPGA 的 C19 连接。IOSTANDARD LVCMOS33 表示 gclk 对应引脚的电气特性为 3.3V 的 LVCMOS 电压标准。除 LVCMOS33 外，常用的 FPGA 引脚电压标准还有 LVCMOS18、LVCMOS25、LVCMOS15 等。FPGA 引脚的电压标准由硬件电路中的 BANK I/O 供电电压决定。CXD720 的引脚电压标准均为 LVCMOS33。

完成引脚约束设计后，单击 Vivado 主界面左侧窗口中的“IMPLEMENTATION”条目自动完成电路的综合及布局布线。单击“PROGRAM AND DEBUG”下面的“Generate Bitstream”条目，自动生成与工程名同名的 bit 文件 waterlight.bit。准备好程序 bit 文件，就可以开始将程序下载到芯片验证电路功能了。

## 2.3.3 程序下载

FPGA 程序下载有两种基本方式：一种是下载 bit 文件，另一种是下载 FLASH 文件。下载 bit 文件是指将程序文件直接下载到 FPGA 芯片中，FPGA 立即运行程序，但重新上电后程序消失；下载 FLASH 文件是指将程序文件烧录到存储 FPGA 程序的 FLASH 芯片中，每次重新上电后，FLASH 中的程序写入 FPGA 芯片中运行。第一种程序下载方式便于程序调试，第二种程序下载方式用于形成最终产品。下面介绍第一种程序下载方式。

完成 bit 文件生成后，将开发板与程序下载线正确连接，单击 Vivado 界面左侧下面的“Open Hard Manager”按钮，打开下载管理器。在 Vivado 右侧窗口中继续单击“Open traget”→“Program Device”按钮，打开程序文件窗口，在“Bitstream file”编辑框中设置 bit 文件路径，如图 2-7 所示。

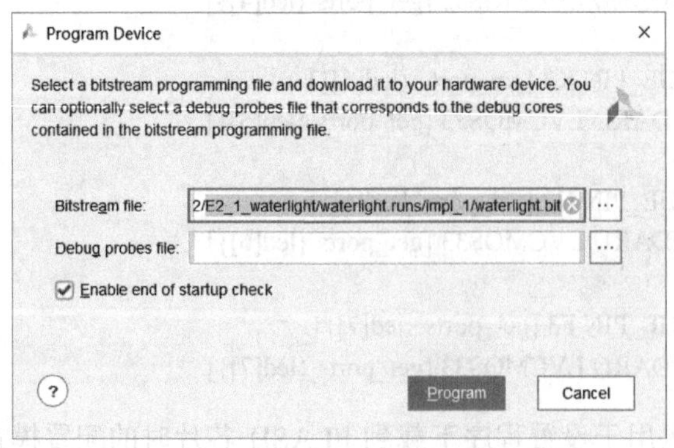


图 2-7 程序文件路径设置

此时，单击“Program”按钮，完成程序下载，可以看到开发板上的 8 个 LED 以流水灯状态运行。

## 2.4 MATLAB 软件简介

### 1. MATLAB 软件介绍

20 世纪 70 年代，美国新墨西哥大学计算机科学系主任 Cleve Moler 为了减轻学生编程的负担，用 Fortran 语言编写了最早的 MATLAB。1984 年，由 Little、Moler、Steve Bangert 合作成立的 MathWorks 公司正式把 MATLAB 推向市场。到 20 世纪 90 年代，MATLAB 已成为国际控制界的标准计算软件，为便于程序的通用性，本书使用 MATLAB R2014a 进行设计和讲解。

MATLAB 主要面对科学计算、可视化和交互式程序设计的高科技计算环境，它将数值分析、矩阵计算、科学数据可视化，以及非线性动态系统的建模和仿真等强大功能集成在一个易于使用的视窗环境中，为科学研究、工程设计和必须进行有效数值计算的众多科学领域提供了一种全面的解决方案，并在很大程度上摆脱了传统非交互式程序设计语言（如 C、Fortran）的编程模式，代表了当今国际科学计算软件的先进水平。MATLAB 在数学类科技应用软件中的数值计算方面首屈一指，它可以进行矩阵运算、绘制函数和数据、实现算法、创建用户界面、链接其他编程语言的程序等，主要应用于工程计算、控制设计、信号处理与通信、图像处理、信号检测、金融建模设计与分析等领域。

MATLAB 的基本数据单位是矩阵，它的指令表达式与数学、工程中常用的形式十分相似，故用 MATLAB 来解算问题要比用 C、Fortran 等语言简洁得多，并且 MATLAB 也吸收了像 Maple 等软件的优点，使 MATLAB 成为一个强大的数学软件。在新的版本中还加入了对 C、Fortran、C++、Java 等语言的支持，用户可以直接调用，也可以将自己编写的实用程序导入 MATLAB 函数库中方便以后调用，此外许多的 MATLAB 爱好者都编写了一些经典的程序，用户可以直接下载使用。

### 2. MATLAB 工作界面

MATLAB 的工作界面简单、明了，易于操作。安装好软件后，依次执行“开始”→“所有程序”→“MATLAB”→“R2014a”→“MATLAB R2014a”命令，即可打开 MATLAB 软件，其主工作界面如图 2-8 所示。

命令行窗口是 MATLAB 的主窗口。在命令行窗口中可以直接输入命令，系统将自动显示命令执行后的信息。如果一条命令语句过长，需要两行或多行才能输入完毕，则要使用“…”作为连接符号，按“Enter”键转入下一行继续输入。另外，在命令行窗口输入命令时，可利用快捷键十分方便地调用或修改以前输入的命令。例如，通过向上键“↑”可重复调用上一个命令行，对它加以修改后直接按“Enter”键执行，在执行命令时不需要将光标移至行尾。命令行窗口只能执行单条命令，用户可通过创建 M 文件（后缀名为“.m”的文件）来编辑多条命令语句，在命令行窗口中输入 M 文件的名称，即可依次执行 M 文件中所有命令语句。

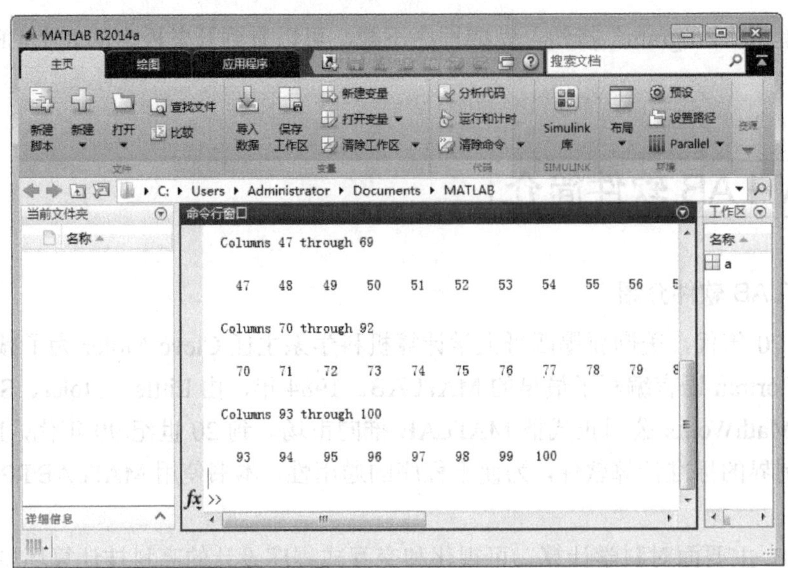


图 2-8　MATLAB 的主工作界面

命令历史窗口用于显示用户在命令行窗口中执行过的命令，用户也可直接双击命令历史窗口中的命令来执行该命令，也可以在选中某条或多条命令后，执行复制、剪切等操作。工作空间窗口用于显示当前工作环境中所有创建的变量信息，单击工作空间窗口下的“当前文件夹”可打开当前工作路径窗口，该窗口用于显示当前工作在什么路径下，包括 M 文件的打开路径等。

### 3. MATLAB 的特点及优势

MATLAB 的主要特点及优势体现在以下几个方面。

1）友好的工作平台和编程环境

MATLAB 由一系列工具组成，这些工具方便用户使用 MATLAB 的函数和文件，其中许多工具采用的是图形用户界面，包括 MATLAB 桌面和命令行窗口、命令历史窗口、编辑器和调试器、路径搜索，以及用于用户浏览帮助、工作空间、文件的浏览器。随着 MATLAB 的商业化和软件本身的不断升级，MATLAB 的用户界面也越来越精致，更加接近 Windows 的标准界面，人机交互性更强，操作更简单，而且新版本的 MATLAB 提供了完整的联机查询、帮助系统，极大地方便了用户的使用。简单的编程环境提供了比较完备的调试系统，程序不必经过编译就可以直接运行，而且能够及时地报告出现的错误，并进行出错原因分析。

2）简单易用的程序语言

MATLAB 使用高级的矩阵/阵列语言，具有控制语句、函数、数据结构、输入/输出和面向对象编程的特点。用户可以在命令行窗口中将输入语句与执行命令同步，也可以先编写较为复杂的应用程序（M 文件）后再运行。MATLAB 的底层语言为 C++语言，因此语法特征与 C++语言极为相似，而且更加简单，更加符合科技人员对数学表达式的书写格式，因而更利于非计算机专业的科技人员使用。这种语言可移植性好、可拓展性极强，这也是 MATLAB 能够应用到科学研究及工程计算各个领域的重要原因。

3）强大的科学计算、数据处理能力

MATLAB 包含大量计算算法，拥有 600 多个工程中常用的数学运算函数，可以方便地实现用户所需的各种计算功能。函数中所使用的算法都是科研和工程计算中的最新研究成果，且经过了各种优化和容错处理。在通常情况下，可以用它来代替底层编程语言，如 C 和 C++。在计算要求相同的情况下，使用 MATLAB 会使编程工作量大大减少。MATLAB 的函数集包括最简单、最基本的函数，以及诸如矩阵、特征向量、快速傅里叶变换等复杂函数。函数所能解决的问题包括矩阵运算、线性方程组的求解、微分方程及偏微分方程组的求解、符号运算、傅里叶变换、数据的统计分析、工程中的优化问题、稀疏矩阵运算、复数的各种运算、三角函数和其他初等数学运算、多维数组操作及建模动态仿真等。

4）出色的图形处理功能

自产生之日起，MATLAB 就具有方便的数据可视化功能，可将向量和矩阵用图形的形式表现出来，并且可以对图形进行标注和打印。高层次的作图包括二维和三维的可视化、图像处理、动画和表达式作图，可用于科学计算和工程绘图。MATLAB 的图形处理功能十分强大，它不仅具有一般数据可视化软件具有的功能（如二维曲线和三维曲面的绘制、处理等），而且在一些其他软件没有的功能（如图形的光照处理、色度处理及四维数据的表现等）方面同样表现了出色的处理能力，同时对一些特殊的可视化要求，如图形对话等，MATLAB 也有相应的功能函数，可满足用户不同层次的需求。

5）应用广泛的模块集合工具箱

MATLAB 对许多专门的领域都开发了功能强大的模块集合工具箱（Toolbox），一般来说，它们都是由特定领域的专家开发的，用户可以直接使用工具箱学习、应用和评估不同的方法，而不需要自己编写代码。目前，MATLAB 已经把工具箱延伸到了科学研究和工程应用的许多领域，如数据采集、数据库接口、概率统计优化算法、偏微分方程求解、神经网络、小波分析、信号处理、图像处理、系统辨识、控制系统设计、鲁棒控制、模型预测、模糊逻辑、金融分析、地图工具、非线性控制设计、实时快速原型及半物理仿真、嵌入式系统开发、定点仿真、电力系统仿真等，都在工具箱家族中有了自己的一席之地。

6）实用的程序接口和发布平台

MATLAB 可以利用 MATLAB 编译器和 C/C++数学库和图形库，将自己的 MATLAB 程序自动转换为独立于 MATLAB 运行的 C 和 C++代码。允许用户编写可以和 MATLAB 进行交互的 C/C++语言程序。另外，MATLAB 网页服务程序还允许在 Web 应用中使用自己的 MATLAB 数学和图形程序。MATLAB 的一个重要特色就是具有一套程序扩展系统和一组称为工具箱的特殊应用子程序。工具箱是 MATLAB 函数的子程序库，每个工具箱都是为某一类学科专业和应用而定制的，主要包括信号处理、控制系统、神经网络、模糊逻辑、小波分析和系统仿真等方面的应用。

7）用户界面的应用软件开发

在开发环境中，用户可方便控制多个文件和图形窗口；在编程方面支持函数嵌套，有条件中断等；在图形化方面具备强大的图形标注和处理功能；在输入/输出方面，可以直接与

Excel 等文件格式进行链接。

## 2.5 MATLAB 的常用信号处理函数

MATLAB 具有强大的函数功能，从本质上讲，可将其分为三类：第一类是 MATLAB 的内部函数，这类函数由 MATLAB 自身提供，且用户不能修改，如调试函数、快速傅里叶函数等；第二类是 MATLAB 各种工具箱中提供的大量实用函数，这类函数多是针对不同领域，如通信、机械等提供的函数集，用户可以根据自身需要对 M 文件进行修改，以完成特定功能；第三类是用户自己编写的函数。需要说明的是，虽然 MATLAB 函数具有不同的类型，但用户使用的方法是一样的，用户在编写的函数文件中可以调用其他种类的函数。在讲解滤波器设计之前，本节先对几种常用的信号处理函数进行简单的介绍。

### 2.5.1 常用的信号产生函数

在进行数字信号处理仿真或设计时，经常需要产生随机信号、方波信号、锯齿波信号、正弦波信号，以及带有加性白噪声的某种输入信号。MATLAB 提供了很多丰富的信号产生函数，用户直接调用即可。

1）随机信号产生函数

MATLAB 提供了两类随机信号产生函数——rand(1,*N*)和 randn(1,*N*)，其中 rand 将产生长度为 *N* 的在[0, 1]上均匀分布的随机序列；randn 将产生均值为 0、方差为 1 的高斯随机序列，也就是功率为 1W 的高斯白噪声信号序列。具有其他分布特性的序列可以由这两种随机信号产生函数变换产生。

2）方波信号产生函数

MATLAB 提供了方波信号产生函数 square。square 有 square(*T*)和 square(*T*, DUTY)两种格式，前者对时间变量 *T* 产生周期为 2π、幅值为±1 的方波；后者产生指定占空比的方波，DUTY 指定信号为正值的区域在一个周期内所占的比例，取值为 0～100，当 DUTY 取 50 时，产生方波信号，即与 square(*T*)函数完全相同。

3）锯齿波信号产生函数

MATLAB 提供了锯齿波信号产生函数 sawtooth。sawtooth 有 sawtooth(*T*)和 sawtooth(*T*, WIDTH)两种格式，前者对时间变量 *T* 产生周期为 2π、幅值为±1 的锯齿波；后者对时间变量 *T* 产生三角波，WIDTH 参数指定三角波的尺度值，取值为 0～1，当 WIDTH 取 0.5 时产生对称的三角波信号，当 WIDTH 取 1 时产生锯齿波信号。

4）正弦波信号产生函数

MATLAB 提供了完整的三角函数，如正弦函数 sin、双曲正弦函数 sinh、反正弦函数 asin、反双曲正弦函数 asinh、余弦函数 cos、双曲余弦函数 cosh、反余弦函数 acos、反双曲余弦函数 acosh、正切函数 tan、余切函数 cot 等，这几种函数的用法基本相同，如 sin(*T*)函数将对

时间变量 $T$ 产生周期为 2π、幅值为±1 的正弦波信号。

下面以一个具体的实例来演示这几种函数的具体用法。

**例 2-2：MATLAB 常用信号产生函数演示实例。**

编写一个 m 文件，依次产生均匀分布随机信号序列、高斯白噪声信号序列、方波信号序列、三角波信号序列、正弦波信号序列，以及 SNR=10dB 的正弦波信号序列，程序源代码如下。

```
%E2_2_BasicWave.m 文件源代码
%产生方波、三角波及正弦波序列信号
%定义参数
Ps=10;                                    %正弦波信号功率为 10dBW
Pn=1;                                     %噪声信号功率为 0dBW
f=100;                                    %信号频率为 100Hz
Fs=1000;                                  %抽样频率为 1kHz
width=0.5;                                %函数 sawtooth()的尺度值为 0.5
duty=50;                                  %函数 square()的占空比参数为 50

%产生信号
t=0:1/Fs:0.1;
c=2*pi*f*t;
sq=square(c,duty);                        %产生方波信号
tr=sawtooth(c,width);                     %产生三角波信号
si=sin(c);                                %产生正弦波信号
%产生随机信号序列
noi=rand(1,length(t));                    %产生均匀分布的随机信号序列
noise=randn(1,length(t));                 %产生高斯白噪声信号序列
%产生带有加性高斯白噪声的正弦信号序列
sin_noise=sqrt(2*Ps)*si+sqrt(Pn)*noise;
sin_noise=sin_noise/max(abs(sin_noise));  %归一化处理

%画图
subplot(321); plot(t,noi);    axis([0 0.1 -1.1 1.1]);
xlabel('时间/s','fontsize',8,'position',[0.08,-1.3,0]); ylabel('幅度/V','fontsize',8);
title('均匀分布随机信号','fontsize',8);
subplot(322); plot(t,noise); axis([0 0.1 -max(abs(noise)) max(abs(noise))]);
xlabel('时间/s','fontsize',8,'position',[0.08,-3.2,0]); ylabel('幅度/V','fontsize',8);
title('高斯白噪声信号','fontsize',8);
subplot(323); plot(t,sq);     axis([0 0.1 -1.1 1.1]);
xlabel('时间/s','fontsize',8,'position',[0.08,-1.3,0]); ylabel('幅度/V','fontsize',8);
title('方波信号','fontsize',8);
subplot(324); plot(t,tr);     axis([0 0.1 -1.1 1.1]);
xlabel('时间/s','fontsize',8,'position',[0.08,-1.3,0]); ylabel('幅度/V','fontsize',8);
title('三角波信号','fontsize',8);
subplot(325); plot(t,si);     axis([0 0.1 -1.1 1.1]);
xlabel('时间/s','fontsize',8,'position',[0.08,-1.3,0]); ylabel('幅度/V','fontsize',8);
title('正弦波信号','fontsize',8);
```

```
subplot(326); plot(t,sin_noise); axis([0 0.1 -1.1 1.1]);
xlabel('时间/s','fontsize',8,'position',[0.08,-1.3,0]); ylabel('幅度/V','fontsize',8);
title('SNR＝10dB 的正弦波信号','fontsize',8);
```

程序运行结果如图 2-9 所示，在这个实例中，为了使图形显示更为美观，使用了较多的坐标轴设置函数，读者可以在随书配套的程序资料中查阅完整的程序源文件代码。

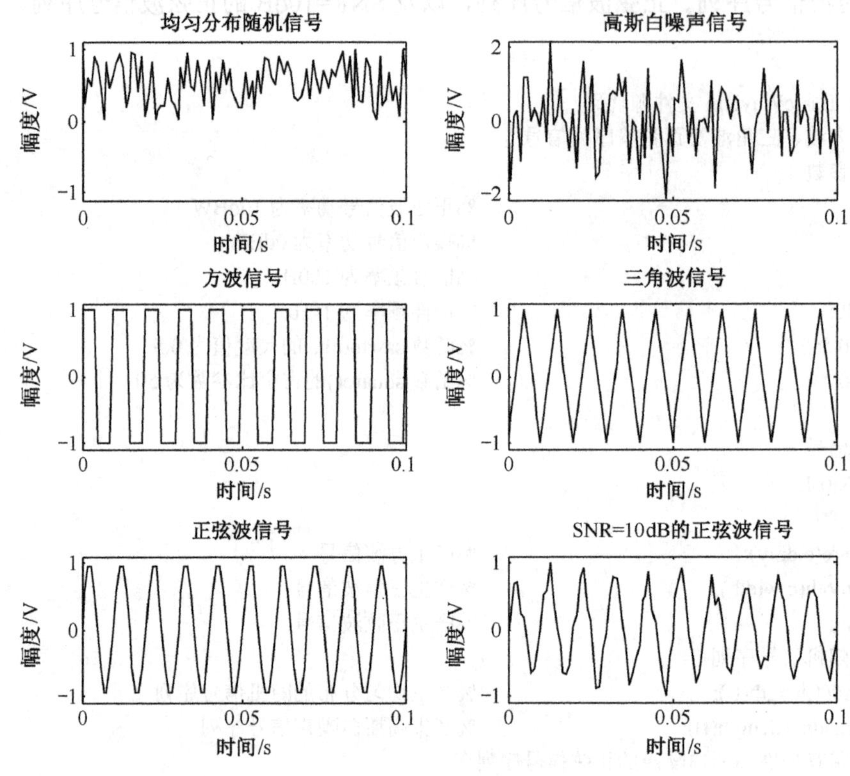


图 2-9 程序运行结果

## 2.5.2 常用的信号分析函数

1）滤波函数

filter()是利用递归滤波器或非递归滤波器对数据进行滤波处理的函数，任何一个离散系统均可以看作一个滤波器，系统的输出就是输入信号经过滤波器滤波后的结果。

由于 filter()函数的参数涉及离散系统的系统函数，因此先简单介绍一下离散系统的一般表示方法。一个 $N$ 阶的离散系统函数可表示为

$$H(z)=\frac{\sum_{i=0}^{M}b_i z^{-i}}{1+\sum_{j=1}^{N}a_j z^{-j}} \tag{2-1}$$

其差分方程可表示为

$$y(n)=\sum_{i=0}^{M}b_i x(n-i)-\sum_{j=1}^{N}a_j y(n-j) \tag{2-2}$$

将式（2-1）的分子项系数依次从小到大排列成一个行矩阵（向量）$\boldsymbol{b}$，分母项依次从小到大排列成一个行矩阵 $\boldsymbol{a}$（其中 $a_0$=1），则依据 $\boldsymbol{b}$、$\boldsymbol{a}$ 可唯一确定离散系统。

filter()函数有三个参数，即 filter(b, a, x)，其中 b、a 分别为滤波器离散系统函数的分子项、分母项组成的行矩阵，x 为输入信号序列，函数返回输入信号序列 x 经滤波器滤波后的输出结果。

2）单位抽样响应函数

MATLAB 提供了一个可以直接求取系统单位抽样响应的函数 impz()。impz()函数有两种用法：impz(b, a, p)及 h=impz(b, a, p)，其中 b、a 分别为系统函数向量，p 为计算的数据点数，如不设置 p 值，则函数取默认点数进行计算，h 为单位抽样响应结果数据。函数的前一种用法直接在 MATLAB 绘图界面上画出系统的单位抽样响应杆图（Stem），后一种用法则将单位抽样响应结果存入变量 *h* 中，但不绘图。

3）频率响应函数

频率响应指系统的幅频（幅度-频率）响应及相频（相位-幅度）响应。频率响应是系统最基本、最重要的特征，用户在设计系统时，通常以达到系统所需的频率响应为目标。对于一个给定的离散系统来说，MATLAB 提供了 freqz()函数来获取系统的频率响应。与 impz()函数类似，freqz()函数也有两种用法：freqz(b, a, n, $F_s$)及[h,f]=freqz(b, a, n, $F_s$)，其中 b、a 分别为系统函数向量；$F_s$ 为抽样频率；n 为在[0, $F_s$/2]范围内计算的频率点数量，并将频率值存放在 f 中；h 存放频率响应计算结果。函数的第一种用法可直接绘出系统的幅频响应及相频响应曲线，第二种用法将频率响应结果存放在 h 及 f 变量中，但不绘图。

4）零/极点及增益函数

对于一个离散系统来说，系统的零/极点及增益函数可以明确地反映系统的因果性、稳定性等重要特性，进行系统分析及设计时也常常会计算其零/极点及增益函数。用户可以使用 MATLAB 提供的 root()函数来计算系统的零/极点，也可以直接使用 zplane()函数来画出系统的零/极点图。

**例 2-3：MATLAB 常用信号分析处理函数演示实例。**

编写一个 M 文件，分别用 filter 和 impz()函数获取指定离散系统（b=[0.8 0.5 0.6]，a=[1 0.2 0.4 -0.8]）的单位抽样响应；用 freqz()函数获取系统的频率响应；分别用 root()及 zplane()函数获取系统的零/极点图及增益。程序源代码如下。

```
%E2_3_SignalProcess.m 文件源代码
L=128;                          %单位抽样响应序列的长度
Fs=1000;                        %抽样频率为 1kHz
b=[0.8 0.5 0.6];                %系统函数的分子系数向量
a=[1 0.2 0.4 -0.8];             %系统函数的分母系数向量
```

```
delta=[1 zeros(1,L-1)];            %生成长度为 L 的单位抽样响应序列

FilterOut=filter(b,a,delta);       %filter()函数获取单位抽样响应序列
ImpzOut=impz(b,a,L);               %impz()函数获取单位抽样响应序列
[h,f]=freqz(b,a,L,Fs);             %freqz()函数求频率响应
mag=20*log(abs(h))/log(10);        %幅度转换成 dB 单位
ph=angle(h)*180/pi;                %相位值单位转换
zr=roots(b)                        %求系统的零点，并显示在命令窗口
pk=roots(a)                        %求系统的极点，并显示在命令窗口
g=b(1)/a(1)                        %求系统的增益，并显示在命令窗口

%绘图
figure(1);
subplot(221);stem(FilterOut);
subplot(222);stem(ImpzOut);
subplot(223);plot(f,mag);
subplot(224);plot(f,ph);
figure(2);
freqz(b,a);                        %用 freqz()函数绘制系统频率响应
figure(3);
zplane(b,a);                       %用 zplane()函数绘制系统零/极点图
```

程序运行结果如图 2-10 和图 2-11 所示，同时在 MATLAB 的命令行窗口中显示系统的零/极点及增益。

```
zr =
   -0.3125 + 0.8077i
   -0.3125 - 0.8077i
pk =
   -0.4677 + 0.9323i
   -0.4677 - 0.9323i
    0.7354
g =
     0.8000
```

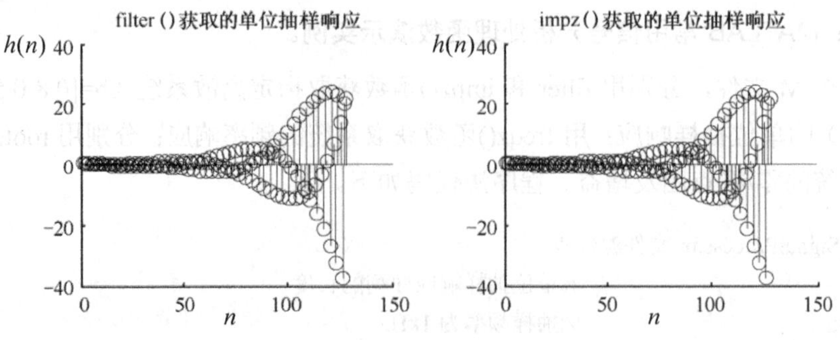


图 2-10 系统单位抽样响应及频率响应图

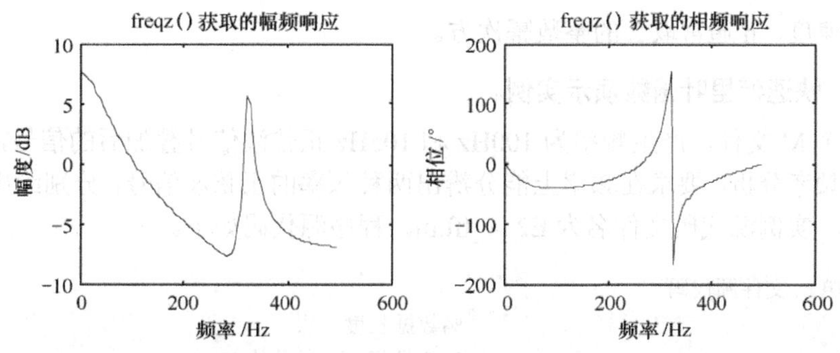


图 2-10 系统单位抽样响应及频率响应图（续）

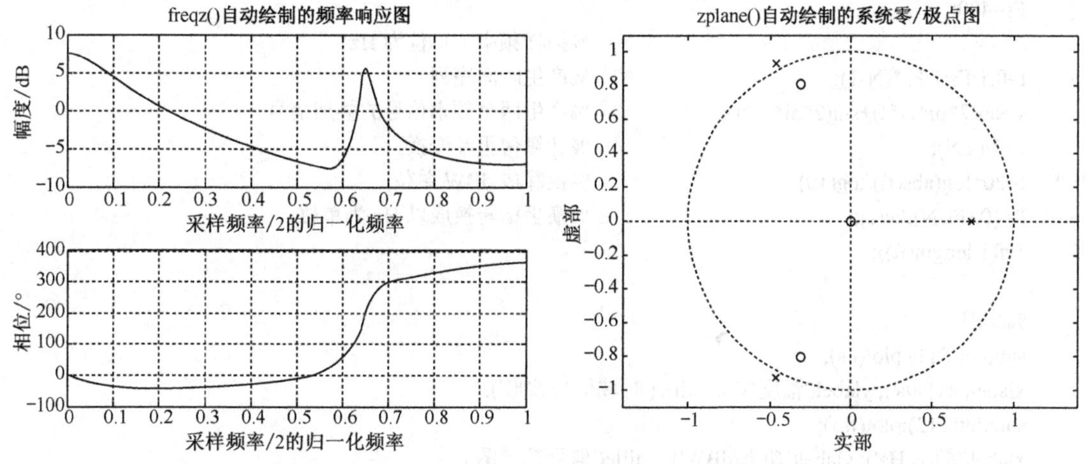


图 2-11 freqz()及 zplane()自动绘制的频率响应及零/极点图

由图 2-10 可知，filter()函数和 impz()函数获取的单位抽样响应序列完全相同。freqz()函数两种用法获取的频率响应完全相同，其中函数自动绘制的幅频响应横坐标为归一化的数值。

5）快速傅里叶变换函数

离散傅里叶变换（Discrete Fourier Transform，DFT）是数字信号处理最重要的基石之一，也是对信号进行分析和处理时最常用的工具之一。它是在 200 多年前由法国数学家、物理学家傅里叶提出的，后来以他名字命名的傅里叶级数，用 DFT 这个工具来分析信号就已经为人们所知。但在很长时间内，这种分析方法并没有引起更多的重视，最主要的原因在于这种方法运算量比较大。

快速傅里叶变换（Fast Fourier Transform，FFT）是 1965 年由库利和图基共同提出的一种快速计算 DFT 的方法，这种方法充分利用了 DFT 运算中的对称性和周期性，从而将 DFT 运算量从 $N^2$（$N$ 为计算的数据点数）减少到 $N\log_2 N$。当 $N$ 比较小时，FFT 优势并不明显；但当 $N$ 大于 32 时，点数越大，FFT 对运算量的改善就越明显，如当 $N$=1024 时，FFT 的运算效率比 DFT 的运算效率提高了 100 倍。

快速傅里叶变换在信号分析及处理中的使用十分广泛，MATLAB 提供了 fft()及 ifft()两个函数分别用于快速傅里叶正/逆变换。函数最常用的用法是 y=fft(x,n)，其中 x 是输入信号序列，n 为参与计算的数据点数，y 存放函数运算结果。当 n 大于输入序列的长度时，fft()函数在 x 的尾部补零构成 n 点数据；当 n 小于输入序列的长度时，fft()函数对序列 x 进行截尾。

为提高运算速度，n 通常取 2 的整数幂次方。

**例 2-4：快速傅里叶函数演示实例。**

编写一个 M 文件，产生频率为 100Hz 和 105Hz 正弦波信号叠加后的信号，用 fft()函数对信号进行频率分析，要求在频率上能分辨出两种频率的正弦波信号，分别绘出信号的时域及频域波形。实例源代码文件名为 E2_4_fft.m，程序源代码如下。

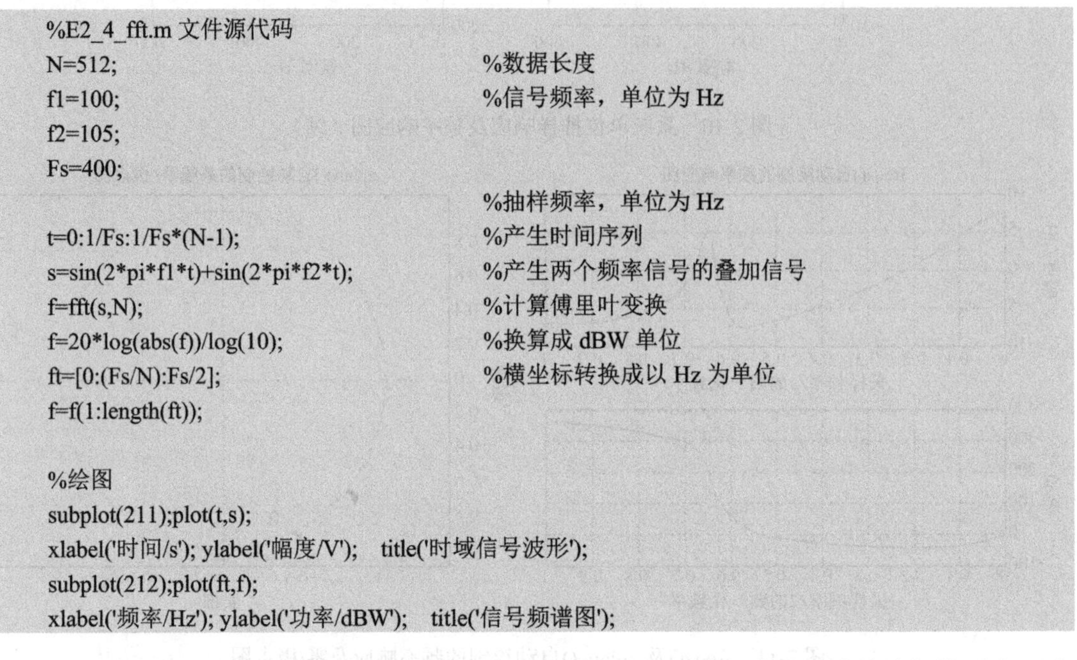

```
%E2_4_fft.m 文件源代码
N=512;                                   %数据长度
f1=100;                                  %信号频率，单位为 Hz
f2=105;
Fs=400;
                                         %抽样频率，单位为 Hz
t=0:1/Fs:1/Fs*(N-1);                     %产生时间序列
s=sin(2*pi*f1*t)+sin(2*pi*f2*t);         %产生两个频率信号的叠加信号
f=fft(s,N);                              %计算傅里叶变换
f=20*log(abs(f))/log(10);                %换算成 dBW 单位
ft=[0:(Fs/N):Fs/2];                      %横坐标转换成以 Hz 为单位
f=f(1:length(ft));

%绘图
subplot(211);plot(t,s);
xlabel('时间/s'); ylabel('幅度/V');    title('时域信号波形');
subplot(212);plot(ft,f);
xlabel('频率/Hz'); ylabel('功率/dBW');    title('信号频谱图');
```

程序运行结果如图 2-12 所示，从图中可以看出，在时域上难以分辨的叠加的两个正弦波信号，在频域上可以很容易地分辨出来。

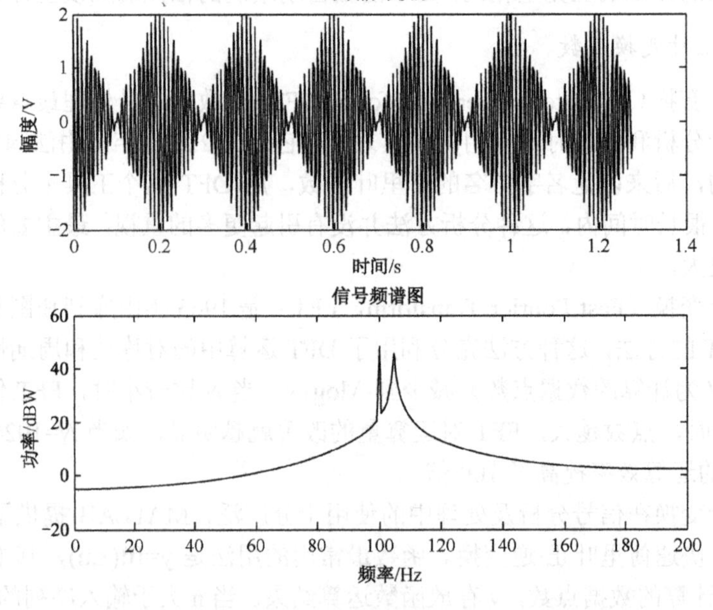


图 2-12　正弦波信号叠加后信号频域变换图

### 2.5.3　滤波器设计分析工具 FDATOOL

FDATOOL（Filter Design & Analysis Tool）是 MATLAB 信号处理工具箱里专用的滤波器设计分析工具，MATLAB 6.0 以上的版本还专门增加了滤波器设计工具箱（Filter Design Toolbox）。FDATOOL 可以设计包括 FIR 和 IIR 的几乎所有常规滤波器，操作简单，使用方便灵活。

FDATOOL 的工作界面如图 2-13 所示，总共分两大部分：一部分是 Design Filter，在界面的下半部分，用来设置滤波器的设计参数；另一部分是特性区，在界面的上半部分，用来显示滤波器的各种特性。

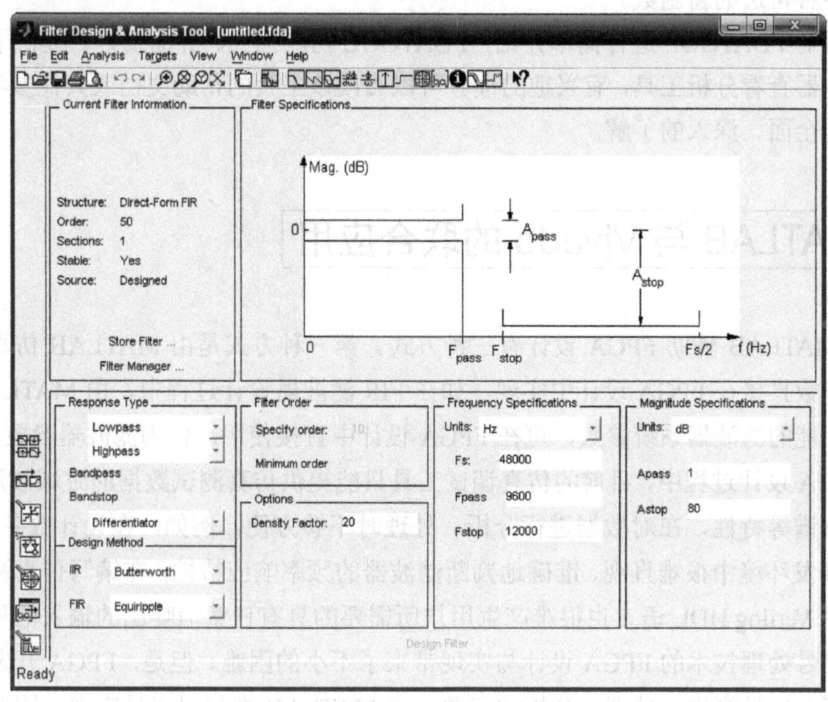


图 2-13　FDATOOL 的工作界面

Design Filter 部分主要分为 Filter Order（滤波器阶数）选项、Frequency Specifications（频率参数）选项、Magnitude Specifications（幅度参数）选项、Options（可选）选项、Response Type（滤波器类型）选项和 Design Method（设计方法）选项，其中 Response Type 选项包括 Lowpass（低通）、Highpass（高通）、Bandpass（带通）、Bandstop（带阻）和 Differentiator（特殊的）FIR 滤波器；Design Method 选项包括 IIR 滤波器的 Butterworth（巴特沃思）法、Chebyshev type I（切比雪夫 I 型）法、Chebyshev type II（切比雪夫 II 型）法、Elliptic（椭圆滤波器）法，以及 FIR 滤波器的 Equiripple 法、Least-Squares（最小均方）法、Window（窗函数）法。

Filter Order（滤波器阶数）选项定义滤波器的阶数，包括 Specify order（指定阶数）和 Minimum order（最小阶数）。在 Specify order 中填入所要设计的滤波器的阶数（对于 $n$ 阶滤波器，Specify order=$n-1$）；如果选中 Minimum order 选项，MATLAB 则根据所选择的滤波器类型自动使用最小阶数。

Frequency Specifications 选项可以详细定义频带的各种参数，包括抽样频率 Fs 和频带的截止频率。例如，Bandpass（带通）滤波器需要定义 Fstop1（下阻带截止频率）、Fpass1（通带下限截止频率）、Fpass2（通带上限截止频率）、Fstop2（上阻带截止频率）；而 Lowpass（低通）滤波器只需要定义 Fstop1、Fpass1。采用窗函数设计滤波器时，由于过渡带是由窗函数的类型和阶数决定的，所以只需要定义通带截止频率，而不必定义阻带参数。

Magnitude Specifications 选项可以定义幅值衰减的情况。例如，设计带通滤波器时，可以定义 Wstop1（频率 Fstop1 处的幅值衰减）、Wpass（通带范围内的幅值衰减）、Wstop2（频率 Fstop2 处的幅值衰减）。当选取采用窗函数设计时，可定义 Window Specifications 选项，它包含了各种可选的窗函数。

本节只对 FDATOOL 进行简单介绍，FDATOOL 功能强大、界面友好，提供了各种易于使用的滤波器查看分析工具，有兴趣的读者可以阅读该工具的帮助文档或其他参考资料，对它进行更加全面、深入的了解。

## 2.6 MATLAB 与 Vivado 的联合应用

使用 MATLAB 辅助 FPGA 设计有三种方式。第一种方式是由 MATLAB 仿真、设计出来的系统参数直接在 FPGA 设计中实现，如在 FIR 滤波器设计过程中，由 MATLAB 设计出用户所需性能的滤波器系统参数，可在 FPGA 设计中直接使用，作为滤波器参数。

在 FPGA 设计过程中，目前的仿真调试工具只能提供仿真测试数据的时域波形，无法显示数据的频谱等特性，在对数据进行分析、处理时不够方便。例如，在设计数字滤波器时，在 FPGA 开发环境中很难直观、准确地判断滤波器的频率响应特性，在编写仿真测试激励文件时，依靠 Verilog HDL 语言也很难产生用户所需要的具有任意信噪比的输入信号。这些问题给数字信号处理技术的 FPGA 设计与实现带来了不小的困难。但是，FPGA 开发环境中无法解决的复杂信号产生、处理、分析的问题，在 MATLAB 中却很容易实现。因此，只要能在 FPGA 开发环境与 MATLAB 之间搭建起可以相互交换数据的通道，就可有效解决 FPGA 设计中所遇到的难题。第二种方式用于仿真测试过程中，即由 MATLAB 仿真产生出所需特性的测试数据并存放在数据文件中，由 FPGA 仿真软件读取测试数据作为输入数据源，由 FPGA 仿真软件将仿真出的结果数据存放在另一数据文件中，MATLAB 再读取仿真后的数据，并对数据进行分析，以此判断 FPGA 程序是否满足设计需求。

第三种方式是由 MATLAB 设计出相应的数字信号处理系统，并在 MATLAB 中直接将代码转换成 Verilog HDL 或 VHDL 语言代码，在 Vivado 等开发环境中直接嵌入这些代码即可。

前两种方式最为常用，其中第一种方式为本书采用的设计方式；读者可参考《Xilinx FPGA 数字信号处理设计——基础版》了解第二种设计方式。第三种方式近年来应用也较为广泛，这种方式可以在用户完全不熟悉 FPGA 硬件编程的情况下完成 FPGA 设计，但这种方式在一些系统时钟较为复杂或对时序要求较为严格的场合下不易满足需求。

## 2.7 小结

本章首先介绍了硬件描述语言的基本概念及优势，并对 Verilog HDL 语言进行了简要介绍，然后对本书需要使用到的软件开发仿真环境——Vivado 和 MATLAB 进行了简要介绍。

熟练掌握设计工具是工程师必备的技能之一，限于篇幅的原因，本章对各种设计环境的介绍比较简略，读者还需要通过大量的设计验证及工程应用来不断提高自己对设计环境及 HDL 语言掌握的熟练程度。所谓熟能生巧，在进行具体工程设计时，设计灵感的迸发也多是以能深刻理解和掌握手中的工具为前提条件的。

数字滤波器的 FPGA 设计与实现是一项将理论与实践紧密结合的技术，要求工程师不仅要十分清楚数字滤波器和数字信号处理的基本原理，还需要掌握 MATLAB 的使用方法、Verilog HDL 编程，以及 FPGA 实现技术。看起来这是一门比较难以掌握的技术，但只要我们扎实学习，打好基础，点滴积累，按照本书中的讲解步骤练习、体会，相信一定能够逐渐掌握这些知识，并熟练应用到工程设计中。

# 第3章
# FPGA 实现数字信号处理基础

数字信号是指时间和幅度均是离散的信号，时间离散是指信号在时间上的不连续性，且通常是等间隔的信号，幅度离散是指信号的幅度值只能取某个区间上的有限值，而不能取区间上的任意值。当使用计算机或专用硬件处理时域离散信号时，因受寄存器或字长的限制，这时的信号实际上就是数字信号。物理世界上的原始信号大多是模拟信号，在进行数字信号处理之前需要将模拟信号数字化，数字化的过程中会带来误差。本章将对数的表示、有限字长效应等内容展开讨论。与 DSP、CPU 不同，FPGA 没有专用的 CPU 或运算处理单元，程序运行的过程其实是庞大电路的工作过程，几乎每个加、减、乘、除等操作都需要相应的硬件资源来完成。AMD 公司的 FPGA 开发套件 Vivado 提供了丰富且性能优良的常用运算模块及其他专用知识产权（IP）核，熟练掌握并应用这些 IP 核不仅可以提高设计效率，还可以有效提高系统的性能。本章将详细介绍几种最常用的运算处理模块，并在后续章节中使用这些模块进行设计。

## 3.1 数的表示

### 3.1.1 莱布尼茨与二进制

在德国图林根州著名的郭塔王宫图书馆（Schlossbiliothke zu Gotha）保存着一份弥足珍贵的手稿，其标题为“1 与 0，一切数字的神奇渊源，这是造物主的秘密美妙的典范，因为，一切无非都来自上帝。”这是德国通才大师莱布尼茨（Gottfried Wilhelm Leibniz，1646—1716，见图 3-1）的手迹。但是，关于这个神奇美妙的数字系统，莱布尼茨只有几页异常精练的描述。用现代人熟悉的表达方式，我们可以对二进制进行以下解释。

2 的 0 次方 =1

2 的 1 次方 =2

2 的 2 次方 =4

2 的 3 次方 =8

2 的 4 次方 =16

2 的 5 次方 =32

图 3-1　莱布尼茨（1646—1716）

2 的 6 次方 ＝64

2 的 7 次方 ＝128

……

以此类推，把等号右边的数字相加，就可以获得任意一个自然数，或者说任意一个自然数均可以采用这种方式进行分解。我们只需要说明的是采用了 2 的几次方，而舍掉了 2 的几次方。二进制的表述序列都从右边开始，第一位是 2 的 0 次方，第二位是 2 的 1 次方，第三位是 2 的 2 次方，……，以此类推。采用 2 的次方的位置，我们就用“1”来标志，舍掉 2 的次方的位置，我们就用“0”来标志。例如，对于二进制数 11100101，根据上述表示方法，可以很容易推算出序列所表示的数值。

| 1 | 1 | 1 | 0 0 | 1 | 0 | 1 | | |
|---|---|---|---|---|---|---|---|---|
| 2 的 7 次方 | 2 的 6 次方 | 2 的 5 次方 | 0 0 | 2 的 2 次方 | 0 | 2 的 0 次方 | | |
| 128+ | 64+ | 32+ | 0＋0+ | 4+ | 0+ | 1 | = | 229 |

在这个例子中，十进制数 229 就可以表述为二进制数 11100101。任何一个二进制数的最左边的一位都是 1。通过这个方法，用 1～9 和 0 这十个数字表述的自然数都可用 0 和 1 这两个数字来代替。0 和 1 这两个数字很容易被电子化：有电流就是 1，没有电流就是 0。这就是整个现代计算机技术的根本秘密所在。

1679 年，莱布尼茨写了题为“二进制算术”的论文，对二进制进行了充分的讨论，并建立了二进制的表示及运算。随着电子计算机的广泛应用，二进制进一步大显身手，因为电子计算机是用电子元件的不同状态来表示不同数码的。如果要用十进制就要求元件能准确地变化出 10 种状态，这在技术上是非常难实现的。二进制只有两个数码，只需要两种状态就能实现，这正如一个开关只有“开”和“关”两种状态。如果用“开”表示 0，“关”表示 1，那么一个开关的两种状态就可以表示一位二进制数。由此我们不难想象，5 个开关就可以表示 5 位二进制数，这样运算起来非常方便。

## 3.1.2　定点数表示法

### 1. 定点数的定义

几乎所有的数字计算机，包括 FPGA 在内的数字信号处理器件，数字和信号变量都是用二进制数来表示的。数字使用符号 0 和 1 来表示，其中，二进制数的小数点将数字的整数和小数部分分开。为了与十进制数的小数点区别，本书使用 Δ 来表示二进制数的小数点位置。例如，十进制数 11.625 可表示为 1011Δ101。二进制数的小数点左边的四位 1011 表示整数部分，小数点右边的三位 101 表示小数部分。对于任意一个二进制数来说，均可由 $B$ 个整数位和 $b$ 个小数位组成，如式（3-1）所示。

$$a_{B-1}a_{B-2}\cdots a_1 a_0 \Delta a_{-1}a_{-2}\cdots a_{-b} \tag{3-1}$$

其对应的十进制数大小 $D$ 由

$$D=\sum_{i=-b}^{B-1} a_i 2^i \tag{3-2}$$

给出，其中，$a_i$ 的值均为 1 或 0。最左端的位 $a_{B-1}$ 称为最高位（Most Significant Bit，MSB），

最右端的位 $a_{-b}$ 称为最低位（Least Significant Bit，LSB）。

表示一个数的一组数字称为字，而一个字包含的位的数目称为字长。字长的典型值是一个为 2 的幂的正整数，如 8、16、32 等。字的大小经常用字节（Byte）来表示，一个字节有 8 个位。

定点数是指小数点在数中的位置是固定不变的二进制数。如果用 $N$ 个比特表示正小数 $\eta$，则正小数 $\eta$ 的取值范围为

$$0 \leqslant \eta \leqslant \frac{2^N - 1}{2^N} \tag{3-3}$$

在给定 $N$ 的情况下，正小数 $\eta$ 的取值范围是固定的。

在数字处理中，定点数通常把数限制为−1～1，把小数点规定在符号位和数据位之间，而把整数位作为符号位，分别用 0、1 来表示正、负，数的本身只有小数部分，即尾数。这是由于经过定点数的乘法后，所得结果的小数点位置是不确定的，除非两个乘数都是小数或整数。对于加法运算来说，小数点的位置是固定的。这样，定点数 $x$ 可表示为

$$x = a_{B-1}\Delta a_{B-2} \cdots a_1 a_0 \tag{3-4}$$

式中，$a_{B-1}$ 为符号位；$B$ 为数据的位宽，表示寄存器的长度为 $B$ 位。定点数在整个运算过程中，要求所有运算结果的绝对值不超过 1，否则会出现溢出。但在实际问题中，运算的中间变量或结果有可能超过 1，为使运算正确，通常对运算过程中的各数乘以一个比例因子，以避免溢出现象的发生。

**2. 定点数的三种表示方法**

定点数有原码、反码及补码三种表示方法，这三种表示方法在 FPGA 设计中使用得十分普遍，下面分别进行讨论。

*1）原码表示法*

原码表示法是指符号位加绝对值的表示法。如前所述，FPGA 中的定点数通常取绝对值小于 1，也就是说小数点通常位于符号位与尾数之间。符号位通常用 0 表示正号，用 1 表示负号。例如，二进制数$(x)_2$=0 Δ 110 表示的是+0.75；$(x)_2$=1 Δ 110 表示的是−0.75。如果已知原码各位的值，则它对应的十进制数可表示为

$$D = (-1)^{a_{B-1}} \sum_{i=0}^{B-2} a_i 2^{i-B+1} \tag{3-5}$$

反过来讲，如果已知绝对值小于 1 的十进制数，那么应该如何转换成 $B$ 比特的二进制数原码呢？利用 MATLAB 提供的十进制整数转换成二进制数的函数 dec2bin()很容易获取转换结果。由于 dec2bin()函数只能将正整数转换成二进制数，这时转换的二进制数的小数点位于最后，也就是说转换后的二进制数也为正整数，因此对绝对值小于 1 的十进制数用 dec2bin()函数转换之前需要做一些简单的变换，即需要先将十进制小数乘以一个比例因子 $2^{B-1}$，并进行四舍五入操作取整。转换函数的表达式为

```
dec2bin(round(abs(D)*2^(B-1))+(2^(B-1))*(D<0),B)
```

需要说明的是，十进制整数转换成二进制数时存在量化误差，其误差大小由二进制数的位数决定，这也是 3.2 节将要详细阐述的问题。

2）反码表示法

正数的反码与原码相同。将负数的原码除符号位外的所有位取反，即可得到负数的反码。例如，十进制数−0.75 的二进制原码表示为$(x)_2$=1Δ110，其反码为 1Δ001。

3）补码表示法

正数的补码、反码及原码完全相同。负数的补码与反码之间有一个简单的换算关系，即补码等于反码在最低位加 1。例如，十进制数−0.75 的二进制原码为$(x)_2$=1Δ110，反码为 1Δ001，其补码为 1Δ010。值得一提的是，如果将二进制数的符号位定在最右边，即二进制数表示整数，则负数的补码与负数绝对值之间也有一个简单的运算关系，即将补码当成正整数，补码的整数值+原码绝对值的整数值=$2^B$。还是上面相同的例子，十进制数−0.75 的二进制原码为$(x)_2$=1Δ110，反码为 1Δ001，其补码为 1Δ010。补码 1Δ010 的符号位定在最末位，且当成正整数 1010Δ，十进制数为 10，原码 1Δ110 的符号位定在最末位，且取绝对值的整数 0110Δ，十进制数为 6，则 10+6=16=$2^4$。补码最重要的特性是可将减法用加法运算实现。同样，将十进制数转换成补码形式的二进制数也可以利用 dec2bin()函数完成。转换函数的表达式为

```
dec2bin(round(D*2^(B-1))+2^B*(D<0),B)
```

原码的优点是乘除法运算方便，无论正负数，乘除法运算都一样，并以符号位决定结果的正负号；若做加法，则需要判断两个数的符号是否相同；若做减法，则还需要判断两个数的绝对值的大小，而后用大数减小数。补码的优点是加法运算方便，无论正负数均可直接相加，且符号位同样参与运算，如果符号位发生进位，那么把进位的 1 去掉，余下的即结果。

### 3.1.3 浮点数表示法

**1．浮点数的定义及标准**

浮点数是属于有理数中某特定子集的数的数字表示，在计算机中用来近似表示任意某个实数。具体来说，这个实数由一个整数或定点数（尾数）乘以某个基数的整数次幂得到，这种表示方法类似于基数为 10 的科学记数法。

一个浮点数 $A$ 可由两个数 $m$ 和 $e$ 来表示，即 $A = m \times b^e$。在这种表示方法中，我们选择一个基数 $b$（记数系统的基）和精度 $B$（使用多少位来存储）。$m$（尾数）是 $B$ 位二进制数。如果 $m$ 的第一位是非 0 整数，则 $m$ 称为规格化后的数据。一些数据格式使用一个单独的符号位（$s$ 代表“+”或“−”）来表示正负，这样 $m$ 必须是正的。$e$ 在浮点数据中表示基的指数。这种设计可以在某个固定长度的存储空间内表示定点数无法表示的更大范围的数。此外，浮点数表示方法通常还包括一些特别的数值，如+∞和−∞（正、负无穷大），以及 NaN（Not a Number）等，正（负）无穷大用于数太大（小）而无法表示的时候，NaN 则表示非法操作或无法定义的结果。

大部分计算机采用二进制（$b = 2$）的表示方法。位是衡量浮点数所需存储空间的单位，通常为 32 位或 64 位，分别被称为单精度和双精度。有一些计算机可提供更大的浮点数，如 Intel 公司的浮点运算单元 Intel 8087 协处理器，以及集成了该协处理器的其他产品，可提供

80 位的浮点数，用于存储浮点运算的中间结果；还有一些系统可提供 128 位的浮点数（通常用软件实现）。

在 IEEE 754 标准之前，业界并没有一个统一的浮点数标准。很多计算机制造商都设计了自己的浮点数规则及运算细节。当时，实现的速度和简易性比数字的精确性更受重视。这种情况给代码的可移植性造成了障碍。直到 1985 年，Intel 公司打算为它的 8086 微处理器引进一种浮点数协处理器的时候，聘请了美国加州大学伯克利分校的 William Kahan 教授——最优秀的数值分析家之一，来为 8087 FPU 设计浮点数格式。William Kahan 教授又找来了两个专家来协助他，于是就有了 KCS 组合（Kahn、Coonan and Stone），并共同完成了 Intel 的浮点数格式设计。

Intel 的 KCS 浮点数格式如此出色，以致 IEEE 决定采用一个非常接近 KCS 的方案作为 IEEE 的标准浮点数格式。IEEE 于 1985 年制定了二进制浮点数运算标准（Binary Floating-Point Arithmetic）IEEE 754，该标准限定指数的底数为 2，同年被美国引用为 ANSI 标准。目前，几乎所有计算机都支持该标准，这大大改善了科学应用程序的可移植性。考虑到 IBM System/370 的影响，IEEE 于 1987 年推出了与底数无关的二进制浮点数运算标准 IEEE 854，同年该标准也被美国引用为 ANSI 标准。1989 年，国际标准组织 IEC 批准 IEEE 754/854 为国际标准 IEC 559:1989。后来经修订后，标准号改为 IEC 60559。现在，几乎所有的浮点处理器完全或基本支持 IEC 60559。

**2. 单精度浮点数据格式**

IEEE 754 标准定义了浮点数的存储格式，包括部分特殊值的表示（无穷大和 NaN）。同时，IEEE 754 标准给出了对这些数值进行浮点操作的规定，它也制定了 4 种取整模式和 5 种例外（Exception），包括何时会产生例外，以及具体的处理方法。

在 IEEE 754 标准中规定了 4 种浮点数的表示格式：单精度（32 位浮点数）、双精度（64 位浮点数）、单精度扩展（≥43 位，不常用）、双精度扩展（≥79 位，通常采用 80 位进行实现）。事实上，很多计算机语言都遵从了这个标准，包括可选部分。例如，C 语言在 IEEE 754 标准发布之前就已存在，现在它能完美支持 IEEE 754 标准的单精度和双精度运算，虽然它早已有另外的浮点实现方式。

单精度（IEEE Single-Precision Std.754）浮点数据格式如图 3-2 所示。

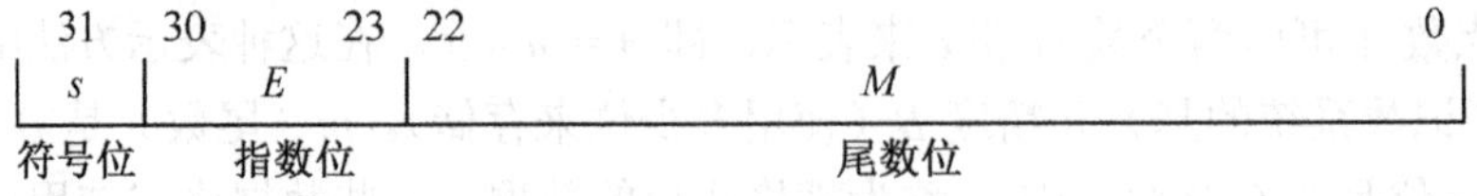


图 3-2 单精度浮点数据格式

符号位 $s$（Sign）占 1 bit，0 代表正号，1 代表负号；指数位 $E$（Exponent）占 8 bit，其取值范围为 0～255（无符号整数），实际数值 $e = E - 127$，有时 $E$ 也称为移码，或者不恰当地称为阶码（阶码实际应为 $e$）；尾数位 $M$（Mantissa）占 23 bit，$M$ 也称为有效数字位（Significant）、系数位（Coefficient），甚至被称为小数。在一般情况下，$m = (1.M)_2$，使得实际的作用范围为 1≤尾数<2。为了对溢出进行处理，以及扩展对接近 0 的极小数值的处理能力，IEEE 754 标准对 $M$ 进行了一些额外规定。

➲ 0 值：以指数位 $E$、尾数位 $M$ 全零来表示 0 值。当指数位 $s$ 变化时，实际存在正 0 和负 0 两个内部表示，其值认为都等于 0。

- 当 $E$=255、$M$=0 时，用作无穷大（或 Infinity、∞）。根据符号不同，又有+∞、-∞。
- NaN：当 $E$=255、$M$ 不为 0 时，用作 NaN（Not a Number，不是数的意思）。

浮点数所表示的具体值可用下面的通式表示，即

$$V = (-1)^s \times 2^{E-127} \times (1.M) \tag{3-6}$$

式中，尾数 1.$M$ 中的 1 为隐藏位。

需要特别注意的是，虽然浮点数的表示范围及精度与定点数相比有很大的改善，但浮点数毕竟也是以有限的 32 bit 来反映无限的实数集合的，因此大多数情况下都是一个近似值。表 3-1 所示为单精度浮点数据与实数之间的对应关系。

**表 3-1 单精度浮点数据与实数之间的对应关系**

| 符号位($s$) | 指数位($E$) | 尾数位($M$) | 实数值($V$) |
|---|---|---|---|
| 1 | 127（01111111） | 1.5（10000000000000000000000） | −1.5 |
| 1 | 129（10000001） | 1.75（11000000000000000000000） | −7 |
| 0 | 125（01111101） | 1.75（11000000000000000000000） | 0.4375 |
| 0 | 123（01111011） | 1.875（11100000000000000000000） | 0.1171875 |
| 0 | 127（01111111） | 2.0（11111111111111111111111） | 2 |
| 0 | 127（01111111） | 1.0（00000000000000000000000） | 1 |
| 0 | 0（00000000） | 1.0（00000000000000000000000） | 0 |

### 3. 一种适合 FPGA 处理的浮点数格式

与定点数相比，浮点数虽然可以表示更大范围、更高精度的实数，但是在 FPGA 器件中实现时需要占用成倍的硬件资源。例如，加法运算，两个定点数直接相加即可，浮点数的加法却需要更为繁杂的运算步骤。

- 对阶操作：比较指数大小，对指数小的操作数的尾数进行移位，完成尾数的对阶操作。
- 尾数相加：对对阶后的尾数进行加（减）操作。
- 规格化：规格化有效位并根据移位的方向和位数修改最终的阶码。

这一系列操作不仅需要成倍地消耗 FPGA 内部的硬件资源，也会成倍地降低系统的运算速度。对于浮点数乘法操作来说，一般需要以下的操作步骤。

- 指数相加：完成两个操作数的指数相加运算。
- 尾数调整：将尾数 $M$ 调整为 1.$M$ 的补码格式。
- 尾数相乘：完成两个操作数的尾数相乘运算。
- 规格化：根据尾数运算结果调整指数位，并对尾数进行舍入截位操作，规格化输出结果。

浮点数乘法器的运算速度主要由 FPGA 内部集成的硬件乘法器决定。如果将 24 位的尾数修改为 18 位的尾数，则可在尽量保证运算精度的前提下最大限度地提高浮点数乘法运算的速度，同时可大量减少所需的乘法器资源。大部分 FPGA 芯片内部的乘法器均为 18bit×18bit，2 个 24 位数的乘法操作需要占用 4 个 18bit×18bit 的乘法器，2 个 18 位数的乘法操作只需要

占用 1 个 18bit×18bit 的乘法器。IEEE 标准中尾数设置的隐藏位主要是考虑节约寄存器资源，而 FPGA 内部具有丰富的寄存器资源，如果直接将尾数表示成 18 位的补码格式，那么可去除尾数调整的运算，也可以减少一级流水线操作。

根据 FPGA 内部的结构特点定义一种新的浮点数格式，如图 3-3 所示，其中 $E$ 为 8 位有符号数（$-128\leqslant E\leqslant 127$）；$M$ 为 18 位有符号小数（$-1\leqslant f<1$）。自定义浮点数所表示的具体值为

$$V = M\times 2^E \tag{3-7}$$

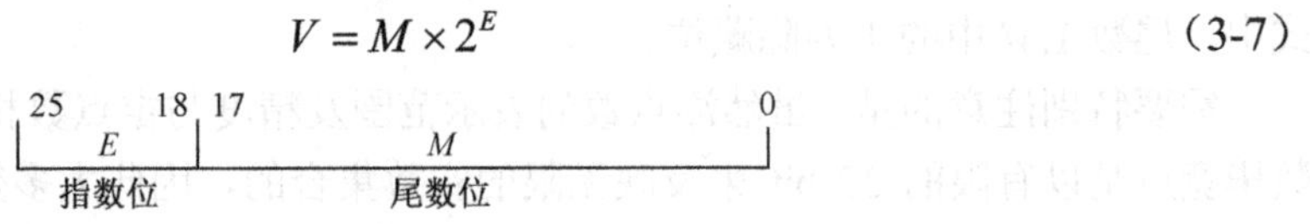


图 3-3 一种适合 FPGA 实现的浮点数格式

为便于数据规格化输出及运算，规定数值 1 的表示方法为指数为 0，尾数为 01_1111_1111_1111_1111，数值 0 的表示方法为指数为−128，尾数为 0。这种自定义的浮点数格式与单精度数格式的区别在于：自定义的浮点数格式将原来的符号位与尾数位合成 18 位补码格式的定点数，表示精度有所下降，却可大大节约乘法器资源（由 4 个 18bit×18bit 的乘法器减少到 1 个），并有效地减少运算步骤及提高运算速度（由二级 18bit×18bit 乘法运算减少到一级运算）。表 3-2 所示为自定义浮点数与实数之间的对应关系。

**表 3-2 自定义浮点数与实数之间的对应关系**

| 指数位(E) | 尾数位(M) | 实数值(V) |
|---|---|---|
| 0（00000000） | 0.5（010000000000000000） | 0.5 |
| 2（00000010） | 0.875（011100000000000000） | 3.5 |
| −1（11111111） | 0.875（011100000000000000） | 0.4375 |
| −2（11111110） | 1.0（011111111111111111） | 0.25 |
| 1（00000001） | −0.5（110000000000000000） | −0.5 |
| −2（11111110） | −1.0（100000000000000000） | −0.25 |
| −128（10000000） | 0（000000000000000000） | 0 |

## 3.2 FPGA 中数的运算

### 3.2.1 加/减法运算

FPGA 中的二进制数可以分为定点数和浮点数两种格式，虽然浮点数的加/减法运算相对于定点数而言，在运算步骤和实现难度上都要复杂得多，但基本的运算仍然是通过将浮点数分解为定点数运算，以及移位等运算步骤来实现的。因此本节只针对定点数的运算进行分析讲解。

进行 FPGA 实现的设计输入语言主要有 Verilog HDL 和 VHDL 两种。本书使用 Verilog HDL 进行设计，这里只介绍 Verilog HDL 中对定点数的运算及处理方法。

Verilog HDL 中最常用的数据类型是单比特 wire 和 reg，以及它们的向量形式。当进行

数据运算时，Verilog HDL 是如何判断二进制数的小数位、有符号数表示形式等信息的呢？在 Verilog HDL 程序中，所有二进制数均当成整数来处理，也就是说，小数点均在最低位的右边。如果要在程序中表示带小数的二进制运算，那么该如何处理呢？其实，进行 Verilog HDL 程序设计时，定点数的小数点位可由程序设计者隐性标定。例如，对于两个二进制数 00101 和 00110，当进行加法运算时，Verilog HDL 的编译器按二进制规则逐位相加，结果为 01011。如果设计者将数据均看成无符号整数，则表示 5+6=11；如果设计者将小数点位均看成在最高位与次高位之间，即 0Δ0101、0Δ0110、0Δ1011，则表示 0.3125+0.375=0.6875。

需要注意的是，与十进制数运算规则相同，即进行加/减法运算时，参加运算的两个数的小数点位置必须对齐，且结果的小数点位置相同。仍然以上面的两个二进制数 00101 和 00110 为例，进行加法运算时，如果两个数的小数点位置不同，如分别为 0Δ0101、00Δ110，则代表的十进制数分别为 0.3125 和 0.75。两个数不经过处理，仍然直接相加，Verilog HDL 的编译器按二进制规则逐位相加，结果为 01011。小数点位置与第一个数相同，则表示 0.6875，小数点位置与第二个数相同，则表示 1.375，显然结果不正确。为进行正确的运算，需要在第二个数末位补 0，为 00Δ1100，两个数再直接相加，得到 01Δ1001，转换成十进制数为 1.0625，得到正确的结果。

显然，如果设计者将数据均看成无符号整数，则不需要进行小数位扩展，因为 Verilog HDL 编译器会自动将参加运算的数据以最低位对齐进行运算。

Verilog HDL 如何表示负数呢？如二进制数 1111，在程序中是表示 15 还是−1？方法十分简单。在声明端口或信号时，默认状态均表示无符号数；如果需要指定某个数为有符号数，则只需要在声明时增加 signed 关键字即可。如“wire signed [7:0] number;”则表示将 number 声明为 8 比特字长的有符号数，在对其进行运算时自动采用有符号数运算。无符号整数是指所有二进制数均是正整数，对于 $B$ 比特的二进制数：

$$x = a_{B-1}a_{B-2}\cdots a_1 a_0 \tag{3-8}$$

将其转换成十进制数，为

$$D = \sum_{i=0}^{B-1} a_i 2^i \tag{3-9}$$

有符号数则指所有二进制数均是补码形式的整数，对于 $B$ 比特的二进制数，转换成十进制数为

$$D = \sum_{i=0}^{B-1} a_i 2^i - 2^B \times a_{B-1} \tag{3-10}$$

有读者可能要问了：如果在设计文件中要同时使用有符号数和无符号数操作，那么该怎么处理呢？为了更好地说明程序中对二进制数表示形式的判断方法，我们来看一个具体的实例。

**例 3-1：在 Verilog HDL 中同时使用有符号数及无符号数的应用实例。**

在 Vivado 中编写一个 Verilog HDL 文件，同时使用有符号数及无符号数进行运算，并进行仿真。

由于该程序文件十分简单，这里直接给出文件源代码。

```
//这是 symb_exam.v 文件的程序清单
```

```
module symb_exam (
    d1,d2,
    signed_out,unsigned_out);

    input  [3:0]     d1;                          //输入加数 1
    input  [3:0]     d2;                          //输入加数 2
    output [3:0] unsigned_out;                    //无符号加法输出
    output signed [3:0] signed_out;               //有符号加法输出

    //无符号加法运算
    assign unsigned_out = d1 + d2;

    //有符号加法运算
    wire signed [3:0] s_d1;
    wire signed [3:0] s_d2;
    assign s_d1 = d1;
    assign s_d2 = d2;
    assign signed_out = s_d1 + s_d2;

endmodule
```

图 3-4 所示为有符号数加法及无符号数加法 RTL 原理图，从图中可以看出，signed_out、unsigned_out 均为 d1、d2 进行相加后的输出，且加法器并没有标明是否为有符号运算。

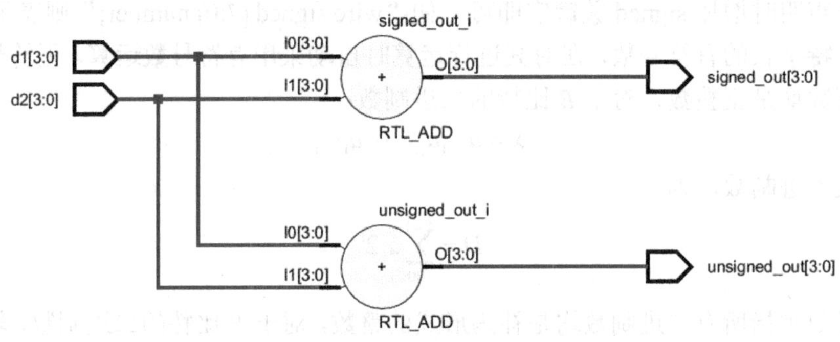


图 3-4　有符号数加法及无符号数加法 RTL 原理图

图 3-5 所示为有符号数加法及无符号数加法的仿真波形图，从图中可以看出，signed_out 及 unsigned_out 的输出结果完全相同，这是什么原因呢？相同的输入数据，进行无符号数运算和有符号数运算的结果竟然没有任何区别！既然如此，何必在程序中区分有符号数及无符号数呢？原因其实十分简单，对于加法、减法，无论是否为有符号数运算，其结果均完全相同，因为二进制数的运算规则完全相同。如果将二进制数转换成十进制数，我们就可以看出两者的差别了。下面以列表的形式来分析具体的运算结果，如表 3-3 所示。

| 信号 | 值 | | | | | | | | | |
|---|---|---|---|---|---|---|---|---|---|---|
| d1[3:0] | 0111 | 1010 | 1011 | 1100 | 1101 | 1110 | 1111 | 0000 | 0001 | 0010 |
| d2[3:0] | 0111 | 1010 | 1011 | 1100 | 1101 | 1110 | 1111 | 0000 | 0001 | 0010 |
| signed_out[3:0] | 1110 | 0100 | 0110 | 1000 | 1010 | 1100 | 1110 | 0000 | 0010 | 0100 |
| unsigned_out[3:0] | 1110 | 0100 | 0110 | 1000 | 1010 | 1100 | 1110 | 0000 | 0010 | 0100 |

图 3-5　有符号数加法及无符号数加法的仿真波形图

表 3-3 有符号数及无符号数加法运算结果表

| 输入(d1/d2) | 无符号十进制数 | 有符号十进制数 | 二进制数运算结果 | 无符号十进制数 | 有符号十进制数 |
|---|---|---|---|---|---|
| 0000/0000 | 0/0 | 0/0 | 0000 | 0 | 0 |
| 0001/0001 | 1/1 | 1/1 | 0010 | 2 | 2 |
| 0010/0010 | 2/2 | 2/2 | 0100 | 4 | 4 |
| 0011/0011 | 3/3 | 3/3 | 0110 | 6 | 6 |
| 0100/0100 | 4/4 | 4/4 | 1000 | 8 | -8（溢出） |
| 0101/0101 | 5/5 | 5/5 | 1010 | 10 | -6（溢出） |
| 0110/0110 | 6/6 | 6/6 | 1100 | 12 | -4（溢出） |
| 0111/0111 | 7/7 | 7/7 | 1110 | 14 | -2（溢出） |
| 1000/1000 | 8/8 | -8/-8 | 0000 | 0（溢出） | -8（溢出） |
| 1001/1001 | 9/9 | -7/-7 | 0010 | 2（溢出） | -14（溢出） |
| 1010/1010 | 10/10 | -6/-6 | 0100 | 4（溢出） | -12（溢出） |
| 1011/1011 | 11/11 | -5/-5 | 0110 | 6（溢出） | -10（溢出） |
| 1100/1100 | 12/12 | -4/-4 | 1000 | 8（溢出） | -8 |
| 1101/1101 | 13/13 | -3/-3 | 1010 | 10（溢出） | -6 |
| 1110/1110 | 14/14 | -2/-2 | 1100 | 12（溢出） | -4 |
| 1111/1111 | 15/15 | -1/-1 | 1110 | 14（溢出） | -2 |

分析表 3-3 中的数据，结合二进制数的运算规则可以得出以下几点结论。

- 对于 $B$ 比特的二进制数，若当成无符号整数，则表示的范围为 $0\sim2^{B}-1$；若当成有符号整数，则表示的范围为 $2^{B-1}\sim2^{B-1}-1$。
- 如果二进制数的表示范围没有溢出，将运算数据均当成无符号数或有符号数，则运算结果正确。
- 两个 $B$ 比特的二进制数进行加/减法运算，若要确保运算结果不溢出，则需要 $B$+1 比特数据存放运算结果。
- 两个二进制数进行加/减法运算，只要输入数据相同，则不论当成有符号数还是无符号数，其运算结果的二进制形式完全相同。

虽然在二进制数的加/减法运算中，两个二进制数运算结果的二进制形式完全相同，但在实际进行 Verilog HDL 程序设计时，仍然十分有必要根据设计需要采用 signed 关键字进行有符号声明。例如，进行比较运算时，对于无符号数据，1000 大于 0100，对于有符号数据，1000 小于 0100。

## 3.2.2 乘法运算

加法及减法运算在数字电路中的实现相对较为简单，在用综合工具综合设计时，RTL 电路图中加、减操作会被直接综合成加法器或减法器组件。乘法运算在其他软件编程语言中实现也十分简单，但用门电路、加法器、触发器等基本数字电路元件实现乘法功能却不是一件容易的事。在采用 AMD 公司器件进行 FPGA 工程设计时，如果选用的目标器件内部集成了专用的硬件乘法器 IP 核，则 Verilog HDL 语言的乘法运算符在综合成电路时将直接综合成硬件乘法器，否则综合成由 LUT 等基本元件组成的乘法电路。与加/减法运算相比，乘法运算需要占用成倍的硬件逻辑资源。当然，实际 FPGA 工程设计中，在需要用到乘法运算的情况下，可以尽量使用目标器件提供的硬件乘法器 IP 核，这种方法不仅不需要占用普通逻辑资源，并且可以达到很高的运算速度。

FPGA 器件中的硬件乘法器 IP 核资源是十分有限的，而乘法运算本身比较复杂，用基本逻辑单元按照乘法运算规则实现乘法运算时占用的资源比较多。设计中遇到的乘法运算可分为信号与信号之间的运算，以及常数与信号之间的运算。对于信号（数据）与信号之间的运算通常只能使用硬件乘法器 IP 核实现，而对于常数与信号之间的运算则可以通过移位及加/减法实现。信号 $A$ 与常数相乘运算操作的分解例子如下：

$A$×16=$A$ 左移 4 位

$A$×20=$A$×16+$A$×4=$A$ 左移 4 位+ $A$ 左移 2 位

$A$×27=$A$×32− $A$×4−$A$=$A$ 左移 5 位−$A$ 左移 2 位−$A$

需要注意的是，由于乘法运算结果的数据位数比乘数的数据位数多，因此在用移位及加法操作实现乘法运算前，需要将数据位数进行扩展，以免出现数据溢出现象。

### 3.2.3 除法运算

在 AMD 公司集成开发环境下的 Verilog HDL 语言编译环境中，除法、指数、求模、求余等操作均无法在 Verilog HDL 程序中直接进行。实际上，用基本逻辑元件构建这 4 种运算本身是十分复杂的工作，如果要用 Verilog HDL 实现这些运算，一种方法是使用开发环境提供的 IP 核或使用商业 IP 核；另一种方法只能是将运算分解成加法、减法、移位等操作步骤来逐步实现。

AMD 公司的 FPGA 器件一般都提供硬件除法器 IP 核。对于信号与信号之间的除法运算，最好的方法是采用 Vivado 提供的现成 IP 核，而对于除数是常量的除法运算，则可以采取加法、减法、移位运算来完成除法功能。下面是一些信号 $A$ 与常数相除运算操作的分解例子：

$A$÷2≈$A$ 右移 1 位

$A$÷3≈$A$×(0.25+0.0625+0.0156) ≈ $A$ 右移 2 位+ $A$ 右移 4 位+$A$ 右移 6 位

$A$÷4 ≈ $A$ 右移 2 位

$A$÷5≈$A$×(0.125+0.0625+0.0156) ≈ $A$ 右移 3 位+ $A$ 右移 4 位+$A$ 右移 6 位

需要说明的是，与普通乘法运算不同，常数乘法运算可以通过左移运算得到完全准确的结果，而常数除法运算却不可避免地存在运算误差。显然，采用分解方法的除法运算只能得到近似正确的结果，且分解运算的项数越多，精度越高。这是由 FPGA 等数字信号处理硬件平台不可避免地有限字长效应引起的。

### 3.2.4 有效数据位的计算

#### 1. 有效数据位的概念

众所周知，在 FPGA 数字运算中，每个数据位都需要相应的寄存器来存储，参与运算处理的数据位越多，所占用的硬件资源也越多。为确保运算结果的正确性，或者为尽量获取较高的运算精度，通常又不得不增加相应的运算字长。因此，为确保硬件资源的有效利用，需要在工程设计时，准确地掌握运算中的有效数据位长度，尽量减少无效数据位参与运算，从而避免浪费宝贵的硬件资源。

有效数据位是指表示有用信息的数据位。例如，整数型的有符号二进制数据 001，显然只需要用 2 比特数据即可正确表示 01，最高位的符号位其实没有代表任何信息。

### 2. 加法运算中的有效数据位

先考虑两个二进制数之间的加法运算（对于补码数据来说，加/减法运算规则相同，因此只讨论加法运算情况）。假设数据位数较大的位数为 $N$，则加法运算结果需要用 $N$+1 位才能保证运算结果不溢出，也就是说，两个长度为 $N$（另一个数据位长度也可以小于 $N$）的二进制数进行加法运算，运算结果的有效数据位长度为 $N$+1。如果运算结果只能采用 $N$ 位数据表示，那么该如何对结果进行截取呢？截取后的结果如何能保证运算的正确性呢？下面我们还是以具体的例子来进行分析。

例如，两个长度为 4 的二进制数 $d_1$、$d_2$ 进行相加运算。我们来考查 $d_1$、$d_2$ 取不同值时的运算结果及截位后的结果。为便于分析比较，列出了表 3-4。

**表 3-4 有效数据位截位与加法运算结果的关系**

| 输入($d_1$/$d_2$) | 有符号十进制数 | 取全部有效位运算结果 | 取低 4 位运算结果 | 取高 4 位运算结果 |
|---|---|---|---|---|
| 0000/0000 | 0/0 | 00000（0） | 0 | 0 |
| 0001/0001 | 1/1 | 00010（2） | 2 | 1 |
| 0010/0010 | 2/2 | 00100（4） | 4 | 2 |
| 0011/0011 | 3/3 | 00110（6） | 6 | 3 |
| 0100/0100 | 4/4 | 01000（8） | -8（溢出） | 4 |
| 0101/0101 | 5/5 | 01010（10） | -6（溢出） | 5 |
| 0110/0110 | 6/6 | 01100（12） | -4（溢出） | 6 |
| 0111/0111 | 7/7 | 01110（14） | -2（溢出） | 7 |
| 1000/1000 | -8/-8 | 10000（-16） | -8（溢出） | -8 |
| 1001/1001 | -7/-7 | 10010（-14） | -14（溢出） | -7 |
| 1010/1010 | -6/-6 | 10100（-12） | -12（溢出） | -6 |
| 1011/1011 | -5/-5 | 10110（-10） | -10（溢出） | -5 |
| 1100/1100 | -4/-4 | 11100（-8） | -8 | -4 |
| 1101/1101 | -3/-3 | 11010（-6） | -6 | -3 |
| 1110/1110 | -2/-2 | 11100（-4） | -4 | -2 |
| 1111/1111 | -1/-1 | 11110（-2） | -2 | -1 |

分析表 3-4 的运算结果可知，对两个长度为 $N$ 的二进制数进行加法运算时，需要采用 $N$+1 位数据才能获得完全准确的结果。如果需要采用 $N$ 位数据存放结果，那么取低 $N$ 位时就会产生溢出，得出错误结果，取高 $N$ 位时则不会出现溢出，运算结果相当于减小了一半。

前面的分析实际上是将数据均当成整数，也就是说，小数点位置均位于最低位的右边。

在数字信号处理中，定点数通常限制在-1～1，即把小数点固定在最高位和次高位之间。同样是表 3-4 中的例子，考虑小数运算时，运算结果的小数点位置又该如何确定呢？对比表 3-4 中的数据，可以很容易地看出，如果采用 *N*+1 位数据表示运算结果，则小数点位置位于次高位的右边，而不再是最高位的右边；如果采用 *N* 位数据表示运算结果，则小数点位置位于最高位的右边。也就是说，运算前后小数点右边的数据位数（也是小数的位数）是固定不变的。实际上，在 Verilog HDL 语言环境中，如果对两个长度为 *N* 的数据进行加法运算，为了得到 *N*+1 位的准确结果，那么必须先对参加运算的数进行一位符号位扩展。

**3. 乘法运算中的有效数据位**

与加法运算一样，我们同样考查乘数均采用补码表示形式（有符号数）的情况，这也是 FPGA 进行数字信号处理时最常用的数据表示形式，在讨论清楚补码的相关情况后，读者很容易得出无符号数的运算规律。

从表 3-5 中可以得出以下几条运算规律。

- 对字长分别为 *M*、*N* 的数据进行乘法运算时，需要采用 *M*+*N* 位字长的数据才能得到准确的结果。
- 对于乘法运算，不需要通过扩展位数来对齐乘数的小数点位置。
- 当乘数为小数时，乘法结果的小数的位数等于两个乘数的小数的位数之和。
- 当需要对乘法运算结果截取时，为了保证得到正确的结果，只能取高位，而舍去低位数据，这样相当于降低了运算结果的精度。
- 只有当两个乘数均为所能表示的最小负数（最高位为 1，其余位均为 0）时，才有可能出现最高位与次高位不同的情况，也就是说，只有在这种情况下，才需要 *M*+*N* 位字长的数据来存放准确的最终结果。其他情况下，实际上均有两位相同的符号位，只需要 *M*+*N*-1 位字长即可存放准确的运算结果。

**表 3-5 有效数据位截位与乘法运算结果的关系**

| 输入($d_1/d_2$) | 有符号十进制数 | 取全部有效位的运算结果 | 小数点在次高位右边的运算结果 |
|---|---|---|---|
| 0Δ000/0Δ000 | 0/0 | 00000000（0） | 00Δ000000 |
| 0Δ001/0Δ001 | 1/1 | 00000001（1） | 00Δ000001 |
| 0Δ010/0Δ010 | 2/2 | 00000100（4） | 00Δ000100 |
| 0Δ011/0Δ011 | 3/3 | 00001001（9） | 00Δ001001 |
| 0Δ100/0Δ100 | 4/4 | 00010000（16） | 00Δ010000 |
| 0Δ101/0Δ101 | 5/5 | 00011001（25） | 00Δ011001 |
| 0Δ110/0Δ110 | 6/6 | 00100100（36） | 00Δ100100 |
| 0Δ111/0Δ111 | 7/7 | 00110001（49） | 00Δ110001 |
| 1Δ000/1Δ000 | -8/-8 | 01000000（64） | 01Δ000000（此时溢出） |
| 1Δ001/1Δ001 | -7/-7 | 00110001（49） | 00Δ110001 |
| 1Δ010/1Δ010 | -6/-6 | 00100100（36） | 00Δ100100 |
| 1Δ011/1Δ011 | -5/-5 | 00011001（25） | 00Δ011001 |
| 1Δ100/1Δ100 | -4/-4 | 00010000（16） | 00Δ010000 |

续表

| 输入($d_1/d_2$) | 有符号十进制数 | 取全部有效位的运算结果 | 小数点在次高位右边的运算结果 |
|---|---|---|---|
| 1Δ101/1Δ101 | -3/-3 | 00001001（9） | 00Δ001001 |
| 1Δ110/1Δ110 | -2/-2 | 00000100（4） | 00Δ000100 |
| 1Δ111/1Δ111 | -1/-1 | 00000001（1） | 00Δ000001 |

Vivado 开发环境提供的乘法器 IP 核在选择输出数据位数时，如果选择全精度运算，则会自动生成 $M+N$ 位字长的运算结果。在实际 FPGA 工程设计中，如果预先知道某位乘数不可能出现最小负值的情况，或者通过一些控制手段去除出现最小负值的情况，则完全可以只用 $M+N-1$ 位字长存放运算结果，从而节约一位寄存器资源。如果乘法运算只是系统的中间环节，则后续的每个运算步骤均可节约一位寄存器资源。

**4．乘加运算中的有效数据位**

前面讨论运算结果的有效数据位时，都是指参加运算的信号均是变量的情况。在数字信号处理中，通常会遇到乘加运算的情况，一个典型的例子是有限脉冲响应（Finite Impulse Response，FIR）滤波器的设计。当乘法系数是常量时，最终运算结果的有效数据位需要根据常量的大小来重新计算。

例如，需要设计一个 FIR 滤波器：

$$H(z)=\sum_{n=0}^{N-1}h(n)z^{-n}=h(0)+h(1)z^{-1}+\cdots+h(N-1)z^{-(N-1)} \tag{3-11}$$

假设滤波器系数为 13、−38、74、99、99、74、−38、13，如果输入数据为 $N$ 比特的二进制数，则滤波器输出最少需要采用多少位来准确表示呢？显然，要保证运算结果不溢出，我们需要计算滤波器输出的最大值，并以此推算输出的有效数据位数。方法其实十分简单，只需要计算所有滤波器系数绝对值之和，再计算表示该绝对值之和所需的最小无符号二进制数位数 $n$，则滤波器输出的有效数据位数为 $N+n$。对于上面的实例，可知滤波器绝对值之和为 448，至少需要 9 比特二进制数表示，因此 $n$ =9。

# 3.3 有限字长效应

## 3.3.1 字长效应的产生因素

数字信号处理的实质是一组数值运算，这些运算可以在通用数字计算机上用软件实现，也可以用专门的硬件实现。无论哪种实现方式，数字信号处理系统的一些系数、信号序列的各个数值及运算结果等都要以二进制的形式存储在有限字长的存储单元中。如果处理的是模拟信号，如常用的抽样信号处理系统，输入的模拟量经过抽样和 A/D 转换后，变成有限字长的数字信号，那么有限字长的数就是有限精度的数。因此，在具体实现中往往难以保证原设计精度而产生误差，甚至导致错误的结果。在数字信号处理系统中主要有如下三种由有限字长而引起误差的因素。

- 模/数（A/D）转换器把模拟输入信号转换成一组离散电平时产生的量化效应。

- 用有限位二进制数表示系数时产生的量化效应。
- 在数字运算过程中，为限制位数进行的尾数处理和为防止溢出而压缩信号电平的有限字长效应。

引起这些误差的根本原因在于寄存器（存储单元）的字长有限。误差的特性与系统的类型、结构形式、数字的表示方法、运算方式及字的长短有关。在通用计算机上，字长较长，量化步长很小，量化误差不大，因此用通用计算机实现数字系统时，一般可以不考虑有限字长效应。但用专用硬件（如 FPGA）实现数字系统时，其字长较短，就必须考虑有限字长效应。

## 3.3.2 A/D 转换的字长效应

从功能上讲，A/D 转换器可简单分为抽样和量化两部分，抽样将模拟信号变成离散信号，量化将每个抽样值用有限字长表示。抽样频率的选取直接影响 A/D 转换的性能，根据奈奎斯特定理，抽样频率至少需要大于或等于信号最高频率的 2 倍，才能从抽样后的离散信号中恢复原始的模拟信号，且抽样频率越高，A/D 转换的性能越好。量化效应可以等效为输入信号为有限字长的数字信号，其等效模型如图 3-6 所示。

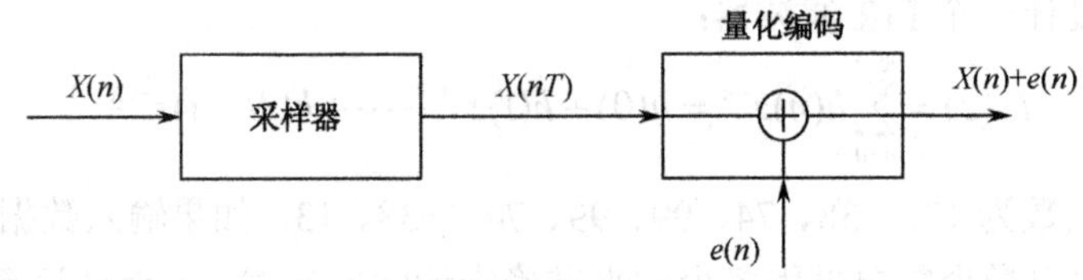


图 3-6 A/D 转换的等效模型

根据图 3-6 所示的模型，量化后的取值可以表示成精确取样值和量化误差之和，即

$$\hat{x}(n)=Q[x(n)]=x(n)+e(n) \tag{3-12}$$

该模型基于以下几点假设。

- $e(n)$ 是一个平稳的随机取样序列。
- $e(n)$ 具有等概分布特性。
- $e(n)$ 是白噪声过程。
- $e(n)$ 和 $x(n)$ 是不相关的。

由于 $e(n)$ 具有等概分布特性，舍入误差的概率分布如图 3-7（a）所示，补码截尾的概率分布如图 3-7（b）所示，原码截尾的概率分布如图 3-7（c）所示。

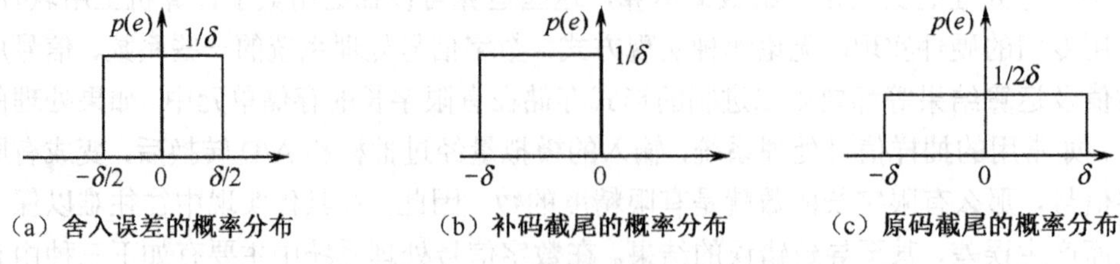


图 3-7 量化误差概率分布

在以上三种概率分布中，误差信号的均值和方差分别如下所述。

- 舍入时：均值为 0，方差为 $\delta^2/2$。
- 补码截尾时：均值为$-\delta/2$，方差为 $\delta^2/12$。
- 原码截尾时：均值为 0，方差为 $\delta^2/3$。

这样，量化过程可以等效为在无限精度的数上叠加一个噪声，其中，舍入操作得到的信噪比（量化信噪比）的表达式为

$$\mathrm{SNR}_{\mathrm{A/D}} = 10\lg\left(\frac{\delta_{\mathrm{x}}^2}{\delta_{\mathrm{e}}^2}\right) = 10\lg(12\times 2^{2L}\delta_{\mathrm{x}}^2) = 6.02B + 10.79 + 10\lg(\delta_{\mathrm{x}}^2) \tag{3-13}$$

从式（3-13）可以看出，舍入后的字长每增加 1 位，SNR 约增加 6 dB。那么，在数字信号处理系统中选取字长是否越长越好呢？其实选取 A/D 转换的字长主要考虑两个因素：输入信号本身的信噪比和系统实现的复杂度。由于输入信号本身有一定的信噪比，因此字长增加到 A/D 转换器量化噪声比输入信号的噪声电平更低就没有意义了。随着 A/D 转换字长的增加，数字系统实现的复杂程度也会急剧增加，特别是采用硬件系统实现时，这一问题显得尤其突出。

### 3.3.3　数字滤波器系数的字长效应

文献[2]对字长效应在数字滤波器系统设计中的影响进行了详细的理论分析，对于工程设计与实现来说，不必详细了解严谨的理论推导过程，但起码需要了解字长效应对系统设计中定性的影响、相应的指导性结论，并在实际工程设计中最终通过试验仿真来确定最佳的运算字长参数。

对于硬件系统来说，在设计常用的 FIR 滤波器或 IIR 滤波器时，按理论设计方法或 MATLAB 软件仿真设计出来的滤波器系数可以看成无限精度的。但在实际实现时，数字滤波器的所有系数都必须用有限长的二进制码表示，并存放在存储单元中，即对理想的系数值进行量化。我们知道，数字滤波器系数直接决定了系统函数的零/极点位置和频率响应，因此，由于实际系数存在的误差，必将使数字滤波器的零/极点位置发生偏移、频率响应发生变化，从而影响数字滤波器的性能，甚至严重到使单位圆内的极点位置偏移到单位圆外，造成数字滤波器的不稳定。系数量化对数字滤波器性能的影响与字长有关，也与数字滤波器结构有关。对各种结构的数字滤波器分析系数量化的影响比较麻烦，感兴趣的读者请参见文献[2]中的相关内容。下面给出一个实际的例子，通过 MATLAB 来仿真系数量化对数字滤波器性能的影响。

**例 3-2：MATLAB 软件仿真二阶数字滤波器的频率响应。**

用 MATLAB 软件仿真二阶数字滤波器的频率响应，以及极点因量化位数变化而产生的影响，画出 8bit 量化后与原系统的频率响应图，列表对比随量化位数变化而引起的系统极点的变化。二阶数字滤波器的系统函数为

$$H(z) = \frac{0.05}{1 + 1.7z^{-1} + 0.745z^{-2}} \tag{3-14}$$

该实例的 MATLAB 源程序文件为 E3_2_QuantCoeff.m，源代码请参考本书的配套开发资源包中的内容，下面直接给出仿真程序运行的结果。

从表 3-6 中可以看出，随着量化位数的减小，偏离原系统的极点值越来越大，对于本实例的系统来说，当量化位数小于 7 位时，系统的极点已在单位圆外，不再是一个因果稳定系

统了；从图 3-8 中也可明显地看出量化后系统的频率响应与原系统响应的差别。

表 3-6　量化系数前后的系统极点

| 量化位数 | 极点值 | 量化位数 | 极点值 |
|---|---|---|---|
| 原系统 | −0.8500±0.1500i | 8 | −0.8581±0.0830i |
| 12 | −0.8501±0.1496i | 7 | −0.8514 + 0.0702i |
| 11 | −0.8511 + 0.1452i | 6 | −1.0000−0.7222i |
| 10 | −0.8517 + 0.1342i | 5 | −1.2965−0.5785i |
| 9 | −0.8500 + 0.1323i | 4 | −1.0000−0.7500i |

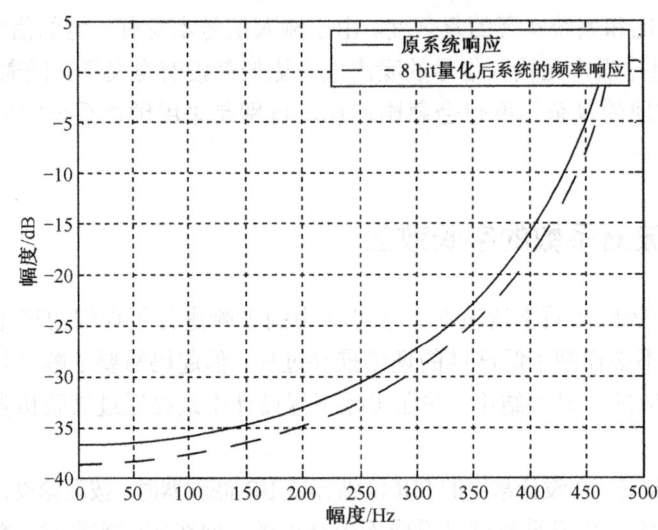


图 3-8　系统量化前后的频率响应图

### 3.3.4　滤波器运算中的字长效应

对于二进制数运算来说，定点数的加法运算虽然不会改变字长，但存在数据溢出的可能性，因此需要考虑数据的动态范围。定点数的乘法运算显然存在字长效应，因为 2 个 $B$ 位字长的定点数相乘，要保留所有有效位需要使用 $2B$ 位字长的数据，数据截尾或舍入必定会引起字长效应。在浮点数运算中，乘法或加法运算均有可能引起尾数位的增加，因此也存在字长效应。一些读者可能会问，为什么不能增加字长来保证运算过程不产生截尾或舍入操作呢？这样虽然需要增加一些寄存器资源，但毕竟可以避免因截尾或舍入而带来的运算精度下降甚至运算错误。对于没有反馈的系统，这样理解也未尝不可。对于数字滤波器或较为复杂的电路系统来说，通常会用到反馈网络，这样每次闭环运算都会增加一部分字长，循环运算下去势必要求越来越多的寄存器资源，字长的增加是单调增加的，也就是说，随着运算的持续，所需寄存器资源是无限增加的，实现这样的系统显然是不现实的。

考虑一个一阶数字滤波器，其系统函数为

$$H(z)=\frac{1}{1+0.5z^{-1}} \tag{3-15}$$

在无限精度运算的情况下，其差分方程为

$$y(n) = -0.5y(n-1) + x(n) \tag{3-16}$$

在定点数运算中，每次乘加运算后都必须对尾数进行舍入或截尾处理，即量化处理，而量化过程是一个非线性过程，处理后相应的非线性差分方程变为

$$w(n) = Q[-0.5w(n-1) + x(n)] \tag{3-17}$$

**例 3-3：用 MATLAB 软件仿真一阶数字滤波器输入信号响应。**

用 MATLAB 软件仿真式（3-17）所示的一阶数字滤波器输入信号响应结果，输入信号为 $7\delta(n)/8$，$\delta(n)$ 为冲激信号。仿真原系统、2 bit、4 bit、6 bit 量化运算结果的输出响应结果，并画图进行对比说明。

该实例的 MATLAB 源程序请参考本书的配套程序资料，图 3-9 所示为一阶数字滤波器的量化运算结果。从仿真结果可以看出：进行无限精度运算时，输出响应逐渐趋近于 0 值；运算过程经量化处理后，输出响应在几次运算后在固定值处来回振荡；量化位数越少，振荡的值越大。

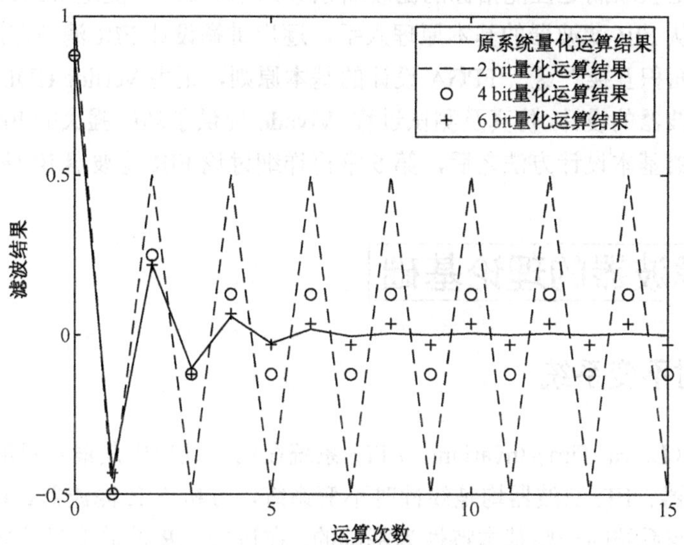


图 3-9　一阶数字滤波器的量化运算结果

## 3.4 小结

本章首先介绍了二进制数的起源及其在计算机中的常用表示方法，二进制数的表示方法是采用 FPGA 设计数字系统最基本的知识。数字信号在 FPGA 等硬件系统中实现时，因受寄存器长度的限制，不可避免地产生了有限字长效应。工程师必须了解字长效应对数字系统可能带来的影响，并在实际设计中通过仿真来确定最终的量化位数、寄存器长度等内容。

# 第 4 章 FIR 滤波器原理及 Verilog HDL 设计

经过学习前面章节的相关基础知识之后，本书现在开始正式进行数字滤波器的设计。本章讲解有限脉冲响应（Finite Impulse Response，FIR）滤波器的原理、设计方法及 FPGA 实现方法的相关内容。由于 FIR 滤波器可以设计成任意幅频特性，同时保证精确、严格的线性相位特性，从而成为数字信号处理系统中最常用、最重要的滤波器之一。实现 FIR 滤波器最主要的目标不仅是获取满足性能指标的滤波器系数，同时要尽可能地节约或减少所消耗的硬件资源。本章将从 FIR 滤波器的基本原理入手，逐步讲解设计 FIR 滤波器所需掌握的知识，并根据“速度与面积互换”这一 FPGA 设计的基本原则，采用 Verilog HDL 代码完成并行及串行结构 FIR 滤波器的设计、仿真及测试过程。Vivado 提供了功能强大的 FIR 滤波器 IP 核，在掌握 FIR 滤波器基本设计方法之后，第 5 章再详细讨论 FIR 滤波器 IP 核的设计。

## 4.1 FIR 滤波器的理论基础

### 4.1.1 线性时不变系统

线性时不变（Linear Time-Invariant，LTI）系统在信号处理中是最常见的系统，本书所要讨论的 FIR 滤波器、IIR 滤波器均是线性时不变系统，分析 FIR 滤波器、IIR 滤波器的方法均是以线性时不变系统的一些基本特性为基础的。在进行 FIR 滤波器设计之前，先简单介绍线性时不变系统的基本概念及特性。

**1．线性时不变系统的概念**

线性系统是指满足叠加原理的一类系统。如果一个时域离散系统的输入分别为 $x_1(n)$、$x_2(n)$，相应的输出分别为 $y_1(n)$、$y_2(n)$，仅当式（4-1）和式（4-2）同时成立时，该系统称为线性系统。

$$T[x_1(n)+x_2(n)]=T[x_1(n)]+T[x_2(n)]=y_1(n)+y_2(n) \tag{4-1}$$

$$T[ax(n)]=aT[x(n)]=ay(n) \tag{4-2}$$

如果一个时域离散系统的参数和特性不随时间变化，即系统的运算关系在整个运算过程中不随时间变化，则该系统称为时不变系统。也就是说，如果系统的输入序列移动 $n_0$ 个取样点，则输出也跟着移动 $n_0$ 个取样点，且数值保持不变，即满足式（4-3）。

$$T[x(n-n_0)]=y(n-n_0) \tag{4-3}$$

线性时不变系统是指既是线性系统又是时不变系统的系统。

众所周知，任意一个数字序列 $x(n)$ 均可表示成单位抽样序列 $\delta(n)$ 的位移加权和，即

$$x(n)=\sum_{k=-\infty}^{\infty}x(k)\delta(n-k) \tag{4-4}$$

对于某个系统，我们将输入信号为 $\delta(n)$ 的响应称为单位抽样响应 $h(n)$，即

$$h(n)=T[\delta(n)] \tag{4-5}$$

根据线性时不变系统的定义很容易得出，对于任意一个输入序列，其系统响应为

$$y(n)=T[x(n)]=T\left[\sum_{k=-\infty}^{\infty}x(k)\delta(n-k)\right]=\sum_{k=-\infty}^{\infty}x(k)h(n-k) \tag{4-6}$$

式（4-6）是离散线性时不变系统的卷积表达式，与模拟系统的卷积类似，又称为离散卷积或线性卷积，用符号“*”表示。

$$y(n)=x(n)*h(n) \tag{4-7}$$

式（4-7）说明，线性时不变系统的输出等于输入序列与单位抽样响应 $h(n)$ 的线性卷积，也就是说，$h(n)$ 可以完全表征线性时不变系统的特征。

**2．线性时不变系统的特性**

稳定系统是指对于任意的有界输入信号，系统的输出也是有界的。显然，如果一个系统不是稳定系统，则在工程实现时就无法控制其输出结果，实现起来也毫无意义。容易证明，对于线性时不变系统来说，系统稳定的充分必要条件为单位抽样响应绝对可和，即

$$S=\sum_{k=-\infty}^{\infty}|h(k)|<\infty \tag{4-8}$$

对于 FIR 滤波器来说，其单位抽样响应是有限的，显然 FIR 滤波器系统是一个稳定系统。因果系统是指某时刻的输出值只取决于此时刻和此时刻以前的输入值的系统，即因果系统在 $n=n_0$ 时刻的输出值 $y(n_0)$ 仅仅取决于 $n\leqslant n_0$ 的输入序列值，与 $n>n_0$ 的输入序列值无关。显然，工程上是无法实现一个非因果系统的。对于线性时不变系统来说，系统因果的充分必要条件为单位抽样响应必须满足

$$h(n)=0\text{，}\quad n<0 \tag{4-9}$$

本章稍后会讲到，FIR 滤波器其实是对输入信号进行一系列延迟和加权的组合系统，因而是一个线性时不变、因果稳定系统。

**3．线性相位系统的物理意义**

我们在设计数字滤波器或其他数字系统时，经常会提到要求设计一个具有线性相位的系统，为什么要这样规定呢？线性相位系统的物理意义是什么呢？线性相位系统与非线性相位系统到底有什么本质的区别？

为了看清线性系统的相位影响，首先考虑一个理想延时系统，也就是说，系统仅仅对所有的输入序列进行一个延时。借助单位抽样脉冲的定义，容易表示理想延时系统的单位抽样响应，即

$$h_{\mathrm{id}}(n)=\delta(n-n_{\mathrm{d}}) \tag{4-10}$$

系统的频率响应为

$$H_{\mathrm{id}}(\mathrm{e}^{\mathrm{j}\omega})=\mathrm{e}^{-\mathrm{j}\omega n_{\mathrm{d}}} \tag{4-11}$$

或

$$|H_{id}(e^{j\omega})|=1 \tag{4-12}$$

$$\arg[H_{id}(e^{j\omega})]=-\omega n_d，\ |\omega|<\pi \tag{4-13}$$

假设延时为整数，则这个系统具有单位增益，且相位是线性的。

再讨论一个具有线性相位的理想低通滤波器，其频率响应可定义为

$$H_{lp}=\begin{cases}e^{-j\omega n_d}, & |\omega|\leqslant\omega_c\\ 0, & \omega_c<|\omega|<\pi\end{cases} \tag{4-14}$$

其单位抽样响应为

$$h_{lp}(n)=\frac{1}{2\pi}\int_{-\omega_c}^{\omega_c}e^{-j\omega n_d}e^{j\omega n}d\omega=\frac{\sin\omega_c(n-n_d)}{\pi(n-n_d)},\quad -\infty<n<\infty \tag{4-15}$$

而我们知道，对于一个零相位的理想低通滤波器来说，其单位抽样响应为

$$\frac{\sin\omega_c n}{\pi n},\quad -\infty<n<\infty \tag{4-16}$$

对照式（4-15）和式（4-16）可知，零相位的理想低通滤波器与线性相位的理想低通滤波器之间的差别仅仅是延时。在很多应用中，这个延时失真并不重要，因为它的影响只是使序列在时间上有一个位移。因此，在近似理想低通滤波器和其他线性时不变系统的设计里，经常用线性相位响应而不用零相位响应作为理想系统。

进一步分析，对于非理想的低通滤波器或其他类型的滤波器来说，由于工程师只关心通带内的频率分量信号，因此，只要通带内满足线性相位的要求即可。

线性相位系统可以保证所有通带内的输入信号的相位响应都是线性的，即保证了输入信号的延时特性。这一特点到底有何作用呢？前面是从延时的角度来分析的，现在我们从相位的角度进行阐述。对于输入信号来说，各种频率成分的信号之间的相对相位是固定的，在接收端，只要同步了输入信号中的某个频率成分的信号（最常见的是载波信号），则相当于同步了所有输入信号的相位，这样才可能进行正确的数据解调。线性相位系统可以保证输入信号在通过系统后，仍然能保证所有通带内信号的相对相位保持不变。对于非线性相位系统，信号通过该系统后，通带内各种频率成分的输入信号之间的相对相位已经发生了改变，接收端将无法通过只同步某个频率成分的信号来同步通带内所有信号的相位。读到这里，可能读者会再次产生疑问，是否非线性相位系统，如本书后续将要讲述的 IIR 滤波器，就没有任何实用价值呢？其实，如果一个滤波器只为获取一个频率成分的信号，这时是否是线性相位系统就没有什么影响了。例如，仅为提取载波信号的载波同步系统正是这样的系统。

通常用群延迟 $\tau(\omega)$ 来表征相位的线性，一个系统的群延迟 $\tau(\omega)$ 定义为相位对角频率的导数的负值，即

$$\tau(\omega)=\mathrm{grd}[H(e^{j\omega})]=-\frac{d}{d\omega}\{\arg[H(e^{j\omega})]\} \tag{4-17}$$

群延迟是系统平均延迟的一个度量，当要求滤波器具有线性相位响应特性时，通带内群延迟特性就应当是常数。延迟偏离一个常数的偏差表示相位的非线性程度。

### 4.1.2 FIR 滤波器的原理

FIR 滤波器，即有限脉冲响应滤波器，顾名思义，是指单位脉冲响应的长度是有限的滤波

器。具体来讲，FIR 滤波器的突出特点是其单位抽样响应 $h(n)$ 是一个 $N$ 点的有限长序列，$0 \leqslant n \leqslant N-1$。滤波器的输出 $y(n)$ 可表示为输入序列 $x(n)$ 与单位抽样响应 $h(n)$ 的线性卷积。

$$y(n)=\sum_{k=0}^{N-1} x(k)h(n-k)=x(n)*h(n) \tag{4-18}$$

其系统函数为

$$H(z)=\sum_{n=0}^{N-1} h(n)z^{-n}=h(0)+h(1)z^{-1}+\cdots+h(N-1)z^{-(N-1)} \tag{4-19}$$

从系统函数可以很容易看出，FIR 滤波器只在原点上存在极点，这使得 FIR 滤波器具有全局稳定性。FIR 滤波器是由一个抽头延迟线加法器和乘法器的集合构成的，每个乘法器的操作系数就是一个 FIR 滤波器系数，因此，FIR 滤波器的这种结构也被人们称为抽头延迟线结构。

### 4.1.3　FIR 滤波器的特性

#### 1．相位特性

前面讲过，FIR 滤波器的一个突出优点是具有严格的线性相位特性。是否所有的 FIR 滤波器均具有这种严格的线性相位特性呢？事实并非如此，只有当 FIR 滤波器单位抽样响应 $h(n)$ 满足对称条件时，FIR 滤波器才具有线性相位特性。

本章在后面讲述 FIR 滤波器的设计时，会采用 MATLAB 进行滤波器设计，设计的方法也十分简单，所设计出来的滤波器抽头系数，即单位抽样响应 $h(n)$ 自动具有对称特性。也就是说，对于实际工程设计来讲，即使不了解 FIR 滤波器单位抽样响应与线性相位之间的关系，也可以设计出满足要求的 FIR 滤波器。但是，作为一名优秀的工程师，只知其然，而不知其所以然，有违技术工作者的工作特性。现在，就让我们一起来看看单位抽样响应 $h(n)$ 与线性相位之间的必然联系。

对称可分为偶对称和奇对称两种情况。先来看看 FIR 滤波器单位抽样响应具有偶对称的情况，即

$$h(n)=h(M-n)\,,\quad 0 \leqslant n \leqslant M \tag{4-20}$$

此时，单位抽样响应有 $M+1$ 个点不为 0（阶数为 $M$，长度为 $M+1$），其系统函数为

$$H(z)=\sum_{n=0}^{M} h(n)z^{-n}=\sum_{n=0}^{M} h(M-n)z^{-n} \tag{4-21}$$

令 $k=M-n$，代入式（4-21），可得

$$H(z)=\sum_{k=0}^{M} h(k)z^{-(M-k)}=z^{-M}\sum_{k=0}^{M} h(k)z^{k}=z^{-M}H(z^{-1}) \tag{4-22}$$

对式（4-22）进行简单变换，可得

$$\begin{aligned} H(z)&=\frac{1}{2}[H(z)+z^{-M}H(z^{-1})]=\frac{1}{2}\sum_{n=0}^{M} h(n)[z^{-n}+z^{-M}z^{n}] \\ &=z^{-M/2}\sum_{n=0}^{M} h(n)\left[\frac{z^{-(n-M/2)}+z^{(n-M/2)}}{2}\right] \end{aligned} \tag{4-23}$$

FIR 滤波器的频率响应为

$$\begin{aligned}H(\mathrm{e}^{\mathrm{j}\omega})=H(z)|_{z=\mathrm{e}^{\mathrm{j}\omega}}&=\mathrm{e}^{-\mathrm{j}\omega M/2}\sum_{n=0}^{M}h(n)\cos\left[\omega\left(\frac{M}{2}-n\right)\right]\\&=A_{\mathrm{e}}(\mathrm{e}^{\mathrm{j}\omega})\mathrm{e}^{-\mathrm{j}\omega M/2}\end{aligned} \tag{4-24}$$

令 $H(\mathrm{e}^{\mathrm{j}\omega})=|H(\mathrm{e}^{\mathrm{j}\omega})|\mathrm{e}^{\mathrm{j}\varphi(\omega)}$，则

$$|H(\mathrm{e}^{\mathrm{j}\omega})|=A_{\mathrm{e}}(\mathrm{e}^{\mathrm{j}\omega})=\sum_{n=0}^{M}h(n)\cos\left[\omega\left(\frac{M}{2}-n\right)\right] \tag{4-25}$$

显然，$A_{\mathrm{e}}(\mathrm{e}^{\mathrm{j}\omega})$ 是实数、呈偶对称，且是周期为 $\omega$ 的函数，其相位特性 $\varphi(\omega)=-\frac{M}{2}\omega$，具有严格的线性特性，且系统的群延迟为

$$\tau(\omega)=-\frac{\mathrm{d}}{\mathrm{d}\omega}[\varphi(\omega)]=M/2 \tag{4-26}$$

即系统的群延迟等于单位抽样响应长度的一半。

弄清楚了 $h(n)$ 为偶对称的情况后，再看看 $h(n)$ 为奇对称时又会是怎样的结果。

$$h(n)=-h(M-n)\text{，}\quad 0\leqslant n\leqslant M \tag{4-27}$$

其系统函数为

$$H(z)=\sum_{n=0}^{M}h(n)z^{-n}=-\sum_{n=0}^{M}h(M-n)z^{-n} \tag{4-28}$$

同样，令 $k=M-n$，代入式（4-28），可得

$$H(z)=-\sum_{k=0}^{M}h(k)z^{-(M-k)}=-z^{-M}\sum_{k=0}^{M}h(k)z^{k}=-z^{-M}H(z^{-1}) \tag{4-29}$$

对式（4-29）进行简单变换可得

$$\begin{aligned}H(z)&=\frac{1}{2}[H(z)-z^{-M}H(z^{-1})]=\frac{1}{2}\sum_{n=0}^{M}h(n)[z^{-n}-z^{-M}z^{n}]\\&=z^{-M/2}\sum_{n=0}^{M}h(n)\left[\frac{z^{-(n-M/2)}-z^{(n-M/2)}}{2}\right]\end{aligned} \tag{4-30}$$

FIR 滤波器的频率响应为

$$\begin{aligned}H(\mathrm{e}^{\mathrm{j}\omega})=H(z)|_{z=\mathrm{e}^{\mathrm{j}\omega}}&=-\mathrm{j}\mathrm{e}^{-\mathrm{j}\omega M/2}\sum_{n=0}^{M}h(n)\sin\left[\omega\left(\frac{M}{2}-n\right)\right]\\&=A_{\mathrm{e}}(\mathrm{e}^{\mathrm{j}\omega})\mathrm{e}^{-\mathrm{j}(\omega M/2+\pi/2)}\end{aligned} \tag{4-31}$$

令 $H(\mathrm{e}^{\mathrm{j}\omega})=|H(\mathrm{e}^{\mathrm{j}\omega})|\mathrm{e}^{\mathrm{j}\varphi(\omega)}$，则

$$|H(\mathrm{e}^{\mathrm{j}\omega})|=A_{\mathrm{e}}(\mathrm{e}^{\mathrm{j}\omega})=\sum_{n=0}^{M}h(n)\sin\left[\omega\left(\frac{M}{2}-n\right)\right] \tag{4-32}$$

显然，$A_{\mathrm{e}}(\mathrm{e}^{\mathrm{j}\omega})$ 是实数、呈奇对称，且是周期为 $\omega$ 的函数，其相位特性 $\varphi(\omega)=-\frac{M}{2}\omega+\frac{\pi}{2}$，具有严格的线性特性，且系统的群延迟为

$$\tau(\omega)=-\frac{\mathrm{d}}{\mathrm{d}\omega}[\varphi(\omega)]=M/2 \tag{4-33}$$

即系统的群延迟等于单位抽样响应长度的一半。

从上述分析可以确切地知道，无论 FIR 滤波器的单位抽样响应是偶对称的还是奇对称的，系统均具有线性相位特性。再仔细比较两者的相位特性，不难发现，当奇对称时，系统

除了具有 $M/2$ 个群延迟，还产生了一个 90°的相移。这种在所有频率上都产生 90°相移的变换被称为信号的正交变换，这种网络称为正交变换网络。为便于比较，图 4-1 给出了两种对称形式的相位特性。

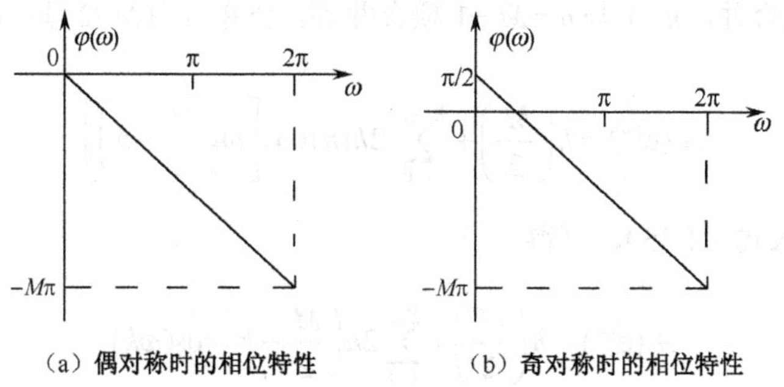

（a）偶对称时的相位特性　　（b）奇对称时的相位特性

图 4-1 FIR 滤波器的线性相位特性

### 2. 幅度特性

讨论 FIR 滤波器的幅度特性似乎意义不大，因为滤波器的设计目的大多集中在系统的幅频特性上，即设计成低通、高通、带通或带阻滤波器。由于 FIR 滤波器的突出优点是可以保证系统的线性相位特性，因此后续的讨论也均基于具有线性相位特性的 FIR 滤波器。读者在学习完本书后续章节后，可以知道，对于非线性相位的滤波器系统来讲，IIR 滤波器要比 FIR 滤波器优越些，主要表现在占用的硬件资源及滤波性能上。

讨论 FIR 滤波器的幅度特性的目的是进一步了解不同对称特性结构的单位抽样响应，分别适合哪种形式的滤波系统。在使用 MATLAB 设计 FIR 滤波器时，MATLAB 会自动为工程师生成最佳的滤波器结构。了解其中的原理，会更有助于提升工程师的设计信心。

前面介绍 FIR 滤波器的线性相位特性时，将系统的单位抽样响应分为偶对称和奇对称两种形式。在分析幅度特性时，再进一步分为四种结构：偶数的偶对称、奇数的偶对称、偶数的奇对称、奇数的奇对称。四种结构的单位抽样响应示意图如图 4-2 所示。

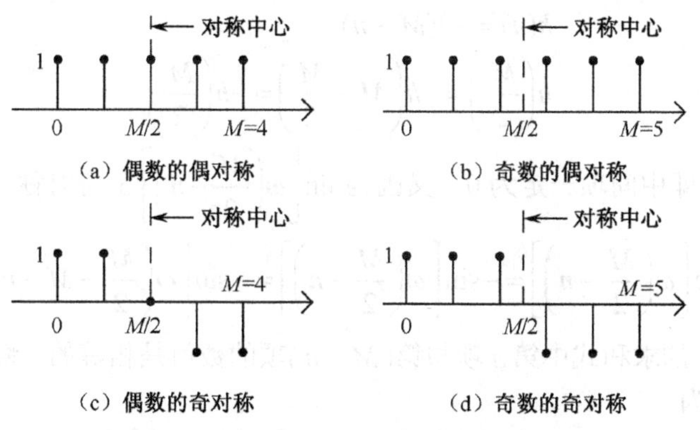

（a）偶数的偶对称　　（b）奇数的偶对称

（c）偶数的奇对称　　（d）奇数的奇对称

图 4-2 四种结构的单位抽样响应示意图

首先讨论第一种结构。由式（4-25）可知，不仅 $h(n)$ 对于 $M/2$ 是呈偶对称的，而且 $\cos\left[\omega\left(\frac{M}{2}-n\right)\right]$ 对于 $M/2$ 也呈偶对称，即

$$\cos\left[\omega\left(\frac{M}{2}-n\right)\right]=\cos\left[\omega\left(n-\frac{M}{2}\right)\right]=\cos\left[\omega\left(\frac{M}{2}-(M-n)\right)\right] \tag{4-34}$$

因此，在式（4-25）中的求和式内，第 $n$ 项与第 $(M-n)$ 项是相等的。可以把相等项合并，即 $n=0$ 与 $n=M$ 项合并，$n=1$ 与 $n=M-1$ 项合并等。合并后为 $M/2$ 项，由于 $M$ 为偶数，因此幅度函数可写成

$$A_{\rm e}({\rm e}^{{\rm j}\omega})=h\left(\frac{M}{2}\right)+\sum_{n=0}^{M/2-1}2h(n)\cos\left[\omega\left(\frac{M}{2}-n\right)\right] \tag{4-35}$$

将 $\left(\frac{M}{2}-n\right)=k$ 代入式（4-35），可得

$$A_{\rm e}({\rm e}^{{\rm j}\omega})=h\left(\frac{M}{2}\right)+\sum_{k=1}^{M/2}2h\left(\frac{M}{2}-k\right)\cos(\omega k) \tag{4-36}$$

由于 $\cos(\omega k)$ 对于 $\omega=0$、$\pi$、$2\pi$ 都呈偶对称，所以幅度函数对于 $\omega=0$、$\pi$、$2\pi$ 也呈偶对称。

对于第二种结构，与上述讨论方法相似。由于 $M$ 是奇数，合并后的幅度函数可写成

$$A_{\rm e}({\rm e}^{{\rm j}\omega})=\sum_{n=0}^{(M+1)/2-1}2h(n)\cos\left[\omega\left(\frac{M}{2}-n\right)\right] \tag{4-37}$$

将 $\frac{(M+1)}{2}-n=k$ 代入式（4-37），可得

$$A_{\rm e}({\rm e}^{{\rm j}\omega})=\sum_{k=1}^{(M+1)/2}2h\left[\frac{(M+1)}{2}-k\right]\cos\left[\omega\left(k-\frac{1}{2}\right)\right] \tag{4-38}$$

由式（4-38）可知，当 $\omega=\pi$ 时，$\cos\left[\omega\left(k-\frac{1}{2}\right)\right]=0$。由于 $\cos\left[\omega\left(k-\frac{1}{2}\right)\right]$ 对于 $\omega=\pi$ 呈奇对称，对于 $\omega=0$、$2\pi$ 呈偶对称，所以幅度函数对于 $\omega=\pi$ 也呈奇对称，对于 $\omega=0$、$2\pi$ 也呈偶对称。如果 FIR 滤波器在 $\omega=\pi$ 处不为 0，如高通、带阻滤波器，则不能使用这种类型的滤波器。

第三种结构的单位抽样响应呈奇对称，$M$ 为偶数。由于

$$\begin{gathered} h(n)=-h(M-n) \\ h\left(\frac{M}{2}\right)=-h\left(M-\frac{M}{2}\right)=-h\left(\frac{M}{2}\right) \end{gathered} \tag{4-39}$$

因此，$h\left(\frac{M}{2}\right)=0$，即中间项一定为 0。又因为 $\sin\left[\omega\left(\frac{M}{2}-n\right)\right]$ 呈奇对称，即

$$\sin\left[\omega\left(\frac{M}{2}-n\right)\right]=-\sin\left[\omega\left(\frac{M}{2}-n\right)\right]=-\sin\left[\omega\left(\frac{M}{2}-M-n\right)\right] \tag{4-40}$$

因此，式（4-32）中的求和式中第 $n$ 项与第 $(M-n)$ 项的数值是相等的，将相等的项合并后，式（4-32）可改写为

$$A_{\rm e}({\rm e}^{{\rm j}\omega})=\sum_{n=0}^{M/2-1}2h(n)\sin\left[\omega\left(\frac{M}{2}-n\right)\right] \tag{4-41}$$

将 $\frac{M}{2}-n=k$ 代入式（4-41），可得

$$A_e(e^{j\omega}) = \sum_{k=1}^{M/2} 2h\left(\frac{M}{2}-k\right)\sin(\omega k) \tag{4-42}$$

由于 $\sin(\omega k)$ 在 $\omega=0$、$\pi$、$2\pi$ 处都为 0，因此 FIR 滤波器的幅度函数在 $\omega=0$、$\pi$、$2\pi$ 也必为 0；又由于 $\sin(\omega k)$ 对于 $\omega=0$、$\pi$、$2\pi$ 均呈奇对称，因此幅度函数也呈奇对称。显然，这种类型的滤波器只能作为带通滤波器。

对于第四种结构，即单位抽样响应呈奇对称，$M$ 为奇数。与第三种结构类似，合并幅度函数中的两两相同项后，可得

$$A_e(e^{j\omega}) = \sum_{n=0}^{(M+1)/2-1} 2h(n)\sin\left[\omega\left(\frac{M}{2}-n\right)\right] \tag{4-43}$$

将 $\frac{(M+1)}{2}-n=k$ 代入式（4-43），可得

$$A_e(e^{j\omega}) = \sum_{k=1}^{(M+1)/2} 2h\left[\frac{(M+1)}{2}-k\right]\sin\left[\omega\left(k-\frac{1}{2}\right)\right] \tag{4-44}$$

由式（4-44）可知，由于 $\sin\left[\omega\left(k-\frac{1}{2}\right)\right]$ 在 $\omega=0$、$2\pi$ 处为 0，故幅度函数在 $\omega=0$、$2\pi$ 处也为 0；又由于 $\sin\left[\omega\left(k-\frac{1}{2}\right)\right]$ 在 $\omega=0$、$2\pi$ 处呈奇对称，在 $\omega=\pi$ 处呈偶对称，故幅度函数也呈现出相同的对称特性。可见，这种类型的 FIR 滤波器可设计成高通、带通滤波器。

知道不同结构的 FIR 滤波器特性后，在设计所需频率响应的 FIR 滤波器时，可以据此选择 FIR 滤波器级数的特点。例如，设计一个低通滤波器，根据上面的分析，显然不能使用具有奇对称特性单位抽样响应的滤波器结构。

为便于对比，表 4-1 给出了四种结构的 FIR 滤波器特性，其中的单位抽样响应特征指的是系统单位抽样响应阶数（滤波器阶数）$M$ 的奇偶性，单位抽样响应的长度为 $M$+1，可参考图 4-2。

**表 4-1 四种结构的 FIR 滤波器特性**

| 单位抽样响应特征（阶数为 $M$） | 相位特性 | 幅度特性 | 滤波器种类 |
|---|---|---|---|
| 偶对称，偶数 | 线性相位 | 对于 $\omega=0$、$\pi$、$2\pi$ 处均呈偶对称 | 适合各种滤波器 |
| 偶对称，奇数 | 线性相位 | 对于 $\omega=\pi$ 处呈奇对称，对于 $\omega=0$、$2\pi$ 处呈偶对称，在 $\omega=\pi$ 处为 0 | 不适合高通、带阻滤波器 |
| 奇对称，偶数 | 线性相位，附加 90°相移 | 对于 $\omega=0$、$\pi$、$2\pi$ 处均呈奇对称，在 $\omega=0$、$\pi$、$2\pi$ 处均为 0 | 只适合带通滤波器 |
| 奇对称，奇数 | 线性相位，附加 90°相移 | 对于 $\omega=0$、$2\pi$ 处均呈奇对称，对于 $\omega=\pi$ 处呈偶对称，在 $\omega=0$、$2\pi$ 处为 0 | 适合高通、带通滤波器 |

### 4.1.4 FIR 滤波器的结构形式

FIR 滤波器有多种基本结构，这些基本结构是进行 FPGA 实现的基础。虽然具体使用 FPGA 实现某种 FIR 滤波器时，还要因 FPGA 的特点采用与之相适应的实现形式，但无论采用哪种实现形式，首先需要确定所要实现的 FIR 滤波器的基本结构，也就是说，需要根据

FIR 滤波器的基本结构进一步选择 FPGA 的实现结构。读到这里，读者可能觉得比较绕，在讲述完本节，以及后续 FPGA 的实现内容后，读者可以更好地理解这段文字的意思。

一般来讲，FIR 滤波器的基本结构可分为直接型、级联型、频率取样型和快速卷积型四种，其中最常用的是直接型和级联型，下面仅对这两种结构进行简要介绍。

**1. 滤波器结构的表示方法**

在介绍 FIR 滤波器基本结构之前，先了解一下数字滤波器结构的常用表示方法——方框图及信号流图。实现一个数字滤波器一般需要的运算单元有加法器、常数乘法器和单位延时。基本运算单元的表示方法如图 4-3 所示。

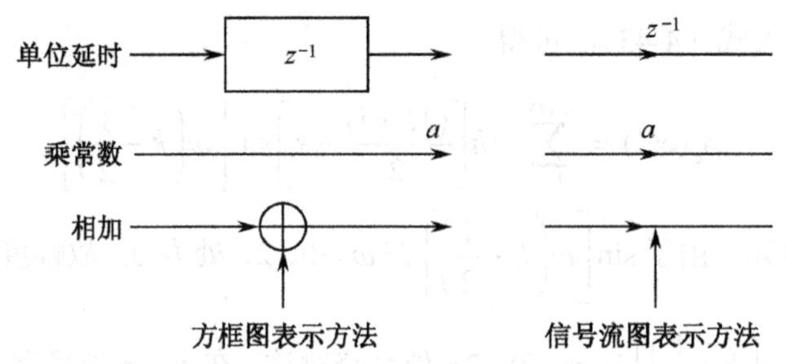


图 4-3 基本运算单元的表示方法

方框图表示方法具有结构清晰、直观，更易清楚地了解系统运算步骤、乘法次数、加法次数及延时等优点；信号流图表示方法具有结构简单和方便的突出优点。本节讲述数字滤波器结构时均使用信号流图表示方法。

**2. 直接型**

如前节所述，FIR 滤波器的输出 $y(n)$ 可表示为输入序列 $x(n)$ 与单位抽样响应 $h(n)$ 的线性卷积，很容易得出 FIR 滤波器的直接型结构（假设滤波器的单位抽样响应为 $M$+1 点长的有限序列)，如图 4-4 所示。

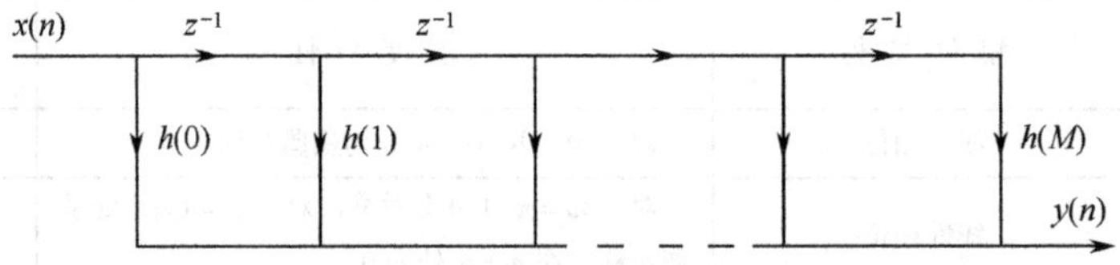


图 4-4 FIR 滤波器的直接型结构

由图 4-4 所示的结构可知，对于 $M$+1 阶 FIR 滤波器，需要 $M$+1 个乘法运算、$M$ 个延时单元，以及 1 个 $M$+1 输入的加法运算。而在 FPGA 实现过程中，乘法运算要比加/减法运算耗费更多的资源。因此在具体实现时，需要尽量减少乘法运算步骤。在 4.1.3 节讲述 FIR 滤波器特性时，我们知道，只有单位抽样响应具有对称特性的 FIR 滤波器才具有线性相位特性，并且实现 FIR 滤波器时，几乎都会使用 FIR 的线性相位特性，即采用具有对称特性的 FIR 滤波器。

在 4.1.3 节讨论 FIR 滤波器的幅度特性时将滤波器分成了四种不同的对称特性结构，根据不同的结构，也分别对应了相应的直接型 FIR 滤波器基本结构。对于第一种结构，即 $M$ 是

偶数，且单位抽样响应呈偶对称的情况，对其系统输入/输出关系式进行变换为

$$\begin{aligned}y(n) &= \sum_{k=0}^{M} h(k)x(n-k) \\ &= \sum_{k=0}^{M/2-1} h(k)x(n-k) + h(M/2)x(n-M/2) + \sum_{k=M/2+1}^{M} h(k)x(n-k) \\ &= \sum_{k=0}^{M/2-1} h(k)x(n-k) + h(M/2)x(n-M/2) + \sum_{k=0}^{M/2-1} h(M-k)x(n-M+k) \\ &= \sum_{k=0}^{M/2-1} h(k)[x(n-k)+x(n-M+k)] + h(M/2)x(n-M/2)\end{aligned} \tag{4-45}$$

用同样的方法，也可得出其他几种结构系统的输入/输出关系式。对于第二种结构，即 $M$ 是奇数，且单位抽样响应呈偶对称的情况，对其系统输入/输出关系式进行变换为

$$y(n) = \sum_{k=0}^{(M-1)/2} h(k)[x(n-k)+x(n-M+k)] \tag{4-46}$$

对于第三种结构，即 $M$ 是偶数，且单位抽样响应呈奇对称的情况，对其系统输入/输出关系式进行变换为

$$y(n) = \sum_{k=0}^{M/2-1} h(k)[x(n-k)-x(n-M+k)] + h(M/2)x(n-M/2) \tag{4-47}$$

对于第四种结构，即 $M$ 是奇数，且单位抽样响应呈奇对称的情况，对其系统输入/输出关系式进行变换为

$$y(n) = \sum_{k=0}^{(M-1)/2} h(k)[x(n-k)-x(n-M+k)] \tag{4-48}$$

根据式（4-45）、式（4-46）、式（4-47）和式（4-48），可以分别画出相应的实现结构，图 4-5 所示为线性相位 FIR 滤波器的直接型结构。

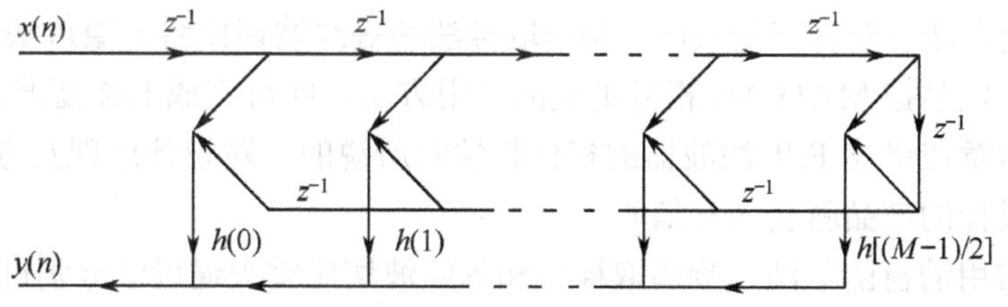


图 4-5　线性相位 FIR 滤波器的直接型结构

对比图 4-4 和图 4-5 所示的 FIR 滤波器结构可以明显看出，对于相同阶数的系统，线性相位的 FIR 滤波器要比非线性相位的 FIR 滤波器减少近一半的乘法运算操作。当然，即使设计线性相位的 FIR 滤波器，设计者也可以采用图 4-4 所示的结构，只是这样设计的话，会明显浪费硬件资源。

**3. 级联型**

FIR 滤波器的系统函数没有极点，只有零点，因此可以将 FIR 滤波器的系统函数分解成实系数二阶因子的乘积形式，即

$$H(z) = \sum_{n=0}^{N-1} h(n)z^{-n} = \prod_{k=1}^{N_c} (b_{0k} + b_{1k}z^{-1} + b_{2k}z^{-2}) \tag{4-49}$$

式中，$N_c=[N/2]$，表示 $N/2$ 的最大整数。线性相位 FIR 滤波器的级联型结构如图 4-6 所示，根据式（4-49）及图 4-6 可知，对于 $N$ 阶的 FIR 滤波器，采用级联型结构，约需要 $3N/2$ 个乘法单元，因此在 FPGA 实现时一般不采用这种结构。

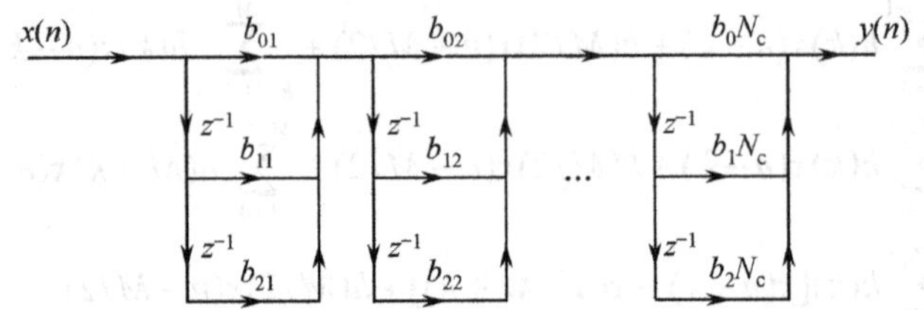


图 4-6 线性相位 FIR 滤波器的级联型结构

前面介绍了几种 FIR 滤波器结构，由于 FPGA 内部一般具有一定数量的乘法运算单元，且 FPGA 特定的结构易于实现乘累加结构，因此，FPGA 设计 FIR 滤波器最常用的是直接型结构。

## 4.2 FIR 滤波器的设计方法

通过前面的讲述，我们知道 FIR 滤波器有多种实现结构，要在 FPGA 或其他硬件平台上按所需结构实现满足要求的 FIR 滤波器，关键问题就在于设计出滤波器的单位抽样响应，或者说是 FIR 滤波器各级延时单元的加权系数。因为各种实现结构均是基于滤波器的单位抽样响应进行设计的。回想一下 4.1.1 节所讲述的内容，对于一个线性时不变系统，系统的单位抽样响应完全可以表示系统的各项特征。

从原理上来讲，根据系统的频率响应等设计需求获取对应的滤波器单位抽样响应（也是滤波器系数）的方法主要有窗函数法、频率取样法和等纹波切比雪夫逼近法。实际上，对于工程实践来讲，仅掌握 MATLAB 相应函数的使用方法，即可完成 FIR 滤波器单位抽样响应的设计。正如本章在讲述 FIR 滤波器的相位特性时所说的，对设计原理及方法了解得越多，工程师对自己设计的产品就会越有信心。

接下来对常用的窗函数法、频率取样法和等纹波切比雪夫逼近法分别进行介绍。

### 4.2.1 窗函数法

窗函数法是一种在时域设计 FIR 滤波器的方法，是设计 FIR 滤波器最简单的，也是使用最普遍的方法。窗函数法的基本思路是先给出要求的理想滤波器频率响应 $H_d(e^{j\omega})$，然后设计一个 FIR 滤波器频率响应 $H(e^{j\omega})$ 去逼近 $H_d(e^{j\omega})$。由于窗函数法是在时域进行的，因此首先需要由理想频率响应推导出对应的单位抽样响应 $h_d(n)$，再设计一个 FIR 滤波器的单位抽样响应 $h(n)$ 去逼近 $h_d(n)$。

为更进一步地说明使用窗函数法设计 FIR 滤波器的过程，假定要设计一个截止频率为 $\omega_c$ 的低通滤波器，要求滤波器是线性相位的，其幅度特性如图 4-7（a）所示。容易推导出该理想滤波器的单位抽样响应，即

$$h_d(n)=\frac{1}{2\pi}\int_{-\pi}^{\pi}H_d(\mathrm{e}^{\mathrm{j}\omega})\mathrm{e}^{\mathrm{j}\omega n}=\frac{1}{2\pi}\int_{-\omega_c}^{\omega_c}\mathrm{e}^{\mathrm{j}\omega n}=\frac{\sin\omega_c n}{\pi n} \tag{4-50}$$

理想滤波器的单位抽样响应如图 4-7（b）所示。由于 $H_d(\mathrm{e}^{\mathrm{j}\omega})$ 是矩形特性的，因此 $h_d(n)$ 必然既是无限长的，又是非因果的。需要设计的 FIR 滤波器，要求其单位抽样响应 $h(n)$ 是有限长的，且是因果的。因此，需要用有限长的 $h(n)$ 去逼近无限长的 $h_d(n)$，并且要求 $h(n)$ 具有因果特性。

最简单的办法是直接截短 $h_d(n)$，使 $h(n)$ 与 $h_d(n)$ 之间的关系为

$$h(n)=\begin{cases}h_d(n), -(N-1)/2\leqslant n\leqslant(N-1)/2 \ (N\text{为奇数})\\0, \quad \text{其余}n\end{cases} \tag{4-51}$$

这个截短过程可以认为无限长的取样响应与有限长的窗函数 $\omega(n)$ 的乘积，即

$$h(n)=h_d(n)\omega(n) \tag{4-52}$$

这种简单的截短不能得到因果的 $h(n)$，如图 4-7（c）所示。

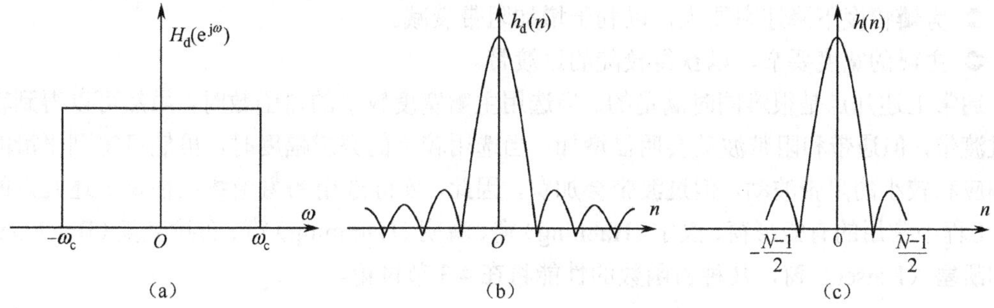


图 4-7　单位抽样脉冲的矩形窗截短过程

非因果系统是无法在工程实践中实现的，因此必须将非因果的 $h(n)$ 变换成因果的 $h(n)$ 才能在工程中实现。观察图 4-7（c）可知，直接截短之所以产生非因果 $h(n)$ 的原因是在响应中出现了 $n$ 值小于 0 的情况。如果将直接截短的响应向右平移 $(N-1)/2$ 个抽样点，那么即可成为因果系统，同时可以保证截短后的 $h(n)$ 具有偶对称性。再回想一下 4.1.3 节 FIR 滤波器相位特性的相关内容，单位抽样响应在时域上的平移相当于系统的群延迟，且对于具有偶对称特性的 FIR 滤波器，其群延迟刚好等于 $(N-1)/2$。

因此，因果 FIR 滤波器的截取过程可以表述为设计一个具有群延迟特性为 $(N-1)/2$ 的理想低通滤波器，使用窗函数法对理想滤波器的单位抽样响应进行截取，截取的范围为 $0\leqslant n\leqslant N-1$，形成 FIR 滤波器。

由复卷积定理可知，时域相乘，频域是周期卷积的关系，因此 $h(n)$ 的频率特性为

$$H(\mathrm{e}^{\mathrm{j}\omega})=\frac{1}{2\pi}\int_{-\pi}^{\pi}H_d(\mathrm{e}^{\mathrm{j}\theta})W(\mathrm{e}^{\mathrm{j}(\omega-\theta)})\mathrm{d}\theta \tag{4-53}$$

$H(\mathrm{e}^{\mathrm{j}\omega})$ 能否逼近 $H_d(\mathrm{e}^{\mathrm{j}\omega})$ 取决于所采用窗函数的频谱特性 $W(\mathrm{e}^{\mathrm{j}\omega})$，即

$$W(\mathrm{e}^{\mathrm{j}\omega})=\sum_{n=0}^{N-1}\omega(n)\mathrm{e}^{-\mathrm{j}\omega n} \tag{4-54}$$

如果选定最简单的矩形窗，则其频谱特性为

$$W_R(\mathrm{e}^{\mathrm{j}\omega})=\sum_{n=0}^{N-1}\mathrm{e}^{-\mathrm{j}\omega n}=\mathrm{e}^{-\mathrm{j}\left(\frac{N-1}{2}\right)\omega}\frac{\sin(\omega N/2)}{\sin(\omega/2)} \tag{4-55}$$

对实际 FIR 滤波器幅频特性有影响的只是窗函数的幅频特性。实际 FIR 滤波器的幅频特性是理想低通滤波器的幅频特性与窗函数幅频特性的复卷积。限于篇幅，本章不详细讨论复卷积的具体过程。总的来讲，加窗后对理想滤波器的特性主要有以下几点影响。

- $H_d(e^{j\omega})$ 在截止频率处的间断点变成了连续曲线，使实际 FIR 滤波器的幅频特性出现了一个过渡带，其宽度等于 $W_R(\omega)$ 的主瓣宽度。
- 窗函数旁瓣的作用使幅频特性出现了波动，波动幅度取决于旁瓣的相对幅度，旁瓣范围的面积越大，通带波动和阻带波动就越大。
- 增加窗函数的长度，只能减少 $W_R(\omega)$ 的主瓣宽度，而不能改变旁瓣与主瓣的相对值，该值取决于窗函数的形状。

因此，为了满足工程上的要求，只能通过改变窗函数的形状来改善 FIR 滤波器的幅频特性。窗函数的选择原则如下。

- 具有较低的旁瓣幅度，尤其是第一旁瓣幅度。
- 旁瓣幅度下降速率要大，以利于增加阻带衰减。
- 主瓣的宽度要窄，以获得较陡的过渡带。

通常上述几点是很难同时满足的。当选用主瓣宽度较窄的窗函数时，虽然可以得到较陡的过渡带，但通带和阻带波动会明显增加；当选用较小的旁瓣幅度时，虽然可得到平滑的幅度响应和较小的阻带波动，但过渡带会加宽，因此，实际选用的窗函数往往是上述几点的折中。工程中常用的有矩形窗、汉宁（Hanning）窗、海明（Hamming）窗、布拉克曼（Blackman）窗和凯塞（Kaiser）窗，几种窗函数的性能将在 4.3 节讨论。

### 4.2.2 频率取样法

窗函数法是从时域出发设计 FIR 滤波器的。一个有限长序列，在满足频率抽样定理的条件下，可以通过对频谱的有限个抽样值（也称为取样值）准确地恢复原序列。采用频率取样法设计 FIR 滤波器就是从频域出发，根据频域抽样定理，对给定的理想频率响应 $H_d(e^{j\omega})$ 进行等间隔抽样的。

$$H_d(e^{j\omega})|_{\omega=(2\pi/N)k}=H_d(k)\text{，}\quad k=0,1,\cdots,N-1 \tag{4-56}$$

把 $H_d(k)$ 当成待设计的 FIR 滤波器的频率特性抽样值 $H(k)$，再对 $H(k)$ 进行 IDFT 即可得有限长序列 $h(n)$，即

$$h(n)=\frac{1}{N}\sum_{k=0}^{N-1}H(k)e^{j\omega 2\pi k/N}\text{，}\quad n=0,1,\cdots,N-1 \tag{4-57}$$

将式（4-57）进行 $z$ 变换，可得到系统的 $z$ 变换及频率响应，即

$$H(z)=\frac{1-z^{-N}}{N}\sum_{k=0}^{N-1}\frac{H(k)}{1-W_N^{-k}z^{-1}} \tag{4-58}$$

$$H(e^{j\omega})=\sum_{k=0}^{N-1}H(k)\phi(\omega-2\pi k/N) \tag{4-59}$$

式中，$\phi(\omega)$ 为内插函数，即

$$\phi(\omega)=\frac{1}{N}\times\frac{\sin(\omega N/2)}{\sin(\omega/2)}e^{-j\omega(N-1)/2} \tag{4-60}$$

从上面的讲述来看，频率取样法是比较简单的，但从内插函数可以看到，除了在每个抽样点上频域响应将严格地与理想特性保持一致，在抽样点之外的响应由各抽样点内插得到，因此，如果抽样点之间的理想特性越平缓，则内插值就越接近理想值，逼近就越好。相反地，如果抽样点之间的理想特性变化越激烈，则内插值与理想值的误差就越大，因而在理想特性的每个不连续点会出现肩峰和起伏，不连续性越大，肩峰和起伏就越大。因此，这种方法在工程实践中较少使用，MATLAB 软件中也没有与之对应的滤波器设计函数。

### 4.2.3　等纹波切比雪夫逼近法

前面讲述了两种 FIR 滤波器设计方法。窗函数法不容易设计预先给定截止频率的滤波器，也未能解决在给定阶数 $N$ 值时，怎样设计一个最佳 FIR 滤波器的问题。频率取样法是一种优化设计，由于进行优化设计的变量只限于过渡带上几个抽样值，故不是最优化的设计。

从 FIR 滤波器的系统函数可以看出，极点都在 $Z$ 平面的原点处，不同的零点分布对应不同的频率响应。最优设计实际上就是调节这些零点分布位置，使实际频率响应 $H(\mathrm{e}^{\mathrm{j}\omega})$ 与理想频率响应 $H_{\mathrm{d}}(\mathrm{e}^{\mathrm{j}\omega})$ 间的绝对偏差最小。接下来将讨论最优设计方法——等纹波切比雪夫逼近法，采用“最大误差最小”准则得到最佳滤波器，且最佳解是唯一的。

在实际设计中，通常要求线性相位滤波器在不同的频带内逼近的误差不同，如通带内最大允许误差不超过 $\pm\delta_1$，阻带内最大允许误差不超过 $\pm\delta_2$。等纹波切比雪夫逼近法是以加权逼近误差 $E(\mathrm{e}^{\mathrm{j}\omega})$ 最小为出发点设计滤波器的方法。

$$E(\mathrm{e}^{\mathrm{j}\omega}) = W(\mathrm{e}^{\mathrm{j}\omega})[H_{\mathrm{d}}(\mathrm{e}^{\mathrm{j}\omega}) - H(\mathrm{e}^{\mathrm{j}\omega})] \tag{4-61}$$

式中，$W(\mathrm{e}^{\mathrm{j}\omega})$ 是加权函数。在公差要求高的频段上，可以取较大的加权值，否则取较小的加权值。由 4.1.3 节可知，线性相位的 FIR 滤波器有四种不同的对称结构，下面以第二种对称结构为例进行讨论，其他几种结构的讨论类似。根据式（4-23）和式（4-37）可得

$$H(\mathrm{e}^{\mathrm{j}\omega}) = \mathrm{e}^{-\mathrm{j}M\omega/2} \sum_{k=0}^{(M+1)/2-1} 2h(k)\cos\left[\omega\left(\frac{M}{2}-k\right)\right] \tag{4-62}$$

因为可以通过 FIR 抽样响应的对称性来保证滤波器的相位线性，所以滤波器的设计可以只考虑幅度响应，在误差函数中，可用 $\hat{H}_{\mathrm{d}}(\mathrm{e}^{\mathrm{j}\omega})$ 代替 $H(\mathrm{e}^{\mathrm{j}\omega})$，即

$$\hat{H}_{\mathrm{d}}(\mathrm{e}^{\mathrm{j}\omega}) = \sum_{k=0}^{(M+1)/2-1} 2h(k)\cos\left[\omega\left(\frac{M}{2}-k\right)\right] \tag{4-63}$$

式中，$\hat{H}_{\mathrm{d}}(\mathrm{e}^{\mathrm{j}\omega})$ 为实数。求解式（4-63）本身十分复杂，需要涉及解多个含有三角函数的非线性方程组。实际上，为了寻找求解误差方程的有效方法，已经产生大量相关方面的研究文献及成果，如 1973 年出现的雷米兹（Remez）算法。这种算法可以自由选择滤波器的阶数、通带、阻带和误差的加权函数。仅仅弄清楚最优算法的原理及实现过程，也需要耗费工程师很大的精力。上学时，一位老师说过，对于工程设计来讲，要知道在你所做的工作中有 90%都是别人已经做过的。因此，在动手进行工程设计之前首要的工作是查阅资料，吸取前人的研究成果。经过多年的工作实践，多次证实这句忠告的正确性。具体来讲，对于复杂算法而言，或者对于复

杂的最优滤波器设计而言，在 MATLAB 软件中已经有现成的函数可以使用，且使用起来十分方便。本章在接下来的内容中开始讲述 MATLAB 软件为我们提供的几个典型、方便、功能强大的 FIR 滤波器设计函数及其使用方法。

## 4.3 FIR 滤波器的 MATLAB 设计

本章前面所讲述的内容均是一些理论知识，或者说是增强设计工程师自信的知识，读起来或许会稍显枯燥。接下来介绍 FIR 滤波器的设计及实现方法的相关内容。

### 4.3.1 采用 fir1 函数设计

#### 1. 函数功能介绍

可以使用 MATLAB 中的 fir1 函数设计低通、带通、高通、带阻等类型的具有严格线性相位特性的 FIR 滤波器。需要清楚的是，使用 fir1 函数设计滤波器时，实际上是采用了窗函数设计方法。fir1 函数的语法形式有以下几种。

```
b=fir1(n,wn)
b=fir1(n,wn,'ftype')
b=fir1(n,wn,'ftype',window)
b=fir1(…,'noscale')
```

其中，各项参数的意义及作用如下所述。

（1）b：返回的 FIR 滤波器单位抽样响应，且单位抽样响应自动具备对称特性。

（2）n：滤波器的阶数，需要注意的是，设计出的滤波器长度为 $n$+1。

（3）wn：滤波器截止频率，wn 的取值范围为 0<wn<1，1 对应信号抽样频率的 1/2；如果 wn 是单个数值，且 ftype 参数为 low，则表示设计的是截止频率为 wn 的低通滤波器，如果 ftype 参数为 high，则表示设计的是截止频率为 wn 的高通滤波器；如果 wn 是由两个数组成的向量[wn1 wn2]，且 ftype 参数为 stop，则表示设计的是带阻滤波器，如果 ftype 参数为 bandpass，则表示设计的是带通滤波器；如果 wn 是由多个数组成的向量，则表示根据 ftype 的值设计多个通带或阻带范围的滤波器，ftype 参数为 DC-1，表示设计的第 1 个频带为通带，ftype 参数为 DC-0，表示设计的第 1 个频带为阻带。

（4）window：指定使用的窗函数向量，默认为海明（Hamming）窗，最常用的窗函数有汉宁（Hanning）窗、海明（Hamming）窗、布拉克曼（Blackman）窗和凯塞（Kaiser）窗，可以在 MATLAB 界面中输入“help window”命令查询各种窗函数的名称。

（5）noscale：指定是否归一化滤波器的幅度。

从 fir1 函数的语法形式可以知道，使用窗函数设计方法只能选择滤波器的截止频率及阶数，无法选择滤波器通带、阻带衰减、过渡带宽等参数，而这些参数与所选择的窗函数种类密切相关。

### 2．函数使用方法

fir1 函数的使用方法十分简单。例如，要设计一个归一化截止频率为 0.2、阶数为 11、采用海明窗的低通滤波器，只需要在 MATLAB 命令行窗口中依次输入以下几条命令，即可获得滤波器的单位抽样响应及滤波器的幅频响应。

```
b=fir1(11,0.2)
plot(20*log(abs(fft(b)))/log(10))
```

现在我们来验证 4.1.4 节讲述的不同对称特性滤波器结构所适合的滤波器种类。例如，表 4-1 中的第二种结构，即滤波器阶数为奇数、单位抽样响应为偶对称时不适合设计成高通滤波器。在 MATLAB 命令行窗口中输入以下命令，设计截止频率为 0.2、阶数为 11 阶、采用海明窗的高通滤波器，看看会出现什么结果。

```
b=fir1(11,0.2,'high')
```

输入完上述命令后，在命令行窗口出现了一条警告信息。

```
Warning: Odd order symmetric FIR filters must have a gain of zero at the Nyquist frequency. The order is being increased by one.
```

信息提示，奇数阶对称的 FIR 滤波器在奈奎斯特频率处无增益，滤波器阶数已增加了一阶。同时输出长度为 13 的脉冲响应序列，即

0.0025　0.0000　−0.0145　−0.0543　−0.1162　−0.1750　0.7976
−0.1750　−0.1162　−0.0543　−0.0145　0.0000　0.0025

**例 4-1：利用 fir1 函数设计低通、高通、带通、带阻滤波器。**

采用海明窗分别设计长度为 41（阶数为 40）的低通（截止频率为 200Hz）、高通（截止频率为 200Hz）、带通（通带为 200～400Hz）、带阻（阻带为 200～400Hz）滤波器，抽样频率为 2000Hz，画出其单位抽样响应及幅频响应图。

根据例 4-1 的要求，很容易使用 fir1 函数设计出所需的滤波器。利用 fir1 函数设计的各种 FIR 滤波器如图 4-8 所示，E4_1_fir1.m 文件的源代码如下。

```
%E4_1_fir1.m 文件的源代码
N=41;                          %滤波器长度
fs=2000;                       %抽样频率
%各种滤波器的特征频率
fc_lpf=200;
fc_hpf=200;
fp_bandpass=[200 400];
fc_stop=[200 400];

%以抽样频率的一半对频率进行归一化处理
wn_lpf=fc_lpf*2/fs;
wn_hpf=fc_hpf*2/fs;
wn_bandpass=fp_bandpass*2/fs;
wn_stop=fc_stop*2/fs;

%采用 fir1 函数设计 FIR 滤波器
```

```
b_lpf=fir1(N-1,wn_lpf);
b_hpf=fir1(N-1,wn_hpf,'high');
b_bandpass=fir1(N-1,wn_bandpass,'bandpass');
b_stop=fir1(N-1,wn_stop,'stop');

%求滤波器的幅频响应
m_lpf=20*log10(abs(fft(b_lpf)));
m_hpf=20*log10(abs(fft(b_hpf)));
m_bandpass=20*log10(abs(fft(b_bandpass)));
m_stop=20*log10(abs(fft(b_stop)));

%设置幅频响应的横坐标单位为 Hz
x_f=[0:(fs/length(m_lpf)):fs/2];
%绘制单位脉冲响应
subplot(421);stem(b_lpf);xlabel('n');ylabel('h(n)');
subplot(423);stem(b_hpf);xlabel('n');ylabel('h(n)');
subplot(425);stem(b_bandpass);xlabel('n');ylabel('h(n)');
subplot(427);stem(b_stop);xlabel('n');ylabel('h(n)');

%绘制幅频响应曲线
subplot(422);plot(x_f,m_lpf(1:length(x_f)));
xlabel('频率/Hz','fontsize',8);ylabel('幅度/dB','fontsize',8);
subplot(424);plot(x_f,m_hpf(1:length(x_f)));
xlabel('频率/Hz','fontsize',8);ylabel('幅度/dB','fontsize',8);
subplot(426);plot(x_f,m_bandpass(1:length(x_f)));
xlabel('频率/Hz','fontsize',8);ylabel('幅度/dB','fontsize',8);
subplot(428);plot(x_f,m_stop(1:length(x_f)));
xlabel('频率/Hz','fontsize',8);ylabel('幅度/dB','fontsize',8);
```

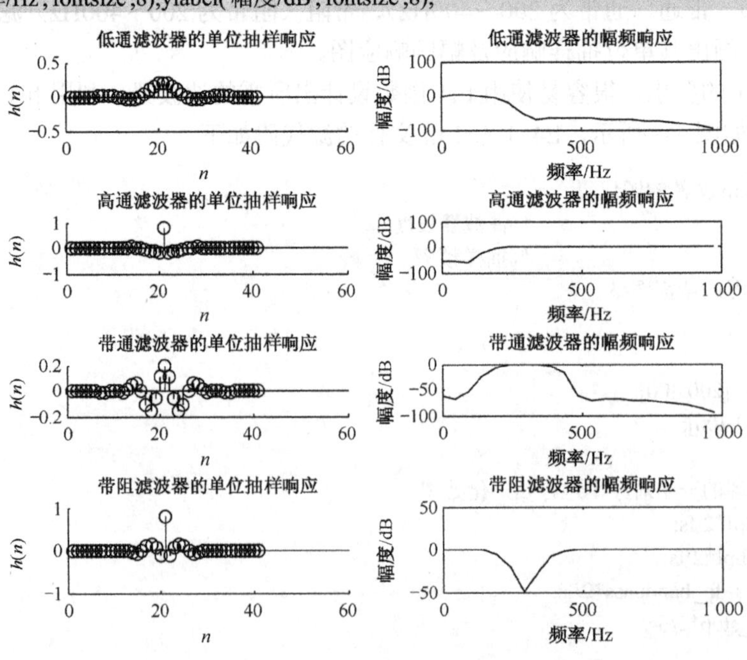


图 4-8 利用 fir1 函数设计的各种 FIR 滤波器

### 3. 各种窗函数性能比较

在介绍利用窗函数法设计 FIR 滤波器时，我们知道设计的滤波器性能（除滤波器阶数外）取决于窗函数的形状。详细讨论各种窗函数的设计原理没有什么必要，我们所要知道的是各种窗函数的性能。接下来先给出几种常用窗函数的函数表达式及其性能对比，然后采用 MATLAB 绘制出各种窗函数曲线，最后以一个实例来验证在滤波器阶数相同的情况下，利用不同窗函数所设计出来的低通滤波器在性能上的差异。

矩形窗函数的表达式及其傅里叶变换分别为

$$R_N(n)=\begin{cases}1, & 0\leqslant n\leqslant N-1\\ 0, & \text{其他}n\end{cases} \tag{4-64}$$

$$W_{\mathrm{R}}(\mathrm{e}^{\mathrm{j}\omega})\approx \mathrm{e}^{-\mathrm{j}\omega\frac{N-1}{2}}\frac{\sin(N\omega/2)}{\sin(\omega/2)} \tag{4-65}$$

汉宁（Hanning）窗函数的表达式及其傅里叶变换分别为

$$\omega(n)=\sin^2\left(\frac{\pi n}{N-1}\right)R_N(n)=0.5-0.5\cos\left(\frac{2\pi n}{N-1}\right),\quad 0\leqslant n\leqslant N-1 \tag{4-66}$$

$$W(\mathrm{e}^{\mathrm{j}\omega})\approx 0.5W_{\mathrm{R}}(\mathrm{e}^{\mathrm{j}\omega})+0.25[W_{\mathrm{R}}(\omega-2\pi/N)+W_{\mathrm{R}}(\omega+2\pi/N)] \tag{4-67}$$

海明（Hamming）窗函数的表达式及其傅里叶变换分别为

$$\omega(n)=0.54-0.46\cos 2\pi n/(N-1),\quad 0\leqslant n\leqslant N-1 \tag{4-68}$$

$$W(\mathrm{e}^{\mathrm{j}\omega})\approx 0.54W_{\mathrm{R}}(\mathrm{e}^{\mathrm{j}\omega})+0.23[W_{\mathrm{R}}(\omega-2\pi/N)+W_{\mathrm{R}}(\omega+2\pi/N)] \tag{4-69}$$

布拉克曼（Blackman）窗函数的表达式及其傅里叶变换分别为

$$\omega(n)=0.42-0.5\cos 2\pi n/(N-1)+0.08\cos[4\pi n/(N-1)],\quad 0\leqslant n\leqslant N-1 \tag{4-70}$$

$$\begin{aligned}W(\mathrm{e}^{\mathrm{j}\omega})=\;&0.42W_{\mathrm{R}}(\mathrm{e}^{\mathrm{j}\omega})+0.25\{W_{\mathrm{R}}[\omega-2\pi/(N-1)]\}+\\ &W_{\mathrm{R}}[\omega+2\pi/(N-1)]+0.04\{W_{\mathrm{R}}[\omega-4\pi/(N-1)]\}+\\ &W_{\mathrm{R}}[\omega+4\pi/(N-1)]\end{aligned} \tag{4-71}$$

凯塞（Kaiser）窗函数的表达式为

$$\omega(n)=\frac{I_0\{\beta\sqrt{1-[1-2n/(N-1)]^2}\}}{I_0(\beta)},\quad 0\leqslant n\leqslant N-1 \tag{4-72}$$

式中，$I_0(x)$是第一类变形零阶贝塞尔函数。$\beta$是窗函数的形状参数，可以自由选择。改变$\beta$值可以调节主瓣宽度和旁瓣幅度，$\beta=0$时相当于矩形窗，其典型值为 4～9。由于凯塞窗函数的可调节性，且可根据滤波器的过渡带宽、通带纹波等参数估计滤波器阶数，故使用较为广泛，4.3.2 节还会详细讨论凯塞窗函数的相关设计方法。

为便于比较，表 4-2 列出了常用窗函数的基本参数。通过表 4-2 可以看出，矩形窗的归一化过渡带宽最窄，但其旁瓣峰值幅度最大，阻带衰减最少；与汉宁窗相比，海明窗的归一化过渡带宽与汉宁窗的相同，但其旁瓣峰值幅度更小，且阻带衰减更多，因此性能比汉宁窗更好；当凯塞窗函数的$\beta$为 0.7856 时，与布拉克曼窗相比，从归一化过渡带宽、旁瓣峰值幅度、阻带衰减等性能指标来看，凯塞窗均表现了出更好的性能。

**例 4-2：利用 MATLAB 仿真各种窗函数的低通滤波器性能。**

采用表 4-2 中所示的各种窗函数，利用 MATLAB 分别设计截止频率为 200Hz、抽样频率为 2000Hz 的 FIR 低通滤波器，滤波器长度为 81（阶数为 80），并绘出各滤波器的幅频响应曲线。

**表 4-2 常用窗函数基本参数表**

| 窗 函 数 | 旁瓣峰值幅度/dB | 归一化过渡带宽 | 阻带衰减/dB |
|---|---|---|---|
| 矩形窗 | −13 | 4/$N$ | −21 |
| 汉宁窗 | −31 | 8/$N$ | −44 |
| 海明窗 | −41 | 8/$N$ | −53 |
| 布拉克曼窗 | −57 | 12/$N$ | −74 |
| 凯塞窗（$\beta$ 为 0.7856） | −57 | 10/$N$ | −80 |

该示例的 MATLAB 程序 E4_2_Windows.m 文件的源代码如下。

```
%E4_2_Windows.m 文件的源代码
N=81;                                       %滤波器长度
fs=2000;                                    %抽样频率
fc=200;                                     %低通滤波器的截止频率

%生成各种窗函数
w_rect=rectwin(N)';
w_hann=hann(N)';
w_hamm=hamming(N)';
w_blac=blackman(N)';
w_kais=kaiser(N,7.856)';
%采用 fir1 函数设计 FIR 滤波器
b_rect=fir1(N-1,fc*2/fs,w_rect);
b_hann=fir1(N-1,fc*2/fs,w_hann);
b_hamm=fir1(N-1,fc*2/fs,w_hamm);
b_blac=fir1(N-1,fc*2/fs,w_blac);
b_kais=fir1(N-1,fc*2/fs,w_kais);

%求滤波器的幅频响应
m_rect=20*log10(abs(fft(b_rect,512)));
m_hann=20*log10(abs(fft(b_hann,512)));
m_hamm=20*log10(abs(fft(b_hamm,512)));
m_blac=20*log10(abs(fft(b_blac,512)));
m_kais=20*log10(abs(fft(b_kais,512)));

%设置幅频响应的横坐标单位为 Hz
x_f=[0:(fs/length(m_rect)):fs/2];
%只显示正频率部分的幅频响应
m1=m_rect(1:length(x_f));
m2=m_hann(1:length(x_f));
m3=m_hamm(1:length(x_f));
```

```
m4=m_blac(1:length(x_f));
m5=m_kais(1:length(x_f));

%绘制幅频响应曲线
plot(x_f,m1,'.',x_f,m2,'*',x_f,m3,'x',x_f,m4,'--',x_f,m5,'-.');
xlabel('频率/Hz','fontsize',8);ylabel('幅度/dB','fontsize',8);
legend('矩形窗','汉宁窗','海明窗','布拉克曼窗','凯塞窗');
grid;
```

程序运行结果如图 4-9 所示。从仿真结果来看，在滤波器阶数相同的情况下，凯塞窗函数具有更好的性能。在设计的 200 Hz 截止频率处，幅度衰减约为−6.4 dB，滤波器的 3 dB 带宽实际上约为 184.3 Hz。

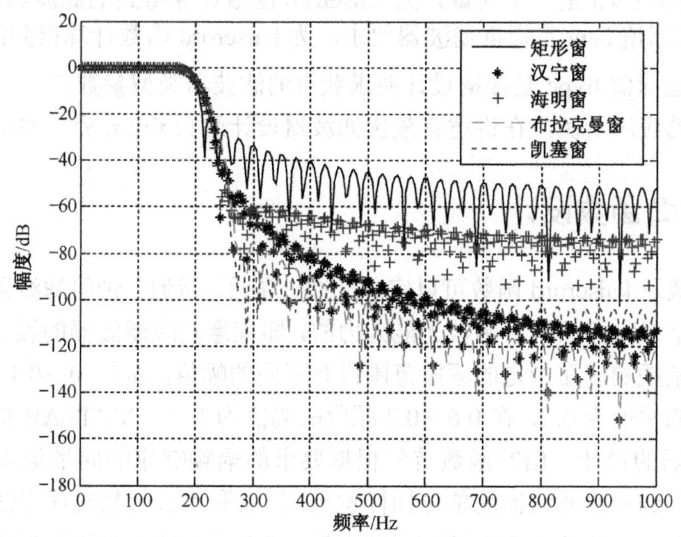


图 4-9 利用各种窗函数设计的低通滤波器

## 4.3.2 采用 kaiserord 函数设计

从例 4-2 的仿真结果可以清楚地看出，采用汉宁窗函数、凯塞窗函数等设计的滤波器无法准确地选择过渡带、纹波等参数。凯塞窗函数具有可调参数选项，因此在实际工程设计中，可根据相关算法，先选择过渡带、纹波参数，并可根据这些参数计算出凯塞窗的 $\beta$ 值，以及滤波器阶数。更为重要的是，MATLAB 已经提供了现成的设计函数，使用起来十分方便。

kaiserord 函数的语法形式如下：

```
[n,wn,beta,ftype] =kaiserord(f,a,dev,fs)
```

其中，各项参数的意义及作用如下所述。

（1）f 及 fs：如果 f 是一个向量，则其中的元素为待设计滤波器的过渡带的起始点和结束点；如果没有 fs 参数，则 f 中元素的取值范围为 0～1，即相对于抽样频率一半的归一化频率；如果有 fs 参数，则 fs 为信号抽样频率，f 中元素即实际的截止频率。例如，需要设计滤波器的过滤带宽为 1000～1200Hz、2000～2100Hz；信号抽样频率为 8000 Hz；若没有设置 fs 参数，则 f= [0.25 0.3 0.5 0.525]；若设置 fs 为 8000，则 f= [1000 12000 2000 2100]。

（2）a：a 是一个向量，参数 f 确定了待设计滤波器的过渡带，向量 a 用于指定这些频率段的理想幅度值。如果要求某个频带为通带，则设置为 1，阻带则设置为 0。a 与 f 的对应关系：a 的第一个参数 a1 对应 f 中的 0～f1 频段，第二个参数 a2 对应 f 中的 f2～f3 频段，后续对应关系以此类推。例如，对于上面讲述 f 及 fs 参数的例子，设置 a=[1 0 1]，则表示需要设计带阻滤波器。可以看出，由 f 及 a 可以表示滤波器的类型。

（3）dev：dev 是一个向量，用于指定通带或阻带内的容许误差（也称允许误差）。同样是上述的例子，要求通带容许误差为 0.01，阻带容许误差为 0.02，则 dev=[0.01 0.02 0.01]。

（4）n：返回值 n 为 kaiserord 函数根据滤波器要求得到的满足设计的最小阶数。

（5）wn：返回值 wn 是一个向量，为 kaiserord 函数计算得到的滤波器截止频率点。

（6）beta：返回值 beta 是根据滤波器要求，为 kaiserord 函数计算得到的 $\beta$ 值。

（7）ftype：返回值 ftype 是根据设计要求获得的滤波器类型参数。

关于该函数的应用示例，在讲述完最优滤波器设计函数 firpm 后一并给出。

### 4.3.3 采用 fir2 函数设计

采用 fir1 函数及 kaiserord 函数可以完成低通、高通、带通、带阻滤波器的设计，但还有一种比较特殊的情况是前面两种函数无能为力的，即任意响应滤波器的设计。任意响应滤波器是指滤波器的幅频响应在指定的频段范围内有不同的幅值，如在 0～0.1 频段的幅值为 1，在 0.2～0.4 频段的幅值为 0.5，在 0.6～0.7 频段的幅值为 1 等。MATLAB 提供的 fir2 函数能够完成这种滤波器的设计。fir2 函数首先根据要求的幅频响应的向量形式进行内插，而后进行傅里叶变换得到理想滤波器的单位抽样响应，最后利用窗函数对理想滤波器的单位抽样响应进行截短处理，由此获得 FIR 滤波器的系数。fir2 函数的 6 种语法形式如下。

```
b=fir2(n,f,m)
b=fir2(n,f,m,window)
b=fir2(n,f,m,npt)
b=fir2(n,f,m,npt,window)
b=fir2(n,f,m,npt,lap)
b=fir2(n,f,m,npt,lap,window)
```

其中，各项参数的意义及作用如下所述。

（1）n 及 b：n 为滤波器的阶数，与 fir1 函数类似；返回值 b 为滤波器系数，其长度为 n+1。同时，根据 FIR 滤波器的结构特点，当设计的滤波器在归一化频率为 1 处的幅度值不为 0 时，n 不能为奇数。

（2）f 及 m：f 是一个向量，其取值范围为 0～1，对应于滤波器的归一化频率。m 是长度与 f 相同的向量，用于设置对应频段范围内的幅值。例如，要求设计的滤波器在 0～0.125 的幅值为 1，在 0.125～0.25 的幅值为 0.5，在 0.25～0.5 的幅值为 0.25，在 0.5～1 的幅值为 0.125，则 f 可以表示为[0 0.125 0.125 0.25 0.25 0.5 0.5 1]，m 可以表示为[1 1 0.5 0.5 0.25 0.25 0.125 0.125 ]。

（3）window：window 是一个向量，用于指定窗函数的种类，其长度为滤波器的长度，即 n+1，当没有指定窗函数时，默认为海明窗函数。

（4）npt：npt 是一个正整数，用于指定在对幅频响应进行内插时的内插点个数，其默认值为 512。

（5）lap：lap 是一个正整数，对幅频响应进行内插时，用于指定将不连续点转变成连续点时的点数，其默认值为 25。

**例 4-3：采用 fir2 函数设计 FIR 滤波器。**

采用 fir2 函数设计 120 阶的 FIR 滤波器，要求设计的滤波器在归一化频率为 0～0.125 时的幅值为 1，为 0.125～0.25 时的幅值为 0.5，为 0.25～0.5 时的幅值为 0.25，为 0.5～1 时的幅值为 0.125。绘出滤波器的频率响应曲线。

该实例的 MATLAB 程序 E4_3_fir2.m 文件的源代码如下，运行后幅频响应曲线如图 4-10 所示。

```
N=120;                                              %滤波器阶数
fc=[0 0.125 0.125 0.25 0.25 0.5 0.5 1];             %截止频率
mag=[1 1 0.5 0.5 0.25 0.25 0.125 0.125 ];           %理想滤波器幅值
b=fir2(N,fc,mag);                                   %设计滤波器
freqz(b);                                           %绘制频率响应曲线
```

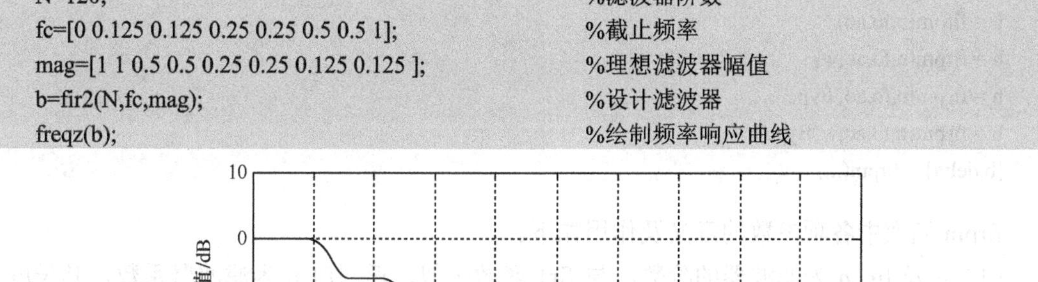


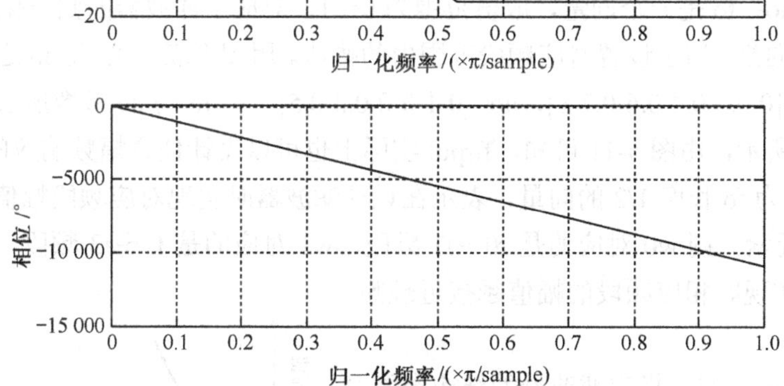


图 4-10　用 fir2 函数设计的特殊幅频响应滤波器

## 4.3.4　采用 firpm 函数设计

前面章节介绍了一种在“最大误差最小”准则下的最优滤波器设计方法，其对应的 MATLAB 函数就是接下来所要介绍的 firpm 函数。对于工程设计来说，最优设计当然要用实际的设计效果来体现。

在介绍 firpm 函数之前，我们先简单讨论“最优”的概念。通常来讲，“最优滤波器”是

指在相同滤波器阶数的情况下，滤波器的性能最好。而衡量滤波器的性能主要有 3 个参数：通带纹波、阻带纹波（或阻带衰减）及过渡带。滤波器性能好，即通带纹波小、阻带纹波小（阻带衰减大）、过渡带窄。或者说，在滤波器性能相同的情况下滤波器阶数更少。

根据前面对窗函数法设计滤波器的讨论，采用窗函数法设计的滤波器在阻带内的衰减一般是递减的。例如，设计一个截止频率为 1MHz 的低通滤波器，假设要求在 1MHz 处的衰减为 60dB，在大于 1MHz 处的实际衰减大于 60dB，且频率与 1MHz 相隔越大，衰减越大。在工程中，一般仅需要阻带内的衰减大于某个值，采用窗函数法设计的滤波器实际性能要高于实际需求（在整个阻带范围内），这是以增加滤波器阶数为代价的。

采用 firpm 函数设计的滤波器在通带和阻带都是等纹波的，在整个阻带频率范围内的衰减几乎相同，这样的性能特点能够更好地满足工程设计需求，因此实现了采用最少阶数达到设计需求的目的。

我们先介绍 firpm 函数的使用方法，然后通过实例来讲述该函数的使用方法。firpm 函数的语法形式主要有以下 5 种。

```
b = firpm(n,fo,ao)
b = firpm(n,fo,ao,w)
b = firpm(n,fo,ao,'ftype')
b = firpm(n,fo,ao,w,'ftype')
[b,delta] = firpm(...)
```

firpm 函数中各项参数的意义及作用如下。

（1）n 及 b：n 为滤波器的阶数，与 fir1 函数类似，返回值 b 为滤波器系数，其长度为 n+1。

（2）fo 及 ao：fo 是一个向量，取值范围为 0～1，对应于滤波器的归一化频率。ao 是长度与 fo 相同的向量，用于设置对应频段范围内的幅值。用图形表示 fo 及 ao 之间的关系更为清楚，设置 fo=[0 0.3 0.4 0.6 0.7 1]，ao=[0 1 0 0 0.5 0.5]，则 fo 与 ao 参数所表示的理想幅频响应如图 4-11 所示，由图 4-11 可知，firpm 实际上也可以设计任意幅频响应的滤波器。

（3）w：w 为 fo 长度 1/2 的向量，表示在设计滤波器时实现对应频段幅值的权值。用下标表示向量的元素，则 w0 对应的是 f0～f1 频段，w1 对应的是 f2～f3 频段，以此类推。权值越高，则在实现时相应频段的幅值越接近理想状态。

（4）ftype：ftype 用于指定滤波器的结构类型，若没有设置该参数，则表示设计偶对称抽样响应的滤波器；若设置为“hilbert”，则表示设计奇对称结构的滤波器，即具有 90° 相移特性；若设置为“differentiator”，则表示设计奇对称结构的滤波器，且设计时针对非零幅度的频带进行了加权处理，使滤波器的频带越低，幅值误差越小。

（5）delta：delta 为返回的滤波器的最大纹波值。

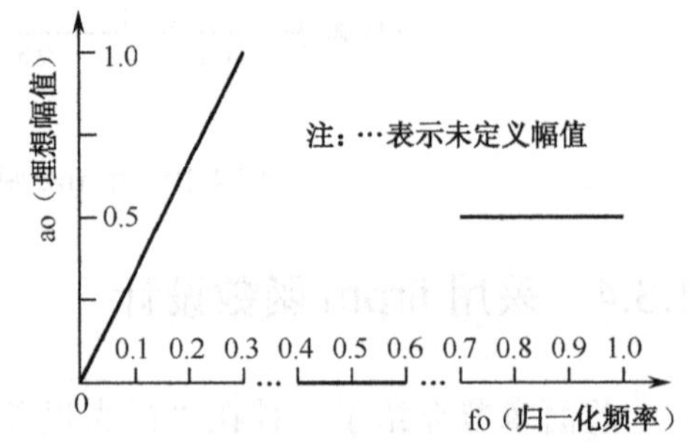


图 4-11 firpm 函数中的 fo 与 ao 参数所表示的理想幅频响应

经过上面的介绍，我们发现 firpm 函数好像是万能的，既能设计出最优滤波器，又能设计出任意幅频响应的滤波器，还能设计出 90° 相移的滤波器。

仅采用 firpm 函数，实际上只能根据给定的阶数 n、理想的滤波器幅频特性 fo 和 ao 来设计滤波器。根据滤波器设计理论，n 越大，设计出的滤波器越接近理论值。如何根据工程中对滤波器的性能需求，采用最小的阶数设计出滤波器呢？MATLAB 提供了最优滤波器参数估计函数 firpmord。firpmord 的语法如下所示。

```
[n,fo,ao,w] = firpmord(f,a,dev);
```

其中，n、fo、ao、w 参数对应于 firpm 函数的输入参数。f、a、dev 三个参数用于描述滤波器的性能。接下来分析下面的代码。

```
Fs=8000;
f=[1000 1500]*2/Fs;
a=[1 0];
dev=[0.01 0.001];
[n,fo,ao,w] = firpmord(f,a,dev);
```

上述代码中，系统抽样频率为 8000Hz，“f=[1000 1500]*2/Fs”表示第一段频率[0 1000]*2/Fs 和第二段频率[1500 Fs/2]*2/Fs；“a=[1 0]”表示第一段频率理想幅值增益为 1，第二段频率理想幅值增益为 0；f、a 两个序列共同表示设计的滤波器为低通滤波器，且过渡带宽为 1000～1500Hz；“dev=[0.01 0.001]”表示第一段频率纹波系数为 0.01，第二段频率纹波系数为 0.001（衰减 60dB）；最后一句代码表示根据设置的滤波器性能估计出的 firpm 所需的滤波器参数。

**例 4-4：利用 firpm 函数设计低通及高通滤波器。**

利用 firpm、firpmord 函数设计低通滤波器 h1 和高通滤波器 h2。系统抽样频率为 8000Hz，过渡带宽为 1000～1500 Hz，通带纹波最大值为 0.01，阻带纹波最大值为 0.001。仿真所需的最小滤波器阶数，并绘制出滤波器的频率响应图。

该实例程序 E4_4_FilterFirpm.m 文件的源代码如下。

```
Fs=8000;                                    %抽样频率为 8000Hz
f=[1000 1500]*2/Fs;                         %过渡带
a1=[1 0];                                   %低通滤波器窗函数的理想滤波器幅值
dev1=[0.01 0.001];                          %低通滤波器纹波
a2=[0 1];                                   %高通滤波器窗函数的理想滤波器幅值
dev2=[0.001 0.01];                          %高通滤波器纹波

[n1,fo1,ao1,w1]=firpmord(f,a1,dev1);        %估计低通滤波器参数
[n2,fo2,ao2,w2]=firpmord(f,a2,dev2);        %估计高通滤波器参数

h1=firpm(n1,fo1,ao1,w1);                    %设计低通滤波器
h2=firpm(n2,fo2,ao2,w2);                    %设计高通滤波器
```

```
figure(1); freqz(h1,1,2048,Fs);          %绘制低通滤波器频率响应
figure(2); freqz(h2,1,2048,Fs);          %绘制高通滤波器频率响应
n1,n2                                    %输出滤波器阶数
```

程序运行后，命令窗口中输出低通滤波器阶数为 40，高通滤波器阶数为 42，滤波器的频率响应如图 4-12、图 4-13 所示。

从图中可以看出，设计的滤波器通带纹波、阻带衰减、过渡带频率均与实际设计需求一致，且滤波器的通带与阻带都是等纹波的。因此，合理使用 firpmord、firpm 两个函数可以很方便地采用最少阶数完成满足工程需求的 FIR 最优滤波器设计。

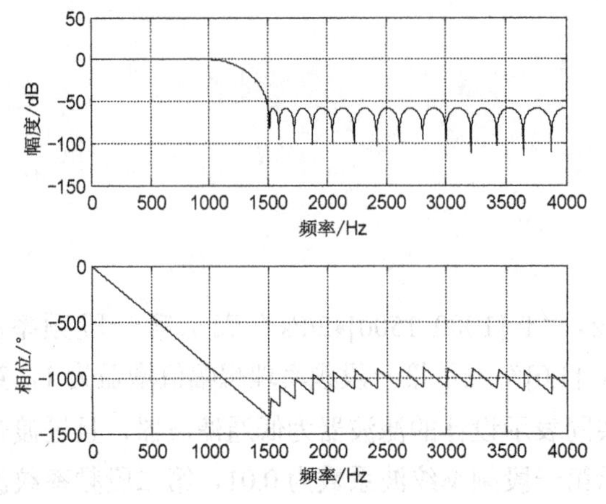


图 4-12　低通滤波器频率响应

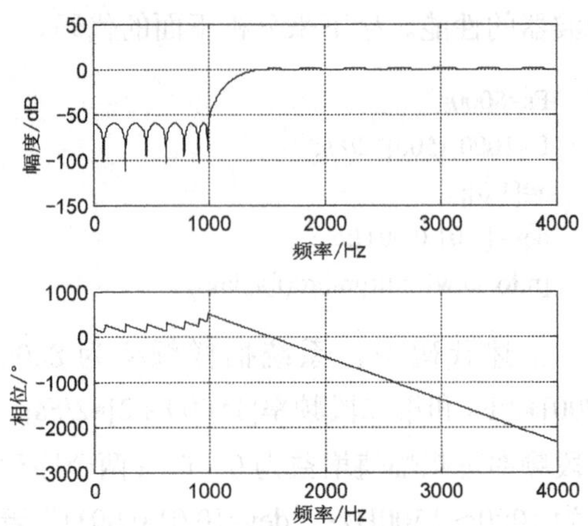


图 4-13　高通滤波器频率响应

## 4.4 FIR 滤波器的系数量化方法

### 4.4.1 常规的 FIR 滤波器系数量化原理

前面章节讨论过滤波器系数的量化效应对滤波器性能的影响，定量分析滤波器系数的量化效应不仅繁杂，而且对工程设计没有多大实际效果，最有效的方法依然是通过仿真来确定系数的字长。

前面章节介绍 FDATOOL 设计带通滤波器时，FDATOOL 工具提供了系数量化选项，在 FDATOOL 界面的左部有一个量化位宽设置按钮，单击此按钮即可方便地设计系数的量化位宽，且可以直接看出量化后滤波器幅频响应的变化情况。

本书在讲述字长效应时提到，对于 FPGA 来讲，为防止运算时数据溢出，通常将输入数据及中间变量限制在绝对值小于 1 的范围内。FPGA 中处理的数据均是以二进制形式存放的，数据的小数点位置完全由人为定义，当小数点定在紧靠在最高位右边时，数据的表示范围就是绝对值小于 1 的小数。在具体量化系数时该如何进行呢？对于一组数据，要求其绝对值小于 1，是指量化后的数据小数点定在最高位的右边。稍微转换一下思路，如果设置量化后的

数据均为整数，则量化过程就要相对简单得多，只需要将一组数据先进行归一化处理，而后乘以一个整数因子，再进行四舍五入截位处理即可。将经过上述处理后数据的小数点移至最高位的右边，即可得到满足要求的量化后数据。最后可以利用 MATLAB 的进制转换函数，方便地将整数类型的数据转换成二进制或十六进制的数据，供 FPGA 设计使用。

### 4.4.2 滤波器系数量化前后的性能对比

**例 4-5：低通最优 FIR 滤波器设计及系数量化前后的性能对比分析。**

设计一个低通最优 FIR 滤波器，过渡带为 1～3MHz，抽样频率为 12.5MHz，通带纹波最大值为 0.01，阻带纹波最大值为 0.001。绘图比较系数经过 8bit 量化、12bit 量化，以及无量化时的幅频响应曲线。

该实例的 MATLAB 程序 E4_5_FilterCoeQuant.m 文件的源代码如下。

```
function hn=E4_5_FilterCoeQuant;
Fs=12.5*10^6;                                   %抽样频率
f=[1*10^6 3*10^6]*2/Fs;                         %过渡带
a=[1 0];                                        %窗函数的理想滤波器幅度
dev=[0.01 0.001];                               %纹波

[n,fo,ao,w]=firpmord(f,a,dev);                  %估计滤波器参数
h=firpm(n,fo,ao,w);                             %设计最优滤波器

%采用常规方法对滤波器系数进行量化
h_pm=h/max(abs(h));                             %对滤波器系数归一化处理
h_pm8=round(h_pm*(2^(8-1)-1));                  %8bit 量化
h_pm12=round(h_pm*(2^(12-1)-1));                %12bit 量化
h_pm14=round(h_pm*(2^(14-1)-1));                %14bit 量化

%求滤波器的幅频响应
m_pm=20*log10(abs(fft(h,4096)));            m_pm=m_pm-max(m_pm);
m_pm8=20*log10(abs(fft(h_pm8,4096)));       m_pm8=m_pm8-max(m_pm8);
m_pm12=20*log10(abs(fft(h_pm12,4096))); m_pm12=m_pm12-max(m_pm12);
m_pm14=20*log10(abs(fft(h_pm14,4096))); m_pm14=m_pm14-max(m_pm14);

%设置幅频响应的横坐标单位为 MHz
x_f=[0:(Fs/length(m_pm)):Fs/2]/10^6;
%只显示正频率部分的幅频响应
mf_pm=m_pm(1:length(x_f));
mf_pm8=m_pm8(1:length(x_f));
mf_pm12=m_pm12(1:length(x_f));
mf_pm14=m_pm14(1:length(x_f));
%绘制幅频响应曲线
```

```
plot(x_f,mf_pm,'-',x_f,mf_pm8,'-.',x_f,mf_pm12,'--');
xlabel('频率/MHz');ylabel('幅度/dB');
legend('未量化','8bit 量化','12bit 量化');
grid;
h_pm12                                              %输出 12bit 量化后的滤波器系数
```

程序运行结果如图 4-14 所示。滤波器阶数为 15，长度为 16。从图中可以看出，量化位宽对滤波器的性能有较大的影响，且量化位宽越大，影响就越小。对于该实例来讲，滤波器阻带衰减接近 60dB，12bit 量化的性能与未量化的性能十分相近，可满足设计需求。12bit 量化后的滤波器系数如下所示。

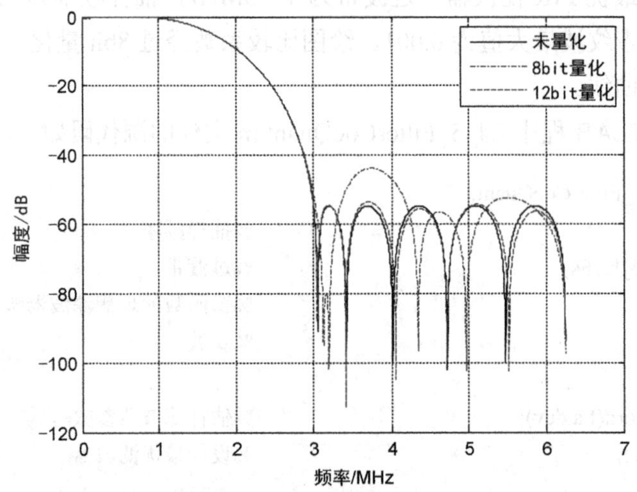


图 4-14　滤波器系数量化效应对滤波器幅频特性的影响

| 4 | -51 | -170 | -239 | -33 | 582 | 1426 | 2047 |
|---|---|---|---|---|---|---|---|
| 2047 | 1426 | 582 | -33 | -239 | -170 | -51 | 4 |

由上述代码可知对滤波器系数进行量化的方法，首先对所有系数做归一化处理，即所有系数除以最大的绝对值，使得处理后系数的绝对值最大为 1；而后乘以 $2^{(N-1)}-1$，$N$ 为量化位宽。如量化为 12bit，则量化后的系数量大值为 2047，这是用 12bit 能够表示的最大的值，如果乘以 $2^{(N-1)}$，即 2048，则量化后的系数量大值为 2048，需要用 13bit 来表示了。

## 4.4.3　采用 FDATOOL 设计滤波器

FDATOOL 的突出优点是直观、方便，用户只需要设置滤波器的几个参数，即可查看滤波器的频率响应、零/极点图、单位脉冲响应、系数等信息。正如 VC++语言的基础是 C++语言一样，FDATOOL 的实现内核也是一些滤波器设计函数。应该说，与编写 MATLAB 程序文件相比，熟练使用 FDATOOL 设计滤波器是一件省力省心的事。但直接编写代码设计却仍然具有一些独特的优势，如灵活性更强些，代码更易于移植及重复使用。

读者在了解本章前面所介绍的滤波器设计相关知识后，利用 FDATOOL 设计滤波器应该是一件十分简单的事。接下来我们通过一个设计实例来介绍利用 FDATOOL 设计一个带通滤波器的方法。

**例 4-6：利用 FDATOOL 设计一个带通滤波器。**

利用 FDATOOL 设计一个带通滤波器，带通范围为 1000～2000Hz，低频过渡带为 700～1000Hz，高频过渡带为 2000～2300Hz，抽样频率为 8000Hz，要求阻带衰减大于 60dB。

启动 MATLAB 后，依次单击主界面左下方的“Start”→“Toolboxes”→“Filter Design”→“Filter Design” & “Analysis Tool”按钮，即可打开 FDATOOL，其界面如图 4-15 所示。

**第一步：** 首先单击 FDATOOL 界面左下方的滤波器设计（Design Filter）按钮，进入滤波器设计界面。

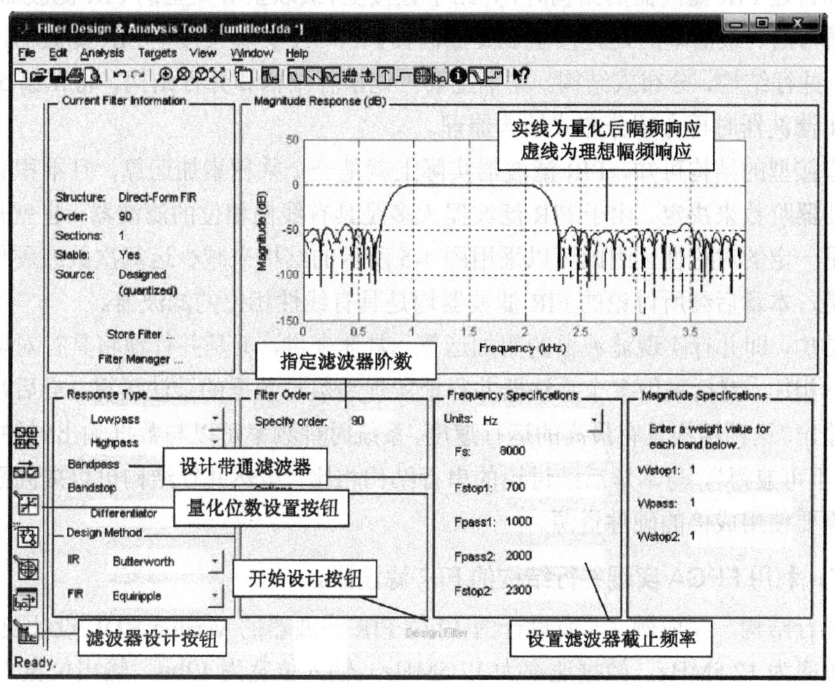


图 4-15　FDATOOL 界面

**第二步：** 依次选择 FDATOOL 界面上方工具栏上的“Analysis”→“Filter Specifications”选项，打开滤波器参数设置工具，进入滤波器参数设置界面。

**第三步：** 单击滤波器响应类型（Response Type）中的带通滤波器（Bandpass）选项，指定带通滤波器。

**第四步：** 在设计方法（Design Method）部分的“FIR”下拉列表中选择等纹波（Equiripple）设计方法。需要注意的是，由前面章节可知，除了凯塞窗函数可以通过调整 $\beta$ 参数来改变滤波器阻带衰减，其他窗函数的阻带衰减是无法调整的，增加滤波器阶数只能改变滤波器的过渡带性能。最优滤波器设计方法（等纹波滤波器）可通过增加滤波器阶数改善阻带衰减性能。

**第五步：** 根据设计要求，设置滤波器截止频率。

**第六步：** 设置滤波器阶数（Specify order）参数后，单击 FDATOOL 界面下方的开始设计（Design Filter）按钮开始滤波器的设计。

**第七步：** 观察 FDATOOL 中的频率响应，调整滤波器阶数，直到满足设计要求为止。

至此，我们使用 FDATOOL 完成了带通滤波器的设计，可以通过选择“Analysis”→“Filter

Coefficients”选项来查看滤波器系数，或者通过选择“Targets”→“Generate HDL”选项直接生成 HDL 源文件。

## 4.5 并行结构 FIR 滤波器的 Verilog HDL 设计

### 4.5.1 并行结构 FIR 滤波器原理

在前面讲述 FIR 滤波器的结构时，介绍了直接型、级联型等类型的 FIR 滤波器。在 FPGA 实现时，最常用、最简单的是直接型 FIR 滤波器。FPGA 实现直接型 FIR 滤波器，可以采用串行结构、并行结构、分布式结构。本章主要讨论串行结构和并行结构，将在第 5 章讨论 IP 核设计 FIR 滤波器时再介绍分布式结构原理。

根据直接型的结构可知，FIR 滤波器实际上就是一个乘积累加运算，且乘积累加运算的次数由滤波器阶数来决定。由于 FIR 滤波器大多是具有线性相位的滤波器，也就是说，滤波器系数均呈一定的对称性，因此可以采用图 4-5 所示的结构来减少运算次数或硬件资源。需要说明的是，本章后续所讨论的 FIR 滤波器均是具有线性相位的滤波器。

并行结构，即并行实现滤波器的累加运算。具体来讲，就是并行地将具有对称系数的输入数据进行相加，然后采用多个乘法器并行地实现系数与数据的乘法运算，最后将所有乘积结果相加输出。这种结构具有最高的运行速度，系统时钟频率可以与数据输出时钟频率一致。“鱼与熊掌不可兼得”，与本章后续讨论的串行结构相比，虽然并行结构可以提高系统的运行速度，但需要使用成倍的硬件资源。

**例 4-7：利用 FPGA 实现并行结构的 FIR 滤波器。**

采用并行结构，完成例 4-5 所设计的 12 位 FIR 滤波器的 Verilog HDL 设计及仿真测试。系统时钟频率为 12.5MHz，数据速率为 12.5MHz，输入位宽为 12bit，输出位宽为 14bit。

图 4-16 所示为具有 15 阶线性相位的并行 FIR 滤波器结构。

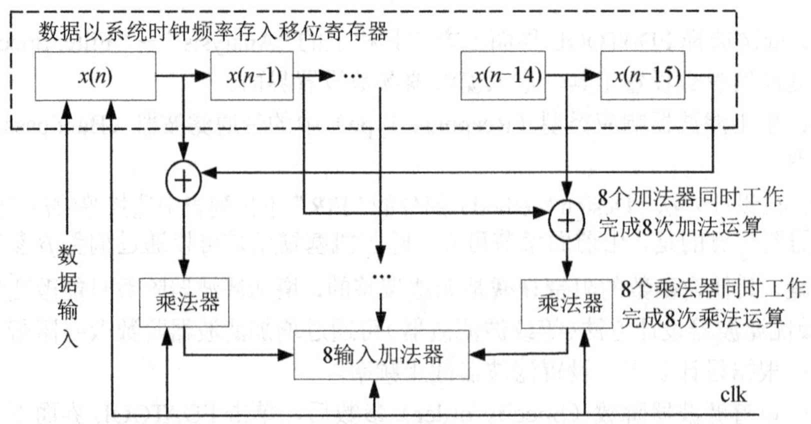


图 4-16　具有 15 阶线性相位的并行 FIR 滤波器结构

### 4.5.2　并行结构 FIR 滤波器的 Verilog HDL 设计

根据并行结构 FIR 滤波器原理，首先需要采用 16 级触发器依次对输入信号进行移位处理。而后根据滤波器系数的对称性，完成对称结构数据的加法运算，再实现滤波器系数的乘法运算，并将所有乘法运算结果加起来，完成滤波器输出。

并行结构的 Verilog HDL 程序 FirParallel.v 文件的源代码如下。

```
//这是 FirParallel.v 文件的程序清单
module FirParallel(
    input clk,                          //时钟：12.5MHz
    input [11:0] xin,                   //输入数据：12.5MHz
    output [13:0] yout);                //滤波输出数据：12.5MHz

    reg signed [11:0] xin_reg [15:0];   //定义位宽为 12bit，深度为 16 的存储器，存放移位数据
    reg signed [12:0] add_reg [7:0];    //定义位宽为 13bit，深度为 8 的存储器，存放对称数据相加结果
      wire signed [24:0] mout [7:0];    //定义位宽为 25bit，深度为 8 的存储器，存放系数乘法结果
      reg signed [25:0] s1=0,s2=0,s3=0;

   //将数据存入寄存器 xin_reg 中
   always @(posedge clk)
      begin
      xin_reg[0] <= xin;
      xin_reg[1] <= xin_reg[0];
      xin_reg[2] <= xin_reg[1];
      xin_reg[3] <= xin_reg[2];
      xin_reg[4] <= xin_reg[3];
      xin_reg[5] <= xin_reg[4];
      xin_reg[6] <= xin_reg[5];
      xin_reg[7] <= xin_reg[6];
      xin_reg[8] <= xin_reg[7];
      xin_reg[9] <= xin_reg[8];
      xin_reg[10] <= xin_reg[9];
      xin_reg[11] <= xin_reg[10];
      xin_reg[12] <= xin_reg[11];
      xin_reg[13] <= xin_reg[12];
      xin_reg[14] <= xin_reg[13];
      xin_reg[15] <= xin_reg[14];
      end

    //对称结构数据相加
    always @(posedge clk)
      begin
      add_reg[0] <= {xin_reg[0][11],xin_reg[0]} + {xin_reg[15][11],xin_reg[15]};
      add_reg[1] <= {xin_reg[1][11],xin_reg[1]} + {xin_reg[14][11],xin_reg[14]};
      add_reg[2] <= {xin_reg[2][11],xin_reg[2]} + {xin_reg[13][11],xin_reg[13]};
      add_reg[3] <= {xin_reg[3][11],xin_reg[3]} + {xin_reg[12][11],xin_reg[12]};
      add_reg[4] <= {xin_reg[4][11],xin_reg[4]} + {xin_reg[11][11],xin_reg[11]};
      add_reg[5] <= {xin_reg[5][11],xin_reg[5]} + {xin_reg[10][11],xin_reg[10]};
      add_reg[6] <= {xin_reg[6][11],xin_reg[6]} + {xin_reg[9][11],xin_reg[9]};
```

```
        add_reg[7] <= {xin_reg[7][11],xin_reg[7]} + {xin_reg[8][11],xin_reg[8]};
        end

    //乘法器 IP 核，输入数据位宽为 13bit、12bit，输出位宽为 25bit，一级流水线
    mult u0 (
        .CLK(clk),
        .A(add_reg[0]),
        .B(12'd4),
        .P(mout[0]));

    mult u1 (
        .CLK(clk),
        .A(add_reg[1]),
        .B(-12'd51),
        .P(mout[1]) );

    mult u2 (
        .CLK(clk),
        .A(add_reg[2]),
        .B(-12'd170),
        .P(mout[2]) );

    mult u3 (
        .CLK(clk),
        .A(add_reg[3]),
        .B(-12'd239),
        .P(mout[3]) );

    fmult u4 (
        .CLK(clk),
        .A(add_reg[4]),
        .B(-12'd33),
        .P(mout[4]) );

    mult u5 (
        .CLK(clk),
        .A(add_reg[5]),
        .B(12'd582),
        .P(mout[5]) );

    mult u6 (
        .CLK(clk),
        .A(add_reg[6]),
        .B(12'd1426),
        .P(mout[6]) );

    mult u7 (
        .CLK(clk),
        .A(add_reg[7]),
        .B(12'd2047),
```

```
        .P(mout[7]) );

    //将滤波器系数与输入数据的乘法结果相加，并输出滤波后的数据
    //为提高运行速度，采用二级流水线完成相加运算
    always @(posedge clk)
        begin
        s1 <= {mout[0][24],mout[0]}+{mout[1][24],mout[1]}
                +{mout[2][24],mout[2]}+{mout[3][24],mout[3]};
        s2 <= {mout[4][24],mout[4]}
                +{mout[5][24],mout[5]}+{mout[6][24],mout[6]}+{mout[7][24],mout[7]};
        s3 <= s1 + s2;
        end

    //取高 14 位为滤波器输出
    assign yout = s3[25:12];

endmodule
```

上述程序代码中，为简化代码书写，定义了几种存储器类型的信号。例如，定义了位宽为 12bit、深度为 16 的存储器，用于存放对输入数据进行移位后的数据，否则需要定义 16 个位宽为 12bit 的寄存器类型信号。两个 12bit 位宽的数据相加，为确保数据不溢出，需要 13bit 数据存储，因此对称结构的加法结果 add_reg 定义为 13bit 位宽。

“add_reg[0] <= {xin_reg[0][11],xin_reg[0]} + {xin_reg[15][11],xin_reg[15]};”完成两个 12bit 数据相加，由于输入数据为有符号数据类型，因此运算时对输入数据的最高位分别扩展了一位符号位 xin_reg[0][11]、xin_reg[15][11]。一般来讲，当定义数据类型为 signed 时，加/减法运算会自动对数据扩展符号位后运算；当定义数据类型为 unsigned（默认状态）时，加/减法运算会自动对数据高位扩展 0 后运算；为提高代码的可移植性，或者对不同编译环境的适应性，推荐在代码设计时手动进行数据位的扩展。

在 FPGA 设计中，乘法器一般推荐采用软件提供的 IP 核，不仅在于 IP 核本身提供了丰富的接口和可由工程师自定义的功能，关键在于 IP 核集成了触发器等相关逻辑资源的物理约束信息，可以获得最佳的速度性能。如果直接使用乘法运算符运算，则只会调用硬件乘法器 IP 核本身，无法充分发挥 IP 核的速度性能优势。

上述代码中例化了 8 个乘法器 IP 核，输入位宽分别为 13bit（对称结构数据相加后为 13bit）和 12bit（滤波器系数位宽为 12bit），输出位宽为 25bit，有符号乘法运算，一级流水线，8 个乘法器并行完成 8 次乘法运算。

将 8 次乘法运算结果加起来，即可完成滤波器输出。为提高系统的运算速度，采用了二级流水线完成 8 路数据的相加。第一级流水线并行完成 4 路数据相加，第二级流水线完成最终的求和运算。根据前面章节讨论的乘加运算中的有效数据位，计算所有系数绝对值之和为 9104，因此乘加结果需要增加 14bit 位宽（$2^{13}<9104<2^{14}$），取 26bit 位宽（输入数据为 12bit，增加 14bit，最终为 26bit）为最终的滤波器输出。

同于整个系统要求输出位宽为 14bit，因此取 26bit 的高位[25:12]输出，舍去了低 12bit，相当于对滤波信号幅度压缩了 4096 倍。

乘法器是数字信号处理设计过程十分常用的运算单元，接下来对乘法器 IP 核的例化方法进行简单介绍。

### 4.5.3 乘法器 IP 核的应用

单击 Vivado 主界面左侧“Flow Navigator”窗口中的“IP Catalog”条目，在右侧的“IP Catalog”对话框中依次选择“Math Functions”→“Multipliers”→“Multiplier”选项，打开乘法器 IP 核设置界面，在“Component Name”编辑框中输入 IP 核的名称 mult，选中“Parallel Multiplier”单选按钮，设置输入端口 A 为 13bit 有符号数“Signed”，输入端口 B 为 12bit 有符号数“Signed”，设置乘法器结构（Multiplier Construction）类型为乘法器 IP 核资源“Use Mults”，完成乘法器 IP 核输入端口参数的设置。

选择“Output and Control”选项卡，设置输出信号位宽为[24:0]，流水线级数（Pipeline Stages）为 1，单击“OK”按钮，完成乘法器 IP 核 mult 的全部参数设置，如图 4-17 所示。

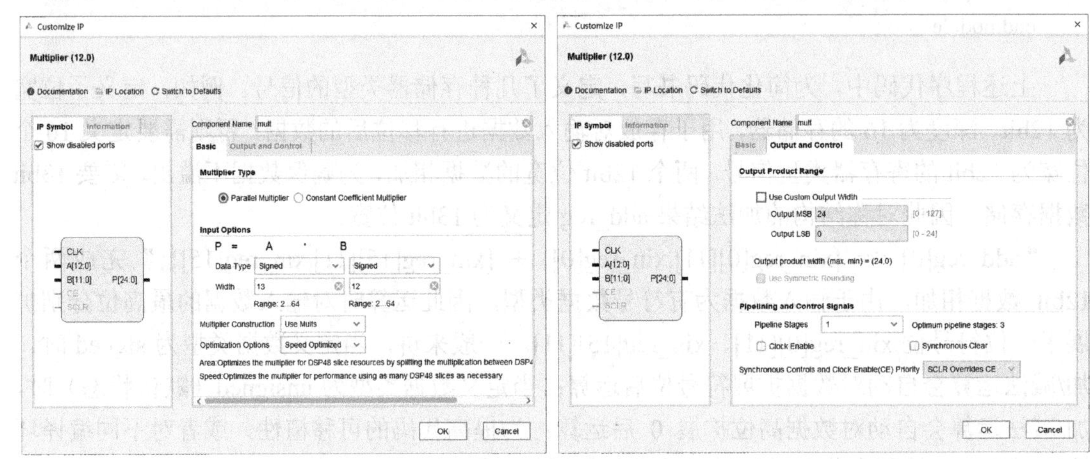


图 4-17 乘法器 IP 核参数设置界面

回到 Vivado 主界面，单击中间窗口中的“Sources”→“IP Sources”标签，找到新建的 mult 核，选择“Instantiation Template”→“mult.veo”选项，可以在右侧窗口打开 mult 核的例化模板，如图 4-18 所示。将 IP 核例化模板复制到 Verilog HDL 文件中，可以方便地完成 IP 核例化操作。

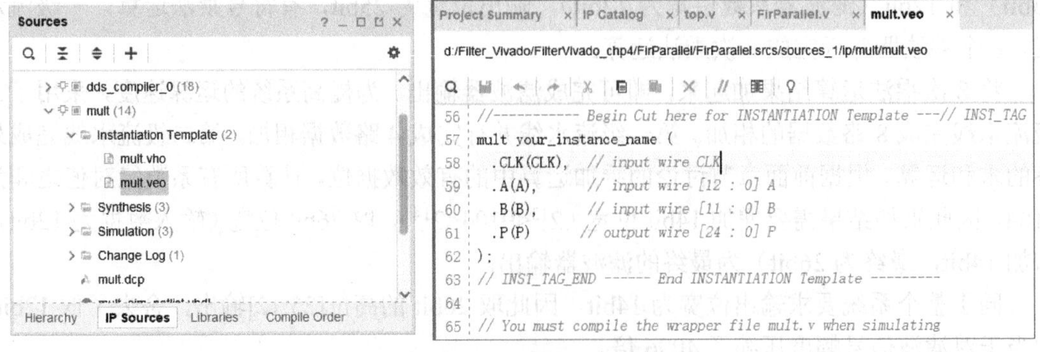


图 4-18 乘法器 IP 核例化模板窗口

### 4.5.4 测试数据模块设计及 DDS 核的应用

完成 FIR 滤波器的设计之后，我们需要对滤波器的功能及性能进行测试。完整的滤波器测试需要测试其全频段的幅频响应，可以通过设计一个扫频仪信号为输入信号，通过测试输出信号幅度来绘制滤波器的幅频响应。为方便描述，接下来仅采用单频信号输入和叠加信号输入的方式，简化测试过程。设计一个测试数据模块，根据按键产生滤波器通带内的 500kHz 单频信号、500kHz 与 3MHz 的叠加信号，通过仿真滤波器的输出信号来测试滤波器的功能。读者在理解测试原理之后，可以自行完善本章后续讨论的板载测试程序，完整地测试滤波器的性能。

测试数据模块 data.v 的代码如下所示。

```
module data(
    input key,          //按下为高电平，输出 500kHz 单频信号，否则输出 500kHz 与 3MHz 的叠加信号
    input clk,          //50MHz 时钟
    output [13:0] dout  //输出信号，50MHz 速率
    );

    wire signed [31:0] sin500k,sin3m;

    //500kHz 正弦信号生成模块
    mdds u1 (
      .aclk(clk),
      .s_axis_config_tvalid(1'b1),
      .s_axis_config_tdata(16'd655),
      .m_axis_data_tvalid(),
      .m_axis_data_tdata(sin500k) );

     //3MHz 正弦信号生成模块
    mdds_compiler_0 u2 (
      .aclk(clk),
      .s_axis_config_tvalid(1'b1),
      .s_axis_config_tdata(16'd3932),
      .m_axis_data_tvalid(),
      .m_axis_data_tdata(sin3m));

    assign dout = (key)? sin500k[13:0]: {sin500k[13],sin500k[13:1]}+{sin3m[13],sin3m[13:1]};

endmodule
```

设计测试数据模块的驱动时钟为 50MHz，输出数据位宽为 14bit。驱动时钟越高，产生的正弦信号越平滑，有利于本章后续板载测试时通过 D/A 转换成波形质量更好的模拟信号。FIR 滤波器的处理时钟及数据均为 12.5MHz，可以直接对 50MHz 的信号进行抽样处理。本书配套开发板 CXD720 的 D/A 转换为 14bit，因此测试信号的位宽设计为 14bit。CXD720 开发板的 A/D 抽样为 12bit，FIR 滤波器的输入信号位宽也为 12bit。测试时，直接取测试信号模块输出信号的高 12bit 作为输入即可。

测试数据模块中例化了两个DDS（Direct Digital Synthesizer，直接数字频率合成器）核产生正弦信号。DDS核是数字信号处理中常用的IP核，接下来介绍DDS核的参数设计方法。

单击Vivado主界面左侧“Flow Navigator”窗口中的“IP Catalog”条目，在右侧的“IP Catalog”对话框中依次选择“Digital Signal Processing”→“Modulation”→“DDS Compiler”选项，打开DDS IP核设置界面，在“Component Name”编辑框中输入IP核的名称mdds，在“Configuration Options”列表框中选择“Phase Generator and SIN COS LUT”选项，将系统时钟[System Clock（MHz）]设置为50，通道数（Number of Channels）设置为1，运行模式(Mode Of Operation)设置为Standard，参数选择方式(Parameter Selection)设置为Hardware Parameters。相位字宽度（Phase Width）也称为频率累加字，将其设置为16，将输出信号位宽（Output Width）设置为14，完成DDS核配置（Configuration）参数的设置，如图4-19所示。

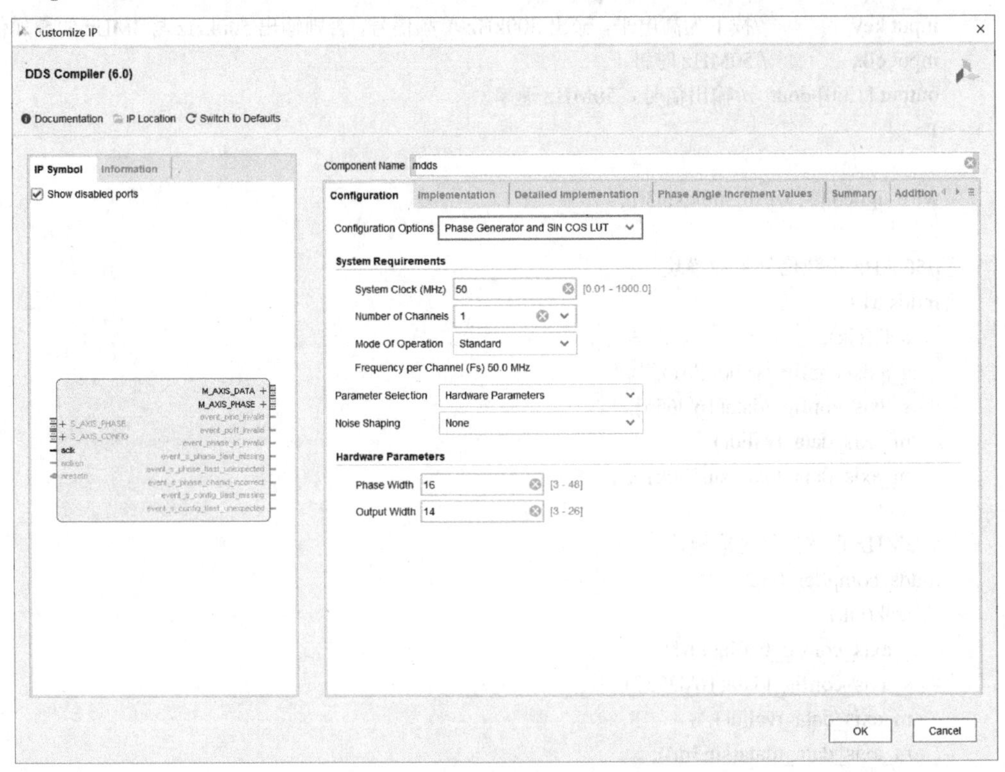


图4-19　DDS核配置参数设置界面

单击DDS核设置对话框中的“Implementation”选项卡，选中“Programmable”单选按钮，表示DDS核的频率参数可编程设置；选中“Sine and Cosine”单选按钮，表示同时输出正弦和余弦信号；不选中“Has Phase Out”单选按钮，表示去掉相位输出接口。单击“OK”按钮完成DDS核的参数设置。

打开mdds.veo文件可以查看DDS核的例化模板。与AMD公司以前的FPGA开发环境ISE不同，DDS核的对外接口为AXI4总线标准。其中，aclk为驱动时钟信号；s_axis_config_tvalid为相位累加字设置有效信号，高电平时将s_axis_config_tdata设置为当前的相位累加字；m_axis_data_tvalid为输入信号有效指示信号，高电平表示数据有效；

m_axis_data_tdata 为 32bit 的输出信号，其中[13:0]（DDS 核设置的输出信号位宽为 14bit）为余弦输出，[29:16]为正弦输出。输出信号的频率 $f$ 与驱动时钟频率 fclk、相位累加字的值 data 及相位累加字位宽 B 之间的换算关系为

$$f=\text{data}\times \text{fclk}/(2^{B}) \tag{4-73}$$

本实例中，DDS 核的驱动时钟频率 fclk 为 50MHz，相位累加字位宽 $B$ 为 16bit，要求产生频率 $f$ 为 500kHz 的正弦信号，则相位累加字 data 的值为 655；如果要产生 3MHz 的正弦信号，则 data 的值为 3932。感兴趣的读者可参考《Xilinx FPGA 数字信号处理设计——基础版》了解有关 DDS 核的详细工作原理。

## 4.5.5 并行结构 FIR 滤波器的仿真测试

### 1. 完整的仿真测试程序

为便于对设计的并行结构 FIR 滤波器进行仿真测试，新建顶层文件 top.v，文件中例化前面设计完成的 FIR 滤波器文件 FirParallel.v 和测试数据模块文件 data.v，同时新建时钟 IP 核，输入时钟 gclk 为 100MHz（CXD720 开发板时钟），分别产生 100MHz（本章后续讨论串行结构滤波器设计使用）、50MHz 和 12.5MHz 的时钟信号，并分别作为滤波器模块和测试数据模块的时钟信号。

```
module top(
    input gclk,
    input key,
    output [13:0] data,
    output [13:0] dout
    );

    wire clk100m,clk50m,clk12m5;
    wire signed [13:0] dat;
    assign data = dat;

   //时钟 IP 核，产生 100MHz、50MHz、12.5MHz 的时钟信号
   clock u0    (
      .clk_out1(clk100m),
      .clk_out2(clk50m),
      .clk_out3(clk12m5),
      .clk_in1(gclk));

    data u1(
       .key(key),
       .clk(clk50m),
       .dout(dat));

    FirParallel u2(
      .clk(clk12m5),                //时钟：12.5MHz
```

```
        .xin(dat[13:2]),            //输入数据：12.5MHz
        .yout(dout));               //滤波输出数据：12.5MHz

endmodule
```

并行结构 FIR 滤波器测试程序的顶层文件 RTL 原理图如图 4-20 所示。

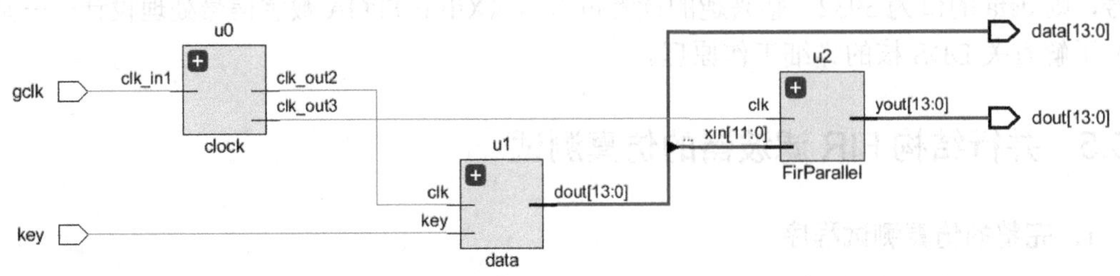


图 4-20 并行结构 FIR 滤波器测试程序的顶层文件 RTL 原理图

**2．创建测试激励文件**

根据仿真测试程序结构，完成程序的仿真仅需要提供 100MHz 的时钟信号。Vivado 本身集成了易于使用和功能强大的仿真工具 Simulation，可以进行行为级仿真（Behavioral Simulation）、时序仿真（Post-Implementation Timing Simulation）等类型的仿真。本书所有实例仅进行行为级仿真。运行仿真前，需要创建测试激励文件，并在激励文件中生成激励信号。

在 Vivado 主界面单击“Add Sources”按钮，选择“Add or create simulation sources”类型，新建名称为 tst.v 的测试激励文件。下面先给出激励文件的源代码，再对代码进行说明。

```
`timescale 1ns / 1ps
module tst();

  reg gclk=0;
  reg key=1;
  wire [13:0] data,dout;

  top uut (
      .gclk(gclk),
      .key(key),
      .data(data),
      .dout(dout));

    initial
    begin
      gclk <=0;
      key <= 1;
      #10000;
      key <= 0;
      end

    always #5 gclk <= !gclk;
```

```
endmodule
```

测试激励文件中的第一行代码“'timescale 1ns/1ps”，表示激励文件中的设置时间单位为 1ns，仿真波形中的显示时间单位为 1ps。第二行代码表示激励文件的模块为 tst，且激励文件没有输入/输出端口。文件中例化了需要测试的目标模块 top，且 top 文件中的所有输出端口均声明为 wire 类型，输入端口均声明为 reg 类型。这是因为激励文件的目的是要产生目标模块的输入信号，并在仿真波形中观察输出信号与输入信号之间的关系，测试目标模块是否完成了预定的功能，因此激励文件中不会控制输出信号。目标模块中的输入信号一般通过 initial 及 always 语句产生，因此需要声明为 reg 类型。

信号的初始化一般采用顺序语句 initial 实现。initial 作用域中的所有语句顺序执行一次。文件中的信号初始化代码功能为上电后 gclk 初始化为 0，key 初始化为 1，10000 个时间单位（ns）后，key 的值设置为 0。always 语句表示 gclk 信号每 10ns 取反一次，即产生频率为 50MHz 的时钟信号。

需要说明的是，“#”仅可以在测试激励文件中使用，不能综合成实际的电路；initial 一般仅在测试激励文件中使用。在电路模块文件中初始化 reg 类型信号时，一般在定义的同时进行初始化。

### 3．滤波器仿真测试

完成测试程序编写后，单击 Vivado 主界面左侧“Flow Navigator”中的“SIMULAITON”→“Run Simulation”→“Run Behavioral Simulation”按钮，启动仿真工具。在波形窗口中，右击 data、dout 信号，在弹出的右键菜单中依次选择“Radix”→“Signed Decimal”选项，设置显示数据为有符号数据；重新右击 data、dout 信号，在弹出的右键菜单中依次选择“Waveform Style”→“Analog”选项，设置显示数据为模拟波形，如图 4-21 所示。

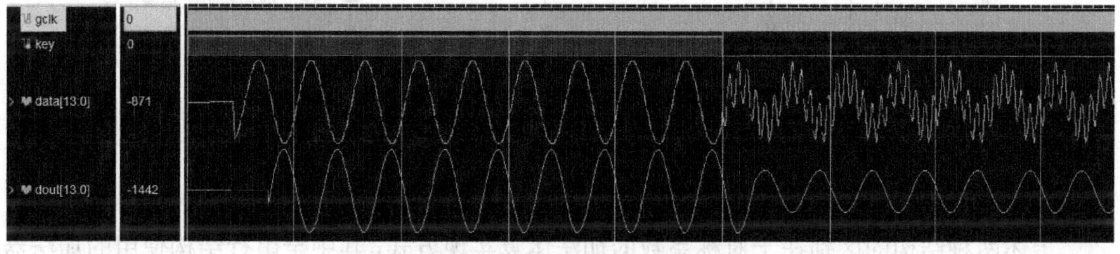


图 4-21　并行结构 FIR 滤波器仿真波形

由图 4-21 可知，当 key 为 1 时，输入为 500kHz 的单频信号，由于该信号在低通滤波器通带内，输出也为同频率的信号；当 key 为 0 时，输入为 500kHz 和 3MHz 的叠加信号，由于 3MHz 在低通滤波器通带外，被有效滤除，输出仅为 500kHz 的单频信号。从图中还可以看出，输入为叠加信号时的输出信号幅度比单频信号状态下的幅度减小了一半。这是由于输入的 12bit 数据同时包含了 500kHz 和 3MHz 的叠加信号，叠加信号的幅度与单频信号的幅度相同，叠加信号中的 500kHz 信号幅度相比单频信号幅度本身已降低了 1/2，滤除 3MHz 信号后，仅剩下降低 1/2 幅值的 500kHz 信号。

# 4.6 串行结构 FIR 滤波器的 Verilog HDL 设计

## 4.6.1 串行结构 FIR 滤波器原理

串行结构即串行实现滤波器的乘积累加运算，将每级延时单元与相应系数的乘积结果进行累加后输出，因此整个滤波器实际上只需要一个乘法器运算单元。串行结构还可分为全串行结构和半串行结构，全串行结构是指进行对称系数的加法运算由一个加法器串行实现，半串行结构则指用多个加法器同时实现对称系数的加法运算。全串行结构的 FIR 滤波器结构图如图 4-22 所示，半串行结构的 FIR 滤波器结构图如图 4-23 所示。

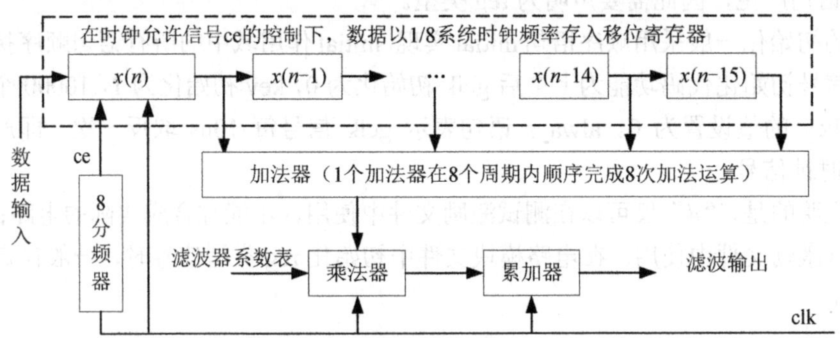


图 4-22　全串行结构的 FIR 滤波器结构图

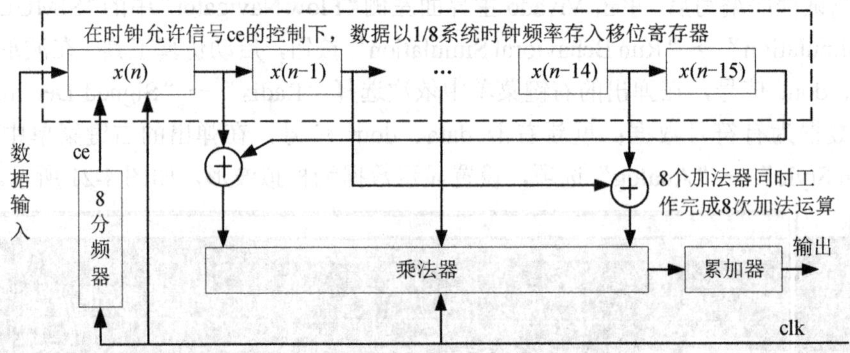


图 4-23　半串行结构的 FIR 滤波器结构图

上述两种结构的区别在于对称系数的加法运算实现方式，其中全串行结构使用的加法器资源更少。本章仅以全串行结构的 FIR 滤波器设计为实例进行讲解。

## 4.6.2 串行结构 FIR 滤波器的 Verilog HDL 设计

**例 4-8：利用 FPGA 实现全串行结构的低通滤波器。**

采用全串行结构，完成例 4-5 所设计的 12bit 低通滤波器的 Verilog HDL 设计及仿真测试，系统时钟频率为 100MHz，数据速率为 12.5MHz，输入位宽为 12bit，输出位宽为 14bit。

根据串行结构原理，首先需要产生周期为 8 的计数器，从而由 100MHz 系统时钟产生频率为 12.5MHz 的 ce 信号，采用 16 级触发器在 ce[7]的作用下依次对输入信号进行移位处理。

而后根据滤波器系数的对称性，完成对称结构数据的加法运算，再实现滤波器系数的乘法运算，并将所有乘法运算结果加起来，完成滤波器输出。

由于串行结构仅使用一个乘法器和一个加法器（不含八进制计数器），数据速率为时钟频率的 1/8，因此需要通过八进制计数器的状态严格控制乘法器和加法器的信号时序。下面先给出串行结构的 Verilog HDL 程序代码，而后结合仿真波形对代码进行分析。

```
//这是 FirFullSerial.v 文件的程序清单
module FirFullSerial (
    input   rst,                              //复位信号，高电平有效
    input   clk,                              // FPGA 系统时钟，频率为 100MHz
    input   signed [11:0]    xin,             //数据输出速率为 12.5MHz
    output reg signed [13:0] yout);           //滤波后的输出数据，速率为 12.5MHz

  reg [2:0] count=0;
  wire [7:0] ce;
  reg signed [11:0] xin_reg [15:0];        //定义位宽为 12bit，深度为 16 的存储器，存放移位数据
  reg signed [11:0] coe=0;                 //滤波器为 12bit 量化数据
  reg signed [12:0] add_a=0;
  reg signed [12:0] add_b=0;
  wire signed [12:0] add_s;                //输入为 12bit 量化数据，两个对称系数相加需要 13bit
  wire signed [24:0] mout;                 //乘法运算结果，共 25bit
  reg signed [28:0] sum=0;
  reg signed [28:0] yout=0;

  //计数周期为 8，用于控制乘法器、加法器的信号时序
  always @(posedge clk or posedge rst)
     if (rst)
         count = 3'd0;
     else
         count = count + 1;

  //根据计数器，产生时钟允许信号，控制加法器和乘法器的信号时序
  assign ce[0]=(count==0)?1:0;
  assign ce[1]=(count==1)?1:0;
  assign ce[2]=(count==2)?1:0;
  assign ce[3]=(count==3)?1:0;
  assign ce[4]=(count==4)?1:0;
  assign ce[5]=(count==5)?1:0;
  assign ce[6]=(count==6)?1:0;
  assign ce[7]=(count==7)?1:0;

  //将数据存入寄存器 xin_reg 中
  //数据经寄存器输出，比 ce[7]延时一个周期输出，与 ce[0]对齐
  always @(posedge clk)
      if (ce[7]) begin
      xin_reg[0] <= xin;
      xin_reg[1] <= xin_reg[0];
```

```
        xin_reg[2] <= xin_reg[1];
        xin_reg[3] <= xin_reg[2];
        xin_reg[4] <= xin_reg[3];
        xin_reg[5] <= xin_reg[4];
        xin_reg[6] <= xin_reg[5];
        xin_reg[7] <= xin_reg[6];
        xin_reg[8] <= xin_reg[7];
        xin_reg[9] <= xin_reg[8];
        xin_reg[10] <= xin_reg[9];
        xin_reg[11] <= xin_reg[10];
        xin_reg[12] <= xin_reg[11];
        xin_reg[13] <= xin_reg[12];
        xin_reg[14] <= xin_reg[13];
        xin_reg[15] <= xin_reg[14];
        end

    //例化有符号数加法器 IP 核，无流水线
    //对输入数据进行 1 位符号位扩展，输出结果为 13bit 数据
    //加法器无延时，第一组数据与 ce[0]对齐
    adder u0 (
        .A (add_a),
        .B (add_b),
        .S (add_s));

   //将对称系数的输入数据相加，同时将对应的滤波器系数送入乘法器
   //需要注意的是，下面程序只使用了一个加法器及一个乘法器资源
   //以 8 倍数据速率调用乘法器 IP 核，由于滤波器长度为 16，系数具有对称性，故可在一个数据
   //周期内完成所有 8 个滤波器系数与数据的乘法运算
   //为了保证加法运算不溢出，输入、输出数据均扩展为 13bit
    always @(posedge clk or posedge rst)
      if (rst) begin
          add_a <= 13'd0;
          add_b <= 13'd0;
          coe <= 12'd0;
          end
      else   begin
          if (ce[0])
            begin
            add_a <= {xin_reg[0][11],xin_reg[0]};
            add_b <= {xin_reg[15][11],xin_reg[15]};
            coe <= 12'd4;//c0
            end
          else if (ce[1])
            begin
            add_a <= {xin_reg[1][11],xin_reg[1]};
            add_b <= {xin_reg[14][11],xin_reg[14]};
            coe <= -12'd51; //c1
            end
```

```
     else if (ce[2])
        begin
        add_a <= {xin_reg[2][11],xin_reg[2]};
        add_b <= {xin_reg[13][11],xin_reg[13]};
        coe <= -12'd170; //c2
        end
     else if (ce[3])
        begin
        add_a <= {xin_reg[3][11],xin_reg[3]};
        add_b <= {xin_reg[12][11],xin_reg[12]};
        coe <= -12'd239; //c3
        end
    else if (ce[4])
        begin
        add_a <= {xin_reg[4][11],xin_reg[4]};
        add_b <= {xin_reg[11][11],xin_reg[11]};
        coe <= -12'd33; //c4
        end
    else if (ce[5])
        begin
        add_a <= {xin_reg[5][11],xin_reg[5]};
        add_b <= {xin_reg[10][11],xin_reg[10]};
        coe <= 12'd582; //c5
        end
    else if (ce[6])
        begin
        add_a <= {xin_reg[6][11],xin_reg[6]};
        add_b <= {xin_reg[9][11],xin_reg[9]};
        coe <= 12'd1426; //c6
        end
    else
        begin
        add_a <= {xin_reg[7][11],xin_reg[7]};
        add_b <= {xin_reg[8][11],xin_reg[8]};
        coe <= 12'd2047; //c7
        end
end

//例化有符号数乘法器 IP 核 mult，一级流水线
//乘法器延时一个周期，第一组数据与 ce[1]对齐
mult u1 (
    .CLK (clk),
    .A (coe),
    .B (add_s),
    .P (mout));

//对滤波器系数与输入数据的乘法结果进行累加，并输出滤波后的数据
//考虑到乘法器及累加器的延时，需要 ce[2]为 1 时将累加器清零，同时输出滤波器结果数据
```

```
    //类似的延时可通过精确计算获取，但更好的方法是通过行为仿真进行查看
    always @(posedge clk or posedge rst)
    if (rst)
        begin
        sum <= 29'd0;
        yout <= 29'd0;
        end
    else begin
        if (ce[2]) begin
            yout <= sum[25:12];//输出 8 个累加数据结果，并截位输出
            sum <=   mout;       //重新开始累加
            end
      else
            sum <= sum + mout;
      end

endmodule
```

### 4.6.3 串行结构 FIR 滤波器的仿真测试

串行结构 FIR 滤波器的仿真测试方法与并行结构 FIR 滤波器的仿真测试方法相同。测试数据生成模块与并行结构的相同。在顶层模块中，仅需要将串行结构 FIR 滤波器的时钟与时钟模块的 clk100m 信号连接，同时增加复位信号接口。串行结构 FIR 滤波器测试程序的顶层文件 RTL 原理图如图 4-24 所示。

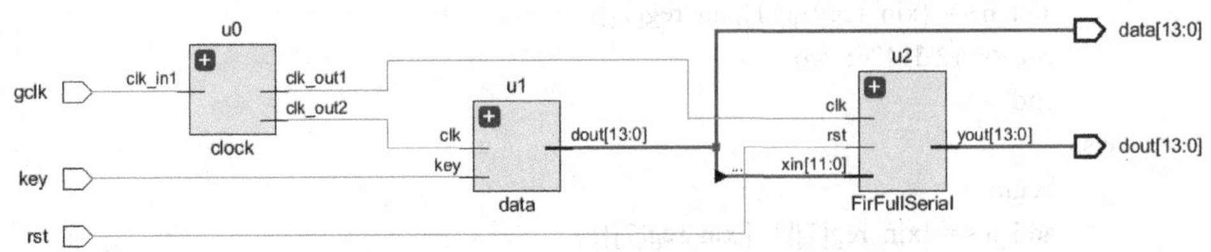


图 4-24　串行结构 FIR 滤波器测试程序的顶层文件 RTL 原理图

读者可在本书配套程序资料中查看完整的工程代码。运行仿真工具，调整波形显示数据格式，得到图 4-25 所示的仿真波形。

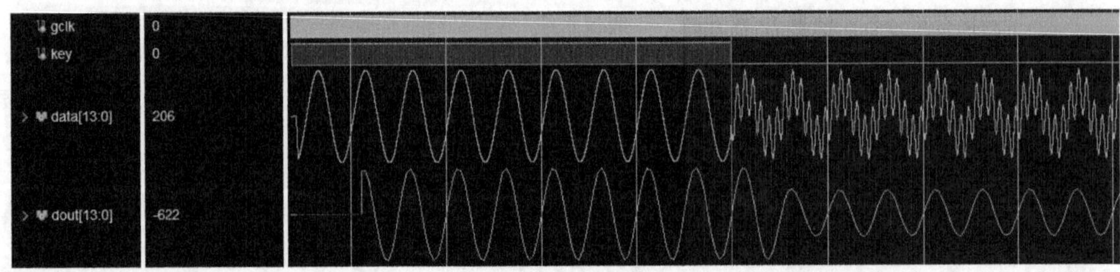


图 4-25　串行结构 FIR 滤波器的仿真波形

从图 4-25 中可以看出，串行结构 FIR 滤波器的仿真波形与并行结构 FIR 滤波器的仿真波形相同，实现了低通滤波功能。需要注意的是，串行结构虽然仅使用了一个乘法器资源，但同样处理 12.5MHz 的数据，系统时钟频率为 100MHz，相比并行结构的系统时钟频率提高了 8 倍。或者说，如果系统时钟频率均为 100MHz，相同的滤波器系数，那么并行结构可以处理 100MHz 的数据，而串行结构只能处理 12.5MHz 的数据。串行结构牺牲了处理速度，节约了逻辑资源；并行结构提高了处理速度，增加了逻辑资源。FIR 滤波器的串行结构和并行结构正好说明了 FPGA 设计中的速度与面积互换的重要原则。

串行结构为了节约逻辑资源，在时序上的设计相对于并行结构来说要复杂一些，接下来我们将串行结构 FIR 滤波器的内部信号加入波形窗口中，进一步分析乘法器和加法器的时序关系。

### 4.6.4 串行结构 FIR 滤波器的运算时序

将所需要观察的信号（加法器输入信号、乘法器输入信号、累加信号、时钟允许信号等）添加到波形窗口中，调整波形显示数据格式和范围，得到图 4-26 所示波形图。为便于显示，分成了两部分图形显示，图 4-26（a）所示为前面 6 个数据波形，图 4-26（b）所示为后面的数据波形。

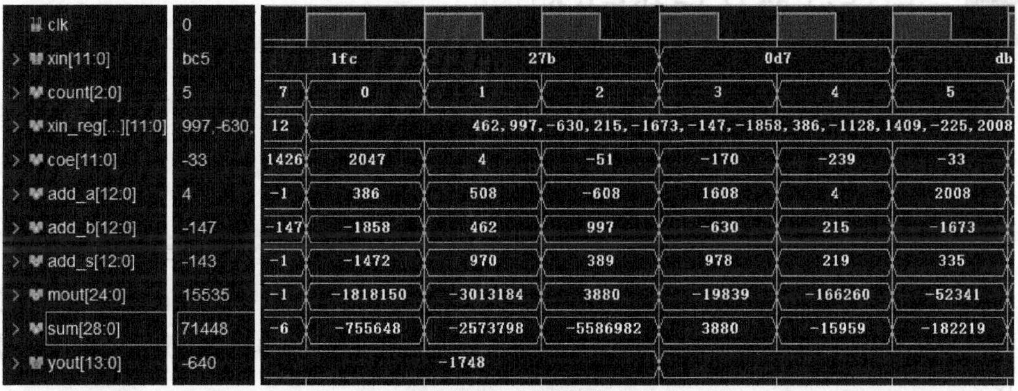

（a）前面 6 个数据波形

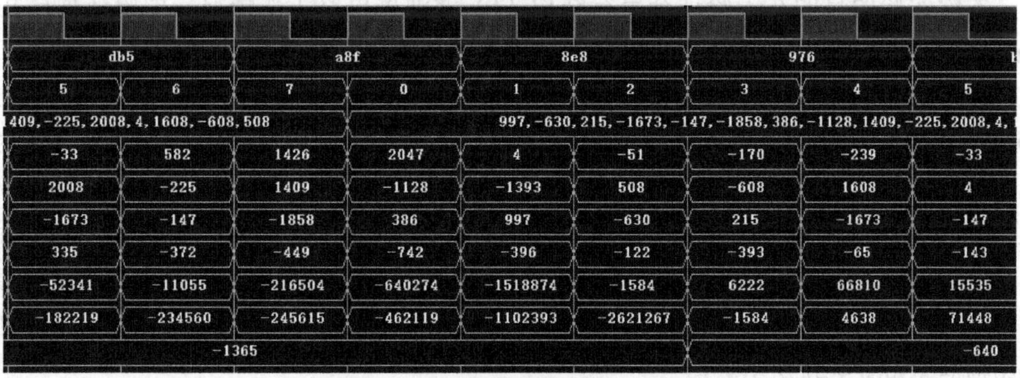

（b）后面的数据波形

图 4-26　串行结构 FIR 滤波器仿真波形图

根据程序代码，当 count 为 7 时，滤波器开始取出数据，数据经触发器延时一个周期输出，由图 4-26（a）可知，数据 xin_reg 与 count 为 0 时对齐；当 count 为 0 时，设置加法器（adder u0）的输入数据 add_a、add_b 分别为 xin_reg[0]、xin_reg[15]，且加法器为组合逻辑，无流水线操作。add_a、add_b 的数据经触发器延时一个周期输出，当 count 为 1 时 xin_reg[0] 的值为 508，xin_reg[15]的值为 462 [见图 4-26（a）]，加法器运算结果 add_s 为 970，滤波器系数 coe 为 4；加法器运算结果和 coe 均送至乘法器（mult u1），乘法器为一级流水线操作，因此乘法运算结果 mout 与 count 为 2 时对齐，为 3880；同样，当 count 为 3 时得到第 2 个系数的运算结果（xin_reg[1]+xin_reg[14]）乘以−51；当 count 为 4～7 时依次得到第 3～6 个系数的运算结果；当 count 为 0～1 时依次得到第 7～8 个系数的运算结果。

根据 FIR 滤波器原理，对于长度为 16 的 FIR 滤波器，将 8 个乘法运算结果累加起来就是滤波器输出。由于在 count 为 2 时得到了第一组数据的乘法运算结果，因此当 count 为 2 时累加器的初值为当前的乘法运算结果。当 count 为 3～7、0～1 时持续累加，完成 8 个乘法运算结果的累加。累加结果经触发器输出，当 count 为 2 时取出当前的累加值作为滤波器输出。由于滤波器输出取 14bit，对累加结果进行了截位处理（yout <= sum[25:12]），相当于 yout 大约是 sum 的 1/4096，−2621267/4096 约为−640。

## 4.7 FIR 滤波器的板载测试

### 4.7.1 硬件接口电路

**例 4-9：全串行结构 FIR 滤波器的板载测试电路。**

本章介绍了 3 种 FIR 滤波器的 FPGA 实现结构，虽然其实现结构不同，但功能是一致的，即完成了信号的滤波功能。接下来我们只介绍全串行结构 FIR 滤波器的板载测试情况，读者在理解测试代码的基础上，可自行完善程序，设计并行结构 FIR 滤波器的板载测试程序。

本次实验的目的在于验证全串行结构 FIR 滤波器电路工作情况，即验证顶层文件 FirFullSerial.v 程序是否能够完成对输入信号的滤波功能。

CXD720 开发板配置有 2 路独立的 D/A 转换接口、1 路 A/D 转换接口、1 个独立的 100MHz 晶振。为真实地模拟通信中的滤波过程，采用 100MHz 晶振作为驱动时钟，产生频率为 500 kHz 和 3MHz 的正弦波叠加信号，经 DA2 通道输出；DA2 通道输出的模拟信号通过开发板上的跳线端子物理连接至 A/D 转换通道，并送入 FPGA 进行处理；FPGA 滤波后的信号由 DA1 通道输出。程序下载到开发板后，通过示波器同时观察 DA1、DA2 通道的信号波形，判断滤波前后信号的变化情况可验证滤波器的功能及性能。FIR 滤波器板载测试电路的结构框图如图 4-27 所示。

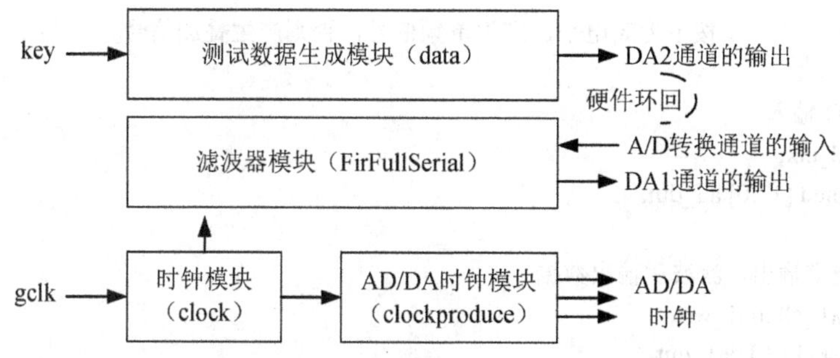


图 4-27　FIR 滤波器板载测试电路的结构框图

FIR 滤波器实验电路的 FPGA 接口信号定义表如表 4-3 所示。

**表 4-3　FIR 滤波器实验电路的 FPGA 接口信号定义表**

| 信号名称 | 引脚定义 | 传输方向 | 功能说明 |
|---|---|---|---|
| rst | P14 | →FPGA | 复位信号，高电平有效 |
| gclk | C19 | →FPGA | 100 MHz 时钟信号 |
| key | F4 | →FPGA | 按键信号，按下为高电平，按下时 A/D 转换通道的输入为单频信号，否则为叠加信号 |
| ad_clk | J2 | FPGA→ | A/D 抽样时钟信号 |
| ad_din[11:0] | B2/B1/C2/D2/D1/E3/E2/E1/F1/G2/G1/H2 | →FPGA | A/D 抽样输入信号 |
| da1_clk | W2 | FPGA→ | DA1 通道的时钟信号 |
| da1_wrt | Y1 | FPGA→ | DA1 通道的接口信号 |
| da1_out[13:0] | AB11/AB10/AB8/AA8/AB7/AB6/AA6 /AB5/AB3/AA3/AB2/AB1/AA1/Y2 | FPGA→ | DA1 通道的输出信号，滤波处理后的信号 |
| da2_clk | W1 | FPGA→ | DA2 通道的时钟信号 |
| da2_wrt | V2 | FPGA→ | DA2 通道的接口信号 |
| da2_out[13:0] | U2/U1/T1/R2/R1/P2/P1/N2/M2/M1/L1 K1/K2/J1 | FPGA→ | DA2 通道的输出信号，产生的测试信号 |

## 4.7.2　板载测试程序

根据前面的分析可知，板载测试程序需要设计与 ADC、DAC 芯片之间的接口转换电路，以及生成 ADC、DAC 芯片所需要的时钟信号。ADC、DAC 芯片的数据信号均为无符号数，而滤波器模块及测试数据模块的数据信号均为有符号数，因此需要将 A/D 采样的无符号数转换为有符号数送入滤波器处理，同时需要将测试数据信号及滤波后的信号转换为无符号数送入 DAC 芯片。

在例 4-8 的基础上修改后的顶层文件代码如下所示。

```
//这是 top.v 文件的程序清单
module top(
    input gclk,          //100MHz 时钟输入
    input rst,           //高电平有效的复位信号
```

```
    input key,          //按下为高电平，产生单频信号，否则产生叠加信号

    //1 路 AD 输入
    output ad_clk,
    input signed [11:0] ad_din,

    //DA1 通道输出，滤波后输出数据
    output da1_clk,da1_wrt,
    output reg [13:0] da1_out,
    //DA2 通道输出，滤波前输出数据
    output da2_clk,da2_wrt,
    output reg [13:0] da2_out
    );

    wire clk100m,clk50m,clk12m5;
    wire signed [13:0] dat,dout;
    reg signed [11:0] xin;

   //转换为有符号数送入滤波器处理
   always @(posedge clk12m5)
         xin <= ad_din - 2048;

    //转换为无符号数送入 DAC 输出
    always @(posedge clk12m5)
        da1_out = dout+8192;

    //转换为无符号数送入 DAC 输出
    always @(posedge clk50m)
        da2_out = dat+8192;

   clockproduce u3(
       .clk50m(clk50m),
       .clk12m5(clk12m5),
       .ad_clk(ad_clk),
       .da1_clk(da1_clk),
       .da1_wrt(da1_wrt),
       .da2_clk(da2_clk),
       .da2_wrt(da2_wrt));

    clock u0 (
       .clk_out1(clk100m),
       .clk_out2(clk50m),
       .clk_out3(clk12m5),
       .clk_in1(gclk));

    data u1(
        .key(key),
        .gclk(clk50m),
```

```
        .dout(dat));

    FirFullSerial u2(
        .rst(rst),
        .clk(clk100m),          //时钟：100MHz
        .xin(xin),              //输入数据：12.5MHz
        .yout(dout));           //滤波输出数据：12.5MHz

endmodule
```

AD/DA 时钟模块产生 ADC、DAC 需要的时钟信号。为提高输出的时钟信号性能，对于 7 系列 FPGA 芯片，一般采用 ODDR（Dedicated Dual Data Rate，专用双倍数据速率）硬件模块，可在代码中直接例化硬件原语。AD/DA 时钟模块的文件代码如下所示。

```
//这是 clockproduce.v 文件的程序清单
module clockproduce(
    input clk50m,
    input clk12m5,
    output ad_clk,ad_wrt,
    output da1_clk,da1_wrt,
    output da2_clk,da2_wrt
    );

     ODDR #(
     .DDR_CLK_EDGE("SAME_EDGE"), // "OPPOSITE_EDGE" or "SAME_EDGE"
     .INIT(1'b0),      // Initial value of Q: 1'b0 or 1'b1
     .SRTYPE("SYNC") // Set/Reset type: "SYNC" or "ASYNC"
     ) u3 (
     .Q(ad_clk),    // 1-bit DDR output
     .C(clk12m5),  // 1-bit clock input
     .CE(1'b1),     // 1-bit clock enable input
     .D1(1'b0),     // 1-bit data input (positive edge)
     .D2(1'b1),     // 1-bit data input (negative edge)
     .R(1'b0),      // 1-bit reset
     .S(1'b0)       // 1-bit set
    );

      ODDR #(
      .DDR_CLK_EDGE("SAME_EDGE"), // "OPPOSITE_EDGE" or "SAME_EDGE"
      .INIT(1'b0),      // Initial value of Q: 1'b0 or 1'b1
      .SRTYPE("SYNC") // Set/Reset type: "SYNC" or "ASYNC"
     ) u1 (
      .Q(da1_clk),    // 1-bit DDR output
      .C(clk12m5),  // 1-bit clock input
      .CE(1'b1),     // 1-bit clock enable input
      .D1(1'b0),     // 1-bit data input (positive edge)
      .D2(1'b1),     // 1-bit data input (negative edge)
```

```
        .R(1'b0),          // 1-bit reset
        .S(1'b0)           // 1-bit set
    );

    ODDR #(
        .DDR_CLK_EDGE("SAME_EDGE"), // "OPPOSITE_EDGE" or "SAME_EDGE"
        .INIT(1'b0),        // Initial value of Q: 1'b0 or 1'b1
        .SRTYPE("SYNC") // Set/Reset type: "SYNC" or "ASYNC"
    ) u2 (
        .Q(da1_wrt),       // 1-bit DDR output
        .C(clk12m5),     // 1-bit clock input
        .CE(1'b1),          // 1-bit clock enable input
        .D1(1'b0),          // 1-bit data input (positive edge)
        .D2(1'b1),          // 1-bit data input (negative edge)
        .R(1'b0),           // 1-bit reset
        .S(1'b0)            // 1-bit set
    );

    ODDR #(
        .DDR_CLK_EDGE("SAME_EDGE"), // "OPPOSITE_EDGE" or "SAME_EDGE"
        .INIT(1'b0),        // Initial value of Q: 1'b0 or 1'b1
        .SRTYPE("SYNC") // Set/Reset type: "SYNC" or "ASYNC"
    ) u4 (
        .Q(da2_clk),       // 1-bit DDR output
        .C(clk50m),       // 1-bit clock input
        .CE(1'b1),          // 1-bit clock enable input
        .D1(1'b0),          // 1-bit data input (positive edge)
        .D2(1'b1),          // 1-bit data input (negative edge)
        .R(1'b0),           // 1-bit reset
        .S(1'b0)            // 1-bit set
    );

    ODDR #(
        .DDR_CLK_EDGE("SAME_EDGE"), // "OPPOSITE_EDGE" or "SAME_EDGE"
        .INIT(1'b0),        // Initial value of Q: 1'b0 or 1'b1
        .SRTYPE("SYNC") // Set/Reset type: "SYNC" or "ASYNC"
    ) u5 (
        .Q(da2_wrt),       // 1-bit DDR output
        .C(clk50m),       // 1-bit clock input
        .CE(1'b1),          // 1-bit clock enable input
        .D1(1'b0),          // 1-bit data input (positive edge)
        .D2(1'b1),          // 1-bit data input (negative edge)
        .R(1'b0),           // 1-bit reset
        .S(1'b0)            // 1-bit set
    );

endmodule
```

### 4.7.3　板载测试验证

设计好板载测试程序，添加引脚约束并完成 FPGA 实现后，将程序下载至 CXD720 开发板后可进行板载测试。FIR 滤波器板载测试的硬件连接如图 4-28 所示。

进行测试时需要采用双通道示波器，将示波器通道 2 接 DA2 通道输出，观察滤波前的信号；通道 1 接 DA1 通道输出，观察滤波后的信号。需要注意的是，在测试之前，需要适当调整 CXD720 开发板的电位器，使 AD/DA 接口的信号幅值基本保持满量程状态，且波形不失真。

将板载测试程序下载到 CXD720 开发板上后，按下按键，合理设置示波器参数，可以看到两个通道的波形如图 4-29 所示。从图中可以看出，滤波前后的信号均为 500kHz 的单频信号。

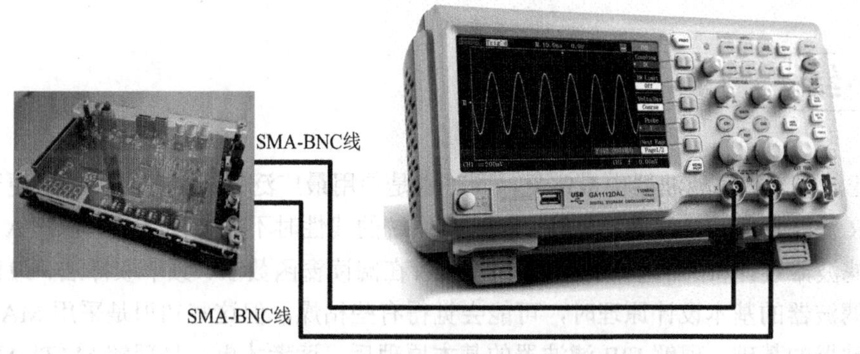


图 4-28　FIR 滤波器板载测试的硬件连接

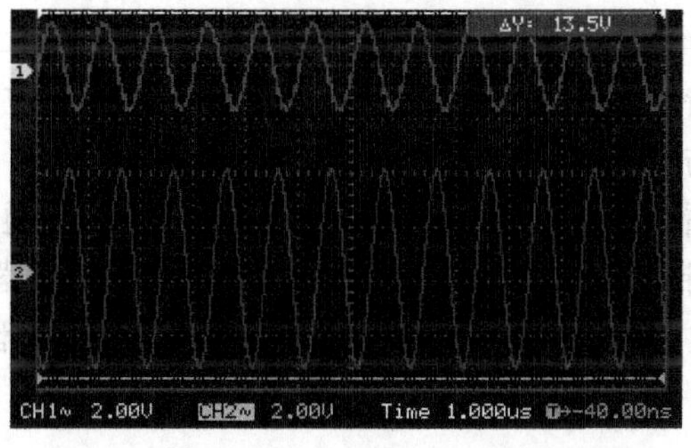


图 4-29　滤波器输入通带内单频信号的测试波形图

滤波前信号峰峰值为 8V，滤波后幅度约为 3.55V，低于滤波前的信号，这是由运算中的有限字长效应引起的。滤波器绝对值之和为 9104，为了避免数据溢出，在进行程序设计时有效位增加了 14bit，相当于增加了 16184 倍。实际增益（量化后的整数系数值与量化前实数系数值的比值）为 7268，因此最终输出的 D/A 转换信号为实际值的 0.4436 倍，这与示波器显示的波形相符。

松开按键，输入信号为 500kHz 和 3MHz 的叠加信号，其波形图如图 4-30 所示。滤波后仍能得到规则的 500kHz 单频信号（滤波器的截止频率为 3MHz），只是其幅度相比单频输入时又降低了 1/2。这是由于输入的 12bit 数据同时包含了 500kHz 和 3MHz 的单频信号，叠加信号的幅度与单频输入信号的幅度相同，叠加信号中的 500kHz 信号相比单频输入信号，幅度本身已降低了 1/2，滤除 3MHz 信号后，仅剩下降低 1/2 幅值的 500kHz 单频信号，这与示波器显示的波形相符。

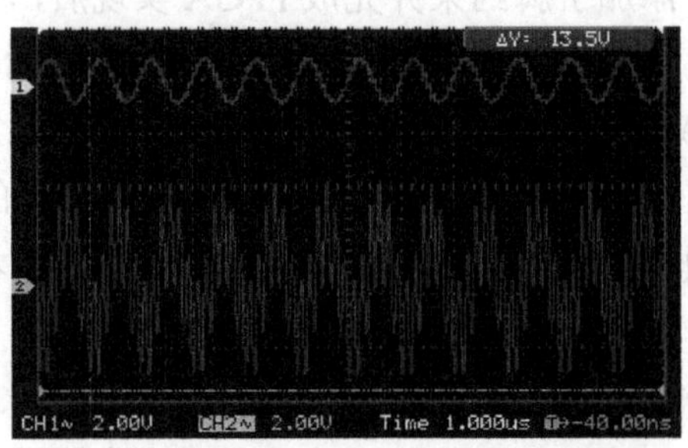

图 4-30 滤波器输入叠加信号的测试波形图

## 4.8 小结

FIR 滤波器是数字滤波器中最常见，同时也是使用最广泛的一种滤波器。为便于读者深入了解 FIR 滤波器的设计原理及方法，本章从系统的线性时不变特性等基本原理入手，讲述了与数字滤波器设计相关的基础理论知识。读者在阅读窗函数法、频率取样法、最优设计方法等 FIR 滤波器的基本设计原理时，可能会觉得有些枯燥，但这些知识是采用 MATLAB 设计 FIR 滤波器的基础。理解 FIR 滤波器的基本原理后，读者才更容易理解 MATLAB 函数的使用方法。

采用 MATLAB 设计出符合要求的滤波器系数后，还需要采用 Verilog HDL 进行设计实现。根据 FPGA 的结构特点，实现 FIR 滤波器有几种不同的设计方法，本章详细阐述了并行结构和串行结构的设计方法及仿真测试过程。

从板载测试情况来看，CXD720 开发板中 AD/DA 通道的直通增益为 1，但由于滤波器系数量化，在滤波器通带内，信号的增益小于 1。如何调整滤波器系数的量化方法，使得滤波器通带内的增益为 1。这个问题我们在第 5 章介绍 FIR 滤波器的 IP 核设计方法时继续讨论。

# 第 5 章 FIR 滤波器 IP 核设计

第 4 章介绍了 FIR 滤波器的基本原理、MATLAB 设计 FIR 滤波器相关函数的用法、滤波器系数量化方法，以及并行结构和串行结构 FIR 滤波器的设计原理及仿真测试步骤。FIR 滤波器本质上是一种乘积累加结构，这种结构相对固定，不同的 FIR 滤波器仅仅是乘积累加的长度和系数不同而已。Vivado 提供了功能强大的 FIR 滤波器 IP 核，在掌握 FIR 滤波器基本设计方法之后，采用 IP 核进行 FIR 滤波器设计就显得简单多了。

## 5.1 FIR 核设计并行结构滤波器

**例 5-1：利用 FIR 核设计并行结构的 FIR 滤波器。**

采用 FIR 核完成例 4-5 设计的 12bit 的 FIR 滤波器设计及仿真测试。系统时钟频率为 12.5MHz，数据速率为 12.5MHz，输入位宽为 12bit，输出位宽为 14bit。

### 5.1.1 新建 FIR 核并完成参数设置

打开 Vivado 软件，新建名为 E5_1_FirIPParallel 的工程，设置 FPGA 主芯片为 CXD720 开发板的 FPGA 芯片 XC7A100TFGG484-2。选择 Vivado 界面左侧“Flow Navigator”窗口中的“IP Catalog”选项，打开新建 IP 核界面，如图 5-1 所示。在“Search”编辑框中输入“fir”搜索 FIR 核，在搜索结果中双击“FIR Compiler”选项打开 FIR 核设置窗口。

在“Component Name”编辑框中输入 IP 核的名称 mfir，表示新创建名为 mfir 的 IP 核。在“Select Source”下拉列表框中选择 Vector，表示滤波器系数装载方式为向量模式，即直接将滤波器系数输入“Coefficient Vector”编辑框中，系数之间用“,”隔开。滤波器系数为例 4-5 设计的量化位宽为 12bit 的 FIR 滤波器系数。除了 Vector 模式，滤波器系数还可以采用 COE 文件（COE File）的方式装载，本章后续讨论串行结构 FIR 核时再介绍 COE File 的装载方法。

设置“Number of Coefficient Sets”为 1，表示 FIR 滤波器仅装载了一组系数，不勾选“Use Reloadable Coefficients”复选框，表示不使用 FIR 滤波器系数重载功能。FIR 核提供了两种滤波器系数重载功能，可以通过重载系数实现改变滤波器功能的目的，相关设计方法在 5.4 节讨论。

设置滤波器类型“Filter Type”为单速率“Single Rate”模式，即数据的输入/输出速率相同。除单速率模式外，IP 核还可以设置为内插、抽取、希尔伯特变换等类型。滤波器内插、抽取的内容将在第 7 章中进行讨论。并行结构 FIR 核功能选项设置界面如图 5-2 所示。

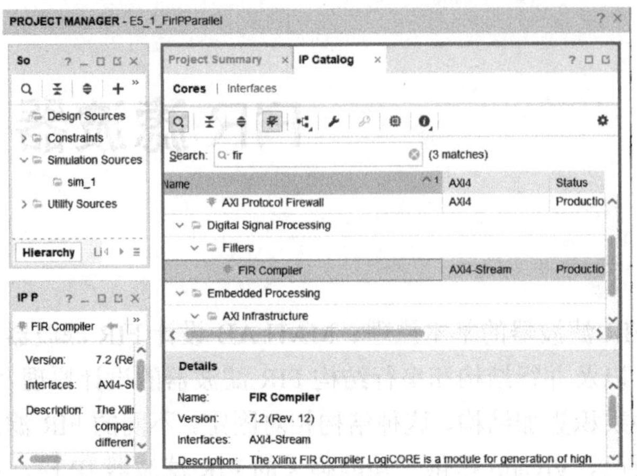


图 5-1　FIR 核搜索界面

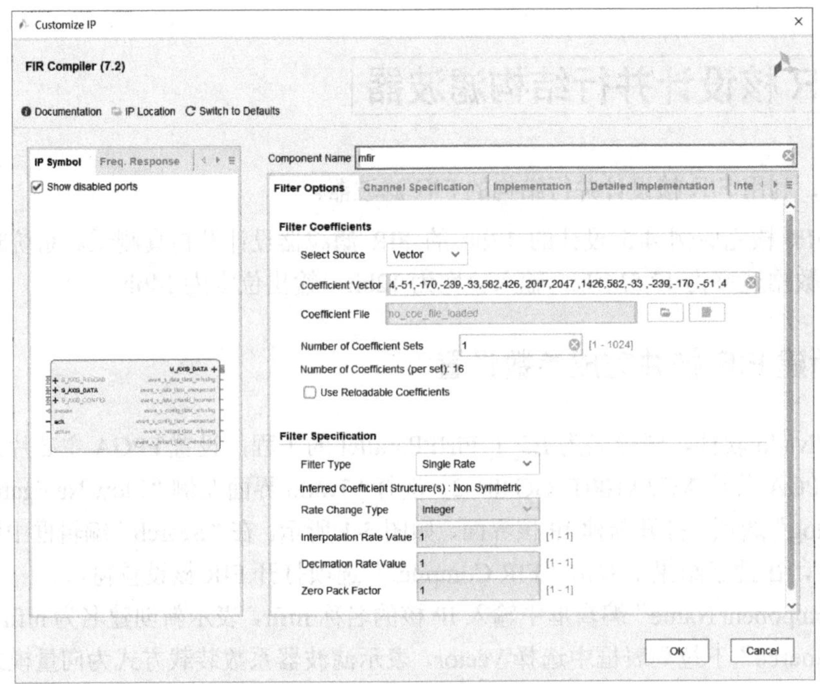


图 5-2　并行结构 FIR 核功能选项设置界面

单击"Channel Specification"选项卡，进行处理时钟参数设置。"Interleaved Channel Specification"中的参数保持默认值，"Number of Paths"（滤波器通道数）设置为 1。"Hardware Oversampling Specification"用于设置滤波器的时钟参数。"Select Format"设置为 Input Sample Period 时，"Sample Period (Clock Cycles)"的值表示每个数据周期内的时钟周期数，或者处理时钟频率除以数据速率的倍数。

根据第 4 章可知，当采用并行结构时，处理时钟频率与数据速率相同，且需要采用 8 个乘法器资源，因此"Sample Period (Clock Cycles)"设置为 1。此时单击参数设置界面左侧的

“Implementation Details”选项卡，可以看出 FIR 滤波器占用的乘法器资源（DSP slice count）为 8。并行结构 FIR 核时钟参数设置界面如图 5-3 所示。

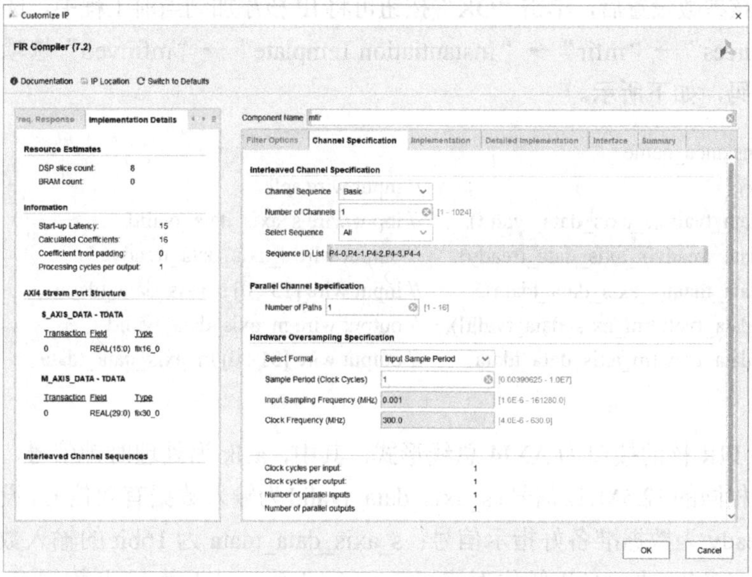

图 5-3 并行结构 FIR 核时钟参数设置界面

单击 IP 核参数设置界面右侧的“Implementation”选项卡，设置输入数据及系数位宽等参数。设置滤波器系数类型“Coefficient Type”为 Signed（有符号数），“Quantization”（量化方式）为 Integer Coefficients，“Coefficient Width”（量化位宽）为 12，“Coefficient Structure”（系数结构）为 Inferred，表示 IP 核自动根据输入的系数值判断是否为对称结构，也可以直接设置为 No Symmetric 或 Symmetric，指定系数为非对称结构或对称结构。设置“Input Data Width”（输入数据位宽）为 12，IP 核自动计算得出全精度运算的滤波器输出数据位宽为 26bit。并行结构 FIR 核数据位宽参数设置界面如图 5-4 所示。

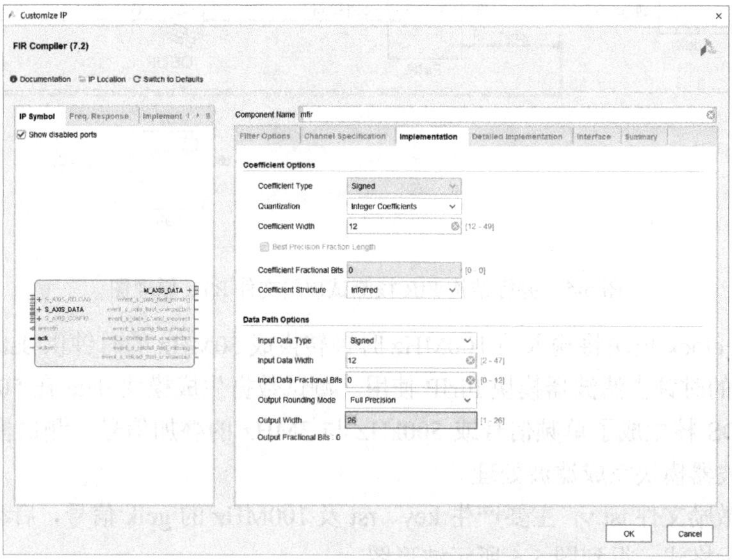

图 5-4 并行结构 FIR 核数据位宽参数设置界面

### 5.1.2 并行结构 FIR 核滤波器仿真

完成 FIR 核参数设置后，单击“OK”按钮可将 IP 核添加到当前工程中，选择 Vivado 主界面中的“IP Sources”→“mfir”→“Instantiation Template”→“mfir.veo”选项，打开 FIR 核的例化模板代码，如下所示。

```
mfir your_instance_name (
  .aclk(aclk),                                  // input wire aclk
  .s_axis_data_tvalid(s_axis_data_tvalid),      // input wire s_axis_data_tvalid
  .s_axis_data_tready(s_axis_data_tready),      // output wire s_axis_data_tready
  .s_axis_data_tdata(s_axis_data_tdata),        // input wire [15 : 0] s_axis_data_tdata
  .m_axis_data_tvalid(m_axis_data_tvalid),      // output wire m_axis_data_tvalid
  .m_axis_data_tdata(m_axis_data_tdata)         // output wire [31 : 0] m_axis_data_tdata
);
```

Vivado 中 FIR 核的接口为 AXI4 总线形式。其中，aclk 为处理时钟信号，本实例中设置为与数据速率相同的 12.5MHz 信号；s_axis_data_tvalid 为输入数据有效信号，设置为高电平；s_axis_data_tready 为数据准备好指示信号；s_axis_data_tdata 为 16bit 的输入数据，本实例中的输入数据为 12bit，与 16bit 低位对齐；m_axis_data_tvalid 为输出数据有效指示信号；m_axis_data_tdata 为 32bit 的输出数据，本实例中的输出数据有效位宽为 26bit，与 32bit 低位对齐。

新建名为 FirIP 的 Verilog 源文件，例化 mfir 核，按上述方法连接输入/输出接口，完成 FIR 核的设计。为便于测试 FIR 核的功能，采用第 4 章并行结构 FIR 滤波器的测试方法，依次新建测试数据文件模块 data.v、顶层文件 top.v，形成的测试顶层文件 RTL 原理图如图 5-5 所示。

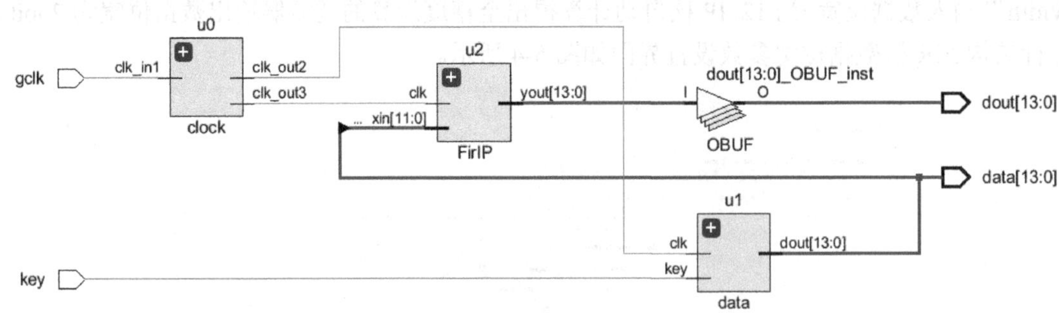


图 5-5 并行结构 FIR 核测试顶层文件 RTL 原理图

图 5-5 中，clock 模块将输入的 100MHz 时钟转换成 50MHz 的时钟供 data 模块使用，转换成 12.5MHz 的时钟供滤波器模块 FirIP 使用。测试数据生成模块 data 在 50MHz 的时钟驱动下，调用 DDS 核生成了单频信号或 500kHz 与 3MHz 的叠加信号。测试模块生成的测试信号回送至滤波器模块完成滤波处理。

新建测试激励文件 tst.v，主要产生 key、rst 及 100MHz 的 gclk 信号，启动仿真工具，调整波形数据显示格式，得到图 5-6 所示波形图。

由图 5-6 可知，当输入为单频信号时，输出同频的 500kHz 信号；当输入为叠加信号时，输出信号中已滤除了阻带中的 3MHz 信号，仅保留了通带内的 500kHz 信号，说明滤波器实现了低通滤波功能。

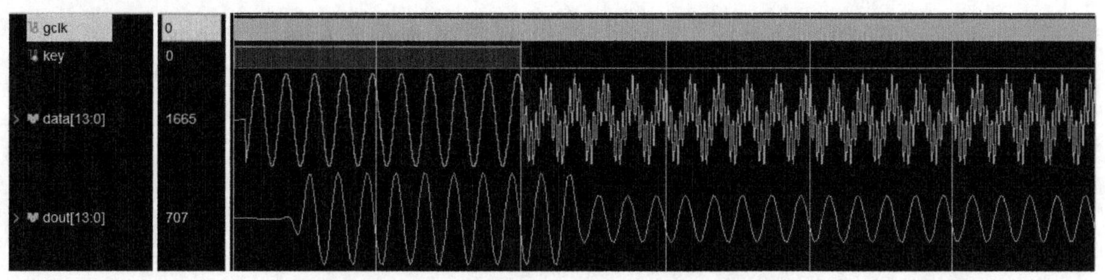


图 5-6　FIR 核设计的并行结构滤波器仿真波形图

# 5.2 FIR 核设计串行结构滤波器

## 5.2.1　改进的滤波器系数量化方法

根据第 4 章的讨论，串行结构 FIR 滤波器可以使用更少的逻辑资源，但会降低数据处理速度。根据 FIR 滤波器结构，长度为 16 的 FIR 滤波器需要进行 8 次乘法运算。因此，12.5MHz 的数据速率，如果采用 100MHz，或者更高频率的时钟进行处理，则可以用一个乘法器在一个数据周期内完成 8 次乘法运算。FIR 核可以方便灵活地根据数据与时钟频率的关系，自动调整滤波器实现结构。

在讨论串行结构 FIR 滤波器之前，先讨论一下滤波器系数的量化方法。由第 4 章的 FIR 滤波器板载测试结果可知，在通带内，输出信号的幅度比输入信号的幅度有明显的降低，这是系数量化方法产生的结果。对于图 5-6 而言，当输入信号为单频信号时，即输入信号在通带内时，输入信号的波峰值约为 8000，而输出信号的波峰值约为 3500，输出信号的幅度明显低于输入信号的幅度。

如何处理系数的量化过程呢？

MATLAB 设计出的滤波器系数在通带内增益为 1，由于数据为实数，因此需要量化处理。根据量化处理的过程可知，量化过程实际上是对所有系数乘以了一个整数，而后去掉小数。在进行 FIR 滤波器 Verilog HDL 设计时，考虑到全精度运算，确保运算结果不溢出，又扩展了相应的位宽。最后根据 D/A 输出位宽要求，又进行了截位处理。整个过程实际上是增益的变换过程。因此，只要在 FIR 滤波器 Verilog HDL 设计过程中，确保 MATLAB 对系数的量化，以及 Verilog 设计过程中对系数的运算处理使滤波器的总体增益保持不变，则整个 FIR 滤波器在通带内的增益就可以保持不变。

具体来讲，FIR 滤波器的量化及处理过程可以进行以下修改。

第 1 步：MATLAB 设计出的系数乘以 $2^Q$，且对乘法结果取整数。系数最大值 $M$ 的取值范围为 $2^{N-2}<M<2^{N-1}$，$N$ 为系数量化位宽。

第 2 步：FIR 滤波器运算过程中确保全精度运算，将 FIR 滤波器全精度运算结果进行截位处理，得到最终的 FIR 滤波器输出结果。截位方法：输出的最高位比输入数据的最高位增加 $Q$ 比特。

仍然以例 4-5 设计的 FIR 滤波器为例，MATLAB 设计出的滤波器系数如下：

```
0.0006   -0.0071   -0.0234   -0.0329   -0.0045    0.0800    0.1963    0.2817
0.2817    0.1963    0.0800   -0.0045   -0.0329   -0.0234   -0.0071    0.0006
```

将所有系数乘以 $2^{12}$ 且取整得到的系数如下：

```
2      -29    -96    -135   -19    327    803    1153
1153   803    327    -19    -135   -96    -29    2
```

系数量化后的最大值为 1153，刚好可以用 12bit 表示，因此量化位宽为 12bit。由于量化过程中对原始滤波器系数扩大了 4096 倍，因此在进行 Verilog HDL 设计时，最终运算结果相对于输入数据增加了 4096 倍。例如，输入数据为 12bit 的 xin[11:0]，$Q$ 为 12，要求输出 14bit 的数据，则输出数据的截位方法为 dout[23:10]，整个 FIR 滤波器在通带内的增益不变。

对于 CXD720 开发板来说，假设测试数据由 14bit 的 DA2 输出，则数据有效位为[13:0]；AD 接口仅为 12bit，则取高 12bit[13:2]作为滤波器电路输入 ad_din[11:0]，由于 FIR 滤波器系数量化时增加了 4096 倍，且滤波后的数据经 14bit 的 DA1 输出，因此最终截位方法为 dout[23:10]。

### 5.2.2 MATLAB 设计滤波器系数文件

**例 5-2：利用 MATLAB 产生 FIR 滤波器系数文件。**

根据前面对 FIR 核的讨论，FIR 核装载系数的方式有直接输入系数（Vector），以及装载系数文件（COE File）两种方式。根据 FIR 核数据手册，系数文件的格式如下所示。

```
radix = 10;
coefdata=
        -34
        -21
        ……
        ;
```

其中，“radix=”“coefdata=”为关键字。“radix=”后面的值为滤波器系数的进制，“10”表示十进制；“coefdata=”后面依次为滤波器的系数，系数之间用空格隔开，最后一个系数后为分号“;”。FIR 核系数文件的后缀名为“.coe”，因此可以采用 MATLAB 直接生成系数文件，相应的 MATLAB 代码如下所示。

```
%E5_2_FilterCoeQuant.m 程序代码
Fs=12.5*10^6;                                    %抽样频率
f=[1*10^6 3*10^6]*2/Fs;                          %过渡带
a=[1 0];                                         %窗函数的理想滤波器幅度
dev=[0.01 0.001];                                %纹波

[n,fo,ao,w]=firpmord(f,a,dev);                   %估计滤波器参数
h=firpm(n,fo,ao,w)                               %设计最优滤波器
```

```
%采用改进方法对滤波器系数进行量化
N=12;
Q=floor(12-(log2(max(h))))-1
h_pm12=floor(h*(2^Q))                              %12bit 量化

%求滤波器的幅频响应
m_pm=20*log10(abs(fft(h,4096))); m_pm=m_pm-max(m_pm);
m_pm12=20*log10(abs(fft(h_pm12,4096))); m_pm12=m_pm12-max(m_pm12);

%设置幅频响应的横坐标单位为 MHz
x_f=[0:(Fs/length(m_pm)):Fs/2]/10^6;
%只显示正频率部分的幅频响应
mf_pm12=m_pm12(1:length(x_f));
mf_pm=m_pm(1:length(x_f));

%绘制幅频响应曲线
plot(x_f,mf_pm,'-',x_f,mf_pm12,'--');
xlabel('频率/MHz');ylabel('幅度/dB');
legend('未量化','12bit 量化');
grid;
h_pm12                                        %输出 12bit 量化后的滤波器系数

%将生成的滤波器系数数据写入 FPGA 所需的 COE 文件中
fid=fopen('D:\Filter_Vivado\FilterVivado_chp5\E5_2_lpf12.coe','w');
fprintf(fid,'radix = 10;\r\n');
fprintf(fid,'coefdata=\r\n');
fprintf(fid,'%8d\r\n',h_pm12);fprintf(fid,';');
fclose(fid);
```

### 5.2.3 串行结构 FIR 核滤波器设计

**例 5-3：利用 FIR 核设计串行结构的 FIR 滤波器。**

采用 FIR 核，完成例 4-5 所设计的 12bit 的 FIR 滤波器设计及仿真测试。系统时钟频率为 100MHz，数据速率为 12.5MHz，输入位宽为 12bit，输出位宽为 14bit。

串行结构 FIR 滤波器的设计方式与并行结构的相似，主要在于 IP 核中系数装载方式及时钟参数的设置界面不同。

为了简化设计过程，复制并行结构 FIR 滤波器设计工程文件夹，打开工程中的 FIR 核，在 IP 核界面中设置“Select Source”为 COE File，在“Coefficient File”编辑框中设置系数文件的存放路径，如图 5-7 所示。

单击“Channel Specification”选项卡，设置“Hardware Oversampling Specification”中的“Sample Period”为 8，即时钟频率为输入数据速率的 8 倍。选中界面左侧的“Implementation Details”选项卡，可以发现此时占用的乘法器资源（DSP slice count）为 1，如图 5-8 所示。

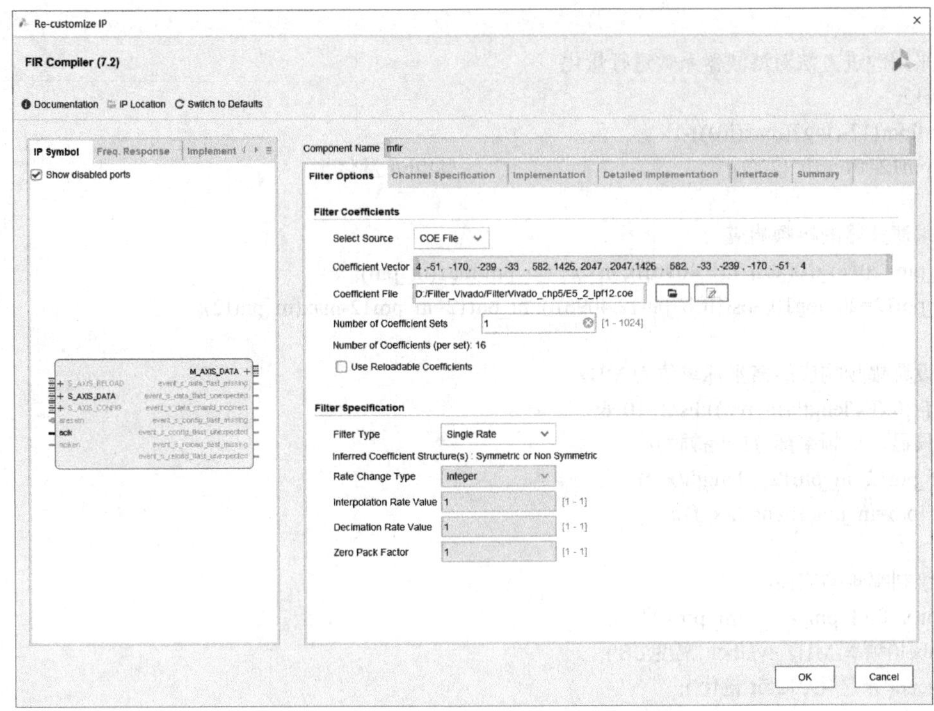


图 5-7　串行结构 FIR 核的系数装载界面

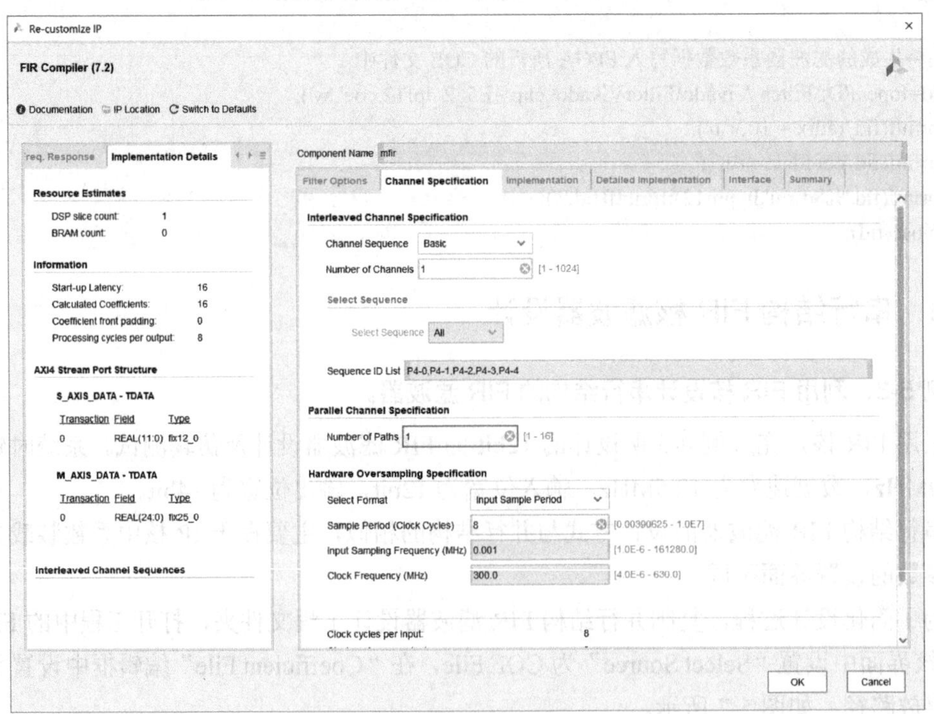


图 5-8　串行结构 FIR 核时钟参数设置界面

完成 IP 核设置后，回到 Vivado 主界面，修改 FirIP.v 文件，取 FIR 核的 dout[23:10]作为滤波器输出。由于 FIR 核的输入数据为 12bit 的 xin[11:0]，根据系数量化方法，量化过程中对滤波器系数扩大了 2048 倍，因此输出的位宽增加 12bit，又因 DA 输出位宽为 14bit，因此取 dout[23:10]作为滤波器的最终输出。修改后的 FirIP.v 文件代码如下所示。

```
module FirIP(
    input clk,
    input [11:0] xin,
    output [13:0] yout
    );

    wire [31:0] dout;
    reg [2:0] cn=0;
    reg valid =0;
    always @(posedge clk)
       begin
       cn <= cn + 1;
       valid <= (cn==0)?1:0;
       end

     mfir u1 (
      .aclk(clk),                          // input wire aclk
      .s_axis_data_tvalid(valid),          // input wire s_axis_data_tvalid
      .s_axis_data_tready(),               // output wire s_axis_data_tready
      .s_axis_data_tdata({4'd0,xin}),      // input wire [15 : 0] s_axis_data_tdata
      .m_axis_data_tvalid(),               // output wire m_axis_data_tvalid
      .m_axis_data_tdata(dout)             // output wire [31 : 0] m_axis_data_tdata
    );

    assign yout = dout[23:10];

endmodule
```

在 top.v 文件中将 FirIP 模块的 clk 信号与 clk100m 相连，即设置 FIR 核的时钟频率为 100MHz，其他代码不变，综合后的顶层文件 RTL 原理图如图 5-9 所示。

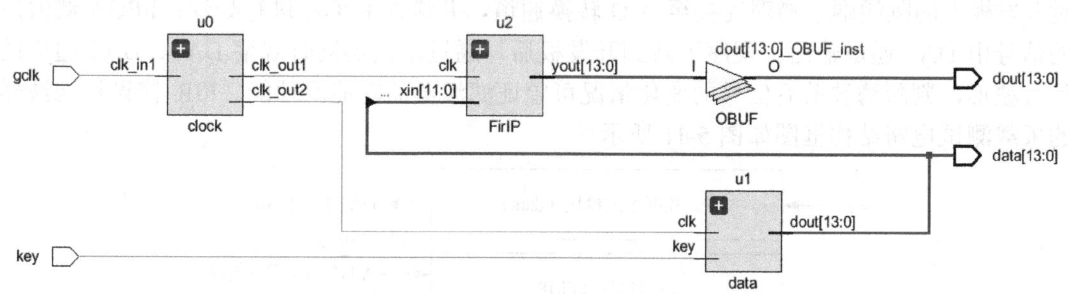


图 5-9　串行结构 FIR 核测试顶层文件 RTL 原理图

读者可在本书配套程序资料中查看完整的工程代码。运行仿真工具，调整波形显示数据格式，得到图 5-10 所示的波形。

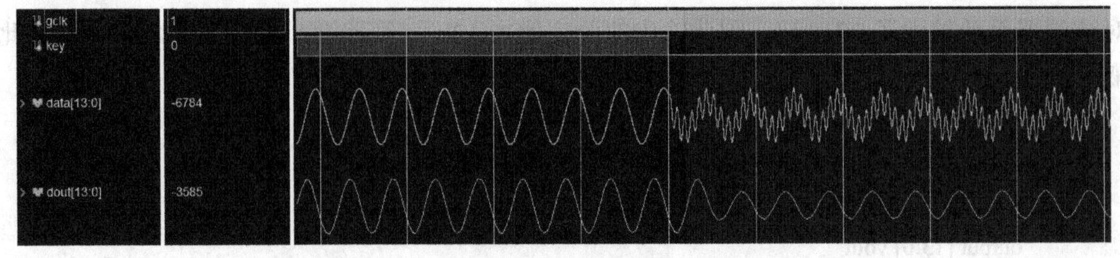


图 5-10　FIR 核设计的串行结构滤波器仿真波形

从图 5-10 中可以看出，串行结构 FIR 滤波器的仿真波形与并行结构 FIR 滤波器的仿真波形相同，实现了低通滤波功能。需要注意的是，串行结构 FIR 滤波器虽然仅使用了一个乘法器资源，但同样处理 12.5MHz 的数据，系统时钟频率为 100MHz，相比并行结构的系统时钟频率提高了 8 倍。或者说，如果系统时钟频率均为 100MHz，那么相同的滤波器系数，并行结构 FIR 滤波器可以处理 100MHz 的数据，而串行结构 FIR 滤波器只能处理 12.5MHz 的数据。串行结构 FIR 滤波器牺牲了处理速度，节约了逻辑资源；并行结构 FIR 滤波器提高了处理速度，增加了逻辑资源。

由于采用了改进的系数量化方法，此时可查看单频信号输入，输入/输出信号的峰值均为 8000 左右，即实现了通带内的滤波器增益为 1。

## 5.3 FIR 核设计滤波器的板载测试

### 5.3.1 硬件接口电路及板载测试程序

**例 5-4：FIR 核设计滤波器的板载测试电路。**

前面讨论了 FIR 核设计滤波器的方法和步骤，接下来我们介绍串行结构 FIR 滤波器的板载测试情况，即验证 FirIP.v 程序是否能够完成对输入信号的滤波功能。

CXD720 开发板配置有 2 路独立的 D/A 转换接口、1 路 A/D 转换接口、1 个独立的 100MHz 晶振。为真实地模拟通信中的滤波过程，采用 100MHz 晶振作为驱动时钟，产生频率为 500 kHz 和 3MHz 的正弦波叠加信号，经 DA2 通道输出；DA2 通道输出的模拟信号通过开发板上的跳线端子物理连接至 A/D 转换通道，并送入 FPGA 进行处理；FPGA 滤波后的信号由 DA1 通道输出。程序下载到开发板后，通过示波器同时观察 DA1、DA2 通道的信号波形，判断滤波前后信号的变化情况可验证滤波器的功能及性能。FIR 核设计滤波器的板载测试电路结构框图如图 5-11 所示。

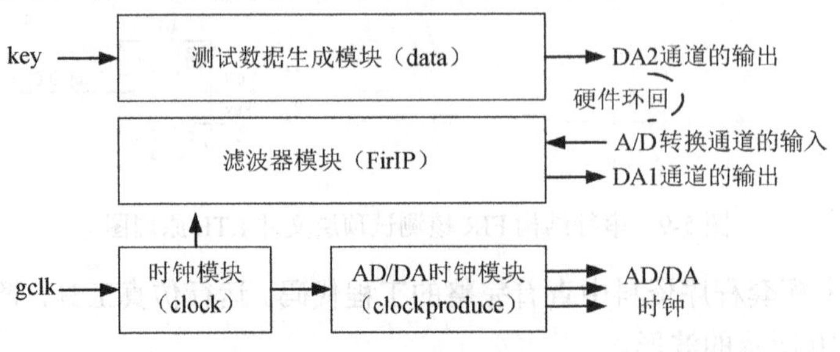


图 5-11　FIR 核设计滤波器的板载测试电路结构框图

FIR 核低通滤波器的 FPGA 接口信号定义表如表 5-1 所示。

表 5-1　FIR 核低通滤波器的 FPGA 接口信号定义表

| 信号名称 | 引脚定义 | 传输方向 | 功能说明 |
|---|---|---|---|
| rst | P14 | →FPGA | 复位信号，高电平有效 |
| gclk | C19 | →FPGA | 100MHz 时钟信号 |
| key | F4 | →FPGA | 按键信号，按下按键为高电平，此时 A/D 转换通道的输入为叠加信号，否则为单频信号 |
| ad_clk | J2 | FPGA→ | A/D 抽样时钟信号 |
| ad_din[11:0] | B2/B1/C2/D2/D1/E3/E2/E1/F1/G2/G1/H2 | →FPGA | A/D 抽样输入信号 |
| da1_clk | W2 | FPGA→ | DA1 通道的时钟信号 |
| da1_wrt | Y1 | FPGA→ | DA1 通道的接口信号 |
| da1_out[13:0] | AB11/AB10/AB8/AA8/AB7/AB6/AA6/AB5/AB3/AA3/AB2/AB1/AA1/Y2 | FPGA→ | DA1 通道的输出信号，滤波处理后的信号 |
| da2_clk | W1 | FPGA→ | DA2 通道的时钟信号 |
| da2_wrt | V2 | FPGA→ | DA2 通道的接口信号 |
| da2_out[13:0] | U2/U1/T1/R2/R1/P2/P1/N2/M2/M1/L1K1/K2/J1 | FPGA→ | DA2 通道的输出信号，产生的测试信号 |

根据前面的分析可知，板载测试程序需要设计与 ADC、DAC 之间的接口转换电路，以及生成 ADC、DAC 所需要的时钟信号。ADC、DAC 的数据信号均为无符号数，而滤波器模块及测试数据模块的数据信号均为有符号数，因此需要将 A/D 采样的无符号数转换为有符号数送入滤波器处理，同时需要将测试数据信号及滤波后的信号转换为无符号数送入 DAC。

板载测试程序结构与例 4-9 相似，读者可在本书配套程序资料中查阅完整的工程文件。

## 5.3.2　板载测试验证

设计好板载测试程序，添加引脚约束并完成 FPGA 实现后，将程序下载至 CXD720 开发板后可进行板载测试。FIR 滤波器板载测试的硬件连接图如图 5-12 所示。

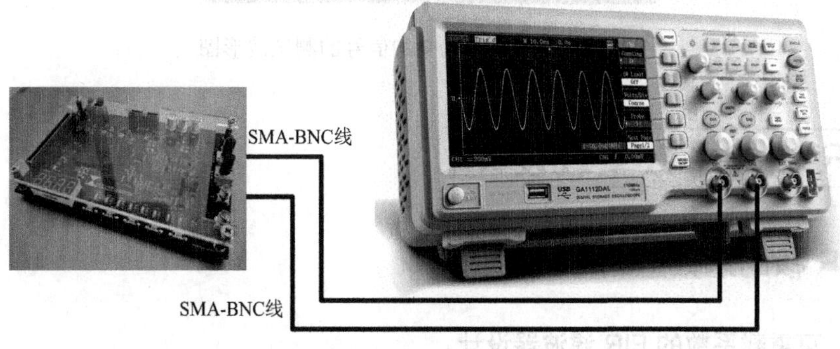


图 5-12　FIR 滤波器板载测试的硬件连接图

进行测试时需要采用双通道示波器，将示波器通道 2 接 DA2 通道输出，观察滤波前的信号；通道 1 接 DA1 通道输出，观察滤波后的信号。需要注意的是，在测试之前，需要适当调整 CXD720 开发板的电位器，使 AD/DA 接口的信号幅值基本保持满量程状态，且波形不失真。

将板载测试程序下载到 CXD720 开发板上后，按下按键，合理设置示波器参数，可以看到两个通道的波形图如图 5-13 所示。从图中可以看出，滤波前后的信号均为 500kHz 的单频信号，且滤波前后信号峰峰值均约为 8V，说明通带内的增益为 1。

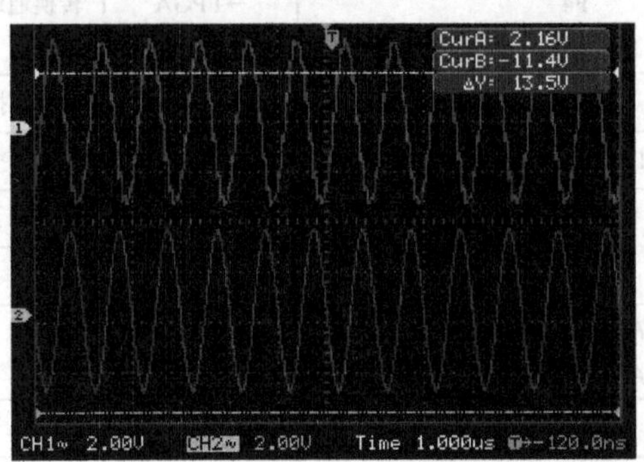


图 5-13　滤波器输入通带内单频信号的测试波形图

松开按键，输入信号为 500kHz 和 3MHz 的叠加信号，其波形图如图 5-14 所示。滤波后仍能得到规则的 500kHz 单频信号（滤波器的截止频率为 3MHz），只是其幅度相比单频输入时降低了 1/2。这是由于输入的 12bit 数据同时包含了 500kHz 和 3MHz 的单频信号，叠加信号的幅度与单频输入信号相同，叠加信号中的 500kHz 信号相比单频输入信号，幅度本身已降低了 1/2，滤除 3MHz 信号后，仅剩下降低 1/2 幅值的 500kHz 单频信号，这与示波器显示的波形相符。

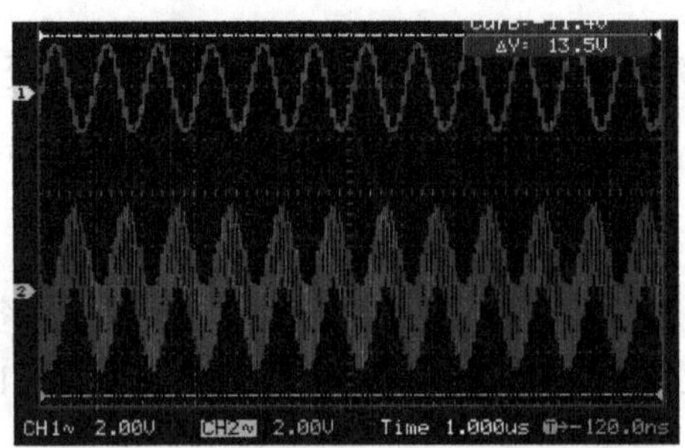


图 5-14　滤波器输入叠加信号的测试波形图

## 5.4 FIR 核的系数重载设计

### 5.4.1　FIR 核的系数重载方法

**例 5-5：可重载系数的 FIR 滤波器设计。**

在前面讨论的 FIR 滤波器设计中，设计的 FIR 滤波器均是固定不变的。根据 FIR 滤波器的设计原理，滤波器的结构相同，均为乘积累加结构，改变滤波器系数即可改变滤波器特性。FIR 核提供了方便灵活的滤波器系数重载设计接口，可以方便地实现系数的重载，实现改变滤波器特性的目的。

从图 5-2 中可以看出，FIR 核提供了两种改变滤波器系数的方法：一是设置“Number of Coefficient Sets”调整滤波器的个数，同时加载多组滤波器系数文件，通过接口信号控制某组滤波器系数起作用；二是选中“Use Reloadable Coefficients”单选按钮，通过接口信号按照一定时序读取外部滤波器系数，完成滤波器系数装载。两种方法的主要区别在于：前一种的所有滤波器系数是在创建 IP 核时装载完成的，后一种的所有滤波器系数存储在外部空间，需要动态加载。本章仅讨论前一种重载滤波器的设计方法，读者可以自行阅读 IP 核手册，实现后一种方式的系数重载设计方法。

接下来我们首先采用 MATLAB 设计高通滤波器和低通滤波器，而后通过 FIR 核的系数重载功能，实现改变滤波器功能的目的。

滤波器数据速率为 50MHz，输入位宽为 12bit，输出位宽为 14bit，通带纹波为 0.01，阻带纹波为 0.001（60dB），系数量化位宽为 12bit。

根据 FIR 核系数重载时的 COE 文件要求，将多组滤波器系数依次写入 COE 文件即可。下面的 MATLAB 程序文件完成了低通滤波器和高通滤波器的设计、系数的量化、滤波器幅频响应的绘制，并生成了 COE 文件，供 FPGA 设计时使用。

```
%E5_5_FilterLpfHpf.m
Fs=50*10^6;                                  %抽样频率
f=[1*10^6 3*10^6]*2/Fs;                      %过渡带

ahpf=[0 1];                                  %高通滤波器窗函数的理想滤波器幅度
devhpf=[0.001 0.01];                         %高通滤波器纹波
[nH,fo,ao,w]=firpmord(f,ahpf,devhpf);        %估计高通滤波器参数
h_hpf=firpm(nH,fo,ao,w);                     %设计高通最优滤波器

alpf=[1 0];                                  %低通滤波器窗函数的理想滤波器幅度
devlpf=[0.01 0.001];                         %低通滤波器纹波
[n,fo,ao,w]=firpmord(f,alpf,devlpf);         %估计低通滤波器参数
h_lpf=firpm(nH,fo,ao,w);                     %设计低通最优滤波器

%采用改进方法对滤波器系数进行量化
N=14;
h_pm12_lpf=floor(h_lpf*(2^N))              %量化
h_pm12_hpf=floor(h_hpf*(2^N))              %量化

%求滤波器的幅频响应
m_pm12_lpf=20*log10(abs(fft(h_pm12_lpf,4096)));
m_pm12_lpf=m_pm12_lpf-max(m_pm12_lpf);
m_pm12_hpf=20*log10(abs(fft(h_pm12_hpf,4096)));
```

```
m_pm12_hpf=m_pm12_hpf-max(m_pm12_hpf);

%设置幅频响应的横坐标单位为 MHz
x_f=[0:(Fs/length(m_pm12_lpf)):Fs/2]/10^6;
%只显示正频率部分的幅频响应
mf_pm12_lpf=m_pm12_lpf(1:length(x_f));
mf_pm12_hpf=m_pm12_hpf(1:length(x_f));

%绘制幅频响应曲线
plot(x_f,mf_pm12_lpf,'-',x_f,mf_pm12_hpf,'--');
xlabel('频率/MHz');ylabel('幅度/dB');
legend('低通滤波器','高通滤波器');
grid;

%将生成的滤波器系数写入 FPGA 所需的 COE 文件中
fid=fopen('D:\Filter_Vivado\FilterVivado_chp5\E5_5_FirIPMultiset\E5_5_LpfHpf.coe','w');
fprintf(fid,'radix = 10;\r\n');
fprintf(fid,'coefdata=\r\n');
fprintf(fid,'%8d\r\n',[h_pm12_hpf,h_pm12_lpf]);fprintf(fid,';');
fclose(fid);
```

程序运行后得到的滤波器幅频响应如图 5-15 所示。

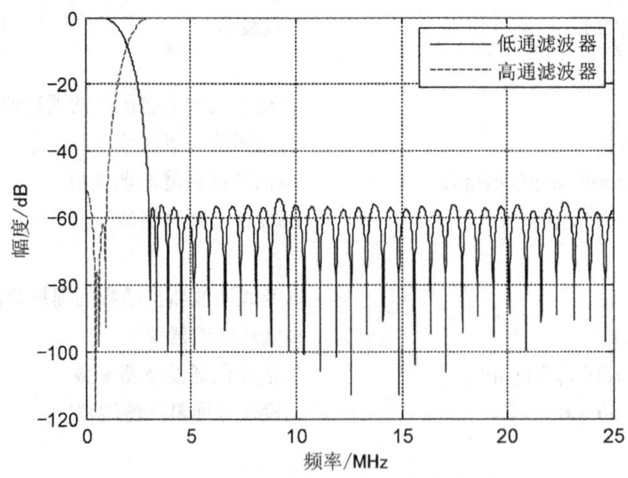


图 5-15　程序运行后得到的滤波器幅频响应

从图 5-15 中可以看出，低通滤波器的阻带衰减约为 60dB，高通滤波器的阻带衰减约为 50dB，这是由于量化位宽对两组滤波器的影响有一定区别。程序中对低通滤波器、高通滤波器的系数均扩大了 $2^{14}$ 倍。

需要说明的是，使用 FIR 核的系数重载功能时，多组滤波器的长度必须相同。在 MATLAB 设计低通滤波器和高通滤波器时，低通滤波器的长度与高通滤波器的长度一致，均为 67（阶数为 66）。滤波器系数文件中，首先写入的是高通滤波器系数，而后写入了低通滤波器系数。

## 5.4.2　系数可重载的 FIR 滤波器设计

为简化设计，复制例 5-1 的工程文件夹，将文件夹及工程重命名为 E5_5_FirIPMultiset。打开工程中的 FIR 核，在 IP 核界面中设置"Select Source"为 COE File，在"Coefficient File"编辑框中设置指向"E5_5_LpfHpf.coe"的文件路径，设置"Number of Coefficient Sets"的值为 2，如图 5-16 所示。

可以看出 IP 界面中"Number of Coefficients(per set)"的值为 67，表示每组滤波器系数的长度为 67。

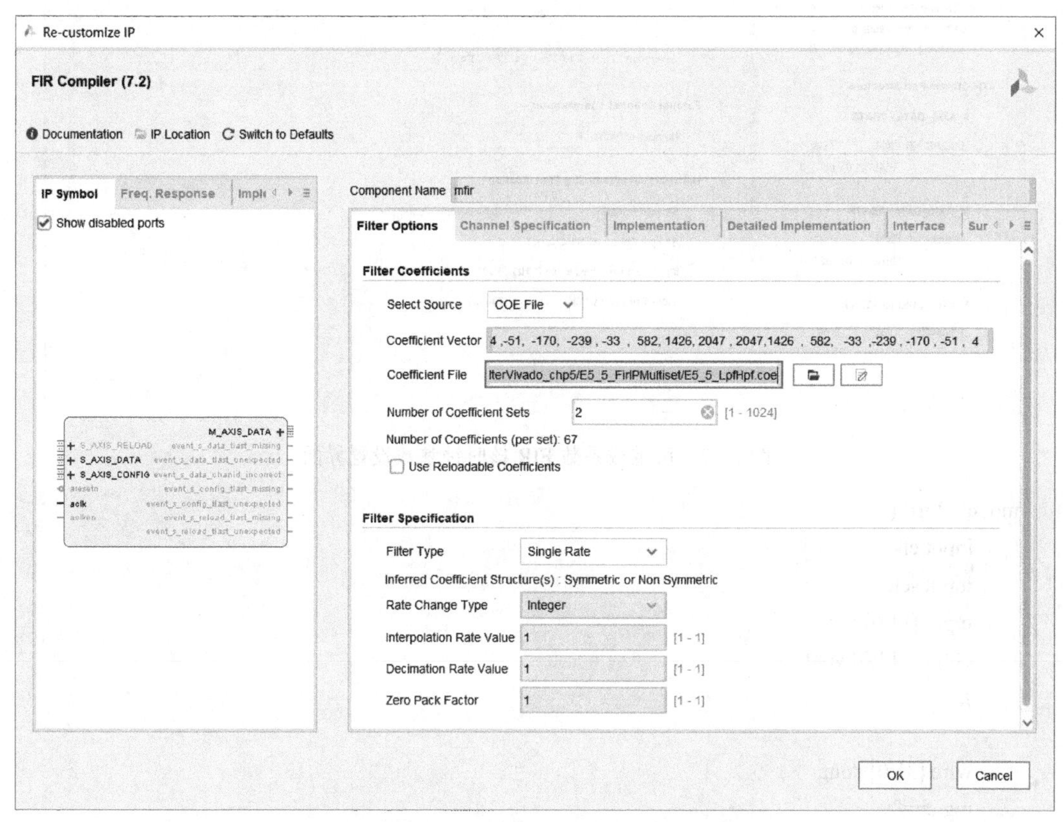


图 5-16　可重载系数 FIR 核的系数装载界面

选择"Channel Specification"选项卡，设置"Hardware Oversampling Specification"中的"Sample Period(Clock Cycles)"为 2，即时钟频率为输入数据速率的 2 倍（时钟频率为 100MHz，数据速率为 50MHz）。选中界面左侧的"Implementation Details"选项卡，可以发现此时占用的乘法器资源（DSP slice count）为 18，如图 5-17 所示。

完成 IP 核设置后，回到 Vivado 主界面，修改 FirIP.v 文件。根据滤波器系数量化结果，滤波器系数扩大了 $2^{14}$ 倍，输入数据位宽为 12bit，因此输出的最高有效位为第 25bit。由于要求输出位宽为 14bit，因此取 dout[25:12]为滤波器输出。同时，当检测到滤波器选择控制信号有变化时，产生一个时钟周期的高电平信号 cfg，控制 FIR 核切换到当前的滤波器状态。修改后的 FirIP.v 文件代码如下所示。

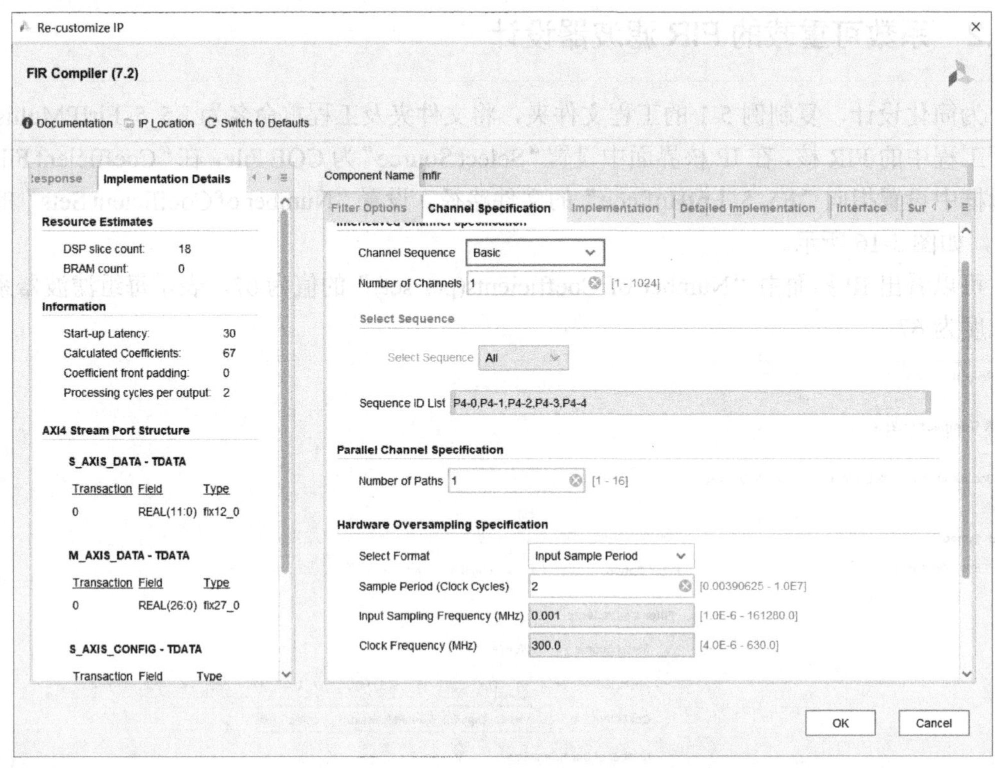


图 5-17　可重载系数 FIR 核时钟参数设置界面

```
module FirIP(
    input clk,
    input sel,
    input [11:0] xin,
    output [13:0] yout
    );

    wire [31:0] dout;
    reg cn=0;
    reg valid =0;
    reg cfg=0;
    reg sel_d=0;
    always @(posedge clk)
        begin
        cn <= cn + 1;
        valid <= (cn==0)?1:0;
        end

    always @(posedge clk)
        begin
        sel_d <= sel;
        if (sel^sel_d) cfg <= 1;
```

```
        else cfg <= 0;
        end

    mfir u1 (
      .aclk(clk),                          // input wire aclk
      .s_axis_data_tvalid(valid),          // input wire s_axis_data_tvalid
      .s_axis_data_tready(),               // output wire s_axis_data_tready
      .s_axis_data_tdata({4'd0,xin}),      // input wire [15 : 0] s_axis_data_tdata
      .s_axis_config_tvalid(cfg),          // input wire s_axis_config_tvalid
      .s_axis_config_tdata({7'd0,sel}),    // input wire [7 : 0] s_axis_config_tdata
      .m_axis_data_tvalid(),               // output wire m_axis_data_tvalid
      .m_axis_data_tdata(dout)             // output wire [31 : 0] m_axis_data_tdata
    );

    assign yout =dout[25:12];
endmodule
```

在 top.v 文件中将 FirIP 模块的 clk 信号与 clk100m 相连，即设置 FIR 核的时钟频率为 100MHz，其他代码不变，综合后的顶层文件 RTL 原理图如图 5-18 所示。

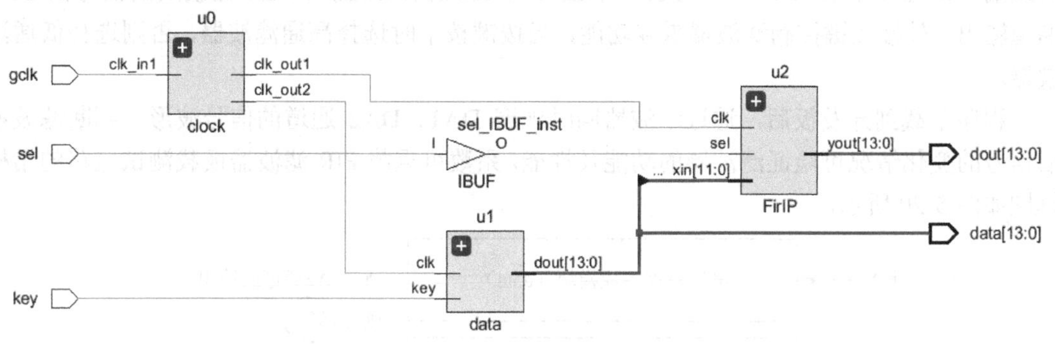


图 5-18　可重载系数 FIR 核测试顶层文件 RTL 原理图

读者可在本书配套程序资料中查看完整的工程代码。运行仿真工具，调整波形显示数据格式，得到图 5-19 所示的仿真波形。

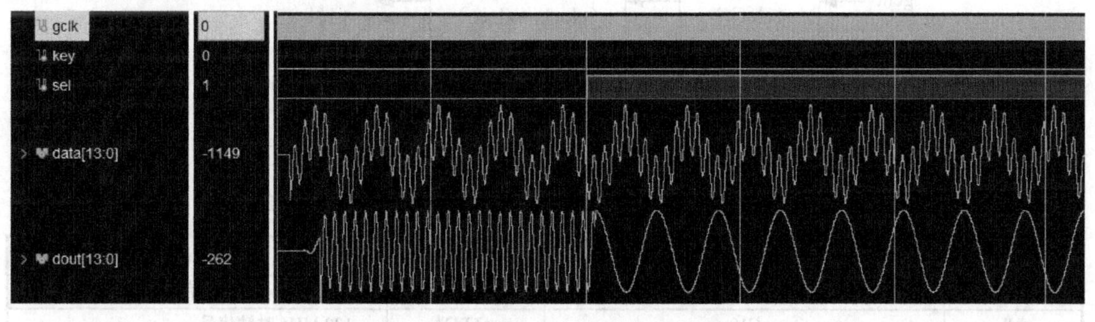


图 5-19　可重载系数 FIR 核的仿真波形

从图 5-19 中可以看出，当 sel 为低电平时，第一组高通滤波器系数工作，输出为 3MHz

的高频信号，滤除了 500kHz 的低频信号；当 sel 为高电平时，完成第二组低通滤波器系数的重载，输出为 500kHz 的低频信号，滤除了 3MHz 的高频信号。

## 5.5 系数可重载 FIR 滤波器的板载测试

### 5.5.1 硬件接口电路及板载测试程序

**例 5-6：系数可重载 FIR 滤波器的板载测试电路。**

接下来我们介绍系数可重载 FIR 滤波器的板载测试情况，读者在理解整个工程设计原理的基础上，可自行完善程序，设计可重载更多组系数的 FIR 滤波器。

本次实验的目的在于验证系数可重载 FIR 滤波器是否可通过按键完成重载滤波器系数，进而改变滤波器性能。

CXD720 开发板配置有 2 路独立的 D/A 转换接口、1 路 A/D 转换接口、1 个独立的 100MHz 晶振。为真实地模拟通信中的滤波过程，采用 100MHz 晶振作为驱动时钟，产生频率为 500kHz 和 3MHz 的正弦波叠加信号，经 DA2 通道输出；DA2 通道输出的模拟信号通过开发板上的跳线端子物理连接至 A/D 转换通道，并送入 FPGA 进行处理；FPGA 滤波后的信号由 DA1 通道输出。外接按键控制滤波器重载功能，当按键按下时选择高通滤波器，否则选择低通滤波器。

程序下载到开发板后，通过示波器同时观察 DA1、DA2 通道的信号波形，判断滤波前后信号的变化情况可验证滤波器的功能及性能。系数可重载 FIR 滤波器板载测试电路的结构框图如图 5-20 所示。

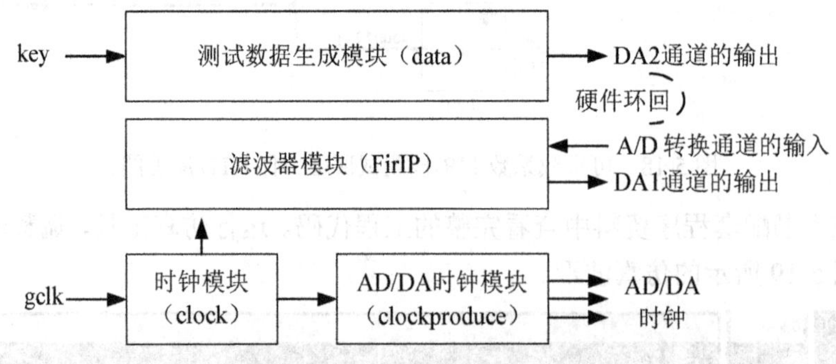


图 5-20　系数可重载 FIR 滤波器板载测试电路的结构框图

系数可重载 FIR 滤波器实验电路的 FPGA 接口信号定义表如表 5-2 所示。

**表 5-2　系数可重载 FIR 滤波器实验电路的 FPGA 接口信号定义表**

| 信号名称 | 引脚定义 | 传输方向 | 功能说明 |
|---|---|---|---|
| rst | P14 | →FPGA | 复位信号，高电平有效 |
| gclk | C19 | →FPGA | 100 MHz 时钟信号 |
| key | F4 | →FPGA | 按键信号，按下按键为高电平，设置为低通滤波器，否则为高通滤波器 |
| ad_clk | J2 | FPGA→ | A/D 抽样时钟信号 |

续表

| 信号名称 | 引脚定义 | 传输方向 | 功能说明 |
|---|---|---|---|
| ad_din[11:0] | B2/B1/C2/D2/D1/E3/E2/E1/F1/G2/G1/H2 | →FPGA | A/D 抽样输入信号 |
| da1_clk | W2 | FPGA→ | DA1 通道的时钟信号 |
| da1_wrt | Y1 | FPGA→ | DA1 通道的接口信号 |
| da1_out[13:0] | AB11/AB10/AB8/AA8/AB7/AB6/AA6/AB5/AB3/AA3/AB2/AB1/AA1/Y2 | FPGA→ | DA1 通道的输出信号，滤波处理后的信号 |
| da2_clk | W1 | FPGA→ | DA2 通道的时钟信号 |
| da2_wrt | V2 | FPGA→ | DA2 通道的接口信号 |
| da2_out[13:0] | U2/U1/T1/R2/R1/P2/P1/N2/M2/M1/L1 K1/K2/J1 | FPGA→ | DA2 通道的输出信号，产生的测试信号 |

## 5.5.2 板载测试验证

设计好板载测试程序，添加引脚约束并完成 FPGA 实现，将程序下载至 CXD720 开发板后可进行板载测试。系数可重载 FIR 滤波器板载测试的硬件连接图如图 5-21 所示。

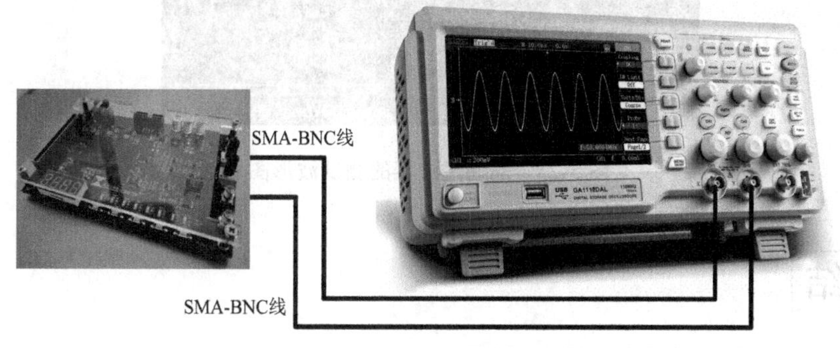


图 5-21 系数可重载 FIR 滤波器板载测试的硬件连接图

进行测试时需要采用双通道示波器，将示波器通道 2 接 DA2 通道输出，观察滤波前的信号；通道 1 接 DA1 通道输出，观察滤波后的信号。需要注意的是，在测试之前，需要适当调整 CXD720 开发板的电位器，使 AD/DA 接口的信号幅值基本保持满量程状态，且波形不失真。

将板载测试程序下载到 CXD720 开发板上后，按下按键，合理设置示波器参数，可以看到两个通道的波形图如图 5-22 所示。从图中可以看出，滤波前的信号为 500kHz 和 3MHz 的合成信号，滤波后的信号为 500kHz 的低频信号，滤波器为低通滤波器。

松开按键，输入信号为 500kHz 和 3MHz 的叠加信号，其波形图如图 5-23 所示。滤波后得到规则的 3MHz 高频信号，滤波器为高通滤波器。

测试结果说明，可以通过按键实现改变滤波器种类的目的。测试过程中，可以观察到输出信号的幅度比输入信号的幅度降低了 1/2。这是由于输入的 12bit 数据同时包含了 500kHz 和 3MHz 的单频信号，滤除 3MHz 或 500kHz 信号后，仅剩下降低 1/2 幅值的单频信号，这与示波器显示的波形相符。

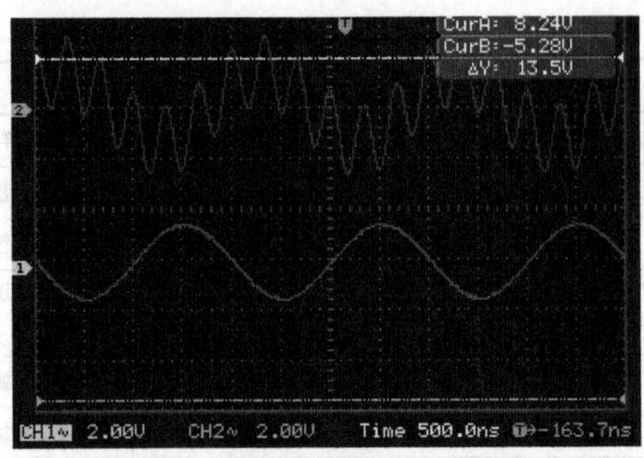


图 5-22 低通滤波器的测试波形图

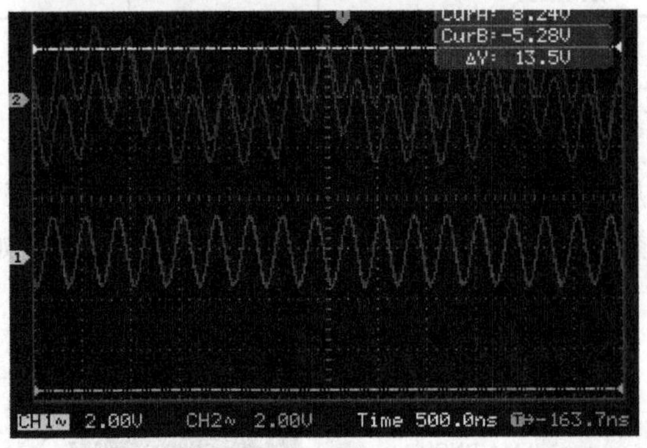


图 5-23 高通滤波器的测试波形图

## 5.6 小结

Vivado 提供的 FIR 核功能强大，使用灵活方便，本章详细讨论了 FIR 核的设计方法、仿真测试步骤及板载测试过程。在实际工程项目中，如何根据项目需求，合理选择 FIR 滤波器实现结构是 FPGA 数字信号处理工程师需要解决的问题。随着读者对 FIR 滤波器原理的理解越来越透彻，对 FPGA 内部实现结构的掌握越来越准确，就更容易采用较少逻辑资源设计出满足项目需求的产品。

# 第 6 章 IIR 滤波器设计

无限脉冲响应（Infinite Impulse Response，IIR）滤波器具有较高的滤波效率，在相同的幅频响应条件下，所要求的滤波器阶数明显比 FIR 滤波器阶数小。同时，IIR 滤波器的设计可以利用模拟滤波器的设计成果。IIR 滤波器可以用较少的硬件资源获取较好的滤波器幅频特性。IIR 滤波器的一个显著特点是其不具备严格的线性相位特性，因此相对于 FIR 滤波器来讲应用范围较窄。在不需要严格线性相位特性的情况下，IIR 滤波器仍具有一定的性能优势。

## 6.1 IIR 滤波器的理论基础

### 6.1.1 IIR 滤波器的原理及特性

IIR 滤波器，即无限脉冲响应滤波器，其单位脉冲响应是无限长的，其系统函数为

$$H(z)=\frac{\sum_{i=0}^{M}b_i z^{-i}}{1-\sum_{l=1}^{N}a_l z^{-l}} \tag{6-1}$$

系统的差分方程可以写成

$$y(n)=\sum_{i=0}^{M}x(n-i)b(i)+\sum_{l=1}^{N}y(n-l)a(l) \tag{6-2}$$

从系统函数很容易看出，IIR 滤波器有以下几个显著特性。

- IIR 滤波器同时存在不为零的极点和零点。要保证滤波器为稳定的系统，需要使系统的极点在单位圆内，也就是说系统的稳定性由系统函数的极点决定。
- 由于线性相位滤波器所有的零点和极点都关于单位圆对称，因此只允许极点位于单位圆的原点。由于 IIR 滤波器存在不为零的极点，因此只可能实现近似的线性相位特性。也正是因为 IIR 滤波器的非线性相位特性限制了其应用范围。
- 在 FPGA 等数字硬件平台上实现 IIR 滤波器，由于存在反馈结构，受限于有限的寄存器长度，无法通过增加字长来实现全精度的滤波器运算。滤波器运算过程中的有限字长效应是工程实现时必须考虑的问题。

### 6.1.2 IIR 滤波器的结构形式

IIR 滤波器有直接 I 型、直接Ⅱ型、级联型和并联型 4 种常用的结构，其中直接型和级联型结构便于准确实现数字滤波器的零点和极点，且受参数量化影响较小，使用较为广泛。下面分别对几种结构进行简要介绍。

**1. 直接 I 型**

从式（6-2）的差分方程可以看出，输出信号由两部分组成：第一部分 $\sum_{i=0}^{M} x(n-i)b(i)$ 表示对输入信号进行延时，组成 $M$ 个延时单元，相当于 FIR 滤波器的横向网络，实现系统的零点；第二部分 $\sum_{l=1}^{N} y(n-l)a(l)$ 表示对输出信号进行延时，组成 $N$ 个延时单元，在每个延时单元的抽头后与常系数相乘，并将乘法结果相加。由于这部分是对输出的延时，故为反馈网络，实现系统的极点。直接根据式（6-2）给出的差分方程即可画出系统的信号流图，即 IIR 滤波器的直接 I 型结构，如图 6-1 所示。

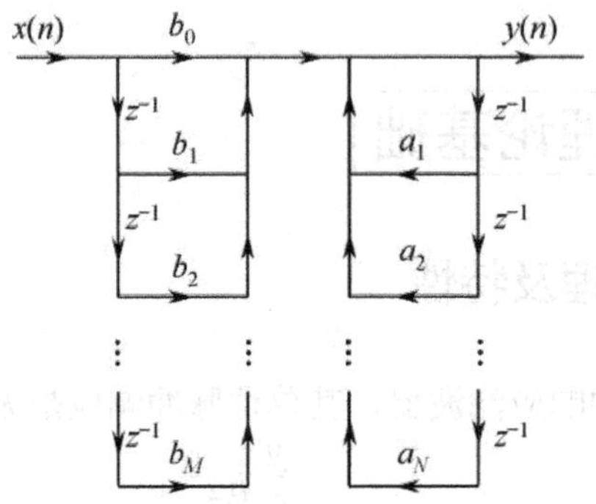


图 6-1 IIR 滤波器的直接 I 型结构

**2. 直接Ⅱ型**

式（6-1）可以改写成

$$H(z)=\sum_{i=0}^{M} b_i z^{-i}\frac{1}{1-\sum_{l=1}^{N} a_l z^{-l}}=\frac{1}{1-\sum_{l=1}^{N} a_l z^{-l}}\sum_{i=0}^{M} b_i z^{-i} \tag{6-3}$$

也就是说，IIR 滤波器的系统函数可以看成两部分网络的级联。对于线性时不变系统，交换级联子系统的次序，系统函数不变。根据式（6-3）可得到直接 I 型结构的变形，如图 6-2 所示。由于两个串行延时支路具有相同的输入，因而可以合并，得到图 6-3 所示的直接Ⅱ型结构。

对于 $N$ 阶差分方程，直接Ⅱ型结构只需要 $N$ 个延时单元（通常 $N \geqslant M$），比直接 I 型结构所需的延时单元少一半。因而，在软件实现时可以节省存储单元，在硬件实现时可节省寄存器，相比直接 I 型结构具有明显的优势。

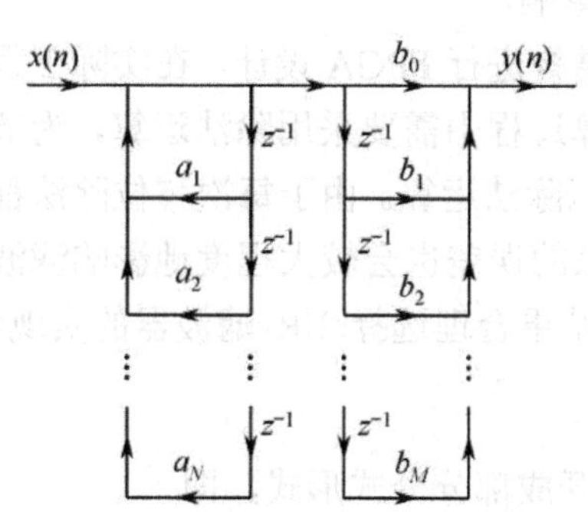

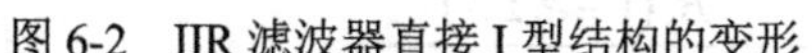

图 6-2 IIR 滤波器直接 I 型结构的变形

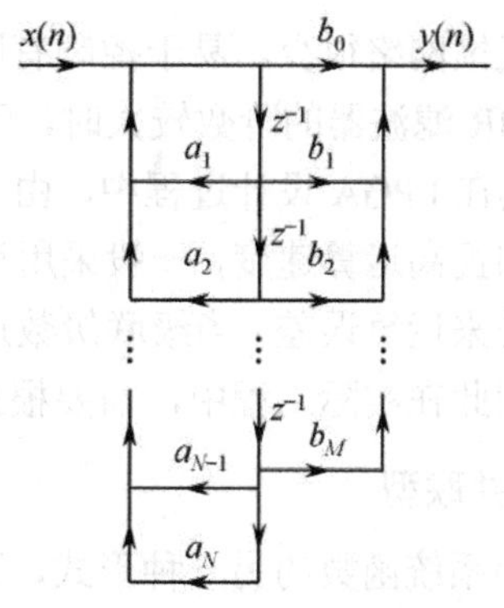


图 6-3 IIR 滤波器的直接 II 型结构

**3. 级联型**

直接型的 IIR 滤波器结构可以从式（6-1）直接得到。一个 $N$ 阶系统函数可以用它的零点和极点表示。由于系统函数的系数均为实数，因此零点和极点只有两种可能：实数或复共轭对。对系统函数的分子分母多项式进行因式分解，可将系统函数写成

$$H(z)=A\frac{\prod_{k=1}^{M_1}(1-c_k z^{-1})\prod_{k=1}^{M_2}(1-q_k z^{-1})(1-q_k^* z^{-1})}{\prod_{k=1}^{N_1}(1-d_k z^{-1})\prod_{k=1}^{N_2}(1-p_k z^{-1})(1-p_k^* z^{-1})} \tag{6-4}$$

式中，$M_1+M_2=M$，$N_1+N_2=N$；$c_k$、$d_k$ 分别表示实零点和实极点；$q_k$、$q_k^*$ 分别表示复共轭对零点；$p_k$、$p_k^*$ 分别表示复共轭对极点。为进一步简化级联形式，把每对共轭因子合并起来构成一个实数的二阶因子，则系统函数可写成

$$H(z)=A\prod_{k=1}^{N_c}\frac{1+b_{1k}z^{-1}+b_{2k}z^{-2}}{1+a_{1k}z^{-1}+a_{2k}z^{-2}} \tag{6-5}$$

式中，$N_c=\left[\dfrac{N+1}{2}\right]$ 是接近 $\dfrac{N+1}{2}$ 的最大整数。需要说明的是，上式已经假设 $N \geqslant M$。由 IIR 滤波器直接 II 型结构的讨论可知，如果每个二阶子系统均使用 IIR 滤波器直接 II 型结构实现，则一个确定的 IIR 滤波器系统可以采用具有最少存储单元的级联结构。四阶 IIR 滤波器的级联型结构如图 6-4 所示。

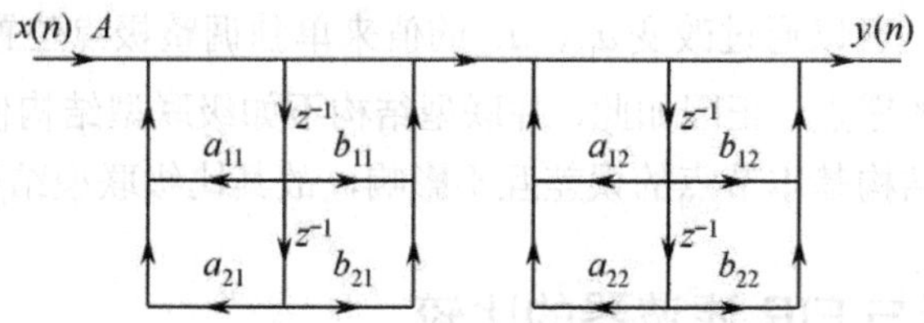


图 6-4 四阶 IIR 滤波器的级联型结构

在前面讨论 FIR 滤波器时，得出 FIR 滤波器不适合使用级联型结构的结论，原因是级联型结构需要使用较多的乘法运算单元。FIR 滤波器的阶数一般较大，且没有反馈网络，因此多采用直接 I 型结构实现。IIR 滤波器则不同，级联型结构与直接型结构相比，每个级联部

分中的反馈网络很少，易于控制有限字长效应带来的影响。

当 IIR 滤波器的阶数较大时，可以考虑用级联型结构进行 FPGA 设计。在实际工程设计中，尤其在 FPGA 设计过程中，由于 IIR 滤波器在运算过程中需要采用除法运算，为节约运算资源和提高运算速度，一般采用移位的方法实现近似除法运算。由于每次移位除法都不可避免地带来运算误差，当级联级数过多时，因级联带来的误差也会较大程度地影响滤波器的性能。因此在实际工程中，需要根据实际情况或仿真结果合理选择 IIR 滤波器的实现结构。

**4．并联型**

作为系统函数的另一种形式，可以将系统函数展开成部分分式形式，即

$$H(z)=\sum_{k=0}^{N_s}G_k z^{-k}+\sum_{k=1}^{N_1}\frac{A_k}{1-d_k z^{-1}}+\sum_{k=1}^{N_2}\frac{B_k(1-e_k z^{-1})}{(1-p_k z^{-1})(1-p_k^* z^{-1})} \tag{6-6}$$

式中，$N_1+2N_2=N$，如果 $M\geqslant N$，则 $N_s=M-N$，否则式（6-6）的第一项直接被去除。由于系统函数的系数均为实数，因此式（6-6）中 $G_k$、$A_k$、$B_k$、$d_k$、$e_k$ 均为实数。由于式（6-6）为一阶和二阶子系统的并联组合，因此将实数极点成对组合，系统函数可写成

$$H(z)=\sum_{k=0}^{N_s}G_k z^{-k}+\sum_{k=1}^{N_p}\frac{e_{0k}+e_{1k}z^{-1}}{1-a_{1k}z^{-1}-a_{2k}z^{-2}} \tag{6-7}$$

式中，$N_p=\left[\dfrac{N+1}{2}\right]$ 是接近 $\dfrac{N+1}{2}$ 的最大整数，图 6-5 所示为四阶 IIR 滤波器的并联型结构。

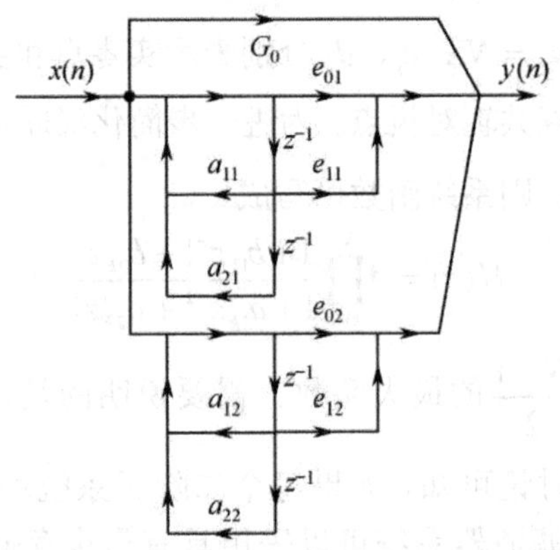

图 6-5　四阶 IIR 滤波器的并联型结构

在并联型结构中，可以通过改变 $a_{1k}$、$a_{2k}$ 的值来单独调整极点位置，但不能像级联型结构那样直接控制系统的零点，正因如此，并联型结构不如级联型结构使用广泛。但在运算误差方面，由于并联型结构基本节点的误差互不影响，故其比级联型结构更具优势。

### 6.1.3　IIR 滤波器与 FIR 滤波器的比较

IIR 滤波器与 FIR 滤波器是最常见的数字滤波器，两者的结构及分析方法相似。为更好地理解两种滤波器的异同，下面对它们进行简单的比较，以便在具体工程设计中更合理地选择滤波器种类，以更少的资源获取所需的性能。本节直接给出两种滤波器的性能差异及应用特点，在本章后续介绍 IIR 滤波器的设计方法、FPGA 实现结构时，读者可以进一步加深对

IIR 滤波器的理解。

- 通常，在满足同样幅频响应设计指标的情况下，FIR 滤波器的阶数等于 5～10 倍 IIR 滤波器的阶数。
- FIR 滤波器能得到严格的线性相位特性（当滤波器系数具有对称性时），IIR 滤波器在相同阶数的情况下，具有更好的幅频特性，但相位特性是非线性的。
- FIR 滤波器的单位抽样响应是有限长的，一般采用非递归结构，必是稳定的系统，即使在有限精度运算时，误差也较小，受有限字长效应的影响较小。IIR 滤波器必须采用递归结构，极点在单位圆内时才能稳定，由于运算的舍入处理，这种具有反馈支路的结构易引起振荡现象。
- FIR 滤波器的运算是一种卷积运算，它可以利用快速傅里叶变换等算法来实现，运算速度快。IIR 滤波器无法采用类似的快速算法。
- 在设计方法上，IIR 滤波器可以利用模拟滤波器现成的设计公式、数据和表格等资料。FIR 滤波器不能借助模拟滤波器的设计成果。由于计算机设计软件的发展，FIR 滤波器和 IIR 滤波器的设计均可以采用现成的函数，因此在工程设计中两者的设计难度均已大大降低。
- IIR 滤波器主要用于设计规格化的、频率特性为分段恒定的标准滤波器；FIR 滤波器要灵活得多，适应性更强。
- 在 FPGA 设计中，FIR 滤波器可以采用现成的 IP 核进行设计，工作量较小；IIR 滤波器的 IP 核很少，一般需要手动编写代码，工作量较大。
- 当给定幅频特性，而不考虑相位特性时，可以采用 IIR 滤波器；当要求严格线性相位特性或者幅频特性不同于典型模拟滤波器的特性时，通常选用 FIR 滤波器。

## 6.2 IIR 滤波器的设计方法

一般来讲，IIR 滤波器的设计方法可以分为三种：原型转换设计方法、直接设计方法及直接调用 MATLAB 的 IIR 函数设计方法。从工程设计的角度来讲，前两种设计方法都比较烦琐，且需要对 IIR 滤波器的基础理论知识有更多的了解，因此实际中多采用直接调用 MATLAB 的 IIR 函数设计方法。为便于读者全面地了解 IIR 滤波器设计方法，接下来分别对这三种方法进行简要介绍，并在 6.3 节中重点介绍几个常用 IIR 滤波器的 MATLAB 设计函数。由于模拟滤波器是设计 IIR 滤波器的理论基础，所以本节首先对几种典型模拟滤波器进行简单介绍。

### 6.2.1 几种典型的模拟滤波器

模拟滤波器的种类较多，且在理论及技术上都比较成熟，大多有现成的公式、表格等设计资料。本节将介绍巴特沃斯、切比雪夫和椭圆滤波器。本章后面内容会讲到，MATLAB 软件直接提供了这三种滤波器的设计函数，可以很方便地得到它们的数字滤波器形式。

**1．巴特沃斯滤波器**

巴特沃斯滤波器的特点是通带的频率响应曲线较为平滑。这种滤波器最先由英国工程师斯替芬·巴特沃斯于 1930 年发表在英国《无线电工程》期刊的一篇论文中提出。巴特沃斯滤波器以巴特沃斯函数作为滤波器的系统函数，它的幅度平方函数表示为

$$|H_a(j\Omega)|^2=\frac{1}{1+\varepsilon^2\left(\frac{j\Omega}{j\Omega_c}\right)^{2N}} \tag{6-8}$$

式中，$N$ 为正整数，表示滤波器的阶数；$\Omega_c$ 为通带截止频率，或者 3dB 带宽（当 $\varepsilon=1$ 时）。与其他模拟滤波器相比，巴特沃斯滤波器在通带内具有最平坦的幅频特性，即 $N$ 阶低通滤波器在 $\Omega=0$ 处的幅度平方函数的前 $2N-1$ 阶导数为零。阻带内衰减量随着频率的升高单调下降。滤波器的特征完全由阶数决定。当阶数增加时，通带更平坦，也更接近理想的低通滤波器特性。

巴特沃斯滤波器的设计包括两个过程：按照给定的通带和阻带指标确定阶数，从幅度平方函数确定系统函数。

通常在设计模拟滤波器时给定的技术指标有通带截止频率 $\Omega_c$，通带内最大衰减 $A_p$(dB)，阻带截止频率 $\Omega_s$，阻带内最小衰减 $A_s$(dB)。滤波器的最小阶数可通过下式直接计算，即

$$N\geqslant\frac{\lg(\lambda/\varepsilon)}{\lg(\Omega_s/\Omega_c)} \tag{6-9}$$

式中，

$$\varepsilon=\sqrt{10^{0.1A_p}-1} \tag{6-10}$$

$$\lambda=\sqrt{10^{0.1A_s}-1} \tag{6-11}$$

获得了巴特沃斯滤波器的阶数后，可以根据下式求取系统函数的极点，即

$$s_{pk}=-\sin(\frac{2k-1}{2N}\pi)+j\cos(\frac{2k-1}{2N}\pi)$$
$$k=\begin{cases}1,2,\cdots,(N+1)/2, & N\text{为奇数}\\ 1,2,\cdots,N/2, & N\text{为偶数}\end{cases} \tag{6-12}$$

MATLAB 软件提供了直接根据滤波器阶数计算巴特沃斯滤波器零点、极点和增益的函数。

```
[z,p,k]=buttap(N)
```

其中，N 为滤波器的阶数；函数返回值 z、p、k 分别为滤波器零点、极点和增益。

**2．切比雪夫滤波器**

巴特沃斯滤波器的频率特性在通带和阻带内部都是随着频率单调变化的。如果在通带的边缘能够满足指标，那么在通带的内部肯定能够超过设计的指标要求，因而造成滤波器的阶数比较大。如果将指标的精度要求均匀地分布在整个通带内，或者均匀地分布在阻带内，或者同时均匀分布在通带和阻带内，则可以设计出满足设计要求、阶数又比较小的滤

波器。这就要求逼近函数具有等纹波特征。切比雪夫 I 型滤波器在通带内幅频特性是等纹波的，在阻带内是单调的。切比雪夫Ⅱ型滤波器性能相反，它在通带内是单调的，在阻带内是等纹波的。

切比雪夫 I 型滤波器的幅度平方函数为

$$|H_a(j\Omega)|^2=\frac{1}{1+\varepsilon^2 C_N^2(\frac{j\Omega}{j\Omega_c})} \tag{6-13}$$

式中，$\varepsilon$ 为一个小于 1 的正数，它与通带纹波有关；$\Omega_c$ 为通带截止频率；$C_N(x)$ 为 $N$ 阶切比雪夫多项式，定义为

$$C_N(x)=\begin{cases}\cos[N\arccos(x)], & |x|\leqslant 1\\ \text{ch}[N\text{arch}(x)], & |x|>1\end{cases} \tag{6-14}$$

由上式可知，切比雪夫 I 型滤波器由 3 个参数确定：$\varepsilon$、$\Omega_c$、$N$。其中，$\varepsilon$ 由容许的通带纹波 $A_p$(dB) 决定，$\varepsilon$ 的计算公式见式（6-10）。满足设计要求的最小滤波器阶数可由下式确定，即

$$N\geqslant\frac{\text{arch}(\lambda/\varepsilon)}{\text{arch}(\Omega_s/\Omega_c)} \tag{6-15}$$

式中，$\lambda$ 由式（6-11）确定。

MATLAB 软件提供了直接根据滤波器阶数计算切比雪夫 I 型滤波器零点、极点和增益的函数。

```
[z,p,k]=cheb1ap(N, rp)
```

其中，N 为滤波器的阶数；rp 为通带纹波；函数返回值 z、p、k 分别为滤波器零点、极点和增益。

### 3．椭圆滤波器

椭圆滤波器（Elliptic Filter）又称考尔滤波器（Cauer Filter），是在通带和阻带内具有等纹波特性的一种滤波器。椭圆滤波器相比其他类型的滤波器，在阶数相同的条件下有最小的通带和阻带纹波。它在通带和阻带内的波动相同，这一点区别于在通带和阻带内都平坦的巴特沃斯滤波器，以及通带平坦、阻带等纹波或者阻带平坦、通带等纹波的切比雪夫滤波器。

椭圆滤波器的幅度平方函数为

$$|H_a(j\Omega)|^2=\frac{1}{1+\varepsilon^2 J_N^2(\Omega)} \tag{6-16}$$

式中，$J_N(\Omega)$ 是雅可比椭圆函数；$\varepsilon$ 由容许的通带纹波 $A_p$(dB) 决定；$A_s$(dB) 为最小的阻带衰减。满足需求的最小滤波器阶数可由下式确定，即

$$N\geqslant\frac{\lg 16[(b^2-1)/(\varepsilon^2-1)]}{\lg(1/q)} \tag{6-17}$$

式中，

$$
\begin{aligned}
&\varepsilon = \sqrt{10^{0.1A_p}} \\
&b = \sqrt{10^{0.1A_s}} \\
&q = q_0 + 2q_0^{\,5} + 15q_0^{\,9} + 15q_0^{\,13} \\
&q_0 = \frac{1-(1-k^2)^{1/4}}{2+2(1-k^2)^{1/4}} \\
&b = \sqrt{10^{0.1A_s}}
\end{aligned}
\tag{6-18}
$$

MATLAB 软件提供了直接根据滤波器阶数、通带及阻带纹波参数计算切比雪夫 I 型滤波器零点、极点和增益的函数。

```
[z,p,k]=ellipap(N,rp,rs)
```

其中，N 为滤波器的阶数；rp 为通带纹波；rs 为阻带纹波；函数返回值 z、p、k 分别为滤波器零点、极点和增益。

### 6.2.2 原型转换设计方法

原型滤波器是指归一化的低通滤波器。原型转换设计方法是先设计满足需求的模拟低通滤波器，再将模拟低通滤波器按一定的规则转换成数字滤波器的设计方法。数字滤波器由模拟低通滤波器转换得到，通常有三种不同的方法：一是首先由模拟低通滤波器转换成数字低通滤波器，然后用变量代换变换成所需的数字滤波器；二是由模拟低通滤波器转换成所需的模拟滤波器，然后把它转换成数字滤波器；三是由模拟低通滤波器直接转换成所需的数字滤波器。

由于原型转换设计方法在工程设计中使用较少，因此本节只对第一种方法进行简要介绍。前面已介绍了几种典型的模拟低通滤波器性能及设计方法。如上所述，将模拟低通滤波器转换成所需的数字滤波器，首先可将模拟低通滤波器转换成数字低通滤波器。脉冲响应不变法或双线性变换法均可实现模拟低通滤波器到数字低通滤波器的转换。下面简单介绍脉冲响应不变法的设计原理及步骤。

脉冲响应不变法的设计原理是使数字低通滤波器的单位抽样响应 $h(n)$ 模仿模拟低通滤波器的冲激响应 $h_a(t)$。对模拟低通滤波器的冲激响应 $h_a(t)$ 进行等间隔采样，使得数字低通滤波器的单位抽样响应 $h(n)$ 刚好等于 $h_a(t)$ 的采样值，即

$$h(n) = h_a(t)|_{t=nT} = h_a(nT) \tag{6-19}$$

式中，$T$ 为采样周期。若令 $H_a(s)$ 为模拟低通滤波器的系统函数，$H(z)$ 为数字低通滤波器的系统函数，则 $H_a(s)$ 为 $h_a(t)$ 的拉普拉斯变换，$H(z)$ 为 $h(n)$ 的 $z$ 变换。模拟信号的拉普拉斯变换与它采样序列的 $z$ 变换之间的关系为

$$H(z)|_{z=e^{sT}} = \frac{1}{T}\sum_{k=-\infty}^{\infty} H_a\left(s - j\frac{2\pi}{T}k\right) \tag{6-20}$$

可以看出，利用脉冲响应不变法将模拟低通滤波器变换成数字低通滤波器，实际上是首先对模拟低通滤波器的系统函数 $H_a(s)$ 进行周期延拓，再经过 $z = e^{sT}$ 的映射变换，从而得到

数字低通滤波器的系统函数 $H(z)$ 。

从模拟低通滤波器得到数字低通滤波器后，将数字低通滤波器转换成其他形式的数字滤波器。转换应满足两个条件：一是转换后仍为稳定的因果系统，这就要求在原来 Z 平面上单位圆内部的极点映射到新的 Z 平面之后还在单位圆内；二是转换后仍为 $z^{-1}$ 的有理函数。转换关系采用 $z^{-1}=G(Z^{-1})$ ，表 6-1 直接给出了滤波器的变换公式和参数计算公式，表中的 $\theta_p$ 为低通滤波器的截止数字角频率， $\omega_p$ 为转换后的低通滤波器或高通滤波器的截止数字角频率， $\omega_1$ 、 $\omega_2$ 分别为带通或带阻的两个截止数字角频率。

**表 6-1　滤波器的变换公式和参数计算公式**

| 滤波器类型 | $z^{-1}=G(Z^{-1})$ | $a$ 的计算公式 |
|---|---|---|
| 低通 | $z^{-1}=\dfrac{Z^{-1}-a}{1-aZ^{-1}}$ | $a=\dfrac{\sin[(\theta_p-\omega_p)/2]}{\sin[(\theta_p+\omega_p)/2]}$ |
| 高通 | $z^{-1}=\dfrac{Z^{-1}+a}{1+aZ^{-1}}$ | $a=\dfrac{\cos[(\theta_p+\omega_p)/2]}{\cos[(\theta_p-\omega_p)/2]}$ |
| 带通 | $z^{-1}=\dfrac{Z^{-2}-\dfrac{2aK}{K+1}Z^{-1}+\dfrac{k-1}{K+1}}{\dfrac{K-1}{K+1}Z^{-2}-\dfrac{2ak}{k+1}Z^{-1}+1}$ | $a=\dfrac{\cos[(\omega_1+\omega_2)/2]}{\cos[(\omega_2-\omega_1)/2]}$<br>$k=\cot[(\omega_2-\omega_1)/2]\tan(\theta_p/2)$ |
| 带阻 | $z^{-1}=\dfrac{Z^{-2}-\dfrac{2aK}{K+1}Z^{-1}+\dfrac{k-1}{K+1}}{\dfrac{K-1}{K+1}Z^{-2}-\dfrac{2a}{k+1}Z^{-1}+1}$ | $a=\dfrac{\cos[(\omega_1+\omega_2)/2]}{\cos[(\omega_2-\omega_1)/2]}$<br>$k=\cot[(\omega_2-\omega_1)/2]\tan(\theta_p/2)$ |

## 6.2.3　直接设计方法

用直接设计方法设计 IIR 滤波器可以在时域上进行，也可以在频域上进行。在频域上进行直接设计，通常有三种方法：Z 平面的简单零/极点法、幅度平方函数法、频域优化设计法。限于篇幅，本章只对 Z 平面的简单零/极点法进行简要介绍。

由前面的讨论可知，零点和极点的位置完全决定了滤波器的幅度函数和相位函数。因此，可以通过选择零点和极点的位置，按照对滤波器幅度和相位的要求设计所需的滤波器。这种方法通常只能用于设计简单的 IIR 滤波器。

以低通滤波器为例，低通滤波器的设计要求使数字角频率 $\omega=\pi$ 处的传输系数为零，相当于在 $z=-1$ 处有一个零点，在 $z=a$ 处有一个极点，$a$ 为小于 1 的正实数，$a$ 越大，滤波器的带宽越窄，因此最简单的低通滤波器的系统函数可以表示为

$$H(z)=\frac{1+z^{-1}}{1-az^{-1}} \tag{6-21}$$

式中，$a$ 可以根据带宽的要求决定，即

$$a=\frac{1-\sin\omega_p}{\cos\omega_p} \tag{6-22}$$

式中，$\omega_p$ 为低通滤波器的截止频率。

## 6.3 IIR 滤波器的 MATLAB 设计

前面讨论 IIR 滤波器的设计方法时，可以看出设计过程比较烦琐，如果按照上述设计方法，那么人工编写代码设计 IIR 滤波器是一件比较费时费力的事。其实，MATLAB 软件已经提供了多种现成的设计 IIR 滤波器的函数。通常采用的是根据原型转换方法原理实现的五种 IIR 滤波器设计函数：butter（巴特沃斯）函数、cheby1（切比雪夫 I 型）函数、cheby2（切比雪夫Ⅱ型）函数、ellip（椭圆滤波器）函数及 yulewalk 函数。

### 6.3.1 采用 butter 函数设计

在 MATLAB 软件中，可以采用 butter 函数直接设计各种形式的数字滤波器（也可以设计模拟滤波器），其语法如下。

```
[b,a]=butter(n,Wn)
[b,a]=butter(n,Wn,'ftype')
[z,p,k]=butter(n,Wn)
[z,p,k]=butter(n,Wn,'ftype')
[A,B,C,D]=butter(n,Wn)
[A,B,C,D]= butter(n,Wn,'ftype')
```

butter 函数可以设计低通、高通、带通和带阻等形式的滤波器。利用[b,a]=butter(n,Wn)可以设计一个阶数为 n、截止频率为 Wn 的低通滤波器，其返回值 a 和 b 为系统函数的分子和分母系数。Wn 为滤波器的归一化截止频率，取值范围为 0～1，其中 1 对应抽样频率的一半。如果 Wn 是一个含有两个元素的向量[w1,w2]，则返回的[a,b]所构成的滤波器是阶数为 2n 的带通滤波器，通带范围为 w1～w2。

利用[b,a]=butter(n,Wn,'ftype')可以设计高通、带阻滤波器，其中参数 ftype 的形式确定了滤波器的形式，当它为 high 时，得到的滤波器为 n 阶的、截止频率为 Wn 的高通滤波器；当它为 stop 时，得到的滤波器为 2n 阶的、阻带范围为 w1～w2 的带阻滤波器。

利用[z,p,k]=butter(n,Wn)及[z,p,k]=butter(n,Wn,'ftype')可以得到滤波器的零点、极点和增益表达式；利用[A,B,C,D]=butter(n,Wn)及[A,B,C,D]= butter(n,Wn,'ftype')可以得到滤波器的状态空间表达式，实际设计中很少使用这种语法形式。

例如，要设计抽样频率为 1000 Hz、阶数为 9、截止频率为 300 Hz 的高通巴特沃斯数字滤波器，并画出滤波器的频率响应曲线，只需要在 MATLAB 软件中使用下面的命令语句。

```
[b,a]=butter(9,300*2/1000,'high');
freqz(b,a,128,1000);
```

### 6.3.2 采用 cheby1 函数设计

在 MATLAB 软件中，可以利用 cheby1 函数直接设计各种形式的数字滤波器（也可以设计模拟滤波器），其语法如下。

```
[b,a]= cheby1 (n,Rp,Wn)
[b,a]= cheby1 (n, Rp,Wn,'ftype')
[z,p,k]= cheby1 (n, Rp,Wn)
[z,p,k]= cheby1 (n, Rp,Wn,'ftype')
[A,B,C,D]= cheby1 (n, Rp,Wn)
[A,B,C,D]= cheby1 (n, Rp,Wn,'ftype')
```

cheby1 函数是先设计出切比雪夫 I 型的模拟低通滤波器，然后用原型转换方法得到数字低通、高通、带通或带阻滤波器。切比雪夫 I 型滤波器在通带内是等纹波的，在阻带内是单调的，可以设计低通、高通、带通和带阻各种形式的滤波器。

利用[b,a]=cheby1(n,Rp,Wn)可以设计出阶数为 n、截止频率为 Wn、通带纹波最大衰减为 Rp(dB)的数字低通滤波器，它的返回值 b、a 分别是阶数为 n+1 的向量，表示滤波器系统函数的分子和分母的多项式系数。如果 Wn 是一个含有两个元素的向量[w1,w2]，则 cheby1 函数返回值是阶数为 2n 的带通滤波器系统函数的多项式系数。

利用[b,a]= cheby1 (n, Rp,Wn,'ftype')可以设计高通和带阻滤波器，其中的参数 ftype 确定滤波器的形式，当它为 high 时得到的滤波器为 n 阶的、截止频率为 Wn 的高通滤波器；当它为 stop 时，得到的滤波器是阶数为 2n、阻带范围为 w1～w2 的带阻滤波器。

利用[z,p,k]= cheby1 (n, Rp,Wn)及[z,p,k]= cheby1 (n, Rp,Wn,'ftype')可以得到滤波器的零点、极点和增益表达式；利用[A,B,C,D]= cheby1 (n,Rp,Wn)及[A,B,C,D]= cheby1 (n,Rp,Wn,'ftype')可以得到滤波器的状态空间表达式，实际设计中很少使用这种语法形式。

例如，要设计抽样频率为 1000 Hz、阶数为 9、截止频率为 300 Hz、通带纹波为 0.5 dB 的低通切比雪夫 I 型滤波器，并画出滤波器的频率响应曲线，只需要在 MATLAB 软件中使用下面的命令语句。

```
[b,a]=cheby1(9,0.5,300*2/1000);
freqz(b,a,128,1000);
```

### 6.3.3　采用 cheby2 函数设计

在 MATLAB 软件中，可以利用 cheby2 函数直接设计各种形式的数字滤波器。此函数的使用方法与 cheby1 函数的使用方法完全相同。只是利用 cheby1 函数设计的滤波器在通带内是等纹波的，在阻带内是单调的，而利用 cheby2 函数设计的滤波器在阻带内是等纹波的，在通带内是单调的。在此不再做详细讨论，只引用一个例子进行说明。

例如，要设计抽样频率为 1000 Hz、阶数为 9、截止频率为 300 Hz、阻带衰减为 60 dB 的低通切比雪夫Ⅱ型滤波器，并画出滤波器的频率响应曲线，只需要在 MATLAB 软件中使用下面的命令语句。

```
[b,a]=cheby2(9,60,300*2/1000);
freqz(b,a,128,1000);
```

### 6.3.4　采用 ellip 函数设计

在 MATLAB 软件中，可以利用 ellip 函数直接设计各种形式的数字滤波器（也可以设计模拟滤波器），其语法如下。

```
[b,a]= ellip (n,Rp,Rs,Wn)
[b,a]= ellip (n, Rp,Rs,Wn,'ftype')
[z,p,k]= ellip (n,Rp,Rs,Wn)
[z,p,k]= ellip (n, Rp,Rs,Wn,'ftype')
[A,B,C,D]= ellip (n,Rp,Rs,Wn)
[A,B,C,D]= ellip (n, Rp,Rs,Wn,'ftype')
```

ellip 函数是先设计出椭圆模拟低通滤波器，然后用原型转换方法得到数字低通、高通、带通或带阻滤波器。在模拟滤波器的设计中，虽然椭圆滤波器的设计是几种滤波器设计方法中最为复杂的一种，但它设计出的滤波器阶数最小，同时它对参数的量化灵敏度最高。

利用[b,a]= ellip (n,Rp,Wn)语法可以设计出阶数为 n、截止频率为 Wn、通带纹波最大衰减为 Rp(dB)、阻带纹波最小衰减为 Rs(dB)的数字低通滤波器，它的返回值 a、b 分别是阶数为 n+1 的向量，表示滤波器系统函数的分子和分母的多项式系数。如果 Wn 是一个含有两个元素的向量[w1,w2]，则 ellip 函数返回值是阶数为 2n 的带通滤波器系统函数的多项式系数。

利用[b,a]= ellip (n, Rp,Rs,Wn,'ftype')可以设计高通和带阻滤波器，其中的参数 ftype 确定滤波器的形式，当它为 high 时得到的滤波器为 n 阶的、截止频率为 Wn 的高通滤波器；当它为 stop 时，得到的滤波器是阶数为 2n、阻带范围为 w1～w2 的带阻滤波器。

利用[z,p,k]= ellip (n, Rp, Rs,Wn)及[z,p,k]= ellip (n, Rp,Rs,Wn,'ftype')可以得到滤波器的零点、极点和增益表达式；利用[A,B,C,D]= ellip (n, Rp, Rs,Wn)及[A,B,C,D]= ellip (n,Rp,Rs, Wn,'ftype')可以得到滤波器的状态空间表达式，实际设计中很少使用这种语法形式。

例如，要设计抽样频率为 1000 Hz、阶数为 9、截止频率为 300 Hz、通带纹波为 3 dB、阻带衰减为 60 dB 的椭圆数字低通滤波器，并画出滤波器的频率响应曲线，只需在 MATLAB 软件中使用下面的命令语句。

```
[b,a]=ellip(9,3,60,300*2/1000);
freqz(b,a,128,1000);
```

### 6.3.5 采用 yulewalk 函数设计

在 MATLAB 软件中，yulewalk 函数是一种递归的数字滤波器设计函数。与前面介绍的几种滤波器设计函数不同的是，yulewalk 函数只能设计数字滤波器，不能设计模拟滤波器。yulewalk 函数实际是一种在频域采用了最小均方法进行设计的滤波器设计函数，其在 MATLAB 软件中的语法形式如下。

```
[b,a]=yulewalk(n,f,m)
```

函数中的参数 n 表示滤波器的阶数，f 和 m 用于表征滤波器的幅频特性。f 是一个向量，它的每个元素都是 0～1 的实数，表示频率，其中 1 表示抽样频率的一半，且向量中的元素必须是递增的，第一个元素必须是 0，最后一个元素必须是 1。m 是频率 f 处的幅度响应，它也是一个向量，长度与 f 相同。当确定了理想滤波器的频率响应后，为了避免从通带到阻带的过渡陡峭，应该对过渡带进行多次仿真试验，以便得到最好的滤波器设计。

例如，要设计一个 9 阶的低通滤波器，滤波器的截止频率为 300 Hz，抽样频率为 1000 Hz，采用 yulewalk 函数的设计方法如下。

```
f=[0 300*2/1000 300*2/1000 1];
m=[1 1 0 0];
[b,a]=yulewalk(9,f,m);
freqz(b,a,128,1000);
```

### 6.3.6 几种设计函数的比较

前面介绍了五种常用 IIR 滤波器设计函数的使用方法，本节通过一个具体的实例对这五种函数设计的滤波器性能进行对比。

**例 6-1：多种 IIR 滤波器函数设计性能对比。**

设计一个 IIR 低通滤波器，要求通带最大衰减为 3 dB、阻带最小衰减为 60 dB、通带截止频率为 1000 Hz、阻带截止频率为 2000 Hz、抽样频率为 8000 Hz。利用巴特沃斯滤波器阶数计算公式，计算出满足需求的最小滤波器阶数。分别使用 butter、cheby1、cheby2、ellip、yulewalk 函数设计相同参数的滤波器，画出滤波器的幅频响应曲线，并进行简单比较。

下面直接给出实例程序的源代码清单。

```
%E6_1_IIR4Functions.m
fs=8000;                               %抽样频率
fp=1000;                               %通带截止频率
fc=2000;                               %阻带截止频率
Rp=3;                                  %通带衰减（dB）
Rs=60;                                 %阻带衰减（dB）
N=0;                                   %滤波器阶数清零

%计算巴特沃斯滤波器的最小滤波器阶数
na=sqrt(10^(0.1*Rp)-1);
ea=sqrt(10^(0.1*Rs)-1);
N=ceil(log10(ea/na)/log10(fc/fp))

[Bb,Ba]=butter(N,fp*2/fs);             %巴特沃斯滤波器
[Eb,Ea]=ellip(N,Rp,Rs,fp*2/fs);        %椭圆滤波器
[C1b,C1a]=cheby1(N,Rp,fp*2/fs);        %切比雪夫 I 型滤波器
[C2b,C2a]=cheby2(N,Rs,fp*2/fs);        %切比雪夫 II 型滤波器
%yulewalk 滤波器
f=[0 fp*2/fs fc*2/fs 1];
m=[1 1 0 0];
[Yb,Ya]=yulewalk(N,f,m);

%求取单位脉冲响应
```

```
delta=[1,zeros(1,511)];
fB=filter(Bb,Ba,delta);
fE=filter(Eb,Ea,delta);
fC1=filter(C1b,C1a,delta);
fC2=filter(C2b,C2a,delta);
fY=filter(Yb,Ya,delta);

%求滤波器的幅频响应
fB=20*log10(abs(fft(fB)));
fE=20*log10(abs(fft(fE)));
fC1=20*log10(abs(fft(fC1)));
fC2=20*log10(abs(fft(fC2)));
fY=20*log10(abs(fft(fY)));

%设置幅频响应的横坐标单位为 Hz
x_f=[0:(fs/length(delta)):fs-1];
plot(x_f,fB,'-',x_f,fE,'.',x_f,fC1,'-.',x_f,fC2,'+',x_f,fY,'*');
%只显示正频率部分的幅频响应
axis([0 fs/2 -100 5]);
xlabel('频率/Hz');ylabel('幅度/dB');
legend('butter','ellip','cheby1','cheby2','yulewalk'); grid;
```

程序运行后，计算出满足设计需求的巴特沃斯滤波器最小阶数为 10。不同函数设计的 IIR 滤波器幅频响应曲线如图 6-6 所示。从图中可以看出，相同阶数的滤波器，ellip 函数设计的 IIR 滤波器幅频响应、过滤带及阻带衰减性能最好；butter 函数设计的 IIR 滤波器幅频响应在通带内具有最为平坦的特性。

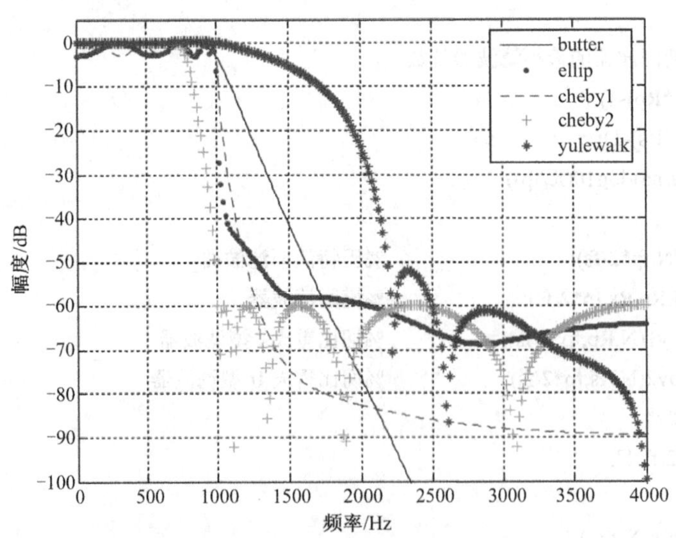


图 6-6　不同函数设计的 IIR 滤波器幅频响应曲线

本书在第 4 章讨论 FIR 滤波器设计时进行过类似不同设计函数的仿真。一般来讲，函数设计仿真的结果可以直接作为后续选定滤波器设计函数的依据。对于 IIR 滤波器来讲，情况要更为复杂一些。因为 FIR 滤波器是一种没有反馈结构的形式，滤波器系数量化效应及滤波器运算的字长效应对系统的性能影响相对较小，而 IIR 滤波器是一种具有反馈结构的形式，字长效应在滤波器系统中影响较大，且不同函数设计的滤波器对字长效应的影响程度不同。因此，需要通过精确的仿真来确定最终的滤波器系统。

### 6.3.7　采用 FDATOOL 设计

FDATOOL 的突出优点是直观、方便，用户只需要设置几个滤波器参数，即可查看滤波器频率响应、零/极点图、单位脉冲响应、滤波器系数等信息。本书在介绍 FIR 滤波器设计时以一个实例讲解了 FDATOOL 的具体使用方法，接下来仍以一个具体的实例来讲解应用 FDATOOL 设计 IIR 带通滤波器的方法及步骤。

**例 6-2：应用 FDATOOL 设计 IIR 带通滤波器。**

利用 FDATOOL 设计一个 IIR 带通滤波器，它是一个带通范围为 1000～2000Hz，低频过渡带为 700～1000Hz，高频过渡带为 2000～2300Hz，抽样频率为 8000Hz 的等阻带纹波滤波器，要求阻带衰减大于 60dB。

启动 MATLAB 软件后，依次单击主界面左下方的“Start”→“Toolboxes”→“Filter Design”→“Filter Design & Analysis Tool”按钮，即可打开 FDATOOL。

**第一步：**单击 FDATOOL 界面左下方的滤波器设计（Design Filter）按钮图标，进入滤波器设计界面。

**第二步：**单击 FDATOOL 界面上方工具栏中的滤波器参数设置（Filter Specifications）工具，进入滤波器参数设置界面。

**第三步：**选中滤波器响应类型（Response Type）部分的带通滤波器（Bandpass）单选按钮，指定设计带通滤波器。

**第四步：**在设计方法（Design Method）部分的 IIR 下拉列表框中，选择椭圆函数（Elliptic）设计方法。

**第五步：**在滤波器阶数（Filter Order）选项部分，选中“Minimum order”单选按钮，由程序自动计算所需的最小滤波器阶数。

**第六步：**根据设计要求，设置滤波器截止频率，单击 FDATOOL 界面下方的“Design Filter”按钮开始滤波器设计，如图 6-7 所示。

**第七步：**观察 FDATOOL 中的频率响应，调整滤波器阶数，直到满足设计要求为止。

至此，我们使用 FDATOOL 完成了 IIR 带通滤波器的设计，用户可以通过选择“Analysis”→“Filter Coefficients”选项来查看滤波器系数。

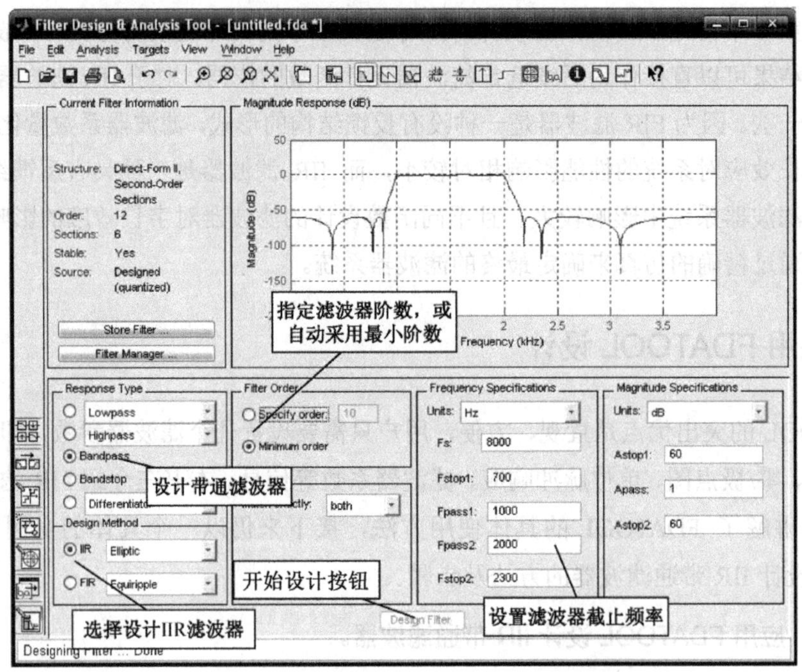


图 6-7　利用 FDATOOL 设计 IIR 带通滤波器

## 6.4 IIR 滤波器的系数量化方法

### 6.4.1　量化直接型 IIR 滤波器系数

在 IIR 滤波器与 FIR 滤波器的 FPGA 实现过程中，一个明显的不同在于，FIR 滤波器在运算过程中可以做到全精度运算，只要根据输入数据字长及滤波器系数字长设置足够长的寄存器即可，这是因为 FIR 滤波器是一个不存在反馈环节的开环系统；IIR 滤波器在运算过程中无法做到全精度运算，这是因为 IIR 滤波器是一个存在反馈环节的闭环系统，且中间过程存在除法运算。如果要实现全精度运算，那么运算过程中寄存器所需的字长将十分长，因此在进行 FPGA 实现之前，必须通过仿真确定滤波器系数字长及运算过程中的字长；并且，不同结构所对应的 IIR 滤波器运算字长需要分别仿真确定。接下来先分别讨论直接型结构的 IIR 滤波器系数量化方法及运算过程中的字长效应。

前面讨论过，采用 MATLAB 软件提供的 IIR 滤波器设计函数可以直接设计各种形式的数字滤波器，函数返回值可直接得到滤波器的系数向量 b（分子系数向量）、a（分母系数向量），且向量长度相同。例如，采用 cheby2 函数设计一个阶数为 7（长度为 8）的低通滤波器，抽样频率为 12.5MHz、截止频率为 3.125MHz、阻带衰减为 60dB，可在 MATLAB 命令行窗口中直接输入下面的命令。

```
[b,a]=cheby2(7,60,3.125*2/12.5)
```

按回车键后，在命令行窗口可直接获取滤波器的系数向量。

```
b=[0.0145  0.0420  0.0818  0.1098  0.1098  0.0818  0.0420  0.0145]
a=[1.0000  −1.8024  2.2735  −1.5846  0.8053  −0.2384  0.0464  −0.0035]
```

当进行 FPGA 实现时，必须对每个系数进行量化处理，如要将系数进行 12bit 量化，则在 MATLAB 命令行窗口中直接输入下面的命令。

```
m=max(max(abs(a),abs(b)));        %获取滤波器系数向量中绝对值最大的数
Qb=round(b/m*(2^(12-1)-1))        %四舍五入截尾
Qa=round(a/m*(2^(12-1)-1))        %四舍五入截尾
```

按回车键后，在 MATLAB 命令行窗口中可直接获取滤波器的系数向量。

```
Qb=[13    38     74    99     99   74    38   13]
Qa=[900  −1623  2047  −1427  725  −215  42   −3]
```

根据 IIR 滤波器系统函数，可直接写出滤波器的差分方程为

$$\begin{aligned}900y(n)=&13[x(n)+x(n-7)]+38[x(n-1)+x(n-6)]+\\&74[x(n-2)+x(n-5)]+99[x(n-3)+x(n-4)]-[-1623y(n-1)+\\&2047y(n-2)-1427y(n-3)+725y(n-4)-215y(n-5)+\\&42y(n-6)-3y(n-7)]\end{aligned}\tag{6-23}$$

需要特别注意的是，式（6-23）的左边乘了一个常系数，即量化后的 Qa(1)，由于式（6-23）的递归特性，为正确求解下一个输出值，需要在计算完上式右边后，除以 Qa(1)=900 的值，以求取正确的输出结果。也就是说，在 FPGA 实现时需要增加一级常数除法运算操作。

对于 FPGA 来讲，即使是常系数的除法运算在 FPGA 实现时也是十分耗费资源的，但当除数是 2 的整数幂次方时，根据二进制数的特点，可直接采用移位的方法来近似实现除法运算。移位运算不仅占用硬件资源少，且运算速度快。为此，在实现式（6-23）所表示的 IIR 滤波器时，一个简单可行的方法是在对系数进行量化时，有意将量化后的 IIR 分母系数的第一项设置为 2 的整数幂次方的形式。由于 MATLAB 软件设计的 IIR 滤波器系数中，Qa(1)的值为 1，因此可以直接对各系数乘以 2 的整数幂次方，再进行四舍五入处理。

仍然采用 MATLAB 软件来对 IIR 滤波器系数进行量化，其代码如下。

```
Qb=round(b/Qm*(2^9))              %四舍五入截尾
Qa=round(a/Qm*(2^9))              %四舍五入截尾
```

按回车键后，在命令行窗口中可直接获取滤波器的系数向量。

```
Qb=[7     21    42    56    56   42    21   7]
Qa=[512  −923  1164  −811  412  −122  24   −2]
```

## 6.4.2 IIR 滤波器系数的字长效应

IIR 滤波器系数及运算过程中产生的字长效应可以通过理论方法进行详细分析，但这种方法十分复杂。对于工程设计来讲，直接采用 MATLAB 软件进行仿真可以更直接地看出字长效应对滤波器性能的影响，也便于确定满足性能的系数及运算字长。为便于读者更好地理解 IIR 滤波器的字长效应，下面仍以一个具体的例子来进行分析说明。

**例 6-3：IIR 滤波器系数及运算字长的性能仿真。**

对采用 cheby2 函数设计的 IIR 滤波器进行系数及运算字长性能仿真。要求画出系数字长分别为 6bit、12bit，运算字长分别为 12bit、24bit 的滤波器幅频特性曲线。

下面直接给出实现该实例的 MATLAB 仿真程序清单。

```
%E6_31_DirectArith.m;
fs=12.5*10^6;                                        %抽样频率
fc=3.125*10^6;                                       %阻带截止频率
Rs=60;                                               %阻带衰减（dB）
N=7;                                                 %滤波器阶数
Qcoe=[6 12];                                         %滤波器系数字长
Qout=[12 24];                                        %滤波器运算字长

delta=[1,zeros(1,511)];                              %单位冲激信号作为输入信号
[b,a]=cheby2(N,Rs,2*fc/fs);                          %设计切比雪夫 II 型 IIR 低通滤波器
%对滤波器系数进行量化，四舍五入截尾
Qb8=round(b*(2^(Qcoe(1))))
Qa8=round(a*(2^(Qcoe(1))))
Qb12=round(b*(2^(Qcoe(2))))
Qa12=round(a*(2^(Qcoe(2))))

%求理想幅频响应
y=filter(b,a,delta);
%求量化后的幅频响应，E6_32_QuantIIRDirectArith 为根据系数及输出数据量化位数计算
%IIR 滤波器输出的函数
c8o12=E6_32_QuantIIRDirectArith(Qb8,Qa8,delta,Qcoe(1),Qout(1));
c8o24=E6_32_QuantIIRDirectArith(Qb8,Qa8,delta,Qcoe(1),Qout(2));
c12o12=E6_32_QuantIIRDirectArith(Qb12,Qa12,delta,Qcoe(2),Qout(1));
c12o24=E6_32_QuantIIRDirectArith(Qb12,Qa12,delta,Qcoe(2),Qout(2));


%求滤波器输出幅频响应
Fy=20*log10(abs(fft(y)));                 Fy=Fy-max(Fy);
Fc8o12=20*log10(abs(fft(c8o12)));         Fc8o12=Fc8o12-max(Fc8o12);
Fc8o24=20*log10(abs(fft(c8o24)));         Fc8o24=Fc8o24-max(Fc8o24);
Fc12o12=20*log10(abs(fft(c12o12)));       Fc12o12=Fc12o12-max(Fc12o12);
Fc12o24=20*log10(abs(fft(c12o24)));       Fc12o24=Fc12o24-max(Fc12o24);

%设置幅频响应的横坐标单位为 Hz
x_f=[0:(fs/length(delta)):fs-1];
figure(1);
plot(x_f,Fy,'-',x_f,Fc8o12,'.',x_f,Fc8o24,'-.');
axis([0 fs/2 -100 5]); %只显示正频率部分的幅频响应
xlabel('频率/Hz');ylabel('幅度/dB');
```

```
legend('理想输出','6bit 系数及 12bit 输出量化结果','6bit 系数及 24bit 输出量化结果'); grid;

figure(2);
plot(x_f,Fy,'-',x_f,Fc12o12,'.',x_f,Fc12o24,'-.');
axis([0 fs/2 -100 5]); %只显示正频率部分的幅频响应
xlabel('频率/Hz');ylabel('幅度/dB');
legend('理想输出','12bit 系数及 12bit 输出量化结果','12bit 系数及 24bit 输出量化结果'); grid;
```

程序中的 E6_32_QuantIIRDirectArith 为根据系数及输出数据量化位数计算 IIR 滤波器输出的函数。

```
function Qy=E6_32_QuantIIRDirectArith(Qb,Qa,din,Qcoe,Qout);
%直接型 IIR 滤波器结构的量化系数及运算位数仿真
%a=直接型分母多项式系数
%b=直接型分子多项式系数
%din=输入原始数据
%Qcoe=IIR 滤波器系数的量化位数
%Qout=IIR 滤波器的输出量化位数
%Qy=IIR 滤波器量化输出
%输出数据清零
Qy=zeros(1,length(din));
%根据直接型求取量化滤波器输出
for i=1:length(din)
    for j=1:length(Qb)
        if i<j
            Rb=0;
        else
            Rb=din(i-j+1);
        end
        if i<j+1
            Ra=0;
        else
            Ra=Qy(i-j);
        end
         if j==length(Qa)
            Qy(i)=Qy(i)+Qb(j)*Rb;
         else
            Qy(i)=Qy(i)+Qb(j)*Rb-Qa(j+1)*Ra;
         end
       end
    Qy(i)=Qy(i)/Qa(1);
    Qy(i)=floor(Qy(i)*(2^(Qout-1)))/(2^(Qout-1));%直接截尾
end
```

程序运算结果如图 6-8 所示。这里需要说明的是，上述仿真程序没有考虑输入数据的量化位数。从仿真结果来看，系数及运算字长均会对滤波器的性能产生影响。6bit 系数量化后，系统的滤波性能已受到较大的影响；12bit 系数量化后，12bit 及 24bit 的输出数据量化结果相差不大；12bit 系数量化及 24bit 输出数据量化后，滤波器的阻带衰减比无限精度运算恶化了约 10dB。

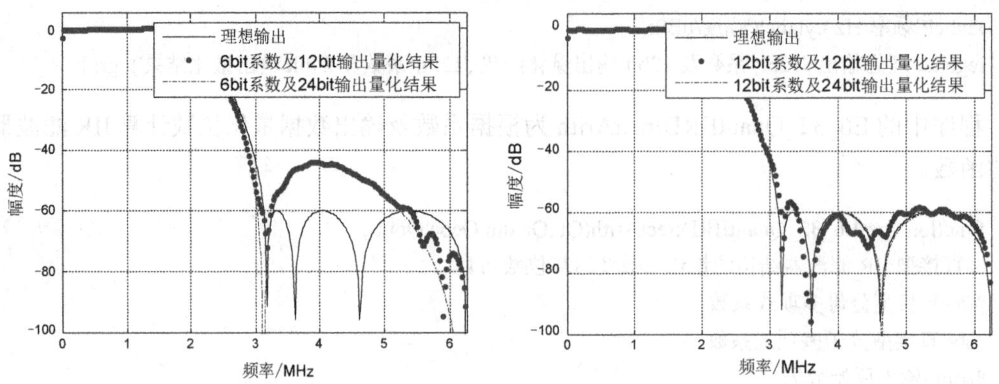


图 6-8　IIR 滤波器系数及输出数据字长效应

从图 6-8 可以看出，输出数据量化位数对滤波器性能影响不大。仿真程序 E6_32_QuantIIRDirectArith.m 中对输出数据量化的过程，是在进行一次完整的滤波输出运算后进行量化处理的。在进行一次滤波输出运算过程中采用的是无限精度运算方式，中间并没有量化误差。在这种情况下，只要输出数据量化位数足够长，就可以完全表示输出数据的范围，从而有效减少对滤波器性能的影响。IIR 滤波器输出数据的范围由输入数据及滤波器系数决定，因此可以通过仿真对比输入/输出数据的有效范围来确定 IIR 滤波器输出数据的字长。对于本例涉及的 IIR 滤波器，很容易仿真获取输出数据的范围小于或等于输入数据的范围。因此，输出数据的字长只要与输入数据的字长相同即可满足要求。

## 6.5 直接型 IIR 滤波器设计

### 6.5.1 直接型 IIR 滤波器的实现方法

IIR 滤波器的 FPGA 实现相对于 FIR 滤波器来讲要复杂一些，主要区别在于 IIR 滤波器为反馈结构。我们还是以实例讲解的方式逐步阐述直接型 IIR 滤波器的实现与测试过程。

**例 6-4：直接型 IIR 滤波器的 Verilog HDL 设计。**

采用 cheby2 函数设计阶数为 7（长度为 8）的低通滤波器，抽样频率为 12.5MHz、阻带截止频率为 3.125MHz、阻带衰减为 60dB。采用 FPGA 完成 IIR 滤波器设计，并仿真测试 FPGA 实现后的 IIR 滤波效果。其中系统时钟频率为 12.5MHz、数据速率为 12.5MHz、输入数据位宽为 12bit。MATLAB 设计代码如下所示。

```
%E6_4_IIRQcoe.m
fs=12.5*10^6;           %抽样频率
```

```
fc=3.125*10^6;            %阻带截止频率
Rs=60;                    %阻带衰减（dB）
N=7;                      %滤波器阶数清零

[b,a]=cheby2(N,Rs,2*fc/fs);

Qb=round(b*(2^(9)))       %四舍五入截尾
Qa=round(a*(2^(9)))       %四舍五入截尾
freqz(Qb,Qa,1024,fs);
```

程序运行后得到量化后的滤波器系数。根据前面的分析，所要实现的 IIR 滤波器的差分方程为

$$\begin{aligned}512y(n)=&7\left[x(n)+x(n-7)\right]+21\left[x(n-1)+x(n-6)\right]+\\&42\left[x(n-2)+x(n-5)\right]+56\left[x(n-3)+x(n-4)\right]-\\&\left[-923y(n-1)+1164y(n-2)-811y(n-3)+\right.\\&\left.412y(n-4)-122y(n-5)+24y(n-6)-2y(n-7)\right]\end{aligned}\tag{6-24}$$

根据式（6-24），求取上式右边的运算后，再除以 512 即完成一次完整的滤波运算。根据 FPGA 的特点，采用右移 9bit 的方法来近似实现除以 512 的运算。因此，IIR 滤波器的直接型实现结构如图 6-9 所示。

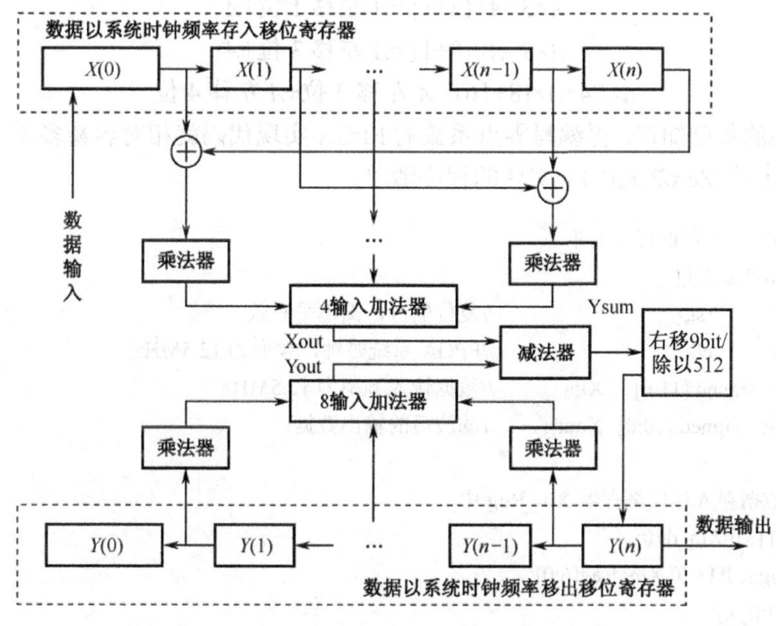


图 6-9　IIR 滤波器的直接型实现结构

从图 6-9 可以看出，零点系数的实现结构其实可完全看成没有反馈环路的 FIR 滤波器结构，且可以利用对称系数的特点进一步减少乘法运算；单独查看系统极点的实现结构，即求取 Yout 信号的过程也可以看成一个不带反馈环路的电路结构；整个 IIR 滤波器的闭环过程在求取 Ysum 的减法器，以及移位算法实现除法运算的过程中完成；滤波器在求取 Xout、

Yout 及 Ysum 信号的过程中均可通过增加寄存器字长来实现全精度运算，唯一出现运算误差的环节在于除法运算（以移位算法近似），以及除法运算后的截位输出。当整个 IIR 滤波器环路稳定，且截位输出数据不溢出时，整个环路运算误差仅由除法运算产生。

## 6.5.2 零点系数的 Verilog HDL 设计

零点系数的 FPGA 实现完全可看作一个 FIR 系统，因此可采用 FIR 滤波器实现时所使用的方法。需要注意的是，由于 IIR 滤波器的反馈结构特性，实现零点系数及极点系数的运算需要满足严格的时序要求。也就是说，要求在计算零/极点运算时不出现延时，这一结构特点实际上限制了系统的实现速度。

为了提高系统的运行速度，零点系数的运算采用全并行结构，对于长度为 8 的具有对称系数的 FIR 滤波器并行结构，需要 4 个乘法器。对于常系数乘法运算通常有 3 种实现方法：通用乘法器 IP 核、查找表、移位相加。为更好地讲解不同的实现方法，本例的零点系数运算中采用移位相加法实现常系数乘法运算。移位相加法就是使用移位运算及加、减法运算来实现常系数乘法运算的方法。在二进制运算中，当常系数是 2 的整数次幂时，可以采用左移相应位数来实现相应的乘法运算。例如，左移 1 位，相当于乘以 2；左移 2 位，相当于乘以 4。如果能将常系数分解成多个 2 的整数次幂的数相加的形式，则可以采用移位及加、减法操作来实现常系数乘法运算。下面是几个常系数乘法运算例子。

$A$×3=$A$×(2+1) =$A$ 左移 1 位+$A$

$A$×9=$A$×(8+1) =$A$ 左移 3 位+$A$

$A$×24=$A$×(8+16) =$A$ 左移 3 位+$A$ 左移 4 位

有了前面的基础知识，再编写零点系数的 FPGA 实现代码就相对容易多了。下面直接给出 Verilog HDL 中 ZeroParallel.v 文件的程序清单。

```
//ZeroParallel.v 文件的程序清单
module ZeroParallel (
	input		rst,				//复位信号，高电平有效
	input		clk,				//FPGA 系统时钟，频率为 12.5MHz
	input	signed [11:0]	Xin,		//数据输入频率为 12.5MHz
	output	signed [20:0]	Xout);		//滤波后的输出数据

	//将数据存入移位寄存器 Xin_Reg 中
	reg [11:0] Xin_d=0;
	reg signed[11:0] Xin_Reg[6:0];
	reg [3:0] i,j;
	always @(posedge clk or posedge rst)
		if (rst)
			//初始化寄存器值为 0
			begin
			Xin_d <= 0;
			for (i=0; i<7; i=i+1)
			Xin_Reg[i]<=12'd0;
```

```
            end
        else begin
            Xin_d <= Xin;
            for (j=0; j<6; j=j+1)
            Xin_Reg[j+1] <= Xin_Reg[j];
            Xin_Reg[0] <= Xin_d;
            end

    //将对称系数的输入数据相加
    wire signed [12:0] Add_Reg[3:0];
    assign Add_Reg[0]={Xin_d[11],Xin_d} + {Xin_Reg[6][11],Xin_Reg[6]};
    assign Add_Reg[1]={Xin_Reg[0][11],Xin_Reg[0]} + {Xin_Reg[5][11],Xin_Reg[5]};
    assign Add_Reg[2]={Xin_Reg[1][11],Xin_Reg[1]} + {Xin_Reg[4][11],Xin_Reg[4]};
    assign Add_Reg[3]={Xin_Reg[2][11],Xin_Reg[2]} + {Xin_Reg[3][11],Xin_Reg[3]};

    //采用移位运算及加法运算实现乘法运算
    wire signed [20:0] Mult_Reg[3:0];
    assign Mult_Reg[0]={{6{Add_Reg[0][12]}},Add_Reg[0],2'd0} +
    {{7{Add_Reg[0][12]}},Add_Reg[0],1'd0} + {{8{Add_Reg[0][12]}},Add_Reg[0]};    //*7
    assign Mult_Reg[1]={{4{Add_Reg[1][12]}},Add_Reg[1],4'd0} +
    {{6{Add_Reg[1][12]}},Add_Reg[1],2'd0} + {{8{Add_Reg[1][12]}},Add_Reg[1]};    //*21
    assign Mult_Reg[2]={{3{Add_Reg[2][12]}},Add_Reg[2],5'd0} +
    {{5{Add_Reg[2][12]}},Add_Reg[2],3'd0} + {{7{Add_Reg[2][12]}},Add_Reg[2],1'd0};//*42
    assign Mult_Reg[3]={{3{Add_Reg[3][12]}},Add_Reg[3],5'd0} +
    {{4{Add_Reg[3][12]}},Add_Reg[3],4'd0}+ {{5{Add_Reg[3][12]}},Add_Reg[3],3'd0};//*56
    //对滤波器系数与输入数据的乘法结果进行累加，并输出滤波后的数据
    assign Xout = Mult_Reg[0] + Mult_Reg[1] + Mult_Reg[2] + Mult_Reg[3];
endmodule
```

## 6.5.3 极点系数的 Verilog HDL 设计

零点系数的 Verilog HDL 设计可完全看作一个 FIR 系统，因此可完全采用 FIR 滤波器实现时所使用的方法。极点系数的运算是一种具有反馈结构的运算，如何实现呢？分析式(6-24)，其实可以将其分解成两部分，即

$$512y(n) = \text{Zero}(n) - \text{Pole}(n) \tag{6-25}$$

式中，

$$\begin{aligned}\text{Zero}(n) = 7[x(n)+x(n-7)]+21[x(n-1)+x(n-6)]+\\ 42[x(n-2)+x(n-5)]+56[x(n-3)+x(n-4)]\end{aligned} \tag{6-26}$$

$$\begin{aligned}\text{Pole}(n) = -[-923y(n-1)+1164y(n-2)-811y(n-3)+\\ 412y(n-4)-122y(n-5)+24y(n-6)-2y(n-7)]\end{aligned} \tag{6-27}$$

$$y(n) = [\text{Zero}(n) - \text{Pole}(n)]/512 \tag{6-28}$$

因此，可以将极点系数的运算看成计算式（6-27），而计算式（6-27）同样可以看作一个

没有反馈结构的运算。整个 IIR 系统的反馈结构则体现在计算式（6-28）的过程中。计算式（6-27）的 FPGA 实现过程与计算式（6-26）的过程没有本质的区别，同样是一个典型的乘加运算，其中的乘法运算采用通用乘法器 IP 核来实现。需要注意的是，为保证严格的时序特性，乘法器 IP 核不能使用输入/输出带有寄存器的结构。极点系数 FPGA 实现的 Verilog HDL 程序（PoleParallel.v）代码如下所示。

```
//PoleParallel.v 文件的程序代码
module PoleParallel (
    input        rst,                   //复位信号，高电平有效
    input        clk,                   //FPGA 系统时钟，频率为 12.5MHz
    input  signed [11:0]   Yin,         //数据输入频率为 12.5MHz
    output signed [25:0]   Yout);       //滤波后的输出数据

    //将数据存入移位寄存器 Yin_Reg 中
    reg signed[11:0] Yin_Reg[6:0];
    reg [3:0] i,j;
    always @(posedge clk or posedge rst)
      if (rst)
          //初始化寄存器值为 0
          begin
          for (i=0; i<7; i=i+1)
          Yin_Reg[i]<=12'd0;
          end
      else
          begin
          //与串行结构不同，此处不需要判断计数器状态
          for (j=0; j<6; j=j+1)
          Yin_Reg[j+1] <= Yin_Reg[j];
          Yin_Reg[0] <= Yin;
          end


    wire signed [11:0] coe[7:0] ;            //滤波器为 12bit 量化数据
    wire signed [23:0] Mult_Reg[6:0];        //乘法器输出为 23bit 数据
    //assign coe[0]=12'd512;
    assign coe[1]=-12'd923;
    assign coe[2]=12'd1164;
    assign coe[3]=-12'd811;
    assign coe[4]=12'd412;
    assign coe[5]=-12'd122;
    assign coe[6]=12'd24;
    assign coe[7]=-12'd2;

    //例化有符号数乘法器 IP 核 multc12
```

```
    //输入数据为 12bit 有符号数，输出 24bit 数据，无流水线
    multc12    Umult1 (
        .A (coe[1]),
        .B (Yin_Reg[0]),
        .P (Mult_Reg[0]));
    multc12    Umult2 (
        .A (coe[2]),
        .B (Yin_Reg[1]),
        .P (Mult_Reg[1]));
    multc12    Umult3 (
        .A (coe[3]),
        .B (Yin_Reg[2]),
        .P (Mult_Reg[2]));
    multc12    Umult4 (
        .A (coe[4]),
        .B (Yin_Reg[3]),
        .P (Mult_Reg[3]));
    multc12    Umult5 (
        .A (coe[5]),
        .B (Yin_Reg[4]),
        .P (Mult_Reg[4]));
    multc12    Umult6 (
        .A (coe[6]),
        .B (Yin_Reg[5]),
        .P (Mult_Reg[5]));
    multc12    Umult7 (
        .A (coe[7]),
        .B (Yin_Reg[6]),
        .P (Mult_Reg[6]));

    //对滤波器系数与输入数据的乘法结果进行累加，并输出滤波后的数据
    assign Yout = {{2{Mult_Reg[0][23]}},Mult_Reg[0]}+{{2{Mult_Reg[1][23]}},Mult_Reg[1]}+
                  {{2{Mult_Reg[2][23]}},Mult_Reg[2]}+{{2{Mult_Reg[3][23]}},Mult_Reg[3]}+
                  {{2{Mult_Reg[4][23]}},Mult_Reg[4]}+{{2{Mult_Reg[5][23]}},Mult_Reg[5]}+
                  {{2{Mult_Reg[6][23]}},Mult_Reg[6]};

endmodule
```

### 6.5.4 顶层文件的设计

实现了 IIR 滤波器零点、极点运算后，顶层文件的设计也就变成了十分简单的运算，即完成式（6-28）的运算过程。本例的顶层文件 IIRDirect.v 程序清单如下。

```
//IIRDirect.v 文件的程序清单
module IIRDirect (
```

```
    input        rst,     //复位信号，高电平有效
    input        clk,     //FPGA 系统时钟，频率为 2kHz
    input   signed [11:0]    din,   //数据输入频率为 2kHz
    output signed [11:0]     dout); //滤波后的输出数据

    //例化零点滤波系数及极点系数运算模块
    wire signed [20:0] Xout;
    ZeroParallel U0 (
        .rst (rst),
        .clk (clk),
        .Xin (din),
        .Xout (Xout));

    wire signed [11:0] Yin;
    wire signed [25:0] Yout;
    PoleParallel U1 (
        .rst (rst),
        .clk (clk),
        .Yin (Yin),
        .Yout (Yout));

    wire signed [25:0] Ysum;
    assign Ysum = {{5{Xout[20]}},Xout} - Yout;

    //因为滤波器系数中 a(1)=512，需要将加法结果除以 512，采用右移 9bit 的方法实现除法运算
    wire signed [25:0] Ydiv;
    assign Ydiv = {{9{Ysum[25]}},Ysum[25:9]};

    //根据仿真结果可知，滤波器的输出数据范围与输入数据范围相同，因此可直接进行截位输出
    assign Yin = (rst ? 12'd0 : Ydiv[11:0]);
    assign dout = Yin;

endmodule
```

图 6-10 所示为直接型 IIR 滤波器 FPGA 实现的顶层文件 RTL 原理图，从图中可以清楚地看出 IIR 滤波器系统与零点实现结构及极点实现结构之间的关系。

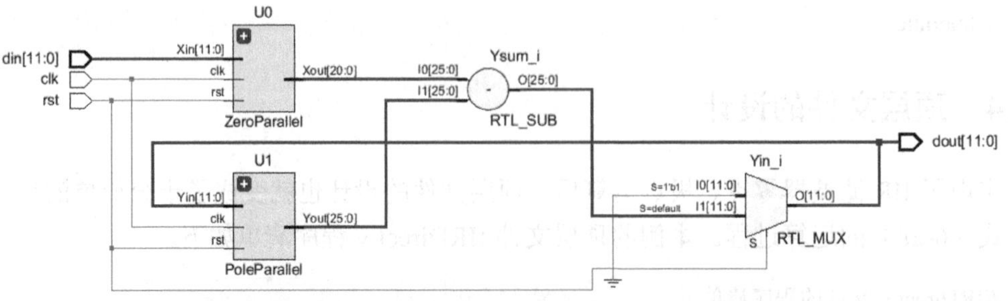


图 6-10　直接型 IIR 滤波器 FPGA 实现的顶层文件 RTL 原理图

### 6.5.5　直接型 IIR 滤波器仿真测试

为便于对直接型 IIR 滤波器进行仿真测试，继续采用第 4 章 FIR 滤波器的测试方法。新建测试数据模块文件 data.v，在 50MHz 时钟驱动下产生 500kHz 单频信号和 3MHz 的叠加信号。新建顶层文件 top.v，文件中例化前面设计完成的 IIR 滤波器文件 IIRDirect.v 和测试数据模块文件 data.v，同时新建时钟管理 IP 核，输入时钟 gclk 为 100MHz（CXD720 开发板时钟），产生 50MHz 和 12.5MHz 的时钟信号，分别作为滤波器模块和测试数据模块的时钟信号。

```
//top.v 文件清单
module top(
      input gclk,rst,
      input key,
      output [13:0] data,
      output [13:0] dout
      );

      wire clk100m,clk50m,clk12m5;
      wire signed [13:0] dat;
      wire signed [11:0] yout;
      assign data = dat;

      clock u0 (
         .clk_out1(clk100m),          // output clk_out1
         .clk_out2(clk50m),           // output clk_out2
         .clk_out3(clk12m5),          // output clk_out3
         .clk_in1(gclk));             // input clk_in1

      data u1(
         .key(key),
         .clk(clk50m),
         .dout(dat));

      IIRDirect u2(
         .rst(rst),
         .clk(clk12m5),               //时钟：12.5MHz
         .din(dat[13:2]),             //输入数据：12.5MHz
         .din({dat[13],dat[13:3]}),
         .dout(yout));                //滤波输出数据：12.5MHz

    //扩展为 14bit 输出，便于 CXD720 开发板测试
    assign dout = {yout,2'd0};
```

```
endmodule
```

新建测试激励文件 tst.v，产生时钟激励信号，运行仿真工具，调整数据显示波形，得到图 6-11 所示的仿真波形图。

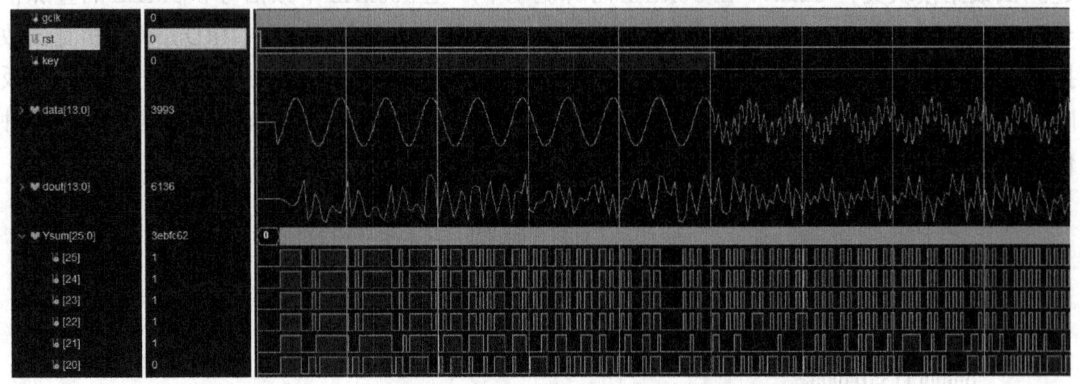


图 6-11 直接型 IIR 滤波器仿真波形图（数据溢出状态）

从图 6-11 可以看出，输入为单频信号或叠加信号，输出信号波形呈现不规则现象，没有输出预期的波形。详细检查代码及工作时序，也没有发现设计错误。将运算过程信号 Ysum 添加到波形窗口中，可以看到 Ysum 的数据有效位为[22:0]。根据直接型 IIR 滤波器设计原理，Ysum 右移 9bit 后，取低 12bit 作为滤波器输出，即输出 dout 实际为 Ysum[21:10]。因此，Ysum 信号的值实际上超出了理论数据范围，在截位时会出现数据溢出现象。

运算中的中间信号值超出理论数据范围的原因主要有两点：一是 IIR 滤波器系数量化带来的误差，二是 Ysum 采用右移 9bit 实现近似除以 512 带来的误差。在测试过程中，输入数据为 12bit 满量程数据，我们将测试数据的幅度降低 1/2（取 dat[13:3]），重新仿真测试，得到图 6-12 所示的波形。

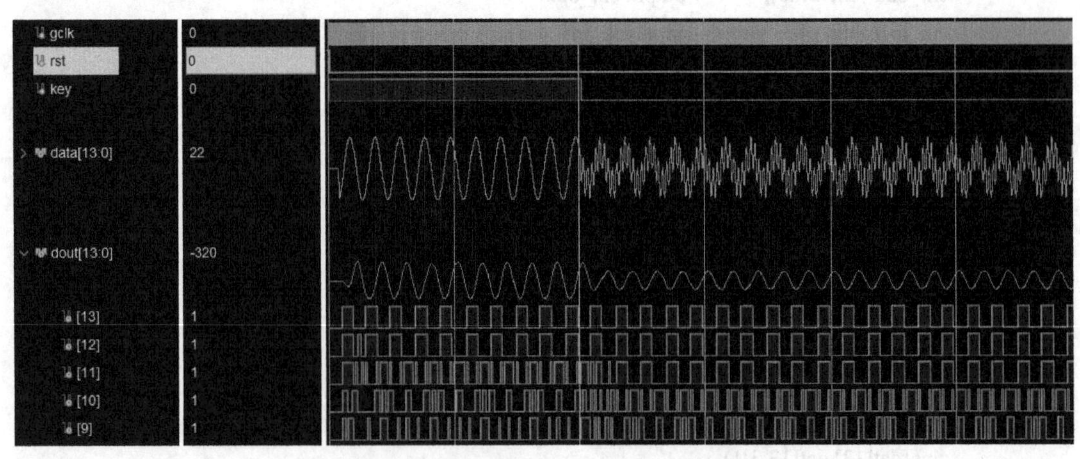


图 6-12 直接型 IIR 滤波器仿真波形图（数据未溢出状态）

从图 6-12 可以看出，输出信号波形正确，没有出现数据溢出现象。当输入为单频信号时，输出数据的波形比满量程降低了约 1/2，与输入信号波形幅度基本相同，说明通带内增益接近 1。

### 6.5.6 直接型 IIR 滤波器的改进设计

**例 6-5：改进的直接型 IIR 滤波器设计。**

根据前面的分析，在设计直接型 IIR 滤波器 FPGA 时，由于设计过程中的有限字长效应，因此在运算过程中，数据的范围可能超过理论值，从而无法得到正确的滤波结果。为此，可以在运算过程中增加寄存器字长，解决数据溢出的问题。具体来讲，对于本节讨论的 IIR 滤波器设计实例，输入信号的位宽为 12bit，可以在 IIR 滤波器的 FPGA 设计过程中，对 13bit 数据进行运算，最后取 12bit 数据作为滤波输出。

读者可在本书配套程序资料中查看改进后的 IIR 滤波器工程文件。重新运行仿真工具，调整数据显示波形，得到图 6-13 所示的波形图。

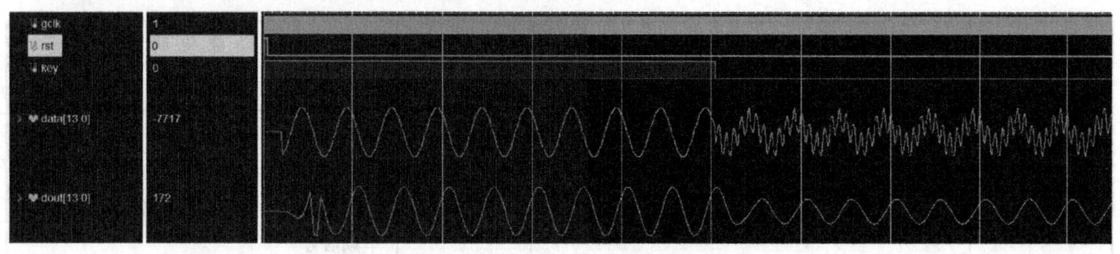

图 6-13　改进后的 IIR 滤波器仿真波形图

从图 6-13 可以看出，改进后的 IIR 滤波器，当输入为 12bit 的满量程信号时，由于运算过程中增加了 1bit 数据位宽，解决了运算过程中数据溢出的问题，可以得到正确的滤波结果。

## 6.6 直接型 IIR 滤波器板载测试

### 6.6.1 硬件接口电路及板载测试程序

**例 6-6：直接型 IIR 滤波器板载测试。**

完善直接型 IIR 滤波器程序代码后，在 CXD720 开发板上测试验证 IIR 滤波器的滤波功能。

前面讨论了直接型 IIR 滤波器设计的方法和步骤，接下来我们讨论 IIR 滤波器的板载测试情况。本次实验的目的是验证 IIRDirect.v 程序能否完成对输入信号的滤波功能。

CXD720 开发板配置有 2 路独立的 D/A 转换接口、1 路 A/D 转换接口、1 个独立的 100MHz 晶振。为真实地模拟通信中的滤波过程，采用 100MHz 晶振作为驱动时钟，产生频率为 500 kHz 和 3MHz 的正弦波叠加信号，经 DA2 通道输出；DA2 通道输出的模拟信号通过开发板上的跳线端子物理连接至 A/D 转换通道，并送入 FPGA 进行处理；FPGA 滤波后的信号由 DA1 通道输出。程序下载到开发板后，通过示波器同时观察 DA1、DA2 通道的信号波形，判断滤波前后信号的变化情况可验证滤波器的功能及性能。直接型 IIR 滤波器板载测试电路的结构框图如图 6-14 所示。

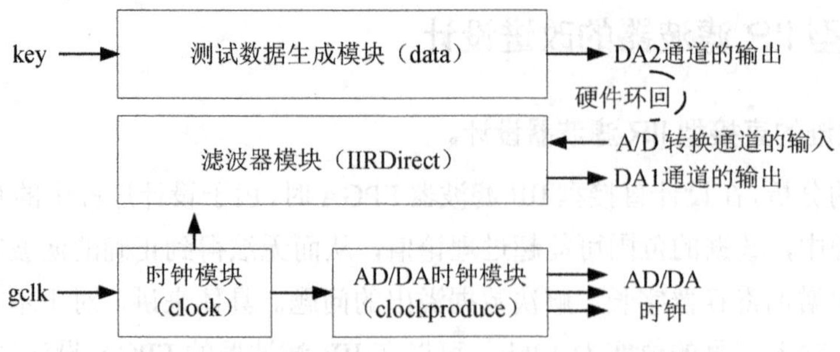

图 6-14　直接型 IIR 滤波器板载测试电路的结构框图

直接型 IIR 滤波器板载测试接口信号定义表如表 6-2 所示。

**表 6-2　直接型 IIR 滤波器板载测试接口信号定义表**

| 信号名称 | 引脚定义 | 传输方向 | 功能说明 |
|---|---|---|---|
| rst | P14 | →FPGA | 复位信号，高电平有效 |
| gclk | C19 | →FPGA | 100 MHz 时钟信号 |
| key | F4 | →FPGA | 按键信号，按下按键为高电平，按下时 A/D 转换通道的输入为叠加信号，否则为单频信号 |
| ad_clk | J2 | FPGA→ | A/D 抽样时钟信号 |
| ad_din[11:0] | B2/B1/C2/D2/D1/E3/E2/E1/F1/G2/G1/H2 | →FPGA | A/D 抽样输入信号 |
| da1_clk | W2 | FPGA→ | DA1 通道的时钟信号 |
| da1_wrt | Y1 | FPGA→ | DA1 通道的接口信号 |
| da1_out[13:0] | AB11/AB10/AB8/AA8/AB7/AB6/AA6/AB5/AB3/AA3/AB2/AB1/AA1/Y2 | FPGA→ | DA1 通道的输出信号，滤波处理后的信号 |
| da2_clk | W1 | FPGA→ | DA2 通道的时钟信号 |
| da2_wrt | V2 | FPGA→ | DA2 通道的接口信号 |
| da2_out[13:0] | U2/U1/T1/R2/R1/P2/P1/N2/M2/M1/L1K1/K2/J1 | FPGA→ | DA2 通道的输出信号，产生的测试信号 |

根据前面的分析可知，板载测试程序需要设计与 ADC、DAC 之间的接口转换电路，以及生成 ADC、DAC 所需要的时钟信号。ADC、DAC 的数据信号均为无符号数，而滤波器模块及测试数据模块的数据信号均为有符号数，因此需要将 A/D 转换的无符号数转换为有符号数送入滤波器处理，同时需要将测试数据信号及滤波后的信号转换为无符号数送入 DAC。

板载测试程序结构与例 4-9 相似，读者可在本书配套程序资料中查看完整的工程文件。

## 6.6.2　板载测试验证

设计好板载测试程序，添加引脚约束并完成 FPGA 实现后，将程序下载至 CXD720 开发板可进行板载测试。IIR 滤波器板载测试的硬件连接图如图 6-15 所示。

进行测试时需要采用双通道示波器，将示波器通道 2 接 DA2 通道输出，观察滤波前的信号；通道 1 接 DA1 通道输出，观察滤波后的信号。需要注意的是，在测试之前，需要适当调整 CXD720 开发板的电位器，使 AD/DA 接口的信号幅值基本保持满量程状态，且波形不失真。

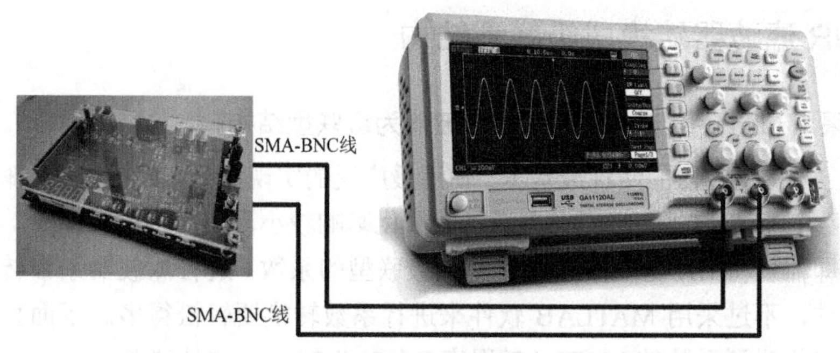


图 6-15 IIR 滤波器板载测试的硬件连接图

将板载测试程序下载到 CXD720 开发板上后，按下按键后合理设置示波器参数，可以看到两个通道的波形如图 6-16 所示。从图中可以看出，滤波前后的信号均为 500kHz 的单频信号。滤波前后信号峰峰值均约为 8V，说明通带内的增益为 1。

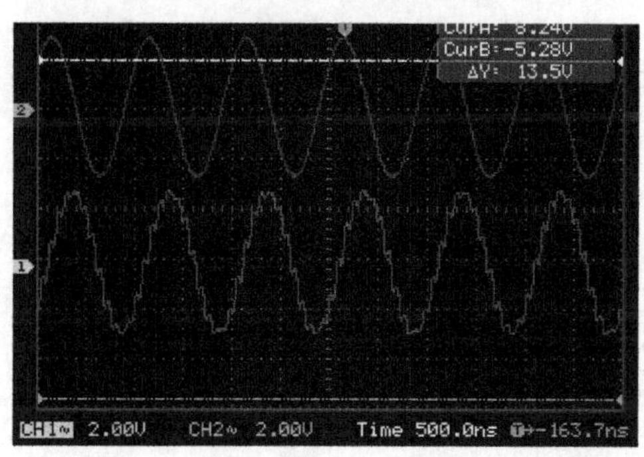


图 6-16 滤波器输入通带内的单频信号的测试波形图

松开按键，输入信号为 500kHz 和 3MHz 的叠加信号，其波形图如图 6-17 所示。滤波后仍能得到规则的 500kHz 单频信号（滤波器的截止频率为 3MHz），只是其幅度相比单频输入时降低了约 1/2。这是由于输入的 12bit 数据同时包含了 500kHz 和 3MHz 的单频信号，叠加信号的幅度与单频输入信号的幅度相同，叠加信号中的 500kHz 信号相比单频输入信号，幅度本身已降低了 1/2，滤除 3MHz 信号后，仅剩下降低 1/2 幅值的 500kHz 单频信号，这与示波器显示的波形相符。

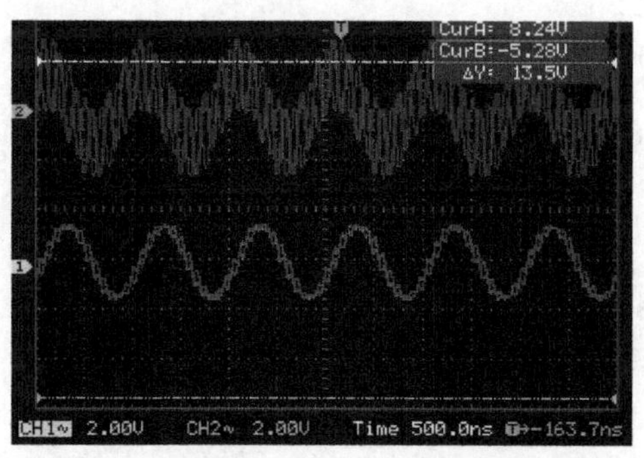


图 6-17 滤波器输入叠加信号的测试波形图

# 6.7 级联型 IIR 滤波器系数量化设计

## 6.7.1 将 IIR 滤波器转换成级联型结构

**例 6-7：采用 MATLAB 软件转换 IIR 滤波器为级联型结构。**

前面介绍了 IIR 滤波器的两种最基本、使用最广泛的实现结构：直接型和级联型。级联型便于准确实现数字滤波器的零/极点，且受参数量化影响较小，应用也比较广泛。实现级联型结构的第一步即需要将 IIR 滤波器系数转换成级联型的系数。进行滤波器系数转换可以采用人工计算的方法，不过采用 MATLAB 软件来进行系数转换要轻松得多。下面直接给出了直接型系数转换成级联型系数的 MATLAB 程序 E6_7_dir2cas.m 文件清单。

```
function [b0,B,A]=E6_7_dir2cas(b,a);
%将直接型 IIR 滤波器结构变为级联型结构
%b0=增益系数
%B=包含因子系数 bk 的 K 行 3 列矩阵
%A=包含因子系数 ak 的 K 行 3 列矩阵
%a=直接型分母多项式系数
%b=直接型分子多项式系数
%计算增益系数

b0=b(1);b=b/b0;
a0=a(1);a=a/a0; b0=b0/a0;
%将分子、分母多项式系数的长度补齐进行计算
M=length(b);N=length(a);
if N>M
    b=[b zeros(1,N-M)];
elseif M>N
    a=[a zeros(1,M-N)]; N=M;
else
    N=M;
end

%级联型系数矩阵初始化
K=floor(N/2);B=zeros(K,3);A=zeros(K,3);
if K*2==N
    b=[b 0];   a=[a 0];
end

%根据多项式系数，利用函数 roots 求出所有的根
%利用 cplxpair 将系数按实部从小到大排序
broots=cplxpair(roots(b));
aroots=cplxpair(roots(a));
```

```
%取出复共轭对的根变换成多项式系数，即所求
for i=1:2:2*K
    Brow=broots(i:1:i+1,:);
    Brow=real(poly(Brow));
    B(fix(i+1)/2,:)=Brow;
    Arow=aroots(i:1:i+1,:);
    Arow=real(poly(Arow));
    A(fix(i+1)/2,:)=Arow;
End
```

以前面实现的 IIR 滤波器为例，将其转换成级联型结构，则只需在命令行窗口中输入下面两条语句并运行。

```
[b,a]=cheby2(7,60,0.5);
[b0,B,A]=E6_7_dir2cas(b,a)
```

命令执行后获得级联型结构的滤波器系数如下。

```
b0 = 0.0145
B =  1.0000    1.3663    1.0000
     1.0000    0.4825    1.0000
     1.0000    0.0508    1.0000
     1.0000    1.0000         0
A =  1.0000   -0.3451    0.1034
     1.0000   -0.5365    0.3415
     1.0000   -0.7858    0.7256
     1.0000   -0.1350         0
```

## 6.7.2 对级联型 IIR 滤波器系数进行量化

由 6.7.1 节可知，7 阶 IIR 滤波器可等效为 3 个 2 阶 IIR 滤波器和 1 个 1 阶 IIR 滤波器级联组成的滤波器。转换成级联型 IIR 滤波器后，可以得到滤波器的补偿增益 b0 为 0.0145（确保整个级联型 IIR 滤波器增益为 1），理论上可将此增益分配给任意一个级联型 IIR 滤波器。考虑到 FPGA 设计过程中的字长效应，如果增益（小于 1）分配给第一级滤波器，则可能造成第一级滤波器输出的信号幅度较小，降低后续处理的精度；如果分配给最后一级滤波器，则可能造成前级滤波器的增益较大，为确保运算结果不溢出，需要增加运算字长。综合考虑后，本实例中将补偿增益平均分配给前两级滤波器，即对 0.0145 开平方得 0.1204，后两级滤波器的增益保持不变。

与直接型 IIR 滤波器相同，在实现级联型 IIR 滤波器前必须对滤波器系数进行量化处理。下面给出系数量化的 MATLAB 程序清单。

```
%E6_7_CasQcoe.m
[b,a]=cheby2(7,60,0.5);
[b0,B,A]=E6_7_dir2cas(b,a);
g=b0^(1/2);
```

```
Qb=zeros(4,3);
Qa=zeros(4,3);
Qb(1,:)=round(g*B(1,:)*(2^(11)))        %四舍五入截尾
Qa(1,:)=round(A(1,:)*(2^(11)))          %四舍五入截尾
Qb(2,:)=round(g*B(2,:)*(2^(11)))        %四舍五入截尾
Qa(2,:)=round(A(2,:)*(2^(11)))          %四舍五入截尾
Qb(3,:)=round(B(3,:)*(2^(11)))          %四舍五入截尾
Qa(3,:)=round(A(3,:)*(2^(11)))          %四舍五入截尾
Qb(4,:)=round(B(4,:)*(2^(11)))          %四舍五入截尾
Qa(4,:)=round(A(4,:)*(2^(11)))          %四舍五入截尾
```

程序运行后得到量化后的滤波器系数如下所示。

```
B =  246      337      246
     246      119      246
     2048     104      2048
     2048     2048     0
A =  2048     −707     212
     2048     −1099    699
     2048     −1609    1486
     2048     −276     0
```

## 6.8 级联型 IIR 滤波器设计及仿真

### 6.8.1 级联型 IIR 滤波器设计

**例 6-8：级联型 IIR 滤波器的设计。**

采用级联型结构对前述 IIR 滤波器进行 FPGA 实现，并仿真测试 FPGA 实现后的 IIR 滤波效果。其中滤波器量化位数为 12bit、系统时钟频率为 12.5MHz、数据速率为 12.5MHz、输入/输出数据位宽均为 12bit。

级联型 IIR 滤波器，实际相当于将阶数比较大的滤波器分解成多个阶数小于或等于 2 的 IIR 滤波器，其中每个滤波器均可以看成独立的结构，只是前一级滤波器的输出作为后一级滤波器的输入而已。由于 IIR 滤波器的总体增益为 1，且在系数量化时已将增益分配到各级滤波器中，每级滤波器的输入/输出数据均取相同的位宽。

整个级联型 IIR 滤波器 FPGA 程序由 5 个文件组成：顶层文件（IIRCas.v）、第一级滤波器实现文件（FirstTap.v）、第二级滤波器实现文件（SecondTap.v）、第三级滤波器实现文件（ThirdTap.v）及第四级滤波器实现文件（FourthTap.v）。顶层文件对 4 个级联型 IIR 滤波器进行组合，各级联型 IIR 滤波器的实现文件构成整个子滤波器的实现文件。由于级联型 IIR 滤波器的阶数小，故可将零/极点系数的实现代码编写在同一个文件中。

为弄清楚级联型 IIR 滤波器的实现结构，先给出顶层文件的程序清单。

```
//顶层文件 IIRCas.v 的程序清单
module IIRCas (
    input        rst,                          //复位信号，高电平有效
    input        clk,                          //FPGA 系统时钟，频率为 12.5MHz
    input   signed [11:0]    din,              //数据输入频率为 12.5MHz
    output signed [11:0]     dout);            //滤波后的输出数据

    reg [11:0] data=0;
    always @(posedge clk) data <= din;

    //例化第一级滤波器运算模块
    wire signed [11:0] Y1;
    FirstTap U1 (
        .rst (rst),
        .clk (clk),
        .Xin (data),
        .Yout (Y1));

    //例化第二级滤波器运算模块
    wire signed [11:0] Y2;
    SecondTap U2 (
        .rst (rst),
        .clk (clk),
        .Xin (Y1),
        .Yout (Y2));

    //例化第三级滤波器运算模块
    wire signed [11:0] Y3;
    ThirdTap U3 (
        .rst (rst),
        .clk (clk),
        .Xin (Y2),
        .Yout (Y3));

    //例化第四级滤波器运算模块
    FourthTap U4 (
        .rst (rst),
        .clk (clk),
        .Xin (Y3),
        .Yout (dout));

endmodule
```

图 6-18 所示为级联型 IIR 滤波器的顶层文件 RTL 原理图，从图中可以清楚地看出滤波器的实现结构。

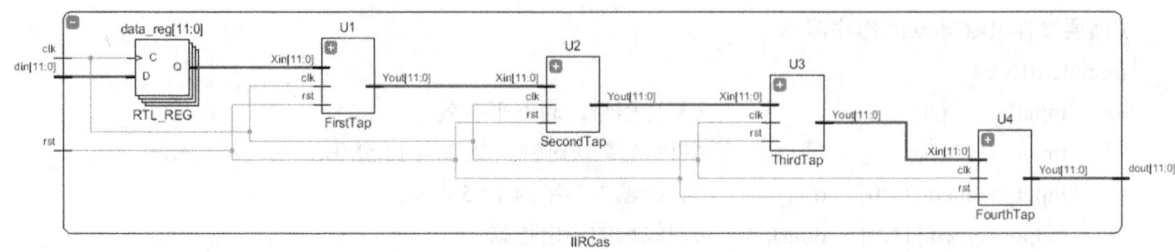

图 6-18　级联型 IIR 滤波器的顶层文件 RTL 原理图

各级 IIR 滤波器的实现代码十分相似，仅仅是各级滤波器的系数不同（第 4 级滤波器只有 2 个零/极点系数，其他滤波器有 3 个零/极点系数）。限于篇幅，下面只给出第 1 级滤波器的实现代码。整个实例的 FPGA 实现代码请参见本书配套程序资料根目录下的"FilterVivado_chp6\E6_8_IIRCasDesign\"文件夹。

```
//FirstTap.v 文件的程序清单
module FirstTap (
    input        rst,    //复位信号，高电平有效
    input        clk,    //FPGA 系统时钟：12.5MHz
    input   signed [11:0]    Xin,  //数据输入
    output signed [11:0]     Yout); //滤波后的输出数据

    //零点系数的实现代码
    //将输入数据存入移位寄存器中
    reg signed[11:0] Xin1,Xin2;
    always @(posedge clk or posedge rst)
        if (rst)   begin
            //初始化寄存器值为 0
            Xin1 <= 12'd0;
            Xin2 <= 12'd0;
            end
        else begin
            Xin1 <= Xin;
            Xin2 <= Xin1;
            end

    //采用移位运算及加法运算实现乘法运算
    wire signed [23:0] XMult0,XMult1,XMult2;
    assign XMult0 = {{4{Xin[11]}},Xin,8'd0}-{{9{Xin[11]}},Xin,3'd0}-{{11{Xin[11]}},Xin,1'd0};
    assign XMult1 = {{4{Xin1[11]}},Xin1,8'd0}+{{6{Xin1[11]}},Xin1,6'd0}+
        {{8{Xin1[11]}},Xin1,4'd0}+{{12{Xin1[11]}},Xin1};   //*337=256+64+16+1
    assign XMult2 = {{4{Xin2[11]}},Xin2,8'd0}-{{9{Xin2[11]}},Xin2,3'd0}-
        {{11{Xin2[11]}},Xin2,1'd0};                         //246=256-8-2;

    //对滤波器系数与输入数据乘法结果进行累加
    wire signed [23:0] Xout;
```

```
assign Xout = XMult0 + XMult1 + XMult2;

//极点系数的实现代码
wire signed[11:0] Yin;
reg signed[11:0] Yin1,Yin2;
always @(posedge clk or posedge rst)
    if (rst) begin
    //初始化寄存器值为 0
        Yin1 <= 12'd0;
        Yin2 <= 12'd0;
        end
    else  begin
        Yin1 <= Yin;
        Yin2 <= Yin1;
        end

//采用移位运算及加法运算实现乘法运算
wire signed [23:0] YMult1,YMult2;
wire signed [23:0] Ysum,Ydiv;
assign YMult1 = {{3{Yin1[11]}},Yin1,9'd0}+{{5{Yin1[11]}},Yin1,7'd0}+
{{6{Yin1[11]}},Yin1,6'd0}+
{{11{Yin1[11]}},Yin1,1'd0}+{{12{Yin1[11]}},Yin1};            //*707
assign YMult2 = {{5{Yin2[11]}},Yin2,7'd0}+{{6{Yin2[11]}},Yin2,6'd0}+
{{8{Yin2[11]}},Yin2,4'd0}- {{10{Yin2[11]}},Yin2,2'd0};      //*212

//第一级 IIR 滤波器的实现代码
assign Ysum = Xout+YMult1-YMult2;
assign Ydiv = {{11{Ysum[23]}},Ysum[23:11]};//2048
//根据仿真结果可知，第一级滤波器的输出范围可用 12bit 表示
assign Yin = (rst ? 12'd0 : Ydiv[11:0]);
//增加一级寄存器，提高运行速度
reg signed [11:0] Yout_reg=0 ;
always @(posedge clk)
    Yout_reg <= Yin;
assign Yout = Yout_reg;

endmodule
```

级联型结构可以达到更高的运算速度，这主要是因为每个子 IIR 滤波器的级数较小，每个子 IIR 滤波器之间可以通过增加寄存器来提高运算速度，即整个滤波器的运算速度只受限于单个级数较少的滤波器的运算速度。由于在实现直接型 IIR 滤波器时，部分乘法运算采用了乘法器 IP 核，因而不便于比较两种结构所占用的硬件资源情况，读者可以将直接型 IIR 滤波器的实现代码重新编写，全部采用移位相加的方法实现乘法运算，比较两种结构的硬件资源消耗情况。

### 6.8.2 级联型 IIR 滤波器仿真测试

为便于对直接型 IIR 滤波器进行仿真测试，继续采用第 4 章 FIR 滤波器的测试方法。新建测试数据模块文件 data.v，在 50MHz 时钟驱动下产生 500kHz 单频信号和 3MHz 的叠加信号。新建顶层文件 top.v，在该文件中例化前面设计完成的 IIR 滤波器文件 IIRCas.v 和测试数据模块文件 data.v，同时新建时钟管理 IP 核，输入时钟 gclk 为 100MHz（CXD720 开发板时钟），产生 50MHz 和 12.5MHz 的时钟信号，分别作为滤波器模块和测试数据模块的时钟信号。

读者可以在本书配套程序资料中查看完整的工程文件，图 6-19 所示为级联型 IIR 滤波器的顶层文件 RTL 原理图。

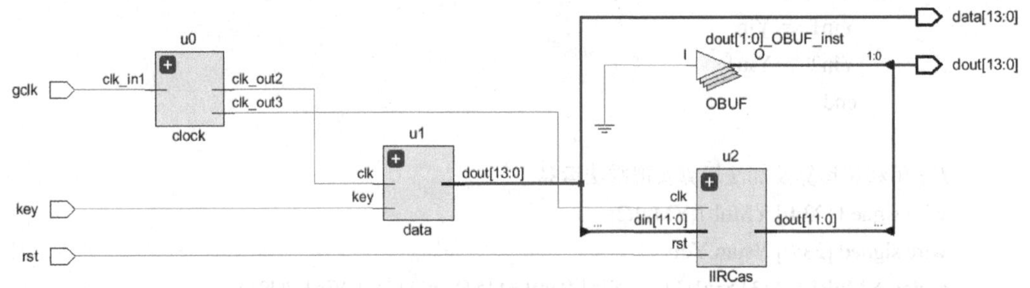


图 6-19　级联型 IIR 滤波器的顶层文件 RTL 原理图

新建测试激励文件 tst.v，产生时钟激励信号，运行仿真工具，将各级滤波器输入信号加入波形窗口中，调整数据显示波形，得到图 6-20 所示的仿真波形图。

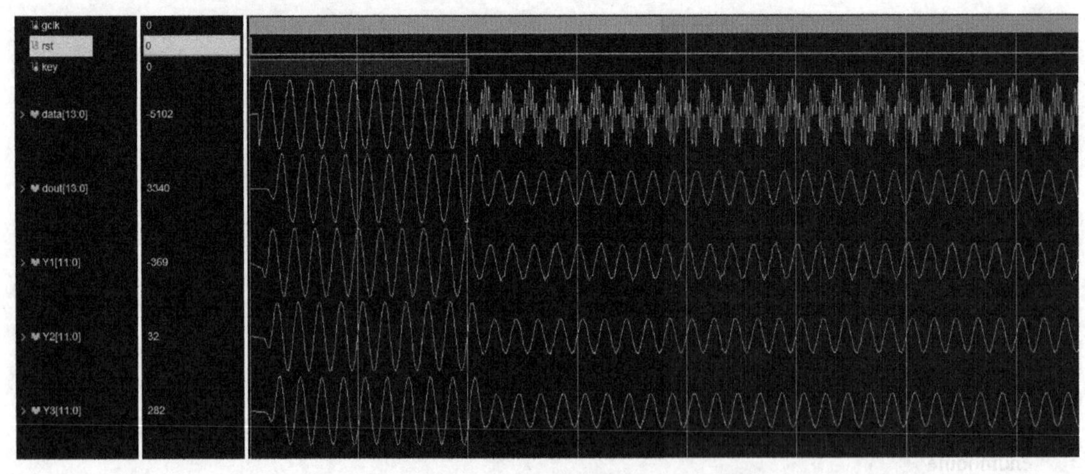


图 6-20　级联型 IIR 滤波器仿真波形图

从图 6-20 可以看出，输入为单频信号或叠加信号，输出均为单频 500kHz 信号，滤波器实现了低通滤波功能，且各级滤波器均没有数据溢出，末级输出信号 dout 的幅度与输入信号的幅度相当，说明整个滤波器增益为 1。

读者可以参考直接型 IIR 滤波器的板载测试程序，自行完成级联型 IIR 滤波器板载测试程序的编写和测试。

## 6.9 小结

因为 IIR 滤波器具有较高的滤波效率，所以在不需要严格线性相位特性的系统中被广泛使用。本章在介绍 IIR 滤波器基本原理时，对 IIR 滤波器与 FIR 滤波器的异同进行了比较。IIR 滤波器可以充分采用模拟滤波器的设计成果，但在工程上更常用的方法仍然是直接采用 MATLAB 软件提供的 IIR 滤波器设计函数。这些使用方便的函数实际上正是采用了常规的原型转换设计或直接设计方法对滤波器进行设计，使得用户不需要了解函数的运行细节即能设计出满足需求的滤波器。

本章对常用的几种 IIR 滤波器设计函数进行了介绍，并比较了几种设计函数的滤波性能。IIR 滤波器的 FPGA 实现相对 FIR 滤波器来说要复杂一些，主要原因在于其反馈结构，且目前的 FPGA 设计软件并没有提供通用的 IP 核。本章详细阐述了 IIR 滤波器的 FPGA 实现过程，以及实现过程中需要注意的问题，如系数量化方法、计算输出数据位宽、MATLAB 仿真及 FPGA 实现后仿真等。直接型结构和级联型结构都是 FPGA 设计中常用的结构。需要注意的是，在级联型结构实现时，需要多次使用移位的方法实现近似除法运算，因此这种结构实现的滤波器性能误差较大。

# 第 7 章
# 多速率信号处理原理及 CIC 滤波器设计

多速率信号处理是指对同时存在两个以上数据速率的系统进行处理。利用多速率技术可以减少信号存储、传送、处理过程中的运算量。随着信号处理技术的发展，以及软件无线电技术的广泛应用，实际应用中需要处理的数据量越来越大，对处理速度的要求越来越高，多速率技术已广泛应用于数字音频处理、语音处理、频谱分析、图像压缩、数字通信、模拟语音保密、雷达等领域。一般来讲，多速率系统可以比单速率系统更有效地处理信号，这是因为多速率系统内部各节点的抽样频率可以根据需要设计为尽可能小的数值。

## 7.1 多速率信号处理基础知识

### 7.1.1 多速率信号处理的概念及作用

前面章节介绍的滤波器均是针对单一数据速率进行处理的系统，即在系统的输入、输出及内部节点上，信号的速率是一样的。在一个信号处理系统中有时需要不同的抽样频率，这样做有时是为了适应不同系统之间的级联，以利于信号的处理、编码、传输和存储，有时是为了节省运算工作量。

多速率信号处理过程中的一个基本操作是数据速率的转换。在满足抽样定理的前提下，数据速率的转换有两种途径：一种是将利用某一个抽样频率得到的数字信号经 DAC 转换成模拟信号，而后经 ADC 用另一个抽样频率进行抽样；另一种是利用数字信号处理的方法直接完成数据速率的转换。显然，数字信号处理的方法更加直接、方便、灵活。数据速率转换的基本方法是抽取及内插。使抽样频率降低的转换称为抽取，使抽样频率升高的转换称为内插。抽取和内插有时是整数倍的，有时是有理数分数倍的，关于抽取及内插操作的内容将在 7.2 节进行详细讨论。

为更好地理解多速率信号处理的作用，下面以数字音频系统为例加以说明。

在某一音频系统中，要求对模拟音频信号 $x(t)$ 进行数字抽样，转换成抽样频率为 $f_s$ 的数字信号 $x(nT)$。其中音频信号的有用频率范围为 $|f| \leqslant f_h$，抽样频率 $f_s = 2f_h$。信号中含有噪声，其频带远大于有用信号占用的带宽。

解决上述问题的一般方法是在抽样前对信号进行模拟滤波，将信号频带严格限制在 $0 \leqslant f \leqslant f_h$ 的范围内，然后以 $2f_h$ 的频率抽样，其处理过程框图如图 7-1 所示，图中的模拟滤波器 $h(t)$ 称为抗混叠滤波器。

图 7-1 所示系统的实现问题在于对模拟抗混叠滤波器的技术要求太高，难以设计和实现。根据抽样定理，要实现抽样后的信号没有混叠，滤波器的过渡带很窄（本例中为 0），这样的滤波器阶数非常高，模拟滤波器是无法实现的。

如何解决模拟滤波器过渡带难以设计得很窄的问题呢？经过前面章节的介绍，我们知道具有较窄过渡带的数字滤波器是比较容易设计的（只需要采用较高的滤波器阶数即可）。问题的解决思路框图如图 7-2 所示，即先用较高的频率对模拟信号进行抽样，本例采用 $4f_h$ 的频率，再经过数字处理方法将数据速率降低为 $2f_h$ 的数字信号。由于模拟信号抽样频率为 $4f_h$，则前端模拟滤波器的过渡带可设计为 $f_h \leqslant f \leqslant 3f_h$，对于音频信号来说，最高频率取 4kHz，即前端模拟滤波器过渡带为 $4\ \text{kHz} \leqslant f \leqslant 12\ \text{kHz}$。模拟滤波后，经 16kHz 的频率抽样，在 $0 \leqslant f \leqslant 4\ \text{kHz}$ 的范围内是没有频谱混叠的，在 $4\ \text{kHz} \leqslant f \leqslant 12\ \text{kHz}$ 的范围内有频谱混叠。由于模拟滤波器的过渡带较宽，因此很容易设计。由于最终还需要将 16kHz 数字信号抽样成 8kHz 信号，为避免有用信号频带内的混叠，还需要在降速抽样前添加一级滤波器，其过渡带仍然相当窄（本例中为 0），但采用具有线性相位的 FIR 数字滤波器实现具有陡峭过渡带的低通滤波器比较容易。回顾上述问题的解决过程，实际上是将设计模拟滤波器的困难改为由设计数字滤波器来实现，这是解决问题的关键所在，所用的方法都是先提高抽样频率，然后进行抽取，因此最终的数据量并没有增加。

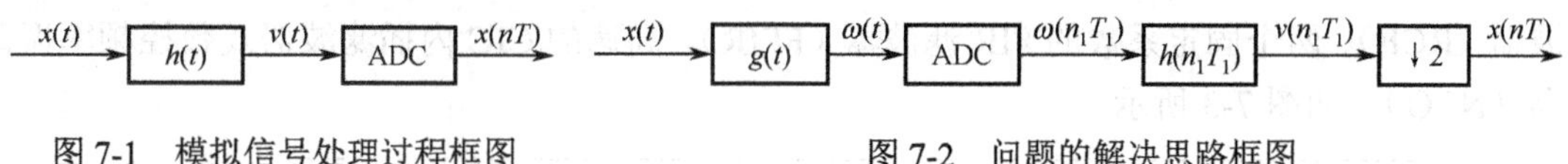


图 7-1　模拟信号处理过程框图　　　　图 7-2　问题的解决思路框图

## 7.1.2　多速率信号处理的一般步骤

多速率信号处理的目的是改变原有数字信号的速率，可通过抽取来降低抽样频率，以及通过内插来提高抽样频率。无论抽取还是内插，信号处理的前提条件都是保证有用信号频带内没有频谱混叠，这一目的只有通过各种形式的滤波器来实现。因此，多速率信号处理的核心操作是抽取、内插、低通滤波。通过本章对抽取及内插的讨论，读者可以看出，抽取及内插本身实现起来十分简单，因此关键问题在于怎样实现满足需求的低通滤波器。本章所要讨论的主要问题即如何正确设计多速率滤波器。

多速率滤波器从本质上来讲是具有线性相位的 FIR 滤波器，由于滤波器通常需要工作在很高的速率上，因此如何尽量减少运算量及运算复杂度是多速率滤波器需要考虑的问题。常用的多速率滤波器有多速率 FIR 滤波器、积分梳状（Cascaded Integrator Comb，CIC）滤波器和半带（Half Band，HB）滤波器。其中，多速率 FIR 滤波器由于信号速率较高，FIR 滤波器需要工作在很高的频率上，大量的乘法器需求造成使用资源多、功耗大的问题，因此多速率 FIR 滤波器需要精心设计。CIC 滤波器和 HB 滤波器由于具有结构简单、实现方便及性能优良等特点，已经获得了广泛的应用。

因此，在数字上变频、下变频等无线通信的多速率信号应用中，都采用了一种高效的滤波器组合结构，即对不同类型的滤波器进行组合以满足不同的要求。常用的组合结构是将 CIC 滤波器作为第一级滤波器，实现抽取、低通滤波，中间级采用 HB 滤波器，末级采用 FIR 滤波器，此时它们工作在较低的速率下，且滤波器的参数得到了优化，更容易以较低的阶数实现，达到节省资源、降低功耗的目的。

### 7.1.3 软件无线电中的多速率信号处理

多速率信号处理在无线通信中的一个重要应用是软件无线电中的数字上变频（DUC）和数字下变频（DDC）。在软件无线电中，一方面在信号抽样时希望以尽可能高的抽样频率来提高 A/D 转换的信噪比，且尽可能使整个系统软件化，这使得信号速率非常高；另一方面在信号处理和编码时，又希望只处理有效的信号频段，使信号速率尽可能低；最后在 D/A 转换时又需要较高的抽样频率来还原信号，提高信噪比。三者看似矛盾的需求，在多速率信号处理技术的支持下成了一个有机的整体，通过内插和抽取可以满足任意信号速率转换的需求。随着无线通信技术的发展，多速率信号处理技术必将会有更为广阔的应用前景。

接下来对已在无线通信中广泛使用的多速率发送器及接收器进行介绍，读者可先对整体结构有一个基本的了解。在学习完本章后续各种常用滤波器的内容后，相信会对整个发送器及接收器结构有更深的理解。

#### 1. 多速率发送器

无线通信中的多速率发送器在 DAC 之前工作，主要由四部分组成：可编程内插 FIR 滤波器（RCF）、两个固定系数的 FIR 滤波器（FFIR）、高速的 CIC 内插滤波器及数控频率振荡器（NCO），如图 7-3 所示。

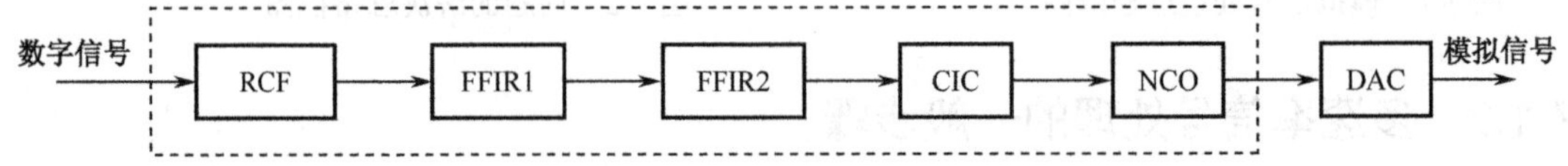


图 7-3 无线通信多速率发送器的一般结构

图 7-3 所示的结构已被商用的无线信号多速率发送器广泛使用，如 AD 公司的 6622、6633 等芯片，以及 TI 公司的 GC4116、GC5316 等芯片，它们广泛应用于各类无线通信系统基站端的信号处理中，包括 WCDMA、CDMA2000、WiMAX 等系统。

一般来讲，RCF 完成对输入信号的抽样，抽样的倍数为 1～16，或者可以对输入信号进行重抽样，由于要工作在高速时钟下，所以其阶数一般不会太高，最高取 256 阶；FFIR 对输入信号进行 2 倍抽样，如果固定系数滤波器的带宽达到输入抽样频率的一半，则能较好地抑制带外信号的噪声；高速的 CIC 内插滤波器一般采用 2～5 阶，完成对输入信号 1～32 倍的抽样，其有限的线性相位抽样响应是由其内插值决定的；NCO 应用包括两部分，即产生载波频率和完成数据调制的复数乘法器，NCO 具有高比特的频率调谐精度，并且需要抑制幅度和相位抖动来提高无杂散动态范围。

#### 2. 多速率接收器

无线通信中的多速率接收器在 ADC 之后工作，主要由五部分组成：数控频率振荡器（NCO）、高速的 CIC 抽取滤波器、可编程抽取 FIR 半带滤波器（FIR HB）、两个固定系数的 FIR 滤波器（FFIR），以及自动增益控制模块（AGC），如图 7-4 所示。

图 7-4 所示的结构已被商用的无线信号多速率接收器广泛使用，应用于各类无线通信系统基站端的信号处理中，包括 WCDMA、CDMA2000、WiMAX 等系统。

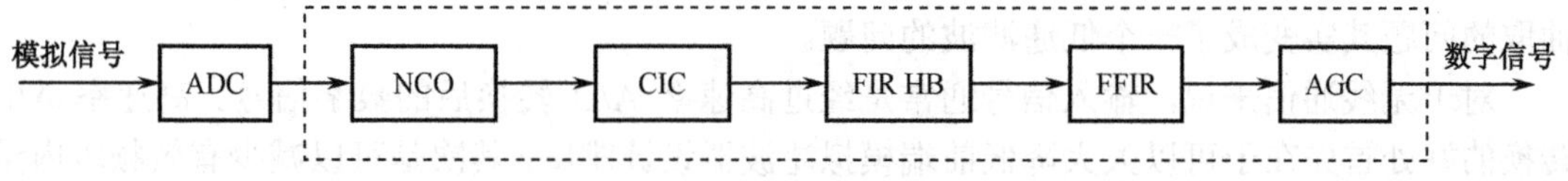


图 7-4　无线信号多速率接收器的一般结构

其中，NCO、CIC、FIR HB、FFIR 的功能和实现与无线信号多速率发送器中的一样。AGC 主要用于自适应调整信号通道增益，确保不超出模拟信号的线性范围，或者保证数字信号不超出有限字长的限制，从而使系统在一定的动态范围内都能工作。由于篇幅及内容有限，本书不对 AGC 的实现进行讨论，感兴趣的读者可以阅读其他参考资料。

## 7.2 抽取与内插处理

### 7.2.1　整数倍抽取

当信号的抽样数据量太大时，为了减少数据量以便于处理和计算，我们把抽样数据每隔 *D*−1 个取一个，这里 *D* 是一个整数，这样的抽取称为整数倍抽取，*D* 称为抽取因子。通常用符号“↓D”表示将抽样频率降为原来的 1/*D*，其中 D 为 Decimation 的第一个字母。

整数倍抽取的过程十分简单，只需针对输入信号等间隔取出数据重新依次排列即可。对数据进行整数倍抽取后，信号的特性会发生哪些改变呢？下面我们从频域上来进行理解。众所周知，数字信号的频谱是周期性的，且周期等于数据的抽样频率。整数倍抽取相当于降低了数据抽样频率，也就是说，抽取后信号的频谱周期降低了 1/*D*。数字信号的频谱周期降低意味着什么呢？我们仍以一个具体的例子进行说明。

假设某个系统中，模拟信号在 0～2kHz 的频段内，利用 6kHz 的频率进行 A/D 抽取，则抽取后的信号没有频谱混叠，频谱周期为 6kHz，抽取前信号的频谱图如图 7-5（a）所示。

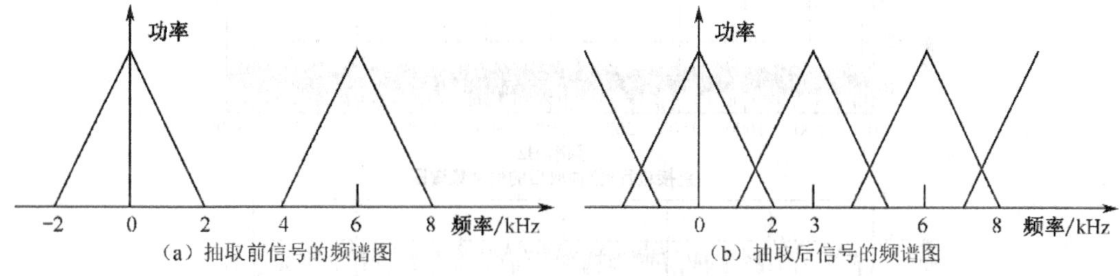


图 7-5　2 倍抽取前后数字信号的频谱图

如果直接对 6kHz 的信号进行 2 倍抽取，则抽取后的信号频谱周期降为 3kHz，频谱形状没有发生改变，但周期缩短了，导致信号频谱出现了混叠，如图 7-5（b）所示。混叠的原因还可以从抽样定理的角度来理解。抽取后的信号抽样频率为 3kHz，而原模拟信号的最高频率为 2kHz，不满足无混叠抽样条件，出现频率混叠也就理所当然了。

因此，只有在抽取之后的抽样频率仍然符合抽样定理的要求时，才能无失真地恢复出原来的模拟信号，否则就必须采取措施。通常采取的措施是抗混叠滤波。抗混叠滤波就是在抽取之前，对信号进行低通滤波，把信号的频带限制在抽样后频率的一半以下。这样，整数倍抽取的问题其实变成了一个低通滤波的问题。

对于无线通信来说，输入信号通常是经过高速率 A/D 转换后的数字信号。高速率 A/D 转换的好处首先在于可以大大降低前端模拟滤波器设计难度，其次是可以减少有效频段内量化噪声的功率，提高信噪比，相当于增加 A/D 转换器（ADC）的位宽。设 $b$ 为 ADC 的字长，$\beta$ 为 $M$ 倍抽样频率下的等效位宽，则

$$\beta = b + \frac{\log_2 M}{2} \tag{7-1}$$

抽样频率和 ADC 信噪比增加量之间的关系为

$$\Delta \mathrm{SNR} = -5.7178 + 20\lg M \tag{7-2}$$

即抽样频率每增加一倍，分辨率约增加 1.5bit。按照上面的分析，如果有用信号的带宽本身远小于抽样频率，那么是否可以对抽样后的信号不经过抗混叠滤波而直接抽取呢？如果在有用信号频带外没有其他频率成分信号，那么直接抽取是可行的，只要在抽取后仍然满足抽样定理。实际上，对于类似 A/D 转换等常用操作来说，转换后的噪声通常为分布于整个频段内的白噪声。因此，为进一步抑制噪声，在抽取前进行抗混叠滤波仍然是必要的。

**例 7-1：采用 MATLAB 软件仿真整数倍抽取前后的信号频谱图。**

假设原始信号是频率为 100Hz 的正弦波，要求仿真产生载噪比（$C/N_0$）为 40dB/Hz 的正弦波信号，初始抽样频率为 10kHz。仿真直接对信号进行 8 倍抽取后的信号频谱图，以及先进行低通滤波（截止频率为 625Hz）后，再进行 8 倍抽取后的信号频谱图。比较抽取前后，以及滤波前后的频谱图变化情况。

该实例的代码比较简单，限于篇幅本节不给出程序清单，该实例完整的程序清单可查看本书配套程序资料中的 E7_1_DecimSpec.m 文件。直接运行该 M 文件可得到图 7-6 所示的结果。从图中可以明显地看出，不经过抗混叠滤波处理而直接进行抽取的信号信噪比较低，而经过滤波处理再进行抽取的信号信噪比更高。

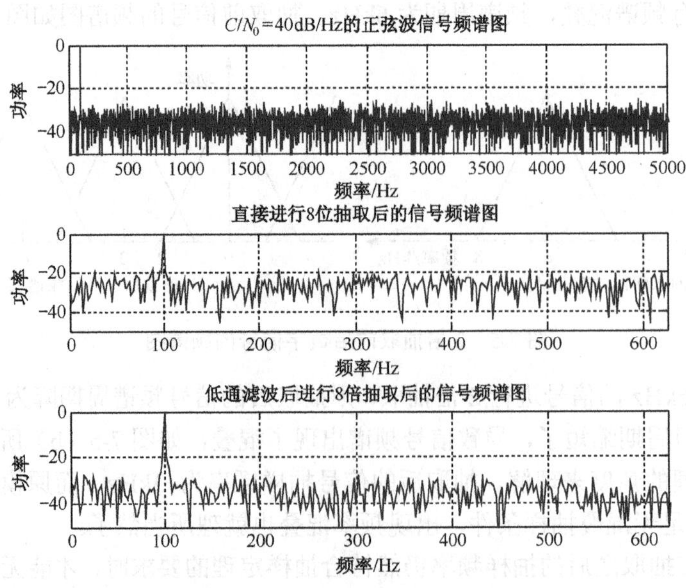


图 7-6 抗混叠滤波在整数倍抽取处理中的作用

## 7.2.2　整数倍内插

整数倍内插是在已知的相邻抽样点之间插入 $I-1$ 个抽样点。由于这 $I-1$ 个抽样点并非已知，所以这个问题比整数倍抽取看起来要复杂一些。理论上，可以对已知的抽样序列进行 D/A 转换得到原来的连续时间函数，然后对模拟信号进行高频率抽样得到高速率的数字信号。但这样的做法明显要耗费更多的资源，其处理的灵活性也会大大降低，因此在实际工作中并不采取这样的方法，而是采用纯数字处理的方法来实现。

整数倍内插是先在已知抽样序列的相邻两个抽样点之间等间隔地插入 $I-1$ 个零值点，然后进行低通滤波，即可求得 $I$ 倍内插的结果。为什么这样做会得到正确的结果呢？低通滤波器的技术要求是什么？下面我们仍然从频域上给出解释。

整数倍内插与抽取的过程一样，都十分简单，只需要根据内插倍数在相邻两个抽样点之间插入相应数量的零值点即可。那么对数据进行整数倍零值内插后，信号的特性会发生哪些改变呢？我们还要从数字信号的周期性频谱说起。数字信号的频谱是周期性的，且周期等于数据的抽样频率。整数倍零值内插当然不能简单地等同于提高了数据抽样频率，但经过零值内插的数字信号，其频谱的周期一定增加了 $I$ 倍。我们仍以一个具体的例子说明整数倍零值内插后的频谱特性。

假设在某个系统中，模拟信号只在 0～1kHz 的频段内，利用 2kHz 的频率进行抽样，则抽样后的信号没有频谱混叠，频谱周期为 2kHz，信号的频谱图如图 7-7（a）所示。根据零值内插规则，对抽样数据进行 2 倍零值内插后，信号的频谱图如图 7-7（b）所示。

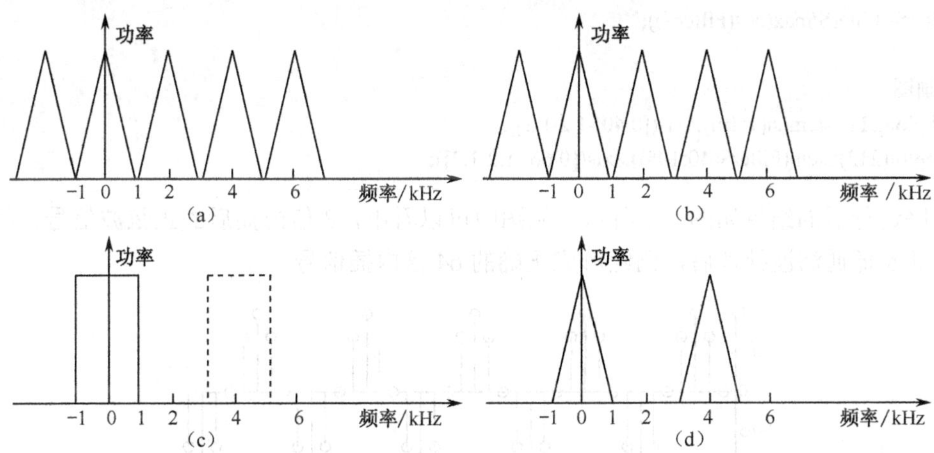


图 7-7　2 倍零值内插前后数字信号的频谱图

粗略一看，两者的频谱图并没有什么不同。但需要注意的是，内插前的信号抽样频率为 2kHz，频谱周期为 2kHz，零值内插后的信号速率为 4kHz，频谱周期为 4kHz。如果在零值内插后增加一级低通滤波器，其截止频率为 1kHz，则滤波后的频谱周期依然是 4kHz，只是滤掉了频率在 1～3kHz 的频谱成分，则滤波后的频谱变成图 7-7（d）所示的样子，这正是使用 4kHz 速率对原始模拟信号进行抽样后的信号频谱图。信号的时域与频域是一一对应的，也就是说，通过零值内插、低通滤波处理后，即可得到正确的经高速抽样后的数字信号。

为进一步加深对零值内插及低通滤波处理的理解，我们仍然采用 MATLAB 软件对上述过程进行仿真。

**例 7-2：采用 MATLAB 软件仿真整数倍内插过程的信号变换关系。**

假设原始信号是频率为 100Hz 的正弦波，初始抽样频率为 800Hz。仿真对信号进行 8 倍内插后的信号波形图。比较内插前后信号的时域波形变化。

下面直接给出了仿真程序清单（7_2_InterSpec.m）。

```
f=100;          %信号频率为 100 Hz
Fs=800;          %抽样频率为 800 Hz
I=8;            %内插倍数

%产生信号
t=0:1/Fs:0.5;
c=2*pi*f*t;
si=sin(c);%产生正弦波信号

%进行 8 倍零值内插处理
Isi=zeros(1,length(si)*I);
Isi(1:I:length(Isi))=si;

%经低通滤波处理
b=fir1(80,1/I);
FilterS=filter(b,1,Isi);
FilterS=FilterS/max(abs(FilterS));

%画图
subplot(211);stem(si(1:40));axis([0 40 -1.2 1.2]);
subplot(212);stem(FilterS(40:105));axis([0 66 -1.2 1.2]);
```

程序运行后的结果如图 7-8 所示，从图中可以看出，8 倍内插后的正弦波信号，经 8 倍零值内插及低通滤波处理后，已经形成正确的 64 倍内插信号。

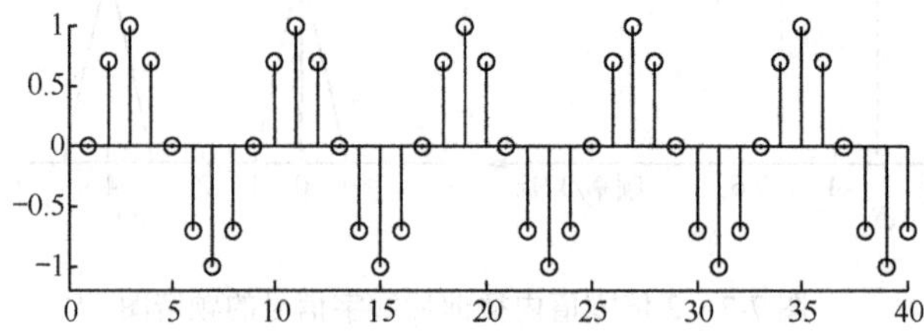


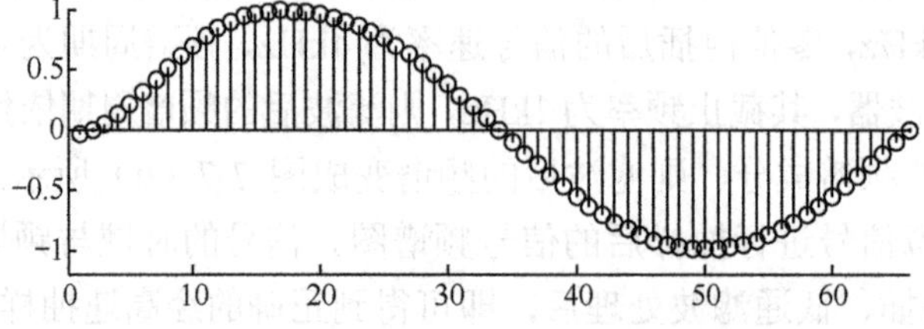


图 7-8　8 倍零值内插及低通滤波处理前后正弦波信号的时域波形

为更好地理解整数倍内插的作用，我们考查一下数据速率对 D/A 转换的影响。在进行 D/A 转换时，如果数字信号的速率和奈奎斯特频率相同，那么与整数倍抽取器的抗混叠滤波器一样，为正确恢复出模拟信号，必须要有一个非常尖锐的截止频率，需要采用高精度的高阶模拟重构滤波器。一个有效的解决方法和过抽样 DAC 类似，即利用过抽样信号在重构滤波器的频率响应时有一个宽过渡带的特性，来降低模拟滤波器的设计难度。同时，过抽样信号也能够减少 D/A 转换时产生的量化误差。其实，可以很直观地想到，过抽样 DAC 输出的阶梯波形比低速率 DAC 输出的阶梯波形会平滑很多。因此，过抽样 DAC 的输出具有相当小的高频噪声成分。

### 7.2.3　比值为有理数的抽样频率转换

前面讲述了比值为整数的抽样频率转换。单独的抽取器和内插器只能实现整数倍速率转换。从概念上来说，抽样频率的转换总是可以将给定的抽样信号经过 D/A 转换变成模拟信号，然后用所需要的抽样频率进行抽样，得出所需的另一个抽样信号。实际上的做法是采用先内插后抽取的方法直接实现抽样频率比值为有理数的转换。根据整数倍抽取及内插的原理，多速率信号处理过程中均需要使用低通滤波器作为抗混叠滤波器，因此设计一个截止频率为二者带宽最小值的低通滤波器即可。有理数速率转换系统框图如图 7-9 所示。

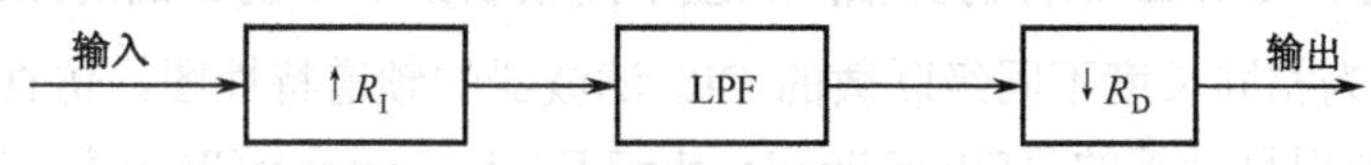


图 7-9　有理数速率转换系统框图

## 7.3　CIC 滤波器原理及应用条件

前面讲过，多速率信号处理过程的关键是设计满足要求的抗混叠滤波器。这里的满足要求主要有三方面的内容：滤波器在有用信号频段内的纹波系数满足要求；抽取或内插处理后，在有用信号频段内不产生频谱混叠；滤波器占用硬件资源少且运算速度快。其中滤波器占用硬件资源少且运算速度快正是设计的主要目标。因为，一般说来，只要有效增加滤波器的阶数，根据数字滤波器的设计原理，总可以设计出满足要求的抗混叠滤波器。

CIC 滤波器及 HB 滤波器因为具有运算速度快、占用资源少的特点，在多速率信号处理中得到了广泛的应用。本章主要介绍 CIC 滤波器的原理及 FPGA 实现。第 8 章介绍 HB 滤波器的设计知识。

### 7.3.1　多级 CIC 滤波器原理及仿真

**例 7-3：采用 MATLAB 软件仿真不同长度的多级 CIC 滤波器的频谱特性。**

为进一步降低 CIC 滤波器的旁瓣电平，可采用多级 CIC 滤波器级联的方法。图 7-10 所示为不同长度 5 级 CIC 滤波器的频谱特性图（仿真程序代码请参见本书配套程序资料根目录下的“FilterVivado_chp7\E7_4_MultCIC.m”文件）。从图中可以看出，相对于单级 CIC 滤波器而言，旁瓣电平的衰减约为 67dB。但同时可以看到，多级 CIC 滤波器主瓣电平值下降也要比单级 CIC 滤波器主瓣电平值下降快得多。也就是说，在相同的通带频段内，滤波器的通带衰减也会明显增加。

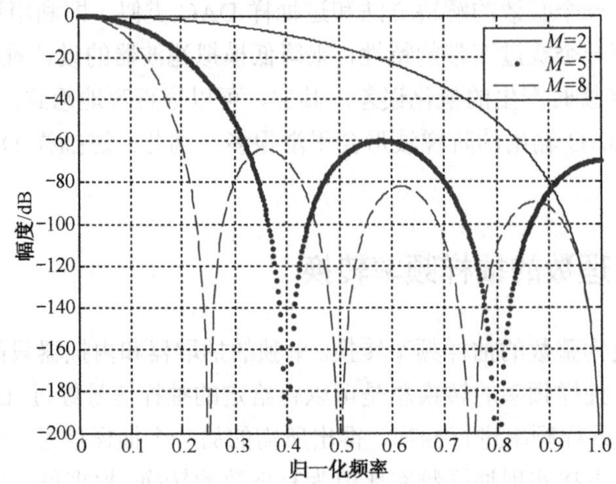


图 7-10　不同长度 5 级 CIC 滤波器的频谱特性图

**例 7-4：采用 MATLAB 软件仿真相同长度不同级联数 CIC 滤波器的频谱特性。**

图 7-11 所示为相同长度不同级联数的 CIC 滤波器的频谱特性图。仿真程序代码请参见本书配套程序资料根目录下的“FilterVivado_chp7 E7_5_CompareCIC.m”文件。从图中可以清楚地看出，对于归一化频率为 0.20 的通带衰减来讲，单级滤波器约为 3.8dB，2 级滤波器约为 7.5dB，5 级滤波器已接近 19dB。或者反过来讲，对于给定的通带衰减要求，多级滤波器的通带范围要低于单级滤波器的通带范围。

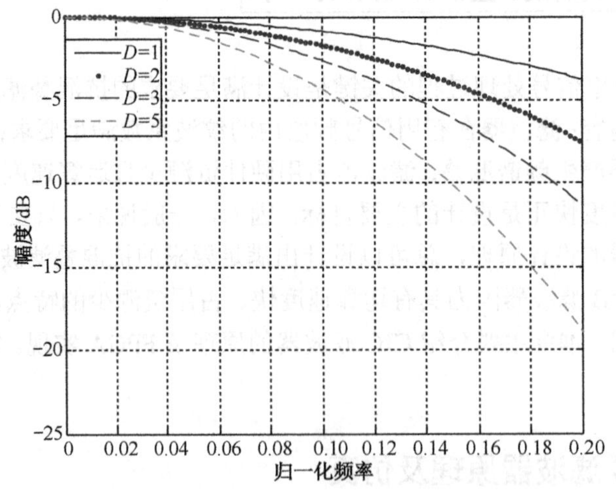


图 7-11　相同长度不同级联数的 CIC 滤波器的频谱特性图

## 7.3.2　单级 CIC 滤波器原理及仿真

CIC 滤波器是无线通信中的常用模块，一般用于数字下变频（DDC）系统和数字上变频

（DUC）系统。随着现代无线通信中数据速率的增加，CIC 滤波器的应用变得尤为重要。CIC 滤波器的结构简单，没有乘法器，只有加法器、积分器和寄存器，适合于工作在高抽样频率条件下。而且，CIC 滤波器是一种基于零点相消的 FIR 滤波器，已经被证明是在高速抽取或内插系统中非常有效的单元。

CIC 滤波器的单位抽样响应为

$$h(n)=\begin{cases}1, & 0\leqslant n\leqslant M-1\\ 0, & \text{其他}\end{cases} \tag{7-3}$$

式中，$M$ 为滤波器的长度。从滤波器的单位抽样响应容易看出，CIC 滤波器其实是一种具有线性相位的特殊 FIR 滤波器，其系统函数为

$$H(z)=\sum_{n=0}^{M-1}z^{-n} \tag{7-4}$$

将上式的分子、分母同时乘以因子$(1-z^{-1})$，可得

$$H(z)=(1-z^{-1})\sum_{n=0}^{M-1}z^{-n}/(1-z^{-1})=(1-z^{-M})/(1-z^{-1}) \tag{7-5}$$

从式（7-4）和式（7-5）可以推出两种结构的 CIC 滤波器，一种是没有反馈结构的 FIR 滤波器，另一种是具有反馈结构的 IIR 滤波器，两种结构的表述虽然不同，但两种结构是完全等效的。

现在分析一下 CIC 滤波器的频谱特性，可以通过理论的方法进行推导，也可以直接用 MATLAB 软件来仿真观察。对式（7-3）直接进行傅里叶变换，可得到其幅频特性为

$$|H(\mathrm{e}^{\mathrm{j}\omega})|=\left|\frac{\sin(\omega M/2)}{\sin(\omega/2)}\right| \tag{7-6}$$

我们还是采用实例的方式，用 MATLAB 软件仿真的方法来查看不同长度单级 CIC 滤波器的频谱特性。

**例 7-5：采用 MATLAB 软件仿真不同长度的单级 CIC 滤波器的频谱特性。**

实例的程序清单请参见本书配套程序资料根目录下的“FilterVivado_chp7\E7_3_SigCIC.m”文件。不同长度的单级 CIC 滤波器的频谱特性图如图 7-12 所示。

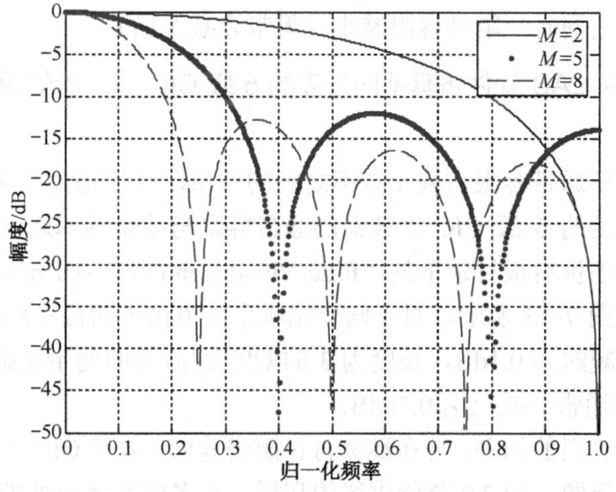


图 7-12　不同长度的单级 CIC 滤波器的频谱特性图

图 7-12 中，横坐标为归一化频率，数值 1 相当于数据速率的一半。从图中可以看出，CIC 滤波器的频谱特性很像一把梳子，这也是 CIC 滤波器被称为梳状滤波器的原因。当 CIC 滤波器的长度 $M$ 远大于 1 时，第一旁瓣电平相对于主瓣电平的差值几乎是固定的 13.46dB。这样小的阻带衰减远不能满足较高的滤波器要求。解决这一问题的方法是对滤波器进行级联，每增加一级滤波器，则旁瓣电平衰减增加 13.46dB。例如，采用 5 级 CIC 滤波器级联，则旁瓣电平衰减变为 67.3dB。增加滤波器级联数虽然可以解决旁瓣电平衰减小的问题，却会带来其他不利的影响，这正是多级 CIC 滤波器需要讨论的问题。

### 7.3.3 CIC 滤波器的应用条件分析

经过前面章节对滤波器设计知识的介绍，我们知道，抗混叠低通滤波器最重要的指标有通带容限 $\delta_p$ 或通带衰减 $a_p$、阻带容限 $\delta_s$ 或阻带衰减 $a_s$、通带截止频率 $f_p$ 及阻带截止频率 $f_s$。换句话说，设计的滤波器是否满足要求，也就是用上述几个指标来衡量的。因此，讨论 CIC 滤波器的应用条件，即讨论其在给定过渡带条件下的通带容限及阻带容限大小。

$$a_p = 20\lg\left(\frac{1+\delta_p}{1-\delta_p}\right), \qquad a_s = 20\lg\delta_s \tag{7-7}$$

CIC 滤波器的频谱形状是相似的，在给定过渡带的情况下，通带容限与阻带容限的取值只与滤波器的阶数（长度）及级数有关。对于单级 CIC 滤波器来说，其对应关系为

$$\delta_p \geqslant \frac{1}{6}\left(\pi\frac{f_p}{F_0}M\right)^2 \tag{7-8}$$

$$\delta_s \geqslant f_s M / F_0 \tag{7-9}$$

对于多级滤波器（设级数为 $n$）来说，各级滤波器的通带容限与阻带容限和总的通带容限与阻带容限为

$$\begin{aligned}\delta_p &= \delta_{p1} + \delta_{p2} + \cdots + \delta_{pn} \\ \delta_s &= \delta_{s1}\delta_{s2}\cdots\delta_{sn}\end{aligned} \tag{7-10}$$

从式（7-9）可以进一步看出，多级 CIC 滤波器与单级 CIC 滤波器相比，在通带容限增加（通带衰减增加）的同时，阻带容限减小（阻带衰减增加）。

**例 7-6：采用 MATLAB 软件仿真不同长度的 5 级 CIC 滤波器的通带容限与截止频率之间的关系。**

为了更直观地观察通带容限与截止频率之间的关系，我们仍然采用 MATLAB 软件仿真的方法来绘出不同长度的 5 级 CIC 滤波器的通带容限与截止频率之间的关系。仿真程序代码请参见本书配套程序资料根目录下的“FilterVivado_chp7\E7_6_ErrorCIC.M”文件。

程序运行结果如图 7-13 所示。对于归一化频率为 0.025 的截止频率来说，长度为 2 的 CIC 滤波器的通带衰减约为 0.1dB，长度为 3 的 CIC 滤波器的通带衰减约为 0.2dB，而长度为 5 的 CIC 滤波器的通带衰减已达 0.55dB。

前面讨论了通带容限的问题，现在继续讨论阻带容限，以及 CIC 滤波器的长度选择与抽取（或内插）倍数的问题。如 7.2 节所讲述的那样，在多速率信号处理过程中，通常都存在噪声信号或其他干扰信号。为尽可能地提高信噪比及系统性能，在进行内插或抽取操作时，

均需要进行抗混叠滤波处理。滤波器的设计需要同时满足通带及阻带容限的要求。只要有用信号频带相对于数据速率足够小，则总可以满足通带容限的设计指标。而根据式（7-9）可知，当要求阻带衰减较小时，即相当于有用信号的阻带截止频率足够小。

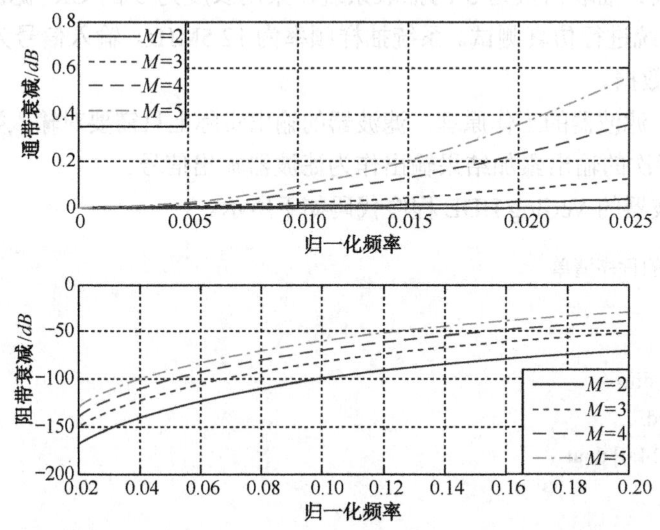


图 7-13　不同长度的 5 级 CIC 滤波器通带容限和阻带容限与截止频率的关系

这说明什么问题呢？要同时满足通带及阻带容限的 CIC 滤波器比较困难，除非滤波器的通带或阻带容限较大，或者归一化频率很小。而归一化频率较小，即意味着信号的抽样频率相对于有用信号的频带较高的情况。也就是说，CIC 滤波器通常适用于多速率信号处理中的前端抗混叠抽取滤波器，或者后端抗混叠内插滤波器。请读者回过头来看看图 7-3 和图 7-4，相信可进一步了解 CIC 滤波器的用法特点。

下面来看 CIC 滤波器长度与抽取倍数或内插倍数的关系。以抽取为例，当 CIC 滤波器长度（$M$）与抽取倍数（$D$）相等时，我们会发现一个十分有利于硬件实现的特点，即将输入的 $M$ 个数据组成一组，直接把它们加起来即可得到所需的输出值，不必重复使用某些数据而舍弃某些数据。也就是说，可以实现 CIC 滤波与抽取过程同时进行，从而达到减小运算量、节约硬件资源的目的。如果 CIC 滤波器长度与抽取倍数不相等，则没有这么方便的实现方法。后续我们会继续介绍非常适用于 2 的整数次幂倍抽取或内插的 HB 滤波器。实际上，CIC 滤波器最广泛的用处是实现抽取前端或内插后端倍数小于或等于 7（3 或 5）的数据速率转换滤波器。

## 7.4 单级 CIC 滤波器的 Verilog HDL 设计及测试

### 7.4.1 单级 CIC 滤波器的 Verilog HDL 设计

单级 CIC 滤波器的实现非常简单。根据式（7-4）可以轻松设计出没有反馈结构的 FIR 滤波器，根据式（7-5）可以轻松设计出具有反馈结构的 IIR 滤波器。由于滤波器系数为 0 或 1，因此滤波器结构中只需要加/减法器及寄存器即可，从而可以使滤波器工作在极高的频率下。

**例 7-7：单级 CIC 滤波器 Verilog HDL 设计及仿真。**

在 FPGA 上设计抽取倍数为 5 的抽取系统，采用长度为 5 的 CIC 滤波器作为抗混叠滤波器，并对抽取系统进行仿真测试。系统抽样频率为 12.5MHz，输入信号为 10kHz 正弦波，输入数据为 12bit 数据。

根据单级 CIC 滤波器的工作原理，滤波器的输出实际上只需要对输入数据连续进行 5 个数据的累加，将每次的输出累加结果输出作为滤波器输出信号。

单级 CIC 滤波器的 Verilog HDL 程序代码如下所示。

```
//SigCIC.v 文件的程序清单
module SigCIC(
    input clk,
    input [11:0] din,
    output reg vd,
    output reg [14:0] dout
    );

    reg [2:0] cn=0;
    reg [14:0] sum =0;
    always @(posedge clk)
        if (cn==4) cn<=0;
        else cn <= cn + 1;

    always @(posedge clk)
        if (cn==0) begin
            sum <= {din[11],din[11],din[11],din};
            dout <= sum;
            vd <= 1;
            end
        else begin
            sum <= sum + {din[11],din[11],din[11],din};
            vd <= 0;
            end

endmodule
```

## 7.4.2 单级 CIC 滤波器的仿真测试

为便于仿真单级 CIC 滤波器功能，新建 DDS 核，在 12.5MHz 时钟信号的驱动下产生 10kHz 的正弦波信号；新建 top.v 文件，例化 DDS 核和 SigCIC.v 模块，将 DDS 核产生的信号作为 SigCIC 的输入。单级 CIC 滤波器测试文件代码如下所示。

```
//单级 CIC 滤波器测试文件代码
```

```
module top(
    input clk,
    output vd,
    output [11:0] data,
    output [14:0] dout
    );

    wire signed [31:0] sin10k;
    assign data = sin10k[29:18];

     mdds u1 (
      .aclk(clk),
      .s_axis_config_tvalid(1'b1),
      .s_axis_config_tdata(16'd13), //10kHz 正弦波信号
      .m_axis_data_tdata(sin10k)
     );

    SigCIC u2(
      .vd(vd),
      .clk(clk),
      .din(sin10k[29:18]),
      .dout(dout));

endmodule
```

新建测试激励文件 tst.v，在文件中产生时钟信号。编写完代码并通过调试确保代码正确后，即可进行 FPGA 仿真，调整数据显示波形，得到图 7-14 所示波形图。

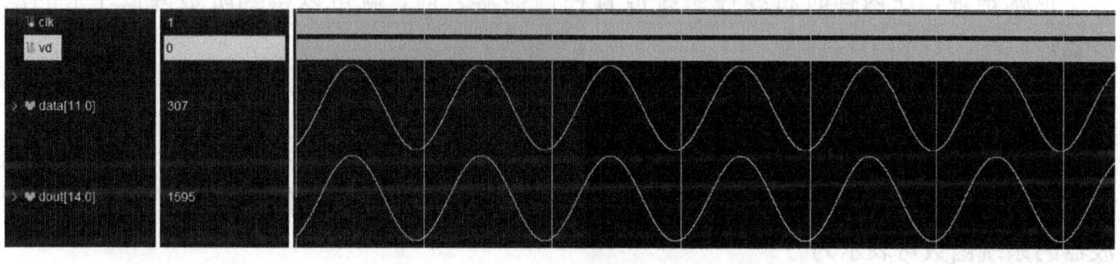


图 7-14　单级 CIC 滤波器仿真波形图

从图 7-14 可以看出，输入/输出均为 10kHz 的正弦波信号。放大波形窗口，设置数据显示格式，得到图 7-15 所示关系图。

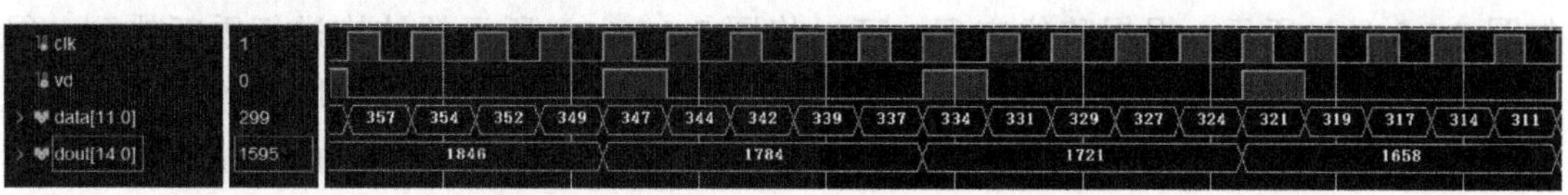


图 7-15　单级 CIC 滤波器输入/输出数据时序关系图

从图 7-14 和图 7-15 可以看出，仿真前后的信号频率均为 10kHz，信号波形没有变化，但滤波后的数据速率降低了 1/5，仿真结果与期望结果一致。

# 7.5 多级 CIC 滤波器的 Verilog HDL 设计及测试

## 7.5.1 多级 CIC 滤波器结构分析

单级 CIC 滤波器的旁瓣电平衰减只有 13.46dB，通常无法满足需求，因此实际中多采用多级 CIC 滤波器来提高旁瓣电平衰减。简单来说，多级 CIC 滤波器的 FPGA 设计可直接将多个 CIC 滤波器级联起来使用。这样设计，原理上当然没有问题，实际上还有更好的解决方案，在满足滤波性能的前提下还能够提高运算速度并减少资源消耗。为此，我们需要先了解一下 Noble 恒等式的概念。

### 1. Noble 恒等式

对于多级系统，包括线性系统、内插器和抽取器，可以在处理信号的流程中重新排列这 3 个部分的处理顺序，以使系统能够以更简便的方式实现。这就是 Noble 恒等式。

具体到多速率信号处理系统来说，如果线性系统 $F(z^M)$ 后面紧跟着 $M$ 倍抽取器，则式（7-11）成立。

$$F(z^M)(\downarrow M)=(\downarrow M)F(z) \tag{7-11}$$

这表明调换线性系统的抽取系统的处理顺序，即首先进行抽取，然后进行线性滤波，这样就可以将线性滤波器的长度缩短 $M$，即滤波器的抽头数为原来的 $1/M$。如果在线性系统 $F(z^L)$ 前有 $L$ 倍内插器，则式（7-12）成立。

$$(\uparrow L)F(z^L)=F(z)(\uparrow L) \tag{7-12}$$

也就是说，在内插时将线性系统放置在内插器之前，就可以得到阶数降低了 $L$ 的滤波器。

### 2. Hogenauer 滤波器

根据 CIC 滤波器原理，CIC 滤波器的实现结构可分为无反馈的 FIR 结构及有反馈的 IIR 结构。根据 Noble 恒等式，变换多级 CIC 滤波器结构需要采用 IIR 滤波器结构。$N$ 级 CIC 滤波器的系统函数可表示为

$$H(z)=\left(\frac{1-z^{-M}}{1-z^{-1}}\right)^N \tag{7-13}$$

根据式（7-13）可直接画出多级 CIC 滤波器的实现结构（以 3 级 CIC 抽取滤波器为例），如图 7-16（a）所示。根据移位定理，可以将图 7-16（a）所示的结构进行重新排列，得到图 7-16（b）所示的结构。根据 Noble 恒等式，变换抽取器的位置，即可得到占用资源最少的多级 CIC 滤波器，如图 7-16（c）所示。这种结构的滤波器被称为 Hogenauer CIC 抽取滤波器，已在工程设计中广泛应用。按照同样的处理方法，可以得到 Hogenauer CIC 内插滤波器，如图 7-16（d）所示。

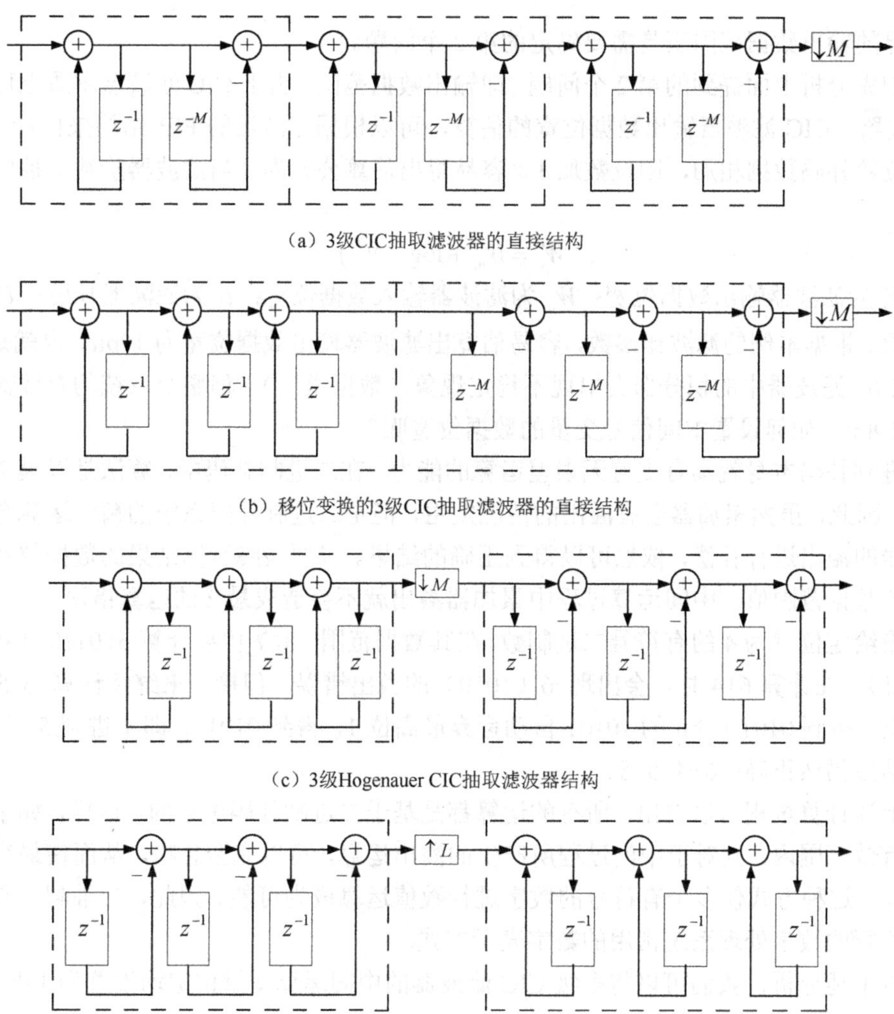


（a）3级CIC抽取滤波器的直接结构

（b）移位变换的3级CIC抽取滤波器的直接结构

（c）3级Hogenauer CIC抽取滤波器结构

（d）3级Hogenauer CIC内插滤波器结构

图 7-16　不同结构的 3 级 CIC 滤波器

## 7.5.2　多级 CIC 滤波器设计中数据位宽的讨论

**例 7-8：多级 CIC 滤波器 Verilog HDL 设计及仿真。**

在 FPGA 上设计抽取倍数为 5 的抽取系统，采用长度为 5 的 3 级 CIC 滤波器作为抗混叠滤波器，并对抽取系统进行仿真测试，系统输入数据位宽为 12bit，系统时钟频率与数据速率相同。

在编写 Verilog HDL 代码之前，需要解决一个问题，即滤波器运算过程中的字长问题。从图 7-16（c）中可以看出，CIC 滤波器的前级为级联的积分器，根据数字滤波器理论，极点不在单位圆内（极点的绝对值小于 1）的滤波器是不稳定的，因此积分器的输出数据范围是需要首先考虑的问题。虽然单从积分器的系统函数来看，是不稳定的，但从整个 CIC 滤波器的结构来看，因为存在零极点相互抵消的情况，CIC 滤波器本身是一个 FIR 滤波器。因此，整个 CIC 滤波器一定是一个因果稳定系统，当输入数据有界时，输出数据一定是有界的，而这个有界的输出数据范围正是需要确定的第 2 个问题。

我们先分析上面提到的第 2 个问题，即输出数据范围。由于 CIC 滤波器本质上可以看作 FIR 滤波器，CIC 滤波器输出数据位宽的估算，可以根据滤波器的 FIR 结构来估计，即每 2 个相同位数补码数据相加，则位数加 1。容易得出估算公式为（当滤波器阶数与抽取因子相等时）

$$W_o = W_{in} + \log_2(N^D) \tag{7-14}$$

式中，$W_o$ 为滤波器输出数据位宽；$W_{in}$ 为滤波器输入数据位宽；$N$ 为滤波器长度；$D$ 为滤波器级联数。根据本例的滤波器参数，容易估算出滤波器输出数据位宽为 19bit。也就是说，虽然多级 CIC 滤波器中的积分器会出现不稳定现象（数据溢出），但整个系统的有效输出数据位宽为 19bit。如何设置中间信号变量的数据位宽呢？

二进制补码本身就具有支持无误差运算的能力。在二进制补码中，算法是以模 2 的形式运行的，因此，虽然累加器会有溢出的情况发生，但是二进制补码系统的精确运算会自动地对积分器的溢出进行补偿，依然可以得到正确的结果。只要最终运算结果的数据位宽可以表示最大的数据范围值，中间运算过程中累加器溢出就不会造成最终的运算错误。

假设给定位宽为 4 的有符号二进制数，在其数据范围[-8, 7]内要计算 6（0110）+4（0100）-5（1011）。在计算 6+4 时，会出现-6（1010）的溢出错误。但接下来继续计算-6-5 时，会再次溢出，得到 0101（5bit 的 10101 自动舍弃最高位 1，得到 0101），即十进制 5。因此，整个运算结果仍然正确：6+4-5=5。

从上述计算过程可以看出，所有的运算都是基于二进制补码进行的。这样，如果最终的结果在有效范围内，则对于中间过程所产生的溢出运算，可以完全忽略，从而使最终的结果保持正确。这种方式使多个有符号的数字进行数值运算成为可能。因此，二进制补码形式成为当今流行的数字处理系统常用的数字表示方式。

经过上述分析，我们可以将多级 CIC 滤波器的中间运算变量位宽均设置为 19bit。

### 7.5.3 多级 CIC 滤波器的 Verilog HDL 设计

接下来开始编写 Verilog HDL 代码，根据图 7-16（c）容易想到将 Verilog HDL 程序分成三个模块来写：积分模块（Integrated）、抽取模块（Decimate）及梳状模块（Comb），下面分别给出了各子模块及顶层模块 MultCIC 的实现代码。

```
//积分模块的实现代码，文件名为 Integrated.v
module Integrated (
    input          rst,                        //复位信号，高电平有效
    input          clk,                        //FPGA 系统时钟，频率为 12.5MHz
    input  signed [11:0]   Xin,                //数据输入频率为 12.5MHz
    output signed [18:0]   Intout);            //滤波后的输出数据

    //每级积分器只需要一个寄存器和一级加法运算
    reg signed [18:0] I1=0,I2=0,I3=0;
    reg    signed [18:0] d1=0,d2=0,d3=0;
```

```
    //第 1 级积分器
    always @(posedge clk or posedge rst)
        if (rst)
            d1 <= 0;
        else
            d1 <= I1;
      always @(*)
       I1 <= (rst ? 0 : (d1+{{25{Xin[11]}},Xin}));

    //第 2 级积分器
    always @(posedge clk or posedge rst)
        if (rst)
            d2 <= 0;
        else
              d2 <= I2;
     always @(*)
       I2 <= (rst ? 0 : (I1+d2));

    //第 3 级积分器
    always @(posedge clk or posedge rst)
        if (rst)
            d3 <= 0;
        else
              d3 <= I3;
   always @(*)
     I3 <= (rst ? 0 : (I2+d3));

    assign Intout = I3[18:0];

endmodule
```

图 7-17 所示为积分模块综合后得到的 RTL 原理图。从图中可以看出，三级级联的积分器总共只使用了 3 个寄存器和 3 个加法器。

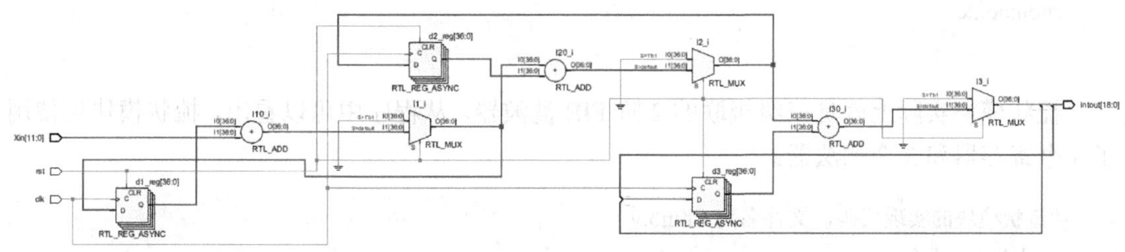

图 7-17　积分模块综合后得到的 RTL 原理图

抽取模块的代码非常简单，只需要根据计数器对输入数据每 5 个抽取一个输出即可，同时为便于与后级模块相连，输出一个同步的数据有效指示信号 rdy。

```
//抽取模块的实现代码，文件名为 Decimate.v
module Decimate (
   input        rst,                     //复位信号，高电平有效
   input        clk,                     //FPGA 系统时钟，频率为 12.5MHz
   input        signed[18:0]  Iin,  //数据输入频率为 12.5MHz
   output       signed[18:0]  dout, //滤波后的输出数据
   output       rdy);                    //数据有效指示信号

reg [2:0] c=0;
reg signed[18:0] dout_tem=0;
reg rdy_tem=0;
always @(posedge clk or posedge rst)
      if (rst) begin
            //初始化寄存器值为 0
            c <= 3'd0;
            dout_tem <= 19'd0;
            rdy_tem <= 1'b0;
          end
       else   begin
          if (c==4) begin
              rdy_tem <= 1'b1;
              dout_tem <= Iin;
              c <= 3'd0;
              end
            else   begin
               rdy_tem <= 1'b0;
               c <= c+1;
              end
            end

    assign dout = dout_tem;
    assign rdy   = rdy_tem;

endmodule
```

梳状模块实际上就是三级级联的 2 阶 FIR 滤波器。从程序中可以看出，梳状模块仅使用了 4 个寄存器和 3 个加法器。

```
//梳状模块的实现代码，文件名为 Comb.v
module Comb (
      input   rst,                          //复位信号，高电平有效
      input   clk,                          //FPGA 系统时钟，频率为 12.5MHz
      input   ND,                           //输入数据准备好的指示信号
      input   signed [18:0]  Xin,           //数据输入频率为 12.5MHz
```

```
output   signed [18:0]  Yout);        //滤波后的输出数据

    reg signed [18:0] d1=0,d2=0,d3=0,d4=0;
    wire signed [18:0] C1,C2;
    wire signed[18:0] Yout_tem;
    always @(posedge clk or posedge rst)
        if (rst) begin
            //初始化寄存器值为 0
            d1 <= 19'd0;
            d2 <= 19'd0;
            d3 <= 19'd0;
            d4 <= 19'd0;
          end
        else   begin
            if (ND)     begin
                d1 <= Xin;
                d2 <= d1;
                d3 <= C1;
                d4 <= C2;
                end
            end

    assign C1 = (rst ? 19'd0 : (d1-d2));
    assign C2 = (rst ? 19'd0 : (C1-d3));
    assign Yout_tem = (rst ? 19'd0 : (C2-d4));
    assign Yout = Yout_tem;

endmodule
```

顶层模块只需要将积分模块、抽取模块、梳状模块相互接起来即可。图 7-18 所示为顶层模块综合后得到的 RTL 原理图。

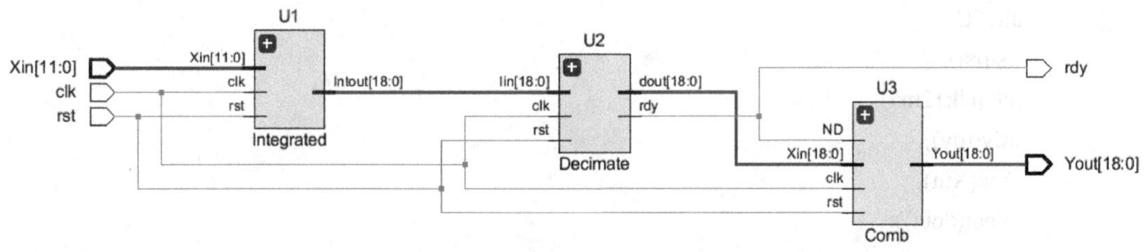


图 7-18　顶层模块综合后得到的 RTL 原理图

## 7.5.4　多级 CIC 滤波器的仿真测试

为便于仿真多级 CIC 滤波器功能，新建测试数据模块文件 data.v，创建 DDS 核，在

12.5MHz 的时钟信号驱动下产生 10kHz 和 3MHz 的正弦波叠加信号；新建时钟 IP 核，在 100MHz（CXD720 开发板时钟频率）的时钟信号驱动下分别产生 50MHz、12.5MHz 时钟信号；新建顶层文件 top.v，例化测试数据模块、时钟模块和多级 CIC 模块。

多级 CIC 滤波器测试文件代码如下所示。

```
//多级 CIC 滤波器测试文件代码
module top(
    Input    gclk,rst,key,
    output rdy,
    output [11:0] data,
    output [18:0] dout
    );

    wire clk100m,clk50m,clk12m5;
    wire signed [13:0] dat;
    reg signed [11:0] Xin;
    assign data = dat[13:2];

    clock u0    (
    .clk_out1(clk100m),        // output clk_out1
    .clk_out2(clk50m),         // output clk_out2
    .clk_out3(clk12m5),        // output clk_out3
    .clk_in1(gclk));           // input clk_in1

   data u1(
    .key(key),
    .clk(clk50m),
    .dout(dat)
    );

    Always @(poedge clk12m5)
      Xin <= dat[13:2];
    MultCIC u2(
      .rst(rst),
      .clk(clk12m5),
      .rdy(rdy),
      .Xin(Xin),
      .Yout(dout));

 endmodule
```

新建测试激励文件 tst.v，产生时钟信号、复位信号、按键信号。编写完代码并通过调试确保代码正确后，即可进行 FPGA 仿真，调整数据显示波形，得到图 7-19 所示的波形图。

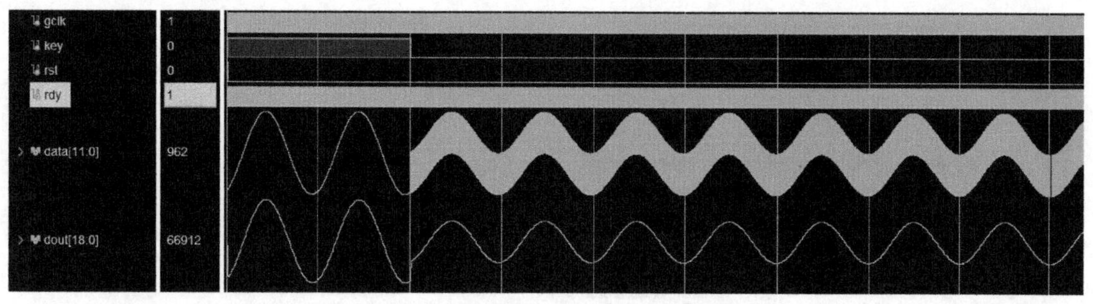


图 7-19　多级 CIC 滤波器仿真波形图

从图 7-19 可以看出，无论输入 10kHz 单频信号，还是 10kHz 和 3MHz 的叠加信号，输出均为 10kHz 的正弦波，说明滤波器实现了低通滤波功能。放大波形窗口，设置数据显示格式，可得到图 7-20 所示的时序关系图。

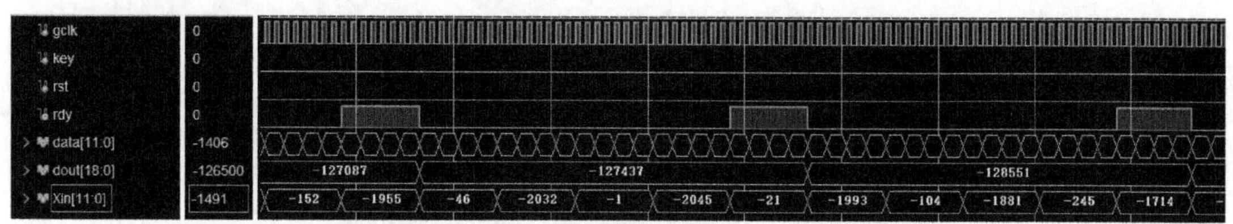


图 7-20　多级 CIC 滤波器输入/输出数据时序关系图

从图 7-20 可以看出，滤波后的数据 dout 速率比输入数据 Xin 降低了 1/5，实现了 5 倍抽取功能，仿真结果与期望结果一致。

## 7.6 CIC 滤波器 IP 核的使用

### 7.6.1　CIC 滤波器 IP 核简介

在 FPGA 设计中，IP 核的使用不仅可以有效提高设计的性能，还可以极大地减少工程师的工作量。IP 核的种类及数量与工程师使用的开发软件版本、目标器件型号有关。在了解 CIC 滤波器的原理及设计方法之后，读者自然很容易理解 IP 核各项参数的意义，使用 IP 核进行设计就变得异常简单。本节首先简要介绍 Vivado 提供的 CIC 滤波器 IP 核的功能及应用特点，然后以一个实例介绍 CIC 滤波器 IP 核的使用方法。

Vivado 提供的 CIC 滤波器 IP 核（CIC Compiler）适用于 AMD 公司的 7 系列 FPGA。

在 IP Catalog 工具界面中依次选择“Digital Signal Processing”→“Filters”→“CIC Compiler”选项，产生 CIC 滤波器 IP 核，其参数配置界面如图 7-21 所示。图中左边部分显示了 IP 核的对外接口信号，右边部分为各种配置参数设置框。单击图中“IP Symbol”、“Freq Response”和“Implementation Details”选项卡可以使图的左侧窗口在 IP 接口界面、幅频响应和资源占用界面之间切换。

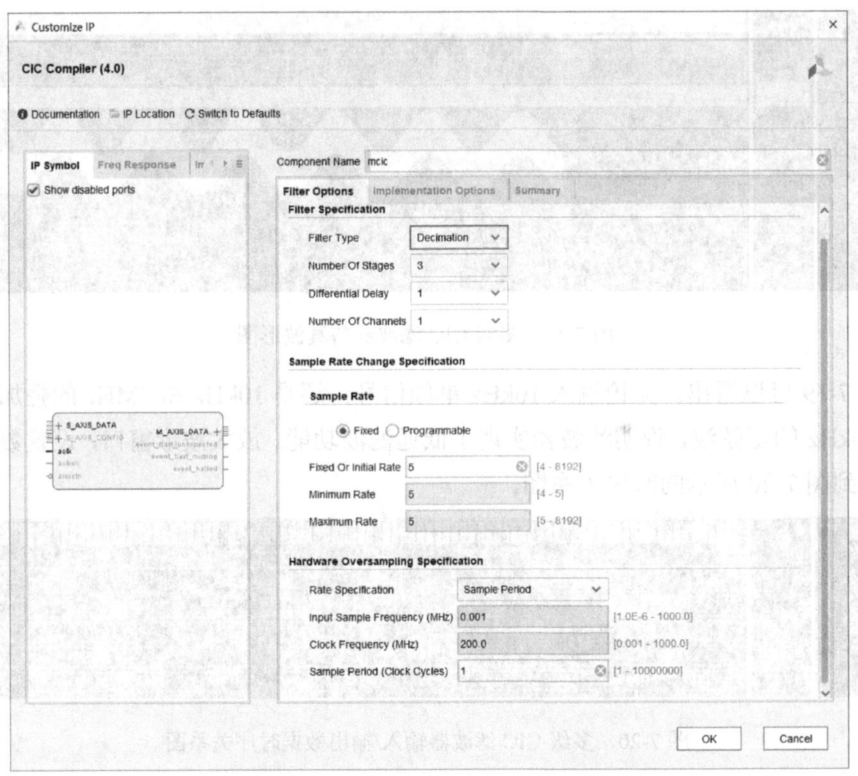


图 7-21　CIC 滤波器 IP 核参数配置界面

CIC 滤波器 IP 核有 2 个参数设置界面，可单击图 7-21 中上方的选项卡依次切换。

- Component Name 编辑框中为 IP 核的名称，该名称与创建该 IP 核时的文件名一致。
- Filter Specification 用于指定 CIC 滤波器 IP 核参数。其中，滤波器类型（Filter Type）下拉列表用于选择生成内插滤波器（Interpolation）还是抽取滤波器（Decimation）；级数（Number Of Stages）下拉列表用于指定滤波器的级联数量；差分延迟（Differential Delay）下拉列表用于指定滤波器的差分延时，一般保持默认值 1；通道数（Number Of Channels）下拉列表用于设置滤波器的通道数量。
- Sample Rate Change Specification 用于设置数据转换速率（抽取因子或内插因子）。如果选中了固定转换速率（Fixed）单选按钮，则只需要在初始转换速率（Fixed Or Initial Rate）编辑框中输入转换因子即可；如果选中了可编程转换速率（Programmable）单选按钮，则需要在最小转换因子（Minimum Rate）及最大转换因子（Maximum Rate）编辑框中输入转换因子的取值范围。“Fixed Or Initial Rate”是 CIC 滤波器的长度，也是抽取滤波器抽取倍数。读者可以通过改变该参数的值来查看滤波器频率响应变化情况。
- Hardware Oversampling Specification 用于设置数据速率与时钟频率。如果在 Rate Specification 中选择了“Sample Period”选项，则需要在 Sample Period 中设置时钟频率与输入数据速率的比值；如果在 Rate Specification 中选择了“Frequency Specification”选项，则需要设置时钟频率（Clock Frequency）及输入数据速率（Input Sample Frequency）参数。

- 设置第一个界面的参数后，单击“Implementation Options”选项卡进入输入/输出数据位宽及 IP 核对外接口参数设置界面。直接在 Input Data Width 编辑框中设置输入数据位宽，在 Quantization 下拉列表中选择 Full Precision，则自动设置输出数据为全精度运算结果；如果设置为 Truncation，则需要在 Output Data Width 编辑框中设置输出数据位宽。该界面中还可以手动配置 Output TREADY 等 IP 核的外部接口信号。
- 完成参数设置后，单击“OK”按钮生成 CIC 滤波器 IP 核。

生成 CIC 滤波器 IP 核后，可以在 Vivado 主界面左侧的 Sources 窗口中查看 mcic.veo 文件，获取 IP 核的接口信息，如下所示。

```
mcic your_instance_name (
  .aclk(aclk),                                   // input wire aclk
  .s_axis_data_tdata(s_axis_data_tdata),         // input wire [15 : 0] s_axis_data_tdata
  .s_axis_data_tvalid(s_axis_data_tvalid),       // input wire s_axis_data_tvalid
  .s_axis_data_tready(s_axis_data_tready),       // output wire s_axis_data_tready
  .m_axis_data_tdata(m_axis_data_tdata),         // output wire [23 : 0] m_axis_data_tdata
  .m_axis_data_tvalid(m_axis_data_tvalid)        // output wire m_axis_data_tvalid
);
```

CIC 滤波器 IP 核提供了 AXI4 总线形式的对外接口。aclk 为时钟信号，上升沿有效；s_axis_data_tdata 为 16bit 位宽的输入信号，如果设置输入数据位宽小于 16bit，则低位对齐；s_axis_data_tvalid 为输入信号有效信号，高电平有效；s_axis_data_tready 为输出数据准备好的指示信号，高电平有效；m_axis_data_tdata 为 24bit 的输出数据，若全精度运算输出数据位宽小于 24bit，则低位对齐；m_axis_data_tvalid 为输出信号有效信号，高电平有效。

### 7.6.2　IP 核设计多级 CIC 抽取滤波器及仿真测试

**例 7-9：使用 CIC 滤波器 IP 核设计多级 CIC 滤波器。**

使用 CIC 滤波器 IP 核设计长度为 5 的 3 级 CIC 滤波器，输入数据位宽为 12bit，数据速率为 12.5MHz，并进行仿真测试。

经过前面 CIC 滤波器相关设计知识的讲解，使用 IP 核设计上述的滤波器就变得十分容易了。为节省篇幅，下面只给出 CIC 滤波器 IP 核的部分参数，读者可以在本书配套程序资料目录下的“FilterVivado_chp7\E7_9_IPCIC\”文件夹中查阅该实例的全部工程及仿真测试文件。

```
Component Name：mcic
Filter Type：Decimation
Number of Stages：3
Differential Delay：1
Number of Channels：1
Sample Rate：Fixed
Fixed or Initial Rate：5
Rate Specification：Sample Period
```

Sample period（Clock Cycles）：1
Input Data Width：1
Quantization：Full Precision
Output Data Width：19

为简化设计，复制 E7_8 的工程文件夹，新建 CIC 滤波器 IP 核，按上述参数完成 IP 核的设置，修改顶层文件 top.v，在文件中例化新建的 CIC 滤波器 IP 核模块。程序综合后的 RTL 原理图如图 7-22 所示。

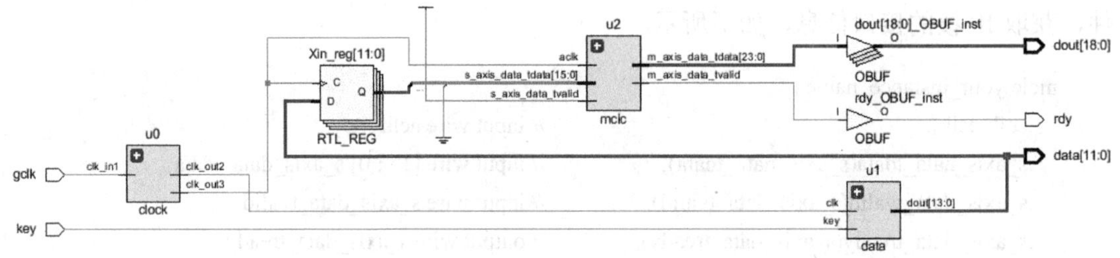

图 7-22　程序综合后的 RTL 原理图

运行仿真工具，放大波形窗口，设置数据显示格式，得到的数据波形与图 7-19 和图 7-20 相同。

## 7.7 CIC 滤波器的板载测试

### 7.7.1 硬件接口电路及板载测试程序

**例 7-10：多级 CIC 滤波器的板载测试。**

接下来我们介绍多级 CIC 滤波器的板载测试情况。本章采用编写 Verilog HDL 代码及调用 CIC 滤波器 IP 核的方式，分别完成了长度为 5 的 3 级 CIC 滤波器设计，本次实验的目的是验证采用 Verilog HDL 代码编写的多级 CIC 滤波器工作情况。读者可参考本实例，自行完成采用 IP 核设计的滤波器板载测试电路设计。

CXD720 开发板配置有 2 路独立的 D/A 转换接口、1 路 A/D 转换接口、1 个独立的 100MHz 晶振。为真实地模拟通信中的滤波过程，采用 100MHz 晶振作为驱动时钟，产生频率为 10kHz 和 3MHz 的正弦波叠加信号，经 DA2 通道输出；DA2 通道输出的模拟信号通过开发板上的跳线端子物理连接至 A/D 转换通道，并送入 FPGA 进行处理；FPGA 滤波后的信号由 DA1 通道输出。

程序下载到开发板后，通过示波器同时观察 DA1、DA2 通道的信号波形，判断滤波前后信号的变化情况，从而验证滤波器的功能及性能。多级 CIC 滤波器板载测试的结构框图如图 7-23 所示。

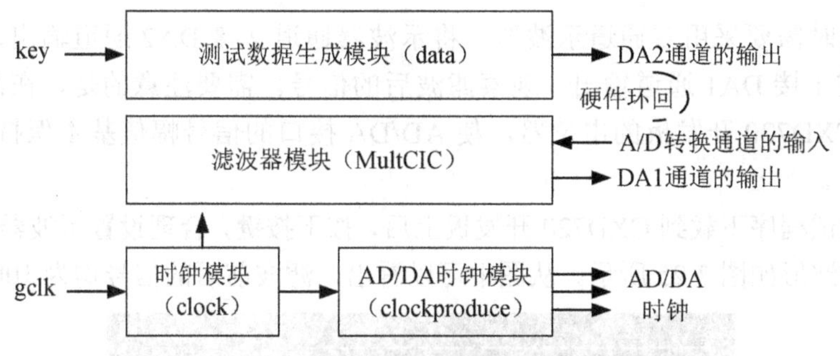


图 7-23　多级 CIC 滤波器板载测试的结构框图

多级 CIC 滤波器板载测试接口信号定义表如表 7-1 所示。

**表 7-1　多级 CIC 滤波器板载测试接口信号定义表**

| 信号名称 | 引脚定义 | 传输方向 | 功能说明 |
|---|---|---|---|
| rst | P14 | →FPGA | 复位信号，高电平有效 |
| gclk | C19 | →FPGA | 100 MHz 时钟信号 |
| key | F4 | →FPGA | 按键信号，按下按键为高电平，产生单频信号，否则产生叠加信号进行测试 |
| ad_clk | J2 | FPGA→ | A/D 抽样时钟信号 |
| ad_din[11:0] | B2/B1/C2/D2/D1/E3/E2/E1/F1/G2/G1/H2 | →FPGA | A/D 抽样输入信号 |
| da1_clk | W2 | FPGA→ | DA1 通道的时钟信号 |
| da1_wrt | Y1 | FPGA→ | DA1 通道的接口信号 |
| da1_out[13:0] | AB11/AB10/AB8/AA8/AB7/AB6/AA6/AB5/AB3/AA3/AB2/AB1/AA1/Y2 | FPGA→ | DA1 通道的输出信号，滤波处理后的信号 |
| da2_clk | W1 | FPGA→ | DA2 通道的时钟信号 |
| da2_wrt | V2 | FPGA→ | DA2 通道的接口信号 |
| da2_out[13:0] | U2/U1/T1/R2/R1/P2/P1/N2/M2/M1/L1K1/K2/J1 | FPGA→ | DA2 通道的输出信号，产生的测试信号 |

## 7.7.2　板载测试验证

设计好板载测试程序，添加引脚约束并完成 FPGA 实现，将程序下载至 CXD720 开发板后可进行板载测试。CIC 滤波器板载测试的硬件连接图如图 7-24 所示。

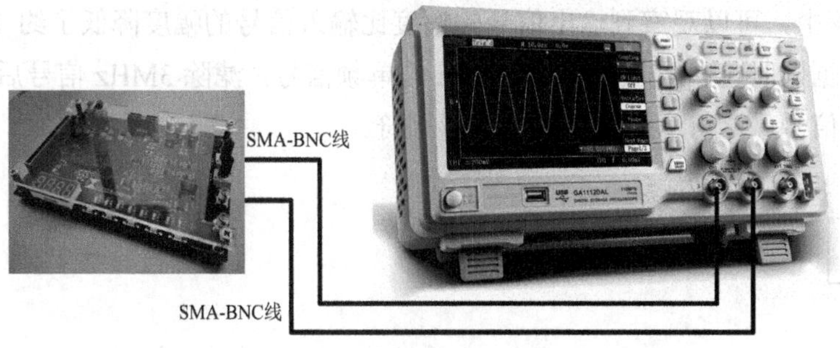


图 7-24　CIC 滤波器板载测试的硬件连接图

进行测试时需要采用双通道示波器，将示波器通道 2 接 DA2 通道输出，观察滤波前的信号；通道 1 接 DA1 通道输出，观察滤波后的信号。需要注意的是，在测试之前，需要适当调整 CXD720 开发板的电位器，使 AD/DA 接口的信号幅值基本保持满量程状态，且波形不失真。

将板载测试程序下载到 CXD720 开发板上后，按下按键，合理设置示波器参数，可以看到两个通道的波形如图 7-25 所示。从图中可以看出，滤波前后的信号均为 10kHz。

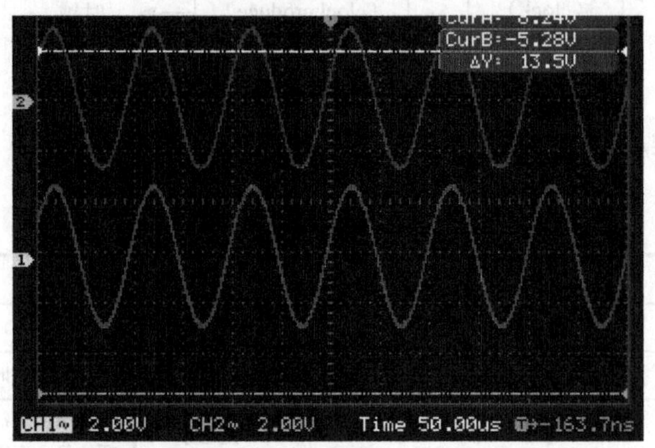


图 7-25 滤波器输入单频信号的测试波形图

松开按键，输入信号为 10kHz 和 3MHz 的叠加信号，其波形图如图 7-26 所示。滤波后得到规则的 10kHz 低频信号，滤波器为低通滤波器。

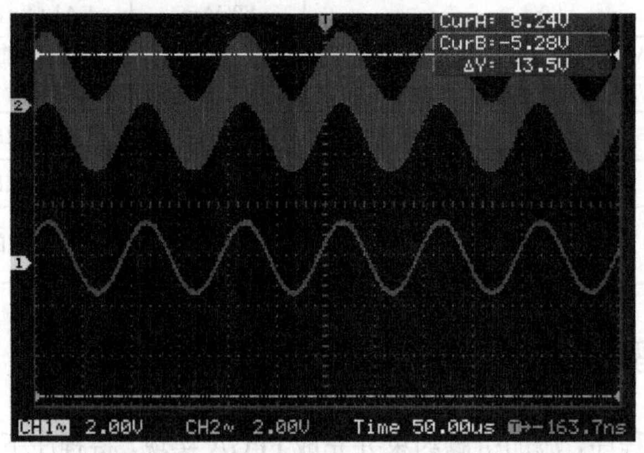


图 7-26 滤波器输入叠加信号的测试波形图

在测试过程中，可以观察到输出信号的幅度比输入信号的幅度降低了约 1/2。这是由于输入的 12bit 数据同时包含了 10kHz 和 3MHz 的单频信号，滤除 3MHz 信号后，仅剩下降低 1/2 幅值的单频信号，这与示波器显示的波形相符。

## 7.8 小结

本章首先介绍了多速率信号处理的一些基本概念，以及多速率信号处理的一般步骤。抽取与内插是多速率信号处理的基础，读者需要从原理上了解抽取与内插的具体过程，以及对信号在时域及频域的影响。无论信号速率如何变换，最基本的原则都是变换后的信号必须满足抽样定理条件。为防止信号进行抽取后的频谱混叠，或者使信号进行零值内插后在时域上得到正确的信号，需要使用低通滤波器来滤除不必要的频谱成分。抽取与内插操作本身十分简单，多速率信号处理的关键问题是如何有效设计滤波器。CIC 滤波器的结构简单，没有乘法器，只有加法器、积分器和寄存器，适合于工作在高抽样频率下，已在多速率信号处理中得到广泛应用。

# 第 8 章 半带滤波器设计

CIC 滤波器虽然不需要乘法运算，但其过渡带较宽，不适合作为多速率信号处理的中间级滤波器。半带滤波器是另一种使用广泛的多速率滤波器，这种滤波器的通带纹波和阻带衰减可根据需求设计，且每秒乘法次数比一般线性相位的 FIR 滤波器减少近 1/2，尤其适合于 2 倍抽取的多速率信号处理系统。

## 8.1 FIR 半带滤波器原理及 MATLAB 设计

### 8.1.1 半带滤波器的原理

第 7 章介绍了一种适合于工作在高抽样频率下的 CIC 滤波器。本章继续介绍一种非常适合于 2 倍抽取的 FIR 滤波器——半带滤波器。半带滤波器可以使 2 倍抽取的每秒乘法次数比一般线性相位的 FIR 滤波器减少近 1/2，因此引起人们使用 2 倍抽取器级联实现高倍数抽取的兴趣。例如，使用 6 个 2 倍抽取器级联可实现 64 倍抽取。

半带滤波器是一种实现数字下变频的高效数字滤波器，其简化的频率特性如图 8-1 所示。

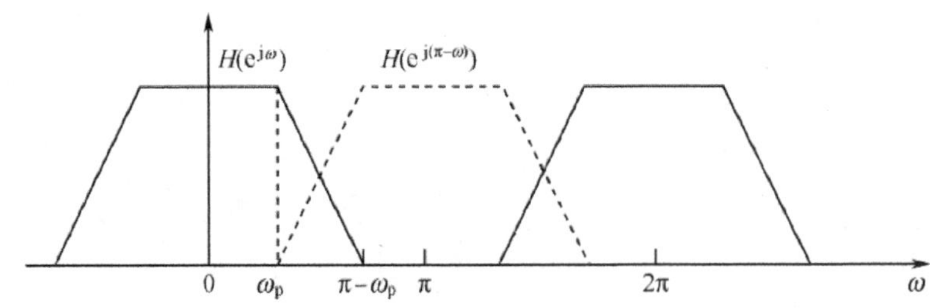


图 8-1　半带滤波器的频率特性

归纳起来，半带滤波器主要有以下几个特点。

- 滤波器的通带和阻带对称，即通带容限和阻带容限相等，$\delta_s=\delta_p$ 且 $\omega_s=\pi-\omega_p$。其中，$\omega_s$ 为阻带截止频率，$\omega_p$ 为通带截止频率。
- 滤波器的系数具有偶对称特性，且滤波器长度为偶数（滤波器阶数为奇数）。滤波器所有大于 0 的偶数序号的冲激响应值均为 0。半带滤波器的这一特性大大降低了滤波运算所需的乘法次数及加法次数。

- 图 8-1 中，$H(e^{j(\pi-\omega)})$ 正好对应于 2 倍抽取（抽样频率降低一半）后滤波器以 π 为周期的频率响应。因此，经半带滤波器滤波后，进行 2 倍抽取时，信号通带内没有频谱混叠，但阻带内有频谱混叠。

当半带滤波器的通带很小时，这种过渡带对于多级滤波器的最后一级来说往往过大，不能满足滤波特性的总体要求，因此不适合作为多级抽取滤波器的最后一级，即后级滤波器必须采用其他类型的 FIR 滤波器。不过，对于后级 FIR 滤波器来讲，信号经过前级的 CIC 滤波器、半带滤波器抽取后，抽样频率相对来讲已经非常低了，所以在一定的处理时钟下，就可以采用更高阶的一般特性的 FIR 滤波器，使其通带容限、过渡带宽、阻带容限等性能指标设计得更高，进而满足滤波特性的总体要求。

## 8.1.2　半带滤波器的 MATLAB 设计

经过前面的介绍，我们知道，半带滤波器其实是一种特殊的 FIR 滤波器。与普通 FIR 滤波器一样，半带滤波器的性能也主要与滤波器阶数及选用的窗函数有关。CIC 滤波器的结构是固定的，因此不需要借助 MATLAB 来设计 CIC 滤波器系数。MATLAB 却为我们提供了方便易用的半带滤波器设计函数 firhalfband()，与 FIR 滤波器设计函数功能十分类似。

firhalfband()函数的语法有以下几种。

```
b = firhalfband(n,fp)
b = firhalfband(n,win)
b = firhalfband(n,dev,'dev')
b = firhalfband('minorder',fp,dev)
b = firhalfband('minorder',fp,dev,'kaiser')
b = firhalfband(...,'high')
b = firhalfband(...,'minphase')
```

其中各项参数的意义及作用如下所述。

- b：函数返回的滤波器系数，长度为 n+1，其中序号为偶数（序号为 0 的除外）的系数均为 0。
- n：滤波器的阶数，必须设置为偶数。
- fp：小于 1 的正数，低通滤波器的归一化截止频率，1 对应抽样频率的一半。
- win：窗函数名称，表示半带滤波器采用的窗函数类型。
- dev：滤波器的阻带容限或通带容限，半带滤波器的阻带容限与通带容限相同。
- minorder：该参数表示函数将根据设计者设置的截止频率及通阻带容限，自动生成满足要求的最小滤波器阶数。
- kaiser：该参数表示生成的滤波器为凯塞窗滤波器。
- high：该参数表示设计高通半带滤波器。
- minphase：该参数表示设计具有最小相位特性的半带滤波器。

**例 8-1：MATLAB 设计半带滤波器。**

利用 MATLAB 提供的 firhalfband()函数设计阶数为 16、通阻带容限为 0.0001 的半带滤波器。仿真测试滤波前后的信号时域图，绘制滤波器的频率响应特性图。

```
%E8_1_HalfFilterMatlab.m 程序清单
%定义参数
f=1000;                %信号频率为 1 kHz
Fs=40*f;               %抽样频率为 40 kHz
n=16;                  %半带滤波器阶数
D=2;                   %抽取因子
dev=0.0001;            %通阻带容限

%产生正弦波信号
t=0:1/Fs:0.02;
c=2*pi*f*t;
si=sin(c);

%设计半带滤波器
b=firhalfband(n,dev,'dev')
s=filter(b,1,si);      %对信号进行滤波
s=s/max(abs(s));       %归一化处理
Ds=s(1:D:length(t));   %对滤波后信号进行抽取

%绘图
figure(1);x=0:1:100;x=x/Fs;Dx=x(1:D:length(x));
subplot(211);stem(x,si(1:length(x)));title('MATLAB 仿真滤波前信号波形');
subplot(212);stem(Dx,Ds(1:length(Dx)));title('MATLAB 仿真滤波后信号波形');
figure(2);freqz(b);
```

程序运行后，生成半带滤波器的系数如下所示。

```
b=[0，−0.003，0，0.0187，0，−0.07，0，0.3043，0.5，0.3043，0，−0.07，0，0.0187，0，−0.003，0]
```

从程序运行结果可以看出，半带滤波器的系数有近一半为 0，且呈偶对称特性。

程序运行后所得到的信号滤波前后的时域波形图如图 8-2 所示，半带滤波器的频率特性图如图 8-3 所示。从图中可以看出，经半带滤波器滤波后的信号，与原信号相比波形没有改变，但抽样频率降低了一半；半带滤波器通阻带容限相同，具有严格的线性相位特性。

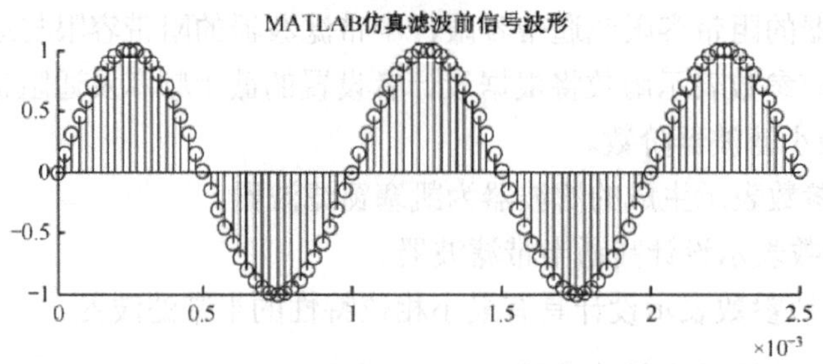


图 8-2　半带滤波器对信号滤波前后的时域波形图

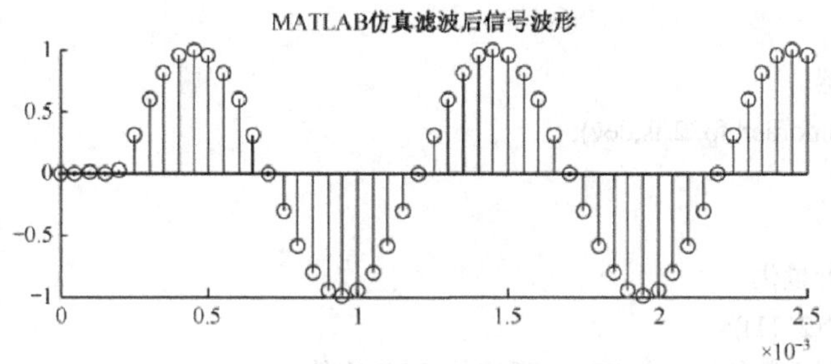


图 8-2　半带滤波器对信号滤波前后的时域波形图（续）

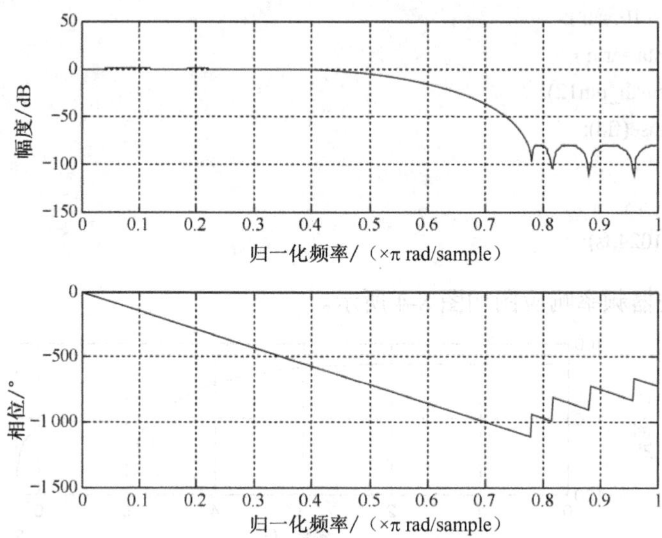


图 8-3　半带滤波器的频率特性图

# 8.2 单级半带滤波器的 Verilog HDL 设计及仿真

## 8.2.1　单级半带滤波器系数的设计

**例 8-2：单级半带滤波器的 Verilog HDL 设计及仿真。**

利用 MATLAB 提供的 firhalfband()函数设计半带滤波器，并采用 Verilog HDL 完成滤波器的实现及仿真测试。数据速率为 12.5MHz，通带截止频率为 1.5MHz，通阻带容限为 0.0001，系数量化位宽为 12bit，输入数据位宽为 12bit。

采用 MATLAB 完成滤波器设计，得到滤波器的阶数为 19，MATLAB 程序文件“E8_2_SigHalfBand.m”代码如下所示。

```
%E8_2_SigHalfBand.m 程序清单
%定义参数
fs=12.5*10^6;   %抽样频率
fp=1.5*10^6;    %通带截止频率
dev=0.0001;     %通阻带容限
```

```
%设计半带滤波器
b = firhalfband('minorder',fp*2/fs,dev);
n=length(b)

%滤波器系数进行量化
h_pm12=round(b*(2^11));
%将生成的滤波器系数数据写入 FPGA 所需的 COE 文件中
fid=fopen('D:\Filter_Vivado\FilterVivado\FilterVivado_chp8\E8_2_SigHf.coe','w');
fprintf(fid,'radix = 10;\r\n');
fprintf(fid,'coefdata =\r\n');
fprintf(fid,'%8d\r\n',h_pm12);
fprintf(fid,';'); fclose(fid);
%绘图
figure(1);
freqz(h_pm12,1,1024,fs);
```

单级半带滤波器频率响应图如图 8-4 所示。

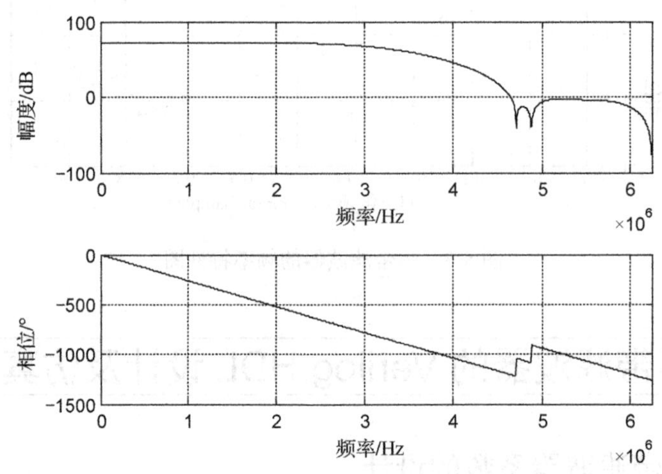


图 8-4 单级半带滤波器频率响应图

### 8.2.2 半带滤波器 IP 核的创建

完成半带滤波器的设计并生成系数文件后，新建 FPGA 工程 SigHalfBand，并创建 FIR 核，设置 FIR 核的名称为 HalfFir，装载已生成好的系数文件 E8_2_SigHf.coe，设置“Filter Type”为抽取（Decimation），且抽取因子（Decimate Rate Value）设置为 2，如图 8-5 所示。

单击“Channel Specification”选项卡，设置“Select Format”为 Input Sample Period，设置“Sample Period（Clock Cycles）”为 1，即时钟频率与输入数据频率相同。单击“Implementation”选项卡，设置系数量化位宽（Coefficient Width）为 12，设置滤波器结构（Coefficient Structure）为半带滤波器（Half Band），设置输入数据位宽（Input Data Width）为 12，如图 8-6 所示。

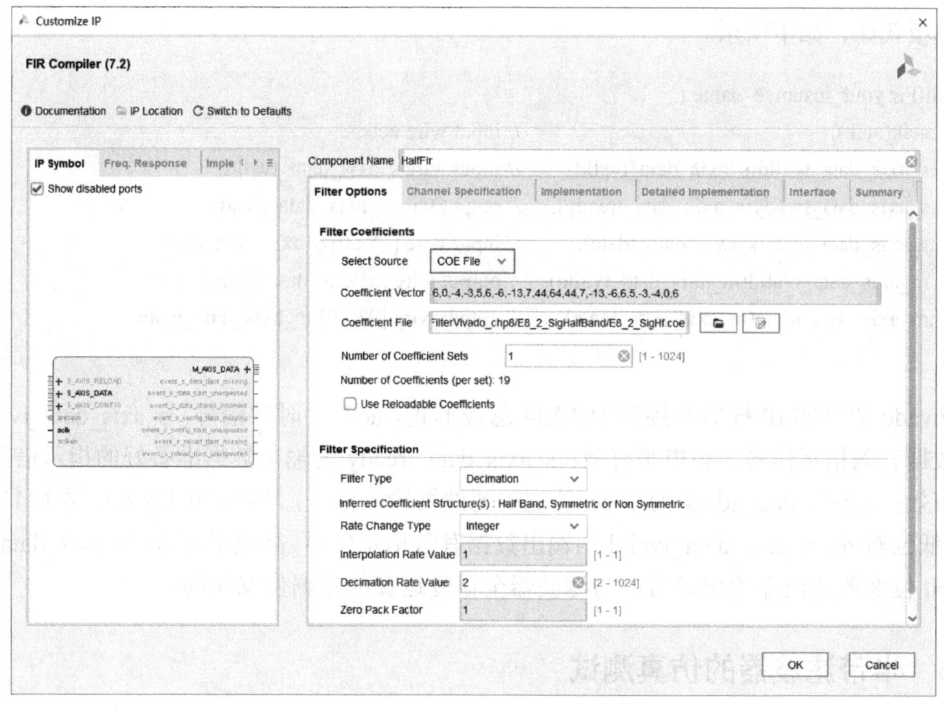


图 8-5　单级半带滤波器系数设置界面

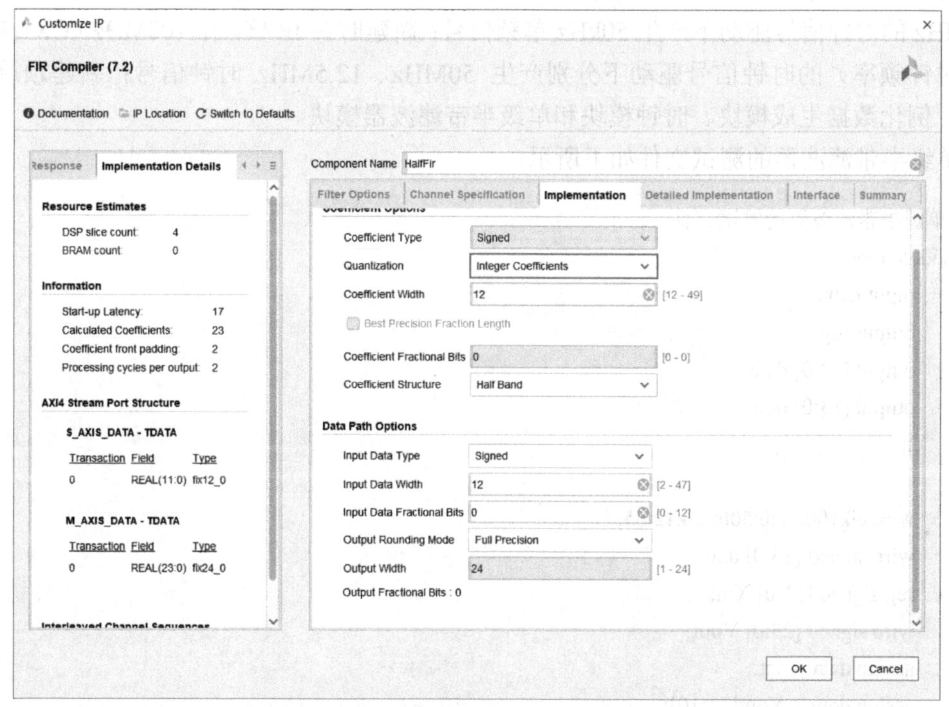


图 8-6　单级半带滤波器结构参数设置界面

从图 8-6 左侧窗口可以看出，此时滤波器占用的乘法器资源（DSP）仅为 4 个，其他值保持默认，单击“OK”按钮完成半带滤波器的创建。

双击 Vivado 主界面左侧的“IP Source”窗口中的“HalfFir.veo”可以查看半带滤波器的

例化模板代码，如下所示。

```
HalfFir your_instance_name (
  .aclk(aclk),                              // input wire aclk
  .s_axis_data_tvalid(s_axis_data_tvalid),  // input wire s_axis_data_tvalid
  .s_axis_data_tready(s_axis_data_tready),  // output wire s_axis_data_tready
  .s_axis_data_tdata(s_axis_data_tdata),    // input wire [15 : 0] s_axis_data_tdata
  .m_axis_data_tvalid(m_axis_data_tvalid),  // output wire m_axis_data_tvalid
  .m_axis_data_tdata(m_axis_data_tdata)     // output wire [23 : 0] m_axis_data_tdata
);
```

Vivado 提供的 IP 核信号接口为 AXI4 总线形式。aclk 为时钟信号；s_axis_data_tvalid 为输入数据有效指示信号，高电平有效；s_axis_data_tready 为输出数据准备好的指示信号，高电平有效；s_axis_data_tdata 为 16bit 位宽的滤波器输入信号，实例中的输入信号为 12bit 位宽，取低位对齐；m_axis_data_tvalid 为输出数据有效指示信号，高电平有效；m_axis_data_tdata 为 24bit 位宽的滤波器输出信号，与滤波器全精度运算的数据位宽相同。

## 8.2.3 半带滤波器的仿真测试

为便于仿真单级半带滤波器功能，新建测试数据生成模块 data.v，创建 DDS 核，在 12.5MHz 的时钟信号驱动下产生 50kHz 单频信号；新建时钟 IP 核，在 100MHz（CXD720 开发板时钟频率）的时钟信号驱动下分别产生 50MHz、12.5MHz 时钟信号；新建顶层文件 top.v，例化数据生成模块、时钟模块和单级半带滤波器模块。

单级半带滤波器的测试文件如下所示。

```
//单级半带滤波器的测试文件
module top(
    input gclk,
    output rdy,
    output [13:0] data,
    output [13:0] dout
    );

    wire clk100m,clk50m,clk12m5;
    wire signed [13:0] dat;
    reg signed [11:0] Xin;
    wire signed [23:0] Yout;
    assign data = dat;
    assign dout = Yout[23:10];

    clock u0 (
      .clk_out1(clk100m),        // output clk_out1
      .clk_out2(clk50m),         // output clk_out2
      .clk_out3(clk12m5),        // output clk_out3
```

```
        .clk_in1(gclk));               // input clk_in1

    data u1(
        .clk(clk50m),
        .dout(dat));

    always @(posedge clk12m5)
        Xin <= dat[13:2];
    HalfFir u2 (
        .aclk(clk12m5),                          // input wire aclk
        .s_axis_data_tvalid(1'b1),               // input wire s_axis_data_tvalid
        .s_axis_data_tready(),                   // output wire s_axis_data_tready
        .s_axis_data_tdata({4'd0,Xin}),          // input wire [15 : 0] s_axis_data_tdata
        .m_axis_data_tvalid(rdy),                // output wire m_axis_data_tvalid
        .m_axis_data_tdata(Yout)                 // output wire [23 : 0] m_axis_data_tdata
    );

endmodule
```

新建测试激励文件 tst.v，产生时钟信号，运行仿真工具，调整数据显示格式，得到图 8-7 所示的仿真波形。

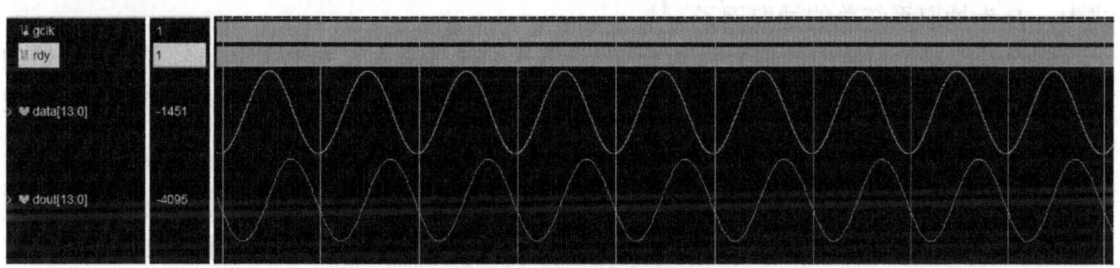


图 8-7　单级半带滤波器的仿真波形

由图 8-7 可知，滤波前后信号均为 50kHz 的单频信号。调整数据显示格式，放大显示波形，可得到图 8-8 所示的数据时序图。

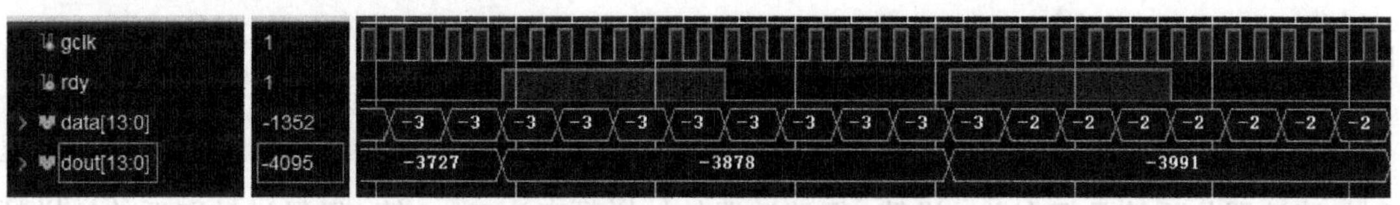


图 8-8　单级半带滤波器滤波前后的数据时序图

由图 8-8 可知，gclk 为 CXD720 开发板的 100MHz 时钟信号，data 在 50MHz 的时钟信号驱动下产生数据，半带滤波器实际处理的数据速率为 12.5MHz，经半带抽取后得到的数据速率为 6.25MHz，rdy 为半带滤波器的输出数据有效信号，为 6.25MHz，说明半带滤波器实现了 2 倍抽取。

## 8.3 多级半带滤波器 MATLAB 设计

### 8.3.1 各级半带滤波器的总体技术要求

由于半带滤波器特殊的频率响应特性，其非常适用于进行 2 倍抽取的多速率转换系统。通过采用多个半带滤波器级联的方式，即可十分方便地实现高抽样频率转换。如前所述，滤波器的关键指标主要是过渡带、通阻带容限。如何采用最小的滤波阶数设计出满足所需指标的滤波器正是工程师需要解决的问题。接下来，先介绍多级半带滤波器的一般技术要求，再根据滤波器过渡带是否允许混叠，分别详细讨论各级滤波器的指标分配方案。

在多级半带滤波器系统中，因每级滤波器后均需要进行 2 倍抽取，因此各级滤波器的具体通带、阻带频率及过渡带频率均不相同，为便于讨论，采用滤波器的真实频率而不是归一化频率。又因各级半带滤波器要求通带容限与阻带容限相同，因此可令容限 $\delta$ 为

$$\delta=\min[\delta_{pi},\delta_s]=\min\left[\frac{\delta_p}{K},\delta_s\right] \tag{8-1}$$

式中，$K$ 为抽取系统总的级数；$\delta_s$ 为抽取系统总的阻带容限；$\frac{\delta_p}{K}$ 为各级半带滤波器的通带容限 $\delta_{pi}$。多级 2 倍抽取系统的总级数 $K$ 为

$$K=\log_2 D \tag{8-2}$$

式中，$D$ 为抽取系统总的抽取因子。

假设抽取器最后输出的信号为 $x_K(n_kT_k)$，信号抽样频率为 $F_K=1/T_k$，信号要求滤波器的通带上限频率为 $f_p$，阻带下限频率为 $f_s$。为了避免混叠，取 $f_s\leqslant F_K/2$。这是多级半带滤波器实现最后一级（第 $K$ 级）对滤波器的通带、阻带的频率要求。至于前面的任何一级，第 $i$ 级（$i=1,2,\cdots,K-1$）为降低滤波器的阶次，有意加大其过渡带，通带仍为 $f_p$，但阻带的下限频率 $f_{si}$ 可超过 $f_i/2$。这种情况下有两种可能方案：其一是允许 $i$ 从 1 到 $K-1$ 级中的滤波器在 $f_p\leqslant f\leqslant f_{si}$ 的频率范围内有混叠，但要保证在 $0\leqslant f\leqslant f_p$ 的频率范围内不允许混叠；其二是各级滤波器在 $0\leqslant f\leqslant f_{si}$ 的频率范围内不允许有混叠。接下来对两种方案分别进行讨论。

### 8.3.2 允许过渡带有混叠的设计

第 $i$ 级中半带滤波器的通带上限频率与系统的通带频率相同，均为 $f_p$，其阻带下限频率则与滤波器位于第几级有关。设第 $i$ 级滤波器的抽样频率为 $F_{i-1}$，第 $i$ 级经过抽取后的抽样频率为 $F_i=F_{i-1}/2=F_0/2^i$，其中 $F_0$ 为整个抽取系统输入信号的频率。图 8-9 所示为第 $i$ 级半带滤波器的幅频响应图，虚线部分为抽取之后抽样频率为 $F_i$ 时滤波器幅频响应在一个周期中的对称部分。

根据上面的说明，可以得出各级半带滤波器的技术参数。

通带上限频率为

$$f_{pi} = f_p, \qquad i = 1, 2, \cdots, K \tag{8-3}$$

阻带下限频率为

$$f_{si} = F_{i-1}/2 - f_p = F_i - f_p, \qquad i = 1, 2, \cdots, K-1 \tag{8-4}$$

第 $i$ 级输出信号的抽样频率为

$$F_i = F_0 / 2^i, \qquad i = 1, 2, \cdots, K \tag{8-5}$$

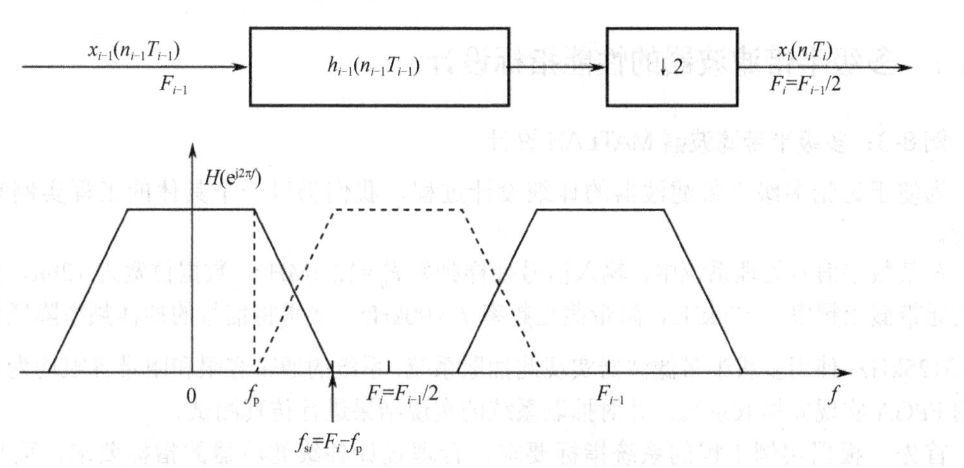


图 8-9 第 $i$ 级半带滤波器的幅频响应图

正如前面所述，最后一级滤波器与前面 $K-1$ 级滤波器稍有不同，因为最后一级滤波器的阻带下限频率最高不能超过 $F_K/2$，为减小过渡带中的混叠，$f_{sK} = F_K/2$ 而不等于 $F_K - f_p$。正是由于这个缘故，最后一级滤波器不是半带滤波器，所以不能按照半带滤波器的方法进行设计。

## 8.3.3 不允许过渡带有混叠的设计

根据前面所述的设计方法设计滤波器，第 $i$ 级滤波器的过渡带 $f_{si} = F_i - f_p$ 内一定有频谱混叠。为了保护在频带 $0 \leqslant f \leqslant f_s$ 内都没有混叠，可以将系统的阻带频率 $f_s$ 当成系统及各级滤波器的通带频率 $f_p$，这样根据半带滤波器的频率特性，可保证半带滤波器的通带没有混叠，同时保证了系统的过渡带内没有混叠。经过这样的变换后，各级半带滤波器的阻带下限频率：

$$f_{si} = F_{i-1}/2 - f_s = F_i - f_s, \quad i = 1, 2, \cdots, K-1 \tag{8-6}$$

这样，在设计中保护了整个系统的通带及过渡带（$0 \leqslant f \leqslant f_s$）不受混叠，代价则是降低了各级半带滤波器的过渡带带宽（由 $F_i - f_p$ 降低为 $F_i - f_s$），致使滤波器的阶数增加。总结过渡带不受混叠条件下第 $i$ 级（不包括最后一级）滤波器的技术要求如下：

- 通带和阻带容限 $\delta = \min[\delta_p / K, \delta_s]$。
- 通带上限频率为 $\delta_p$，在设计中没有使用该项参数。
- 阻带下限频率 $f_{si} = F_i - f_s$。

其中，$\delta_p$、$\delta_s$、$f_p$、$f_s$ 都是给定的系统设计指标，$F_i = F_0 / 2^i$，$F_0$ 是系统输入信号的频率。

最后一级滤波器不是半带滤波器，其通带上限频率为 $f_p$，通带容限为 $\delta_p / K$，阻带下限频率为 $f_s$，阻带容限为 $\delta_s$。这个滤波器的设计按照一般滤波器的设计方法进行。

# 8.4 多级半带滤波器的 FPGA 设计

## 8.4.1 多级半带滤波器的性能指标设计

**例 8-3：多级半带滤波器 MATLAB 设计。**

为便于讨论多级半带滤波器的详细设计过程，我们仍以一个具体的工程实例来进行讲解。

在某数字信号处理系统中，输入信号抽样频率 $F_0$=12.5MHz，数据位宽为 12bit，有用信号的通带截止频率 $f_p$=70kHz，阻带截止频率 $f_s$=90kHz。要求将信号的抽样频率降低到 $F_K$ = 195.3125kHz，使用多级半带滤波器实现此抽取系统，系统的通带容限和阻带容限均为 0.001。采用 FPGA 实现此抽取系统，并对抽取系统的实现结果进行仿真测试。

首先，根据实例工程的系统指标要求，合理设计各级滤波器的指标要求，而后使用 MATLAB 软件提供的函数设计出各级滤波器的系数，最后使用 FPGA 进行实现。根据实例要求容易计算出系统的总抽取因子为

$$D = F_0 / F_K = 64 = 2^6$$

也就是说，可以使用 6 级滤波器实现该抽取系统，其中前 5 级为半带滤波器，最后一级采用普通 FIR 滤波器。

本例采用抽取系统过渡带允许有混叠的设计方案，则前 5 级半带滤波器的通带上限频率 $f_p = 70\text{kHz}$，阻带下限频率可由式（8-3）和式（8-4）求出。最后一级滤波器的通带上限频率 $f_p = 70\text{kHz}$，阻带下限频率 $f_c = 90\text{kHz}$。前 5 级半带滤波器的通带容限为 $\delta_p / 6 = 1/6000$，最后一级通带容限与前 5 级的通带容限相同，为 0.001。

据此，可以采用 firhalfband('minorder',fp,dev)函数方便地设计出各级半带滤波器，再参考第 4 章介绍的 FIR 滤波器一般设计方法设计最后一级 FIR 滤波器。

以下是各级滤波器设计的 MATLAB 部分程序清单（E8_3_MultHalfDesign.m），读者可在本书配套程序资料中的“FilterVivado_chp8\E8_3_MultHalfBand”根目录下，查看程序的完整代码。图 8-10 所示为程序运行结果。

```
%E8_3_MultHalfDesign.m 程序代码
F0=12.5*10^6;       %抽取前抽样频率
Fout=F0/64;         %抽取后抽样频率
fp=70000;           %通带频率
fc=90000;           %阻带频率

dev=0.001;
Q=12;
```

```
D=log2(F0/Fout);
devi=dev/D;

%求取各级半带滤波器的归一化截止频率
fpi=zeros(1,D-1);
for i=1:D-1
    fpi(i)=fp*(2^i)/F0;
end
%设计各级半带滤波器
b1=firhalfband('minorder',fpi(1),devi); L1=length(b1);
b2=firhalfband('minorder',fpi(2),devi); L2=length(b2);
b3=firhalfband('minorder',fpi(3),devi); L3=length(b3);
b4=firhalfband('minorder',fpi(4),devi); L4=length(b4);
b5=firhalfband('minorder',fpi(5),devi); L5=length(b5);

%采用 FIR 滤波器的一般设计方法设计最后一级滤波器
%再用函数 firpm 设计最优滤波器
fc=[fp fc]/Fout;                                   %过渡带
a1=[1 0];                                          %低通滤波器窗函数的理想滤波器幅度
dev1=[0.01 0.001];                                 %低通滤波器纹波
[n1,fo1,ao1,w1]=firpmord(fc,a1,dev1);              %估计低通滤波器参数
b6=firpm(n1,fo1,ao1,w1); L6=length(b6);            %设计最优低通滤波器

%量化滤波器系数
Qb1=round(b1*(2^(Q)));
Qb2=round(b2*(2^(Q)));
Qb3=round(b3*(2^(Q)));
Qb4=round(b4*(2^(Q)));
Qb5=round(b5*(2^(Q)));
Qb6=round(b6*(2^(Q)));

%将生成的滤波器系数写入 FPGA 所需的 COE 文件中
fid=fopen('D:\Filter_Vivado\FilterVivado\FilterVivado_chp8\E8_3_MultHalfBand\E8_3_hf1.coe','w');
fprintf(fid,'radix = 10;\r\n');
fprintf(fid,'coefdata=\r\n');
fprintf(fid,'%8d\r\n',Qb1);fprintf(fid,';');
fclose(fid);
fid=fopen('D:\Filter_Vivado\FilterVivado\FilterVivado_chp8\E8_3_MultHalfBand\E8_3_hf2.coe','w');
fprintf(fid,'radix = 10;\r\n');
fprintf(fid,'coefdata=\r\n');
fprintf(fid,'%8d\r\n',Qb2);fprintf(fid,';');
fclose(fid);
fid=fopen('D:\Filter_Vivado\FilterVivado\FilterVivado_chp8\E8_3_MultHalfBand\E8_3_hf3.coe','w');
```

```
fprintf(fid,'radix = 10;\r\n');
fprintf(fid,'coefdata=\r\n');
fprintf(fid,'%8d\r\n',Qb3);fprintf(fid,';');
fclose(fid);
fid=fopen('D:\Filter_Vivado\FilterVivado\FilterVivado_chp8\E8_3_MultHalfBand\E8_3_hf4.coe','w');
fprintf(fid,'radix = 10;\r\n');
fprintf(fid,'coefdata=\r\n');
fprintf(fid,'%8d\r\n',Qb4);fprintf(fid,';');
fclose(fid);
fid=fopen('D:\Filter_Vivado\FilterVivado\FilterVivado_chp8\E8_3_MultHalfBand\E8_3_hf5.coe','w');
fprintf(fid,'radix = 10;\r\n');
fprintf(fid,'coefdata=\r\n');
fprintf(fid,'%8d\r\n',Qb5);fprintf(fid,';');
fclose(fid);
fid=fopen('D:\Filter_Vivado\FilterVivado\FilterVivado_chp8\E8_3_MultHalfBand\E8_3_hf6.coe','w');
fprintf(fid,'radix = 10;\r\n');
fprintf(fid,'coefdata=\r\n');
fprintf(fid,'%8d\r\n',Qb6);fprintf(fid,';');
fclose(fid);

%输出滤波器长度
L=[L1 L2 L3 L4 L5 L6]
%输出量化后系数的最大绝对值
m=[max(abs(Qb1)) max(abs(Qb2)) max(abs(Qb3)) max(abs(Qb4)) max(abs(Qb5)) max(abs(Qb6))]

%仿真测试数据经抽取系统后的信号幅频特性及时域波形
Q_s=E8_3_data;
F1=filter(Qb1,1,Q_s);s1=F1(1:2:length(F1));
F2=filter(Qb2,1,s1); s2=F2(1:2:length(F2));
F3=filter(Qb3,1,s2); s3=F3(1:2:length(F3));
F4=filter(Qb4,1,s3); s4=F4(1:2:length(F4));
F5=filter(Qb5,1,s4); s5=F5(1:2:length(F5));
F6=filter(Qb6,1,s5); s6=F6(1:2:length(F6));
sout=s6(100:length(s6));

%绘制抽取前后信号的时域波形
Sin=Q_s/max(abs(Q_s));
Sout=sout/max(abs(sout));
Psin=Sin(1:1000);
subplot(211);
plot(Psin);
xlabel('时间/s');ylabel('幅度/V');
title('抽取前信号的时域波形');
subplot(212);
```

```
plot(Sout);
xlabel('时间/s');ylabel('幅度/V');
title('滤波抽取后信号的时域波形');
```

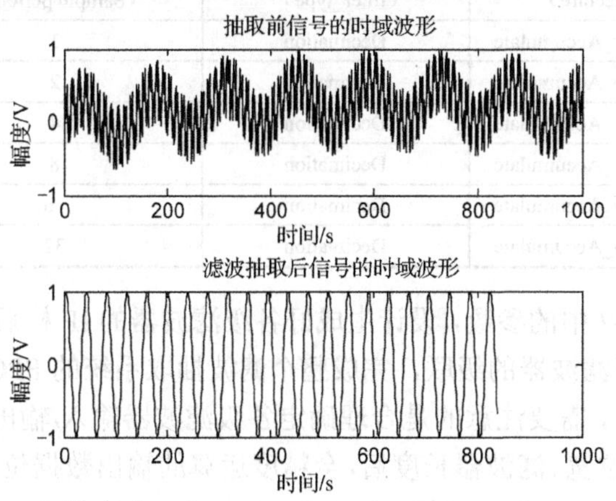


图 8-10　MATLAB 仿真抽取系统的信号波形

由图 8-10 可知，由频率分别为 5kHz、90kHz、1MHz、3MHz 的单频信号构成的叠加信号，经抽取系统后，只剩下频率为 5kHz 的单频信号；放大波形，可以看出抽取后的数据速率为原信号频率的 1/64。程序中的 E8_3_data 为编写的数据生成函数，生成叠加信号数据。大家可在本书配套程序资料中查看完整的程序文件。

## 8.4.2　多级抽取系统的 Verilog HDL 设计

采用 MATLAB 设计出各级滤波器的系数后，即可采用第 4 章讲述的方法设计各级滤波器，并将各级滤波器进行级联形成完整的抽取系统。由于半带滤波器本质上是 FIR 滤波器，因此半带滤波器的 FPGA 实现与普通的 FIR 滤波器实现没有什么差别。需要注意的是，由于半带滤波器的部分系数为 0，因此可以节省部分乘法及加法运算。

本实例采用 Vivado 提供的 FIR 核来实现各级半带滤波器及最后一级滤波器。Vivado 提供的 FIR 核功能十分强大，本身支持半带滤波器设计，使用起来十分方便。FIR 核的设计界面请参考第 4 章的相关内容，为便于比较，表 8-1 和表 8-2 给出了各级滤波器的 IP 核参数设置。

表 8-1　各级滤波器的 IP 核参数设置 1

| 参数 | 系数结构（coefficient_structure） | 系数位宽（coefficient_width） | 数据位宽（data_width） | 抽取因子（decimation_rate） |
|---|---|---|---|---|
| 第一级 | Half_Band | 13 | 12 | 2 |
| 第二级 | Half_Band | 13 | 12 | 2 |
| 第三级 | Half_Band | 13 | 12 | 2 |
| 第四级 | Half_Band | 13 | 12 | 2 |
| 第五级 | Half_Band | 13 | 12 | 2 |
| 第六级 | Symmetric | 12 | 12 | 2 |

表 8-2　各级滤波器的 IP 核参数设置 2

| 参数 | 滤波器结构（filter_architecture） | 滤波器类型（filter_type） | 单个数据抽样次数（Sample period） | 滤波器长度（Length） |
|---|---|---|---|---|
| 第一级 | Systolic_Multiply_Accumulate | Decimation | 1 | 7 |
| 第二级 | Systolic_Multiply_Accumulate | Decimation | 2 | 7 |
| 第三级 | Systolic_Multiply_Accumulate | Decimation | 4 | 7 |
| 第四级 | Systolic_Multiply_Accumulate | Decimation | 8 | 7 |
| 第五级 | Systolic_Multiply_Accumulate | Decimation | 16 | 11 |
| 第六级 | Systolic_Multiply_Accumulate | Decimation | 32 | 51 |

按照表 8-1 和表 8-2 中的参数，设计生成好各级滤波器的 IP 核后，可继续编写抽取系统的顶层文件，实现各级滤波器的级联，完成整个滤波抽取系统的 FPGA 实现。

在编写顶层文件时，需要注意的是合理确定各级滤波器输入/输出数据位宽。当确定输入数据位宽、滤波器系数位宽、滤波器长度后，全精度运算的输出数据位宽也就随之确定了（FIR 核对应的参数为 output_rounding_mode=Full_Precision）。本实例中，在设计滤波器系数时，采用对滤波器系数乘以 $2^{12}$ 的方式进行量化，则滤波器增益相当于增加了 $2^{12}$，当输入为 12bit 时，输出取[23:12]就可实现通带内的增益为 1。

确定好各级滤波器的输入/输出数据位宽，以及截位方案后，编写整个抽取系统的顶层文件就十分简单了。下面直接给出了程序清单。

```
// MultHalfBand.v 程序清单
module MultHalfBand(
    input clk,
    input [11:0] din,
    output vd,
    output [11:0] dout );

wire [31:0] da1,da2,da3,da4,da5,da6;
wire vd1,vd2,vd3,vd4,vd5,vd6;
hfband_1 u1 (
    .aclk(clk),
    .s_axis_data_tvalid(1'b1),
    .s_axis_data_tdata(din),
    .m_axis_data_tvalid(vd1),
    .m_axis_data_tdata(da1));

  hfband_2 u2 (
    .aclk(clk),
    .s_axis_data_tvalid(vd1),
    .s_axis_data_tdata(da1[23:12]),
    .m_axis_data_tvalid(vd2),
    .m_axis_data_tdata(da2));

hfband_3 u3 (
```

```
            .aclk(clk),
            .s_axis_data_tvalid(vd2),
            .s_axis_data_tdata(da2[23:12]),
            .m_axis_data_tvalid(vd3),
            .m_axis_data_tdata(da3));

    hfband_4 u4 (
            .aclk(clk),
            .s_axis_data_tvalid(vd3),
            .s_axis_data_tdata(da3[23:12]),
            .m_axis_data_tvalid(vd4),
            .m_axis_data_tdata(da4));

      hfband_5 u5 (
            .aclk(clk),
            .s_axis_data_tvalid(vd4),
            .s_axis_data_tdata(da4[23:12]),
            .m_axis_data_tvalid(vd5),
            .m_axis_data_tdata(da5));

    fir_6 u6 (
            .aclk(clk),
            .s_axis_data_tvalid(vd5),
            .s_axis_data_tdata(da5[23:12]),
            .m_axis_data_tvalid(vd),
            .m_axis_data_tdata(da6));

    assign dout = da6[23:12];
    endmodule
```

## 8.4.3　多级抽取系统的测试仿真

为便于仿真多级半带滤波器功能，新建测试数据生成模块 data.v，创建 DDS 核，在 50MHz 的时钟信号驱动下产生 5kHz、90kHz、1MHz、3MHz 的叠加信号；新建时钟 IP 核，在 100MHz（CXD720 开发板时钟频率）的时钟信号驱动下分别产生 50MHz、12.5MHz 的时钟信号；新建顶层文件 top.v，例化数据生成模块、时钟模块和多级半带滤波器模块。

多级半带滤波器的测试文件如下所示。

```
    //多级半带滤波器的测试文件
    module top(
        input gclk,
        output rdy,
        output [13:0] data,
```

```
    output [13:0] dout
    );

    wire clk100m,clk50m,clk12m5;
    wire signed [11:0] yout;
    wire signed [13:0] dat;
    assign dout = {yout,2'd0};
    assign data = dat;

    clock u0 (
      .clk_out1(clk100m),
      .clk_out2(clk50m),
      .clk_out3(clk12m5),
      .clk_in1(gclk));

    data u1(
      .clk(clk50m),
      .dout(dat));

    MultHalfBand u2 (
      .clk(clk12m5),
      .din(dat[13:2]),
      .vd(rdy),
      .dout(yout) );

endmodule
```

新建测试激励文件 tst.v，产生时钟信号，运行仿真工具，调整数据显示格式，可得到图 8-11 所示的仿真波形。

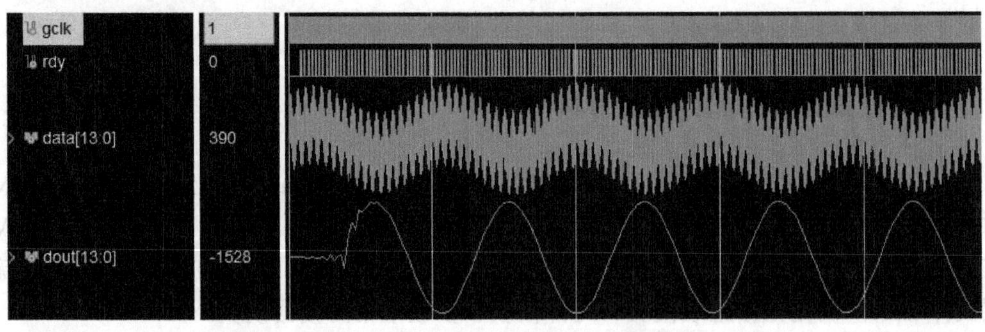


图 8-11　多级半带滤波器的仿真波形

由图 8-11 可知，滤波前为多个频率的叠加信号，滤波后为 5kHz 的单频信号。调整数据显示格式，放大显示波形，可得到图 8-12 所示的数据时序图。

由图 8-12 可知，gclk 为 CXD720 开发板的 100MHz 时钟信号，data 在 50MHz 的时钟信号驱动下产生数据，多级半带滤波器实际处理的数据速率为 12.5MHz，经半带滤波器抽取后得到的数据速率为 195.3125kHz，rdy 为半带滤波器的输出数据有效指示信号，若为 195.3125kHz，则说明多级半带滤波器实现了 64 倍抽取。

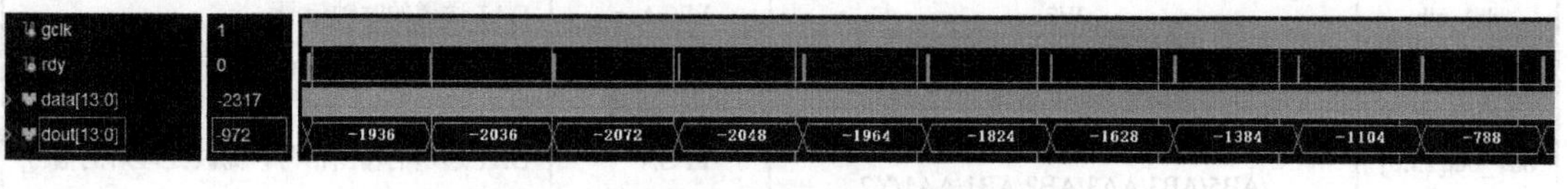


图 8-12 多级半带滤波器滤波前后的数据时序图

## 8.5 多级半带滤波器的板载测试

### 8.5.1 硬件接口电路及板载测试程序

**例 8-4：多级半带滤波器的板载测试。**

接下来，我们介绍多级半带滤波器的板载测试情况，本次实验的目的在于验证多级半带滤波器能否完成数据的滤波和抽取功能。

CXD720 开发板配置有 2 路独立的 D/A 转换接口、1 路 A/D 转换接口、1 个独立的 100MHz 晶振。为真实地模拟通信中的滤波过程，采用 100MHz 晶振作为驱动时钟，产生频率为 5kHz、90kHz、1MHz 和 3MHz 的正弦波叠加信号，经 DA2 通道输出；DA2 通道输出的模拟信号通过开发板上的跳线端子连接至 A/D 转换通道，并送入 FPGA 进行处理；FPGA 滤波后的信号由 DA1 通道输出。

程序下载到开发板后，通过示波器同时观察 DA1、DA2 通道的信号波形，判断滤波前后信号的变化情况可验证滤波器的功能及性能。多级半带滤波器板载测试结构框图如图 8-13 所示。

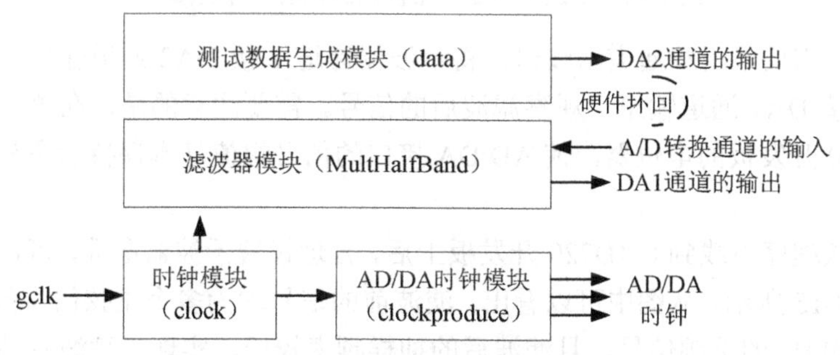


图 8-13 多级半带滤波器板载测试结构框图

多级半带滤波器板载测试信号定义如表 8-3 所示。

表 8-3 多级半带滤波器板载测试信号定义

| 信号名称 | 引脚定义 | 传输方向 | 功能说明 |
|---|---|---|---|
| gclk | C19 | →FPGA | 100 MHz 时钟信号 |
| ad_clk | J2 | FPGA→ | A/D 抽样时钟信号 |
| ad_din[11:0] | B2/B1/C2/D2/D1/E3/E2/E1/F1/G2/G1/H2 | →FPGA | A/D 抽样输入信号 |

续表

| 信号名称 | 引脚定义 | 传输方向 | 功能说明 |
|---|---|---|---|
| da1_clk | W2 | FPGA→ | DA1 通道的时钟信号 |
| da1_wrt | Y1 | FPGA→ | DA1 通道的接口信号 |
| da1_out[13:0] | AB11/AB10/AB8/AA8/AB7/AB6/AA6 /AB5/AB3/AA3/AB2/AB1/AA1/Y2 | FPGA→ | DA1 通道的输出信号，滤波处理后的信号 |
| da2_clk | W1 | FPGA→ | DA2 通道的时钟信号 |
| da2_wrt | V2 | FPGA→ | DA2 通道的接口信号 |
| da2_out[13:0] | U2/U1/T1/R2/R1/P2/P1/N2/M2/M1/L1 K1/K2/J1 | FPGA→ | DA2 通道的输出信号，产生的测试信号 |

## 8.5.2 板载测试验证

设计好板载测试程序，添加引脚约束并完成 FPGA 实现后，将程序下载至 CXD720 开发板可进行板载测试。多级半带滤波器板载测试的硬件连接图如图 8-14 所示。

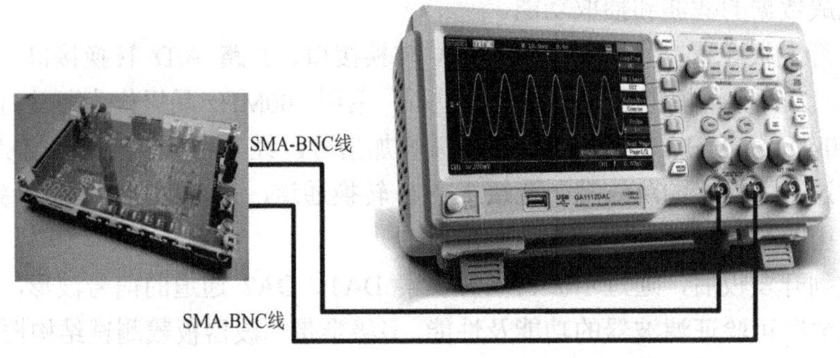


图 8-14　多级半带滤波器板载测试的硬件连接图

进行测试时需要采用双通道示波器，将示波器通道 2 接 DA2 通道输出，观察滤波前的信号；通道 1 接 DA1 通道输出，观察滤波后的信号。需要注意的是，在测试之前，需要适当调整 CXD720 开发板的电位器，使 AD/DA 接口的信号幅值基本保持满量程状态，且波形不失真。

将板载测试程序下载到 CXD720 开发板上后，合理设置示波器参数，可以看到两个通道的波形，如图 8-15 所示。从图中可以看出，滤波前的信号均为多个正弦信号的叠加信号，滤波后的信号为 5kHz 的单频信号，且滤波后的抽样频率较低，实现了滤波及抽取功能。

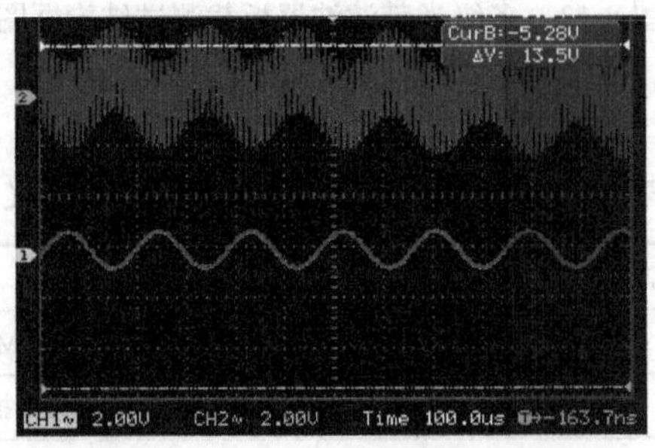


图 8-15　多级半带滤波器的测试波形图

测试过程中，可以观察到输出信号的幅度比输入信号的幅度降低了约 1/4。这是由于输入的数据同时包含了 5kHz、90kHz、1MHz 和 3MHz 的单频信号，滤除 90kHz、1MHz 和 3MHz 信号后，仅剩下降低 1/4 幅值的 5kHz 单频信号，这与示波器显示的波形相符。

## 8.6 小结

本章首先介绍了半带滤波器的工作原理及设计方法。半带滤波器可以使 2 倍抽取的每秒乘法次数比一般线性相位的 FIR 滤波器减少近 1/2，因此特别适合应用于进行转换率为 2 的整数次幂倍变换的系统。需要注意的是，半带滤波器虽然十分节约资源，但有其特定的使用条件，为实现较好的滤波及抽取效果，多级半带滤波器的最后一级一般采用常规的 FIR 滤波器设计。

# 第 9 章 自适应滤波器原理及 Verilog HDL 设计

前几章介绍的滤波器均属于常规滤波器，在设计这些滤波器时均隐含了一个前提条件，即输入信号的统计特性是已知的，或者说滤波器的通带、阻带、通/阻带容限等性能指标是十分明确的，滤波器的设计目标仅需要满足这些与时间无关的性能指标即可。也就是说，滤波器的系数是固定的，滤波器的频率响应、结构等一经设计完成，均不需要改变。

与常规滤波器不同，自适应滤波器（Adaptive Filter）的设计前提条件是输入信号的统计特性未知或知之甚少，在这种前提条件下，无法用该滤波器的通带、阻带、通/阻带容限等性能指标来衡量其性能。根据数字信号处理原理，自适应滤波器可以看成对某未知信号的一种估计，因此自适应滤波器性能的优劣可以由信号处理系统对未知信号估计的准确度来衡量。本章将对自适应滤波器的原理、结构及 Verilog HDL 设计展开讨论。

## 9.1 自适应滤波器简介

### 9.1.1 自适应滤波器的概念

自适应滤波器是指能够根据环境的变化，采用某种自适应算法来改变自身参数或结构的一种滤波器。一般情况下，自适应滤波器只改变自身的参数，不改变结构。本章所要讨论的自适应滤波器仅限于能自适应改变参数的滤波器。从通俗的意义上来讲，自适应滤波器是指该滤波器能够根据输入信号统计特性的变化自动调整其结构和参数，以满足某种最佳准则的要求。

自适应滤波器由参数可调的数字滤波器（或称为自适应处理器）和自适应算法两部分组成，如图 9-1 所示。

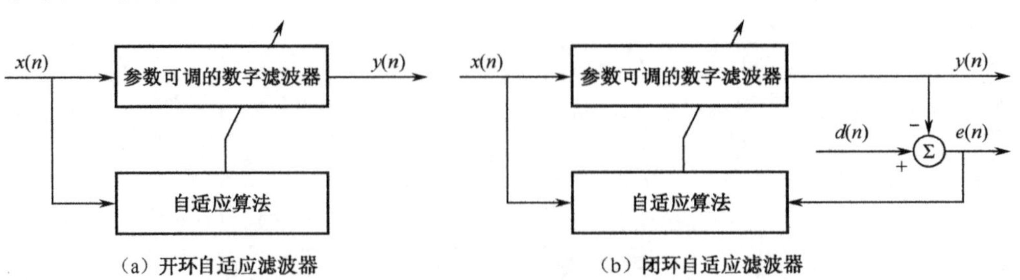

（a）开环自适应滤波器　　（b）闭环自适应滤波器

图 9-1　自适应滤波器原理图

参数可调的数字滤波器可以是 FIR 滤波器或 IIR 滤波器。由于 FIR 滤波器的使用最为广泛，本章主要讨论 FIR 自适应滤波器。根据自适应算法是否与滤波器输出有关，自适应滤波器可分为开环自适应滤波器和闭环自适应滤波器。开环自适应滤波器的控制信号仅取决于系统输入，与输出无关；闭环自适应滤波器的控制信号则由系统输入/输出共同决定。由于闭环自适应滤波器具有更好的性能，因此应用更为广泛。在闭环自适应滤波器中，输入信号 $x(n)$ 通过参数可调的数字滤波器产生输出信号（或响应）$y(n)$，将其与参考信号（或期望响应）$d(n)$ 进行比较，形成误差信号 $e(n)$。$e(n)$ [有时还需要利用输入信号 $x(n)$ ]通过某种自适应算法对数字滤波器的参数进行调整，最终使 $e(n)$ 满足某种最佳准则。因此，实际上自适应滤波器是一种能够自动调整自身参数的特殊滤波器，在设计时不需要事先知道输入信号和噪声统计特性，它能够在自己的工作过程中逐渐“了解”或估计出所需的统计特性，并以此为依据自动调整自身的参数，以达到最佳滤波效果。一旦输入信号发生变化，它就能够跟踪这种变化，自动调整参数，使滤波器性能重新达到最佳。所以，自适应滤波器在输入过程的统计特性未知，或者输入过程的统计特性发生变化时，能够调整自己的参数，以满足某种最佳准则的要求。当输入过程的统计特性未知时，自适应滤波器调整自身参数的过程被称为学习过程；当输入过程的统计特性发生变化时，自适应滤波器调整自身参数的过程被称为跟踪过程。

## 9.1.2 自适应滤波器的应用

自适应滤波是近几十年发展起来的信号处理理论的一个新分支。随着人们在该领域研究的不断深入，自适应滤波器的理论和技术日趋完善，其应用领域也越来越广泛。自适应滤波器在通信、控制、语言分析和综合、地震信号处理、雷达和声呐波束形成，以及医学诊断等科学领域均有着广泛的应用，也正是这些应用又反过来推动了自适应滤波理论和技术的发展。

在具体介绍自适应滤波器的设计与实现之前，我们先进一步了解自适应滤波器的一些典型应用，以使读者更好地理解自适应滤波器设计的意义和作用。自适应滤波器的每种具体应用都与应用对象的特点密切相关，常常需要根据具体应用背景对基本算法进行适当的修改，因此对每种具体应用的深入讨论均需要有相关的专业知识。限于篇幅，本节只进行原理方面的讨论。

**1. 自适应干扰抵消器**

图 9-2 所示为自适应干扰抵消器的基本结构，期望响应 $d(n)$ 是有用信号 $s(n)$ 与干扰信号 $N_1(n)$ 之和，即 $d(n)=s(n)+N_1(n)$。$N_2(n)$ 是与 $N_1(n)$ 相关的另一个干扰信号，自适应滤波器将调整自身的参数，以使其输出 $y(n)$ 成为 $N_1(n)$ 的最佳估计 $\hat{N}_1(n)$，误差信号 $e(n)$ 是对有用信号的最佳估计，干扰信号 $N_1(n)$ 也就在一定程度上得到了抵消。

在实现自适应干扰抵消器时还需要考虑以下两种特殊情况。

（1）由于 $N_2(n)$ 与 $N_1(n)$ 相关，因而能很好地实现抵消运算；若还有与 $N_2(n)$ 不相关的干扰叠加在 $s(n)$ 上，则无法抵消。

（2）若有用信号 $s(n)$ 进入自适应滤波器的输入端，则会有一部分的有用信号被抵消，因此，应尽可能避免有用信号进入自适应滤波器的输入端。

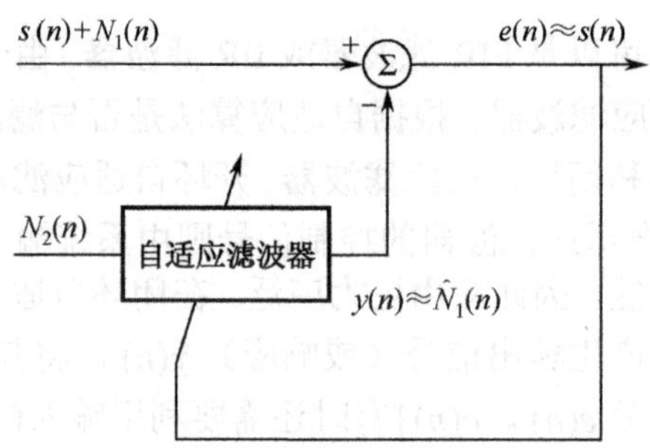


图 9-2 自适应干扰抵消器的基本结构

自适应干扰抵消器有着广泛的应用，例如：

（1）可用于抵消胎儿心电图中的母亲的心音。将从母亲腹部取得的信号加在参考输入端，它是胎儿心音与母亲心音的叠加信号，将从母亲胸部取得的信号加在自适应滤波器输入端，则系统输出的将是胎儿心音的最佳估计。

（2）语音中干扰的抵消。将受噪声干扰的语音信号加在参考输入端，将环境噪声加在自适应滤波器输入端，系统输出的将是抵消了环境噪声的较为纯净的语音信号。我们用检测演讲者语音的例子来进一步说明。大家知道，在演讲过程中，很难保证观众不发出声音（嘈杂声），因此用录音机对演讲者进行录音时，自然会将观众的嘈杂声也录进去。为了获取更为清晰的演讲者的声音，我们将演讲者麦克风传来的声音作为自适应滤波器的参考输入信号，将另外放置于观众中间的麦克风传来的声音作为自适应滤波器的输入信号，则自适应滤波器输出的信号将是抵消了观众嘈杂声的较为纯净的演讲者的声音。

**2．自适应预测器**

若将自适应干扰抵消器中的输入信号用有用信号的延时来取代，则可构成自适应预测器，其原理如图 9-3 所示。当完成自适应调整后，将自适应滤波器的参数复制到预测滤波器上，那么后者的输出便是对有用信号的预测，预测时间与延时时间相等。

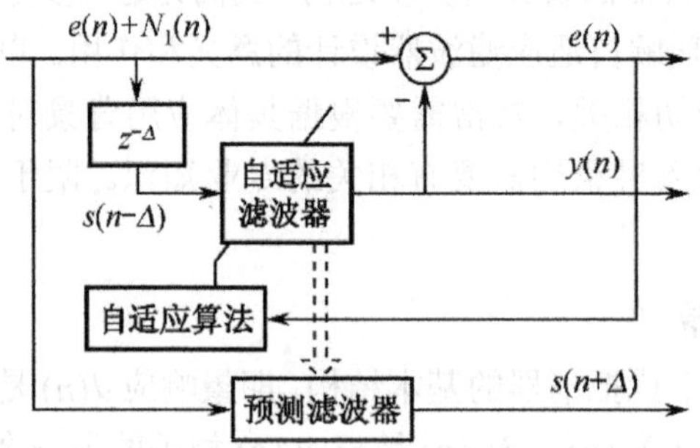


图 9-3 自适应预测器的原理

自适应预测器的应用之一是分离窄带信号和宽带信号。在图 9-3 所示的自适应预测器中，若输入端加入的是一个窄带信号 $s_{\mathrm{N}}(n)$ 和一个宽带信号 $s_{\mathrm{B}}(n)$ 的混合信号，则由于窄带信号的自相关函数 $R_{\mathrm{N}}(k)$ 比宽带信号的自相关函数 $R_{\mathrm{B}}(k)$ 的有效宽度要短些，当延时为 $k_{\mathrm{B}}<\Delta<k_{\mathrm{N}}$ 时，信号 $s_{\mathrm{B}}(n)$ 与 $s_{\mathrm{B}}(n-\Delta)$ 将不再相关，而 $s_{\mathrm{N}}(n)$ 与 $s_{\mathrm{N}}(n-\Delta)$ 仍然相关，自适应滤波器输出的将只是 $s_{\mathrm{N}}(n)$ 的最佳估计 $\hat{s}_{\mathrm{N}}(n)$，$s_{\mathrm{B}}(n)+s_{\mathrm{N}}(n)$ 与 $\hat{s}_{\mathrm{N}}(n)$ 相减后将得到 $s_{\mathrm{B}}(n)$ 的最佳估计 $\hat{s}_{\mathrm{B}}(n)$，这样就把 $s_{\mathrm{B}}(n)$ 与 $s_{\mathrm{N}}(n)$ 分离开了。

利用窄带信号及宽带信号分离的原理，可以去除录音磁带中的交流声，以及留声机转台的隆隆声。

### 3. 自适应信号建模

图 9-4 所示为自适应信号建模的原理框图，其中图 9-4（a）为正向建模，图 9-4（b）为逆向建模。在正向建模中，自适应滤波器调整自身的权值，使输出响应 $y(n)$ 尽可能逼近未知系统（被建模系统）的输出 $d(n)$。如果激励源的频率成分固定，且未知系统内部噪声 $N(n)$ 很小，那么自适应滤波器将调整自身的参数成为未知系统的一个逼近模型。正向建模已广泛应用于自适应控制系统、数字滤波器设计、相干估计和地球物理科学中。

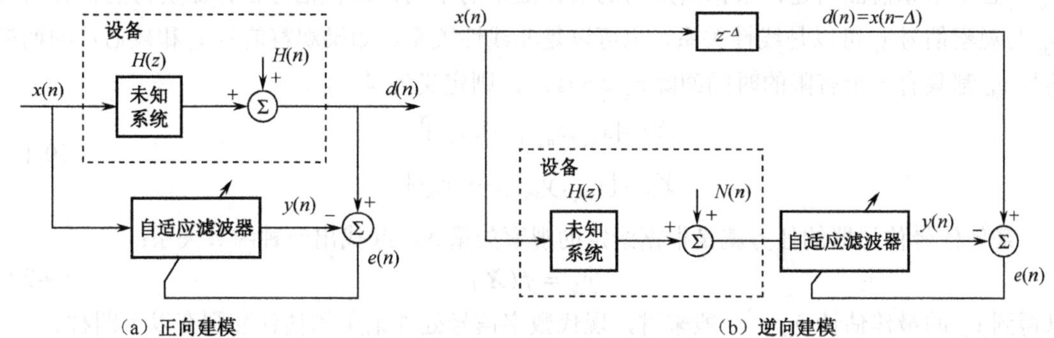


图 9-4　自适应信号建模的原理框图

逆向建模就是求一个自适应系统，其目的是求取未知系统传输函数倒数的最佳拟合，或者说是求某个未知系统的逆滤波系统。在逆向建模中，自适应滤波器调整自身的权值以成为被建模系统的逆系统，即把被建模系统的输出转换成输入信号的延时 $x(n-\Delta)$，这里的延时 $\Delta$ 包括被建模系统和自适应滤波器中引起的延时。如果输入信号的频谱特性固定且噪声 $N(n)$ 很小，那么自适应滤波器调整自身权值的结果是使自己成为未知系统的逆系统的逼近模型。逆向建模常用于自适应控制、语音分析、信道均衡、解卷积、数字滤波器设计等方面。例如，自适应逆滤波器可以作为信道均衡器。在数据传输系统中，信道常等效成一个线性时不变系统，为了抵消信道失真，通常采用一个自适应逆滤波器进行处理，其传输函数等于信道传输函数的倒数。

## 9.2 自适应算法的一般原理

经过前面的介绍，我们知道，自适应滤波器是由参数可调的数字滤波器及自适应算法组成的。自适应算法的最终目的是使估计信号与期望信号的差值满足某种最佳准则的要求，而最佳准则的种类正是决定自适应算法的性能及结构的关键因素。自适应滤波器所采用的最佳准则有很多种，其中最小均方误差（Least Mean Square，LMS）算法和递推最小均方（Recursive Least-mean Square，RLS）算法是最常用的准则。RLS 算法的基本思想是力图使每个时刻（对所有已输入信号而言）重估的平方误差的加权和最小，因此 RLS 算法对非平稳信号的适应性较好。与 LMS 算法相比，RLS 算法采用时间平均，因此所得出的最优滤波器依赖于用于计算平均值的样本数，而 LMS 算法是基于集合平均而设计的一种算法。

由于采用的准则不同，滤波器性能、算法等方面均有许多差别。本节先对各种常用的准则进行介绍，然后介绍著名的维纳-霍夫方程。

### 9.2.1 常用误差准则

根据信号处理理论，任何滤波器其实均可以看成一个信号估计器。假如观察到的信号是 $x_n$，期望信号是 $y_{dn}$，则最佳信号估计器的任务就是：根据 $x_n$ 做出对期望信号 $y_{dn}$ 的最好估计 $\hat{y}_{dn}$。正如本章前面所述，根据所采用的估计准则的不同，最佳信号估计器所得的估计信号 $\hat{y}_{dn}$ 与观察信号 $x_n$ 可以是线性关系，也可以是非线性关系。如果观察信号 $x_n$ 和被估计的期望信号 $y_{dn}$ 都具有一个有限的时间间隔 $n_a \leqslant n \leqslant n_b$，则定义矢量

$$\begin{aligned} \boldsymbol{X} &= [x_{n_a}, x_{n_a+1}, \cdots, x_{n_b}]^{\mathrm{T}} \\ \boldsymbol{Y}_{d} &= [y_{dn_a}, y_{dn_a+1}, \cdots, y_{dn_b}]^{\mathrm{T}} \end{aligned} \tag{9-1}$$

最佳信号估计器的任务就是根据给定的观察矢量 $\boldsymbol{X}$，寻找出一种函数关系：

$$\hat{y}_{dn} = f(\boldsymbol{X}) \tag{9-2}$$

以得到 $y_{dn}$ 的最佳估计 $\hat{y}_{dn}$。一般来讲，现代数字信号处理采用的估计准则有以下四种。

（1）最大后验概率（Maximum Posteriori Probability，MAP）准则。它是在 $\boldsymbol{X}$ 给定的条件下选择 $\hat{y}_{dn}$，使 $y_{dn}$ 的后验条件概率密度最大，即

$$p(y_{dn}|\boldsymbol{X}) = 最大 \tag{9-3}$$

（2）最大似然（Maximum Likelihood，ML）准则。它是在 $y_{dn}$ 给定的条件下选择 $\hat{y}_{dn}$，使 $\boldsymbol{X}$ 的条件概率密度最大，即

$$p(\boldsymbol{X}|\, y_{dn}) = 最大 \tag{9-4}$$

（3）均方误差（Mean Square，MS）准则。它要求均方估计误差达到最小，即

$$\varepsilon_n = E[e_n^2] = 最小 \tag{9-5}$$

式中，$e_n = y_{dn} - \hat{y}_{dn} = y_{dn} - f(\boldsymbol{X})$。

（4）线性均方误差（Liner Mean Square，LMS）准则。与 MS 准则相同，它要求均方估计误差达到最小，但要求估计信号是观察信号的线性函数，即

$$\hat{y}_{dn} = \sum_{i=n_a}^{n_b} h(n,i) x_i \tag{9-6}$$

除 LMS 准则外的其他三种估计，一般来说都是观察信号的非线性函数。需要注意的是，此处的 LMS 准则不是本章后续要介绍的最小均方误差（Least Mean Square，LMS）算法。或者说，LMS 算法是根据线性均方误差准则设计的一种有效算法，LMS 算法将在本章后面进行详细讨论。

本节所讨论的统计特性最小二乘滤波器所采用的就是线性均方误差（LMS）准则，它在信号处理中得到了广泛应用。如果输入信号是非平稳随机信号，则 $h(n,i)$ 是一个时变的线性滤波器；如果输入信号是平稳随机信号，则 $h(n,i)$ 是一个时不变的线性滤波器，此时 $h(n,i) = h(n-i)$。通常根据式（9-5）所得到的滤波器称为维纳滤波器。

### 9.2.2 维纳-霍夫方程

当采用的估计准则确定以后，我们所要做的工作是根据确定的估计准则找出求解滤波器参数的方法。本章只讨论采用 LMS 准则时的滤波器参数求解方法，详细推导涉及较为复杂的数学计算，本书只给出结论，即根据 LMS 准则求解最佳滤波器参数的维纳-霍夫方程。

$$q(l)=\sum_{m} h_{\text{opt}}(m) r_{\text{x}}(l-m) \tag{9-7}$$

式中，$q(l)$ 是输入（观察信号）$x_n$ 和期望输出（期望信号）$y_{\text{d}n}$ 的互相关函数 $r_{\text{xy}}(l)$，即

$$q(l)=r_{\text{xy}}(l)=E[x(n) y_{\text{d}n}(n+l)] \tag{9-8}$$

$r_{\text{x}}(l-m)$ 是输入 $x_n$ 的自相关函数，即

$$r_{\text{x}}(l-m)=E[x_n(n-m) x_n(n-l)] \tag{9-9}$$

$h_{\text{opt}}(m)$ 为维纳滤波器的最优解，也就是滤波器参数的最优解。

直接求解维纳-霍夫方程是一件十分困难的事，它要求预先知道输入信号的自相关函数，以及输入信号与输出信号的互相关函数，而自适应滤波器本身就是处理输入信号统计特性未知的系统，因此维纳-霍夫方程只是给出了理论上的最佳解，还无法在实际工程中进行应用。如果自适应滤波器只停留在理论阶段，那么显然对工程实践没有多大的意义，LMS 算法、RLS 算法等各种自适应算法正是为解决工程应用问题而被提出的。

相对于 LMS 算法来说，RLS 算法能实现快速收敛。当工作环境处于时变状态时，RLS 算法具有较好的性能，但其实现是以增加计算复杂度和牺牲稳定性为代价的；而对于 LMS 算法来说，并不会因为工作环境的变化而额外增加运算复杂度或出现稳定性问题，因此本章仅就 LMS 算法的原理，以及 FPGA 实现结构和算法设计进行了详细讨论。读者在掌握了 LMS 算法之后，再学习使用 RLS 算法就容易多了。

## 9.3 LMS 算法原理及实现结构

### 9.3.1 LMS 算法的原理

如前所述，直接求解维纳-霍夫方程是不现实的，因为不仅无法事先得知输入信号的统计特性，也无法利用 FPGA 等硬件平台快速实现诸如矩阵求逆等复杂的数学运算。一种可行的途径是寻找到一种迭代算法，通过不断的迭代运算，使滤波器系数最终收敛到最佳值，尽量接近维纳-霍夫方程的最优解。

LMS 算法是由 Widrow 和 Hoff 于 1960 年提出的，该算法在梯度法的基础上，通过改进均方误差梯度的估计值计算方法，取单个误差样本平方的梯度作为均方误差梯度的估计值。

LMS 算法可以用下面一组递推公式来表示，即

$$\begin{aligned} y(n) &= \boldsymbol{W}^{\text{H}}(n)\boldsymbol{X}(n) \\ e(n) &= d(n)-y(n) \\ \boldsymbol{W}(n+1) &= \boldsymbol{W}(n)+2\mu \boldsymbol{X}(n) e^{*}(n) \end{aligned} \tag{9-10}$$

式中，$\boldsymbol{W}(n)$ 为滤波器系数向量，也可以看成输入信号的加权矢量；$\boldsymbol{X}(n)$ 为由输入信号组成的一组输入向量；$y(n)$ 为输出信号；$d(n)$ 为期望信号；$e(n)$ 为误差信号；$\mu$ 为加权矢量更新时的步长因子，$\mu$ 越大，则算法收敛速度越快，但同时收敛后的误差信号也越大；$\mu$ 越小，则算法收敛速度越慢，但同时收敛后的误差信号也相应减小，稳态性能更好，因此可以通过调整步长因子$\mu$ 来调整 LMS 算法的性能。由于 LMS 算法的收敛速度与稳态性能之间存在矛盾，因此可以采用变步长 LMS 算法来解决这一矛盾，即在算法初始阶段采用较大的$\mu$来加快收敛，当算法收敛后再采用较小的$\mu$来提高收敛后的稳态性能。

从式（9-10）可知，LMS 算法完全由加法、减法及乘法完成，不再需要诸如矩阵求逆等在 FPGA 平台上难以实现的运算，因此完全可以采用 FPGA 实现。

### 9.3.2 LMS 算法的实现结构

在讨论 LMS 算法的 FPGA 实现结构之前先对式（9-10）进行简单的分析。如前所述，LMS 算法其实是一组递推公式，通过循环迭代来求解最佳加权矢量$\boldsymbol{W}(n)$，以达到误差信号 $e(n)$ 的均方值为最小的目标。将式(9-10)的前面两个等式代入第三个等式，可以得到式(9-11)。

$$\boldsymbol{W}(n+1)=\boldsymbol{W}(n)+2\mu\boldsymbol{X}(n)[d(n)-\boldsymbol{W}^{\mathrm{H}}(n)\boldsymbol{X}(n)]^{*} \tag{9-11}$$

需要注意的是，式（9-11）中的$\boldsymbol{W}(n)$、$\boldsymbol{X}(n)$、$d(n)$ 可能是实数，也可能是复数。另外，根据 FPGA 实现中应尽量减少乘法运算的原则，可选取步长因子$\mu$（$\mu<1$）为 2 的整数幂次方分之一，以便用移位运算来实现与$\mu$的相乘运算。为简化分析，使读者初步弄清 LMS 算法的实现结构，我们以$\boldsymbol{W}(n)$、$\boldsymbol{X}(n)$、$d(n)$ 均是实数进行分析（本书后续讲述自适应天线阵的 FPGA 实现时，这些参数均为复数），同时假定矢量的长度为$N$。现在我们要做的工作是先根据式（9-11）画出 LMS 算法的结构框图，再对算法的运算量进行定量分析。因为在对算法进行 FPGA 具体实现时，算法的运算量、运算速度等关键参数的估计，均以对算法本身运算量的准确掌握为前提。

LMS 算法的一般实现结构如图 9-5 所示。由图 9-5 可知，完成一次 LMS 算法加权矢量更新（权值更新）需要经过比较多的乘法器、加法器、减法器、移位寄存器。当第一组输入信号进入自适应算法系统时，首先要完成$N$次乘法运算，而后依次完成$N$次加法运算、1 次减法运算、$N$次乘法运算、$N$次移位运算及$N$次权值更新加法运算。

如果所有运算均串行执行，则完成一次权值更新需要依次进行 $2N$ 次乘法运算、$N$+1 次加法、减法运算和$N$次移位运算。又因为 LMS 算法本身是一个严格的闭环系统，每次权值更新均需要在一个数据周期内完成，因此 FPGA 的系统时钟频率需要远高于数据速率。当数据速率本身较高，且加权矢量长度较大时，势必要求 FPGA 的工作时钟达到很高的频率。当然，串行运算的好处是可以采用部件复用的方法节约硬件资源，对于图 9-5 所示的结构，串行运算只需要 2 个乘法器、3 个加法器、减法器和 1 个移位寄存器。

FPGA 本身十分容易实现并行运算，只要各部分运算之间没有严格的先后顺序，则可以采用并行运算结构来提高系统的运算速度。如图 9-5 所示的结构，计算输出信号 $y_n$ 的$N$次乘法运算可以采用$N$个乘法器同时并行完成，$N$次加法运算可以采用$N$个加法器同时并行完成。依次类推，则采用并行结构的实现方法，计算闭环系统的运行速率时，完成一次权值更新只需要依次进行 2 次乘法、3 次加法、减法和 1 次移位运算。相比串行结构，大大降低了一次权值更新所需要的计算量。同时，我们也应该看到，提高系统运算速度的代价是成倍地增加了所需的硬件资源，整个系统需要 $2N$ 个乘法器、$N+1$ 个加法器、减法器和 $N$ 个移位寄存器。

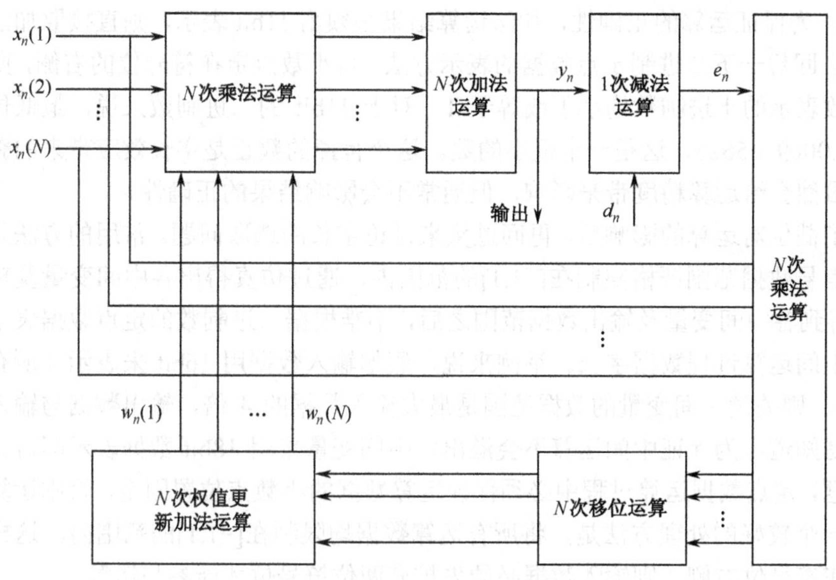


图 9-5　LMS 算法的一般实现结构

### 9.3.3　LMS 算法的字长效应

本书前面章节已经对字长效应产生的原因，以及字长效应对滤波器设计的影响进行了较为详细的分析和讨论。具体到 LMS 算法来讲，字长效应依然是进行 FPGA 实现时需要重点考虑的问题之一。也就是说，在编写 Verilog HDL 代码之前，必须先根据字长效应对算法的影响，确定各级运算所需的字长。

如何来确定各级运算所需的字长呢？有几个原则需要遵循：其一是保证运算的正确性，要保证各级运算不会出现数据溢出的情况；其二是尽量保证更多的有效数据位参与运算，以保证运算的精度；其三是结合 FPGA 的特点，合理利用 FPGA 提供的硬件资源。

对于开环系统来说，如 FIR 滤波器，只要根据数据的表示范围分配各级运算字长，即可确保运算的正确性；而对于闭环系统来说，如 IIR 滤波器及 LMS 算法，则必须在运算过程中进行截位处理。如何正确截位正是 LMS 算法实现所需解决的关键问题之一，而确保正确截位的前提条件是需要准确掌握 LMS 算法运算过程中关键中间变量的数值范围。何为关键中间变量呢？简单来说，就是指自身需要进行迭代运算的变量，如 IIR 系统中的输出信号、LMS 算法中的权值信号。为何只关注这些自身需要进行迭代运算变量的范围呢？因为只有在进行自身循环迭代运算时，才会涉及截位问题。换句话说，这些关键中间变量在进行自身循环迭代运算时，无法进行全精度运算，否则将出现字长无限增加的情况。

$$\Delta \boldsymbol{W}(n) = 2\mu \boldsymbol{X}(n)[d(n) - \boldsymbol{W}^{\mathrm{H}}(n)\boldsymbol{X}(n)]^{*} \tag{9-12}$$

就 LMS 算法来讲，在计算式（9-12）时可以采用全精度运算，即只要适当增加字长就可确保精确的运算结果。

$$\boldsymbol{W}(n+1)=\boldsymbol{W}(n)+\Delta\boldsymbol{W}(n) \tag{9-13}$$

在进行式(9-13)所示的权值更新迭代运算时无法采用全精度运算，此时需要对式(9-13)右边的计算结果进行截位处理。最简单有效的方法当然是直接取数据的高位，如果权值用 10bit 表示，为保证运算的正确性，加法运算结果必须用 11bit 表示，则直接取加法结果的高 10bit 即可。回想一下二进制定点数据的表示方法，将小数点定在符号位的右侧，则任何位数的二进制数表示的十进制数均小于或等于 1，对于 11bit 的二进制数来说，最低位表示的值为 $1/2^{10}$=0.0009765625，这是一个很小的数。这个舍掉的数正是字长效应带来的影响之一，因此截位虽然会给运算精度带来影响，但通常不会影响结果的正确性。

明确了截位对运算的影响后，再回过头来讨论字长的选取问题。常用的方法是将输入信号及参考信号数据范围严格限制在[−1,1]的范围内，通过仿真得出各中间变量及输出数据的范围。在得到各中间变量及输出数据范围之后，不难根据二进制数的定点数据表示方法及原理，确定中间运算过程数据字长。举例来说，假如输入数据用 16bit 来表示（所有比特均是有效数据），则关键中间变量的数据范围是最大输入数据的 4 倍，输出数据与输入数据范围相同。容易知道，为保证中间运算不会溢出，中间变量采用 18bit 数据表示即可。这里又涉及一个问题，定点数据运算过程中必须保证运算数据的小数点位置固定，否则运算结果将出现错误。一个较好的处理方法是，将所有运算数据均限制在[−1,1]的范围内，这样所有数据的小数点在符号位右侧，则输入数据必须先扩充两位符号位才能参与运算。

经过前面的分析，我们已经较好地解决了如何保证运算的正确性，以及尽量保证运算精度的问题。第三个原则是，在确定字长时，尽量考虑 FPGA 本身的内部结构特点。我们知道，大多数 FPGA 内部均集成了硬件乘法器 IP 核，这些硬件乘法器 IP 核具有运算速度快，且不能作为普通逻辑资源使用的特点。而硬件乘法器 IP 核大多是 18bit×18bit 的，且本身不能分开使用，如即使设计一个 2bit 输入的乘法器，也必须完全使用一个 18bit×18bit 乘法器资源；另外，如果超过 18bit 的输入信号进行相乘，则至少需要不少于 3 个硬件乘法器 IP 核，不仅会大大降低运算速度，也会极大地增加资源消耗。因此，在进行 FPGA 实现时，尽量使乘法运算的输入信号小于或等于 18bit，这样既能提高运算速度，又能有效利用资源、提高运算精度。

对于工程设计来说，只进行理论上的分析是远远不够的，MATLAB 为我们提供了极好的仿真分析平台。在进行 MATLAB 仿真分析之前，先介绍一下在工程中应用较多的符号 LMS 算法原理，再以一个实例来仿真分析 LMS 算法的收敛特性和字长效应。

## 9.3.4 符号 LMS 算法原理

基于 LMS 算法的自适应滤波器的算法复杂度比较高，如前所述，一个 $M$ 阶的 LMS 自适应滤波器在一个输入信号周期内不仅要进行 $M$ 次乘法运算完成滤波，还需要进行 $2M$ 次乘法运算完成系数的更新。通过前面对 LMS 算法运算量的分析可知，LMS 自适应滤波器中的运算步骤虽然不能减少，但在自适应算法中对滤波系数更新的运算已经出现了很多简化算法，符号 LMS 算法便是其中的典型代表。

符号 LMS 算法非常简单，与 LMS 算法一样，同样是利用随机梯度来求最优解的。与 LMS 算法不同的是，符号 LMS 算法只给出梯度迭代的方向，而不给出具体的梯度值，因此性能上不如 LMS 算法稳定，且误差相对较大。但收敛性能及稳态误差的降低换来的是运算量的减少、运算速度增加，以及节约硬件资源。符号 LMS 算法的迭代公式有两种形式，即

$$\boldsymbol{W}(n+1)=\boldsymbol{W}(n)+\mu\text{sign}[e(n)]\boldsymbol{X}(n) \tag{9-14}$$

$$\boldsymbol{W}(n+1)=\boldsymbol{W}(n)+\mu\text{sign}[\boldsymbol{X}(n)]e(n) \tag{9-15}$$

式（9-14）为误差的符号 LMS 算法，式（9-15）为信号的符号 LMS 算法，统称为符号 LMS 算法。两种形式的符号 LMS 算法性能的随机性较大，很难确切地评价哪种形式的性能较好。在具体工程实践中，可以先对输入信号建模，然后通过 MATLAB 进行仿真、分析、比较，最后确定采用性能较好的符号 LMS 算法形式。

比较式（9-14）、式（9-15）与式（9-11）容易看出，符号 LMS 算法其实是在权值更新过程中减少了 $M$ 次乘法运算。由于乘法器资源在 FPGA 器件中本身数量有限，且乘法运算的速度也受到一定限制，因此减少 $M$ 次乘法运算可以较大幅度地提高 LMS 算法的运算速度。

## 9.4 LMS 算法的 MATLAB 仿真

### 9.4.1 蒙特-卡罗仿真方法

经过前面章节的学习，我们知道仿真在工程设计中有着十分重要的作用。由于 LMS 算法模型相对较为复杂，为更好地理解 LMS 算法的特点和性能，因此在讲解 LMS 算法的 MATLAB 仿真设计之前，我们先简要了解一下仿真设计中广泛应用的蒙特-卡罗仿真方法，而后对仿真模型进行讨论，最后给出详细的 MATLAB 仿真程序设计。

蒙特-卡罗（Monte Carlo）仿真方法是通过大量的计算机模拟来检验系统的动态特性并归纳出统计结果的一种随机分析方法，它包括伪随机数的产生、蒙特-卡罗仿真设计，以及结果解释等内容，其作用是用数学方法模拟真实物理环境，并验证系统的可靠性与可行性。蒙特-卡罗仿真方法又称为统计实验方法，它是一种采用统计抽样理论近似求解数学、物理及工学问题的方法。它解决问题的基本思想是，首先建立与描述该问题相似的概率模型，然后对模型进行随机模拟或统计抽样，利用所得到的结果求出特征的统计估计值作为原问题的近似解，并对解的精度做出某些估计。蒙特-卡罗仿真方法的主要理论依据是大数定理，其主要手段为对随机变量进行抽样分析。

具体到本书讲解的仿真实例来说，前面章节对诸如 FIR 滤波器、多速率处理滤波器等设计的仿真其实都是一次性仿真，也就是说，数据源及仿真过程都是一次性的，没有进行统计平均等计算、处理、分析。在本节将要实现的 LMS 算法仿真中，为了对算法的收敛性能进行更为准确的测试，需要多次运行仿真过程，通过对统计特性相同的多组数据进行仿真，并分析处理仿真结果来达到了解算法收敛性能的目的。

需要进一步说明的是，由于需要对相同的算法重复进行多次仿真运算，蒙特-卡罗仿真方法的运算量会随着仿真次数的增加而成倍增加，因此这种仿真方法主要应用于 MATLAB 等工具软件进行理论分析。对于 FPGA 仿真来说，我们只需要验证 FPGA 实现后的程序工作是否正常，因此没有必要在 FPGA 工程设计过程中采用蒙特-卡罗仿真方法。

### 9.4.2 LMS 算法仿真模型

输入信号采用正弦波信号与高斯白噪声信号的叠加信号，即

$$x(n)=\sqrt{2}s(n)+\text{sqrt}(10^{-\text{SNR}/10})j(n) \tag{9-16}$$

式中，$x(n)$ 为输入信号序列；$s(n)$ 为正弦波信号；$j(n)$ 为均值为 0、功率为 1W 的高斯白噪声信号；SNR 为信噪比（单位为 dB）。由于数字信号处理实际上是对数字信号序列进行处理，为进一步简化分析，该仿真实例不涉及信号频率、周期等参数，如 $s(n)$ 仅看成正弦波信号序列。

LMS 算法的期望信号为 $s(n)$，也就是说，LMS 算法最终要求输入信号收敛到正弦波信号。初学者看到这里可能会有两个疑问：其一，为什么期望信号要取输入信号中的正弦波信号呢？既然期望信号本身就是算法收敛后的信号，所求的信号（本实例中等同于期望信号）能够事先知道，干吗还要通过 LMS 算法来获取呢？其二，期望信号选取高斯白噪声行不行？

这两个疑问其实也是大多数初次接触 LMS 算法时容易提出的问题。两个疑问的核心其实均是关于如何选择期望信号的疑问。关于第一个疑问，相信读者在学习完本章后续 LMS 算法的几种 FPGA 实现实例后会得到清楚的答案；关于第二个疑问，答案是肯定的，选择高斯白噪声信号即可以构成一个干扰抵消系统。不过需要注意的是，LMS 算法过程中不能有延时（或者不能因延时造成信号相关性变差），因为高斯白噪声信号的自相关函数是冲激函数，如果期望信号与输入信号之间有延时，则没有相关性了。

输入信号是正弦波信号与高斯白噪声信号的叠加信号，为了得到更具一般性的仿真结论，我们采用蒙特-卡罗仿真方法来进行仿真，也就是说，依次进行多次仿真，然后对算法收敛性能进行统计平均，这样得到的误差信号曲线显得更为平滑、更具普遍性。

### 9.4.3 LMS 算法仿真

经过前面的分析，我们对仿真的方法、信号模型有了基本的了解，接下来即可编写程序对 LMS 算法进行仿真测试了。在下面的实例中给出了仿真程序的全部清单，并添加了详细的注释。

**例 9-1：采用 MATLAB 仿真 LMS 算法。**

采用蒙特-卡罗仿真方法对 LMS 算法进行仿真，要求输入信号采用正弦波信号及高斯白噪声叠加信号，分别对信噪比为-3dB 及 3dB，期望信号分别为正弦波信号及噪声信号的情况进行仿真，算法步长因子设为 1/256，FIR 滤波器长度为 128。

```
%E9_1_LMSSim.m
g=100;                  %蒙特-卡罗仿真统计次数
N=1024;                 %输入信号的序列长度
k=128;                  %FIR 滤波器长度
pp=zeros(g,N-k);        %将每次循环仿真的误差信号结果存于矩阵 pp 中，以便求取统计平均值
u=1/256;                %步长因子设为 1/256
snr=[3 -3];             %存放输入信号信噪比参数

%生成正弦波信号序列
```

```
t=1:N;
s=sin(0.5*pi*t);                %生成正弦波信号
xn=zeros(1,N);                  %存放输入信号
y=zeros(1,N);                   %存放输出信号
w=zeros(1,k);                   %存放权值信号
e=zeros(1,N);                   %存放误差信号
for type=1:4
    for q=1:g
        noise=rand(1,length(s));
        if type==1
            SNR=snr(1);d=s;
        elseif type==2
            SNR=snr(1); d= sqrt(10^(-SNR/10))*noise;
        elseif type==3
            SNR=snr(2); d=s;
        else
            SNR=snr(2); d=sqrt(10^(-SNR/10))*noise;
        end
        xn=sqrt(10^(-SNR/10))*noise+s;
        y(1:k)=xn(1:k);
        %LMS 算法
        for i=(k+1):N
            XN=xn((i-k+1):(i));
            y(i)=w*XN';
            e(i)=d(i)-y(i);
            w=w+u*e(i) '*XN;
        end
        pp(q,:)=(e(k+1:N)).^2;          %求每次仿真后误差信号的平方值
    end

    figure(1);
    subplot(311);
    plot(s(300:450));                   %截取信号的一段进行绘图
    title('信号 s 时域波形');
    if type==1
        subplot(312); plot(xn(300:450));
        title('信号 s 加噪声后的时域波形(SNR=3dB)');
    elseif type==3
        subplot(313); plot(xn(300:450));
        title('信号 s 加噪声后的时域波形(SNR=-3dB)');
    end

    %求取各次循环仿真的误差统计均值，完成蒙特-卡罗仿真
    for b=1:N-k
        bi(b)=sum(pp(:,b))/g;
    end
```

```
        %绘制自适应滤波后的输出信号
        figure(2)
        if type==1
            subplot(311);
            plot(y(300:450));title('自适应滤波后的输出时域信号(SNR=3dB，期望信号为正弦波信号)');
        elseif type==3
            subplot(312);
            plot(y(300:450));title('自适应滤波后的输出时域信号(SNR=-3dB，期望信号为正弦波信号)');
        elseif type==4
            subplot(313);y=xn-y;%由于期望信号为噪声信号，系统相当于干扰抵消系统
            plot(y(300:450));title('自适应滤波后的输出时域信号(SNR=-3dB，期望信号为噪声信号)');
        end

        %绘制误差信号图
        figure(3)
        if type==1
            subplot(311);
            plot(bi(1:100));title('误差均方信号(SNR=3dB,期望信号为正弦波信号)');
        elseif type==3
            subplot(312);
            plot(bi(1:100));title('误差均方信号(SNR=-3dB,期望信号为正弦波信号)');
        elseif type==4
            subplot(313);
            plot(bi(1:100));title('误差均方信号(SNR=-3dB,期望信号为噪声信号)');
        end
    end
```

程序运行结果如图 9-6、图 9-7 和图 9-8 所示，从仿真结果可以看出，LMS 算法的收敛性能较好，期望信号选择噪声信号或正弦波信号均可以得到比较好的结果，输入信号均可以收敛到期望信号。需要注意的是，LMS 算法的收敛速度及性能与步长因子$\mu$及滤波器阶数有很大的关系。读者可以在自己的计算机上运行该仿真程序，并修改步长因子及滤波器阶数，查看仿真结果，对比步长因子$\mu$及滤波器阶数对自适应滤波器性能的影响。

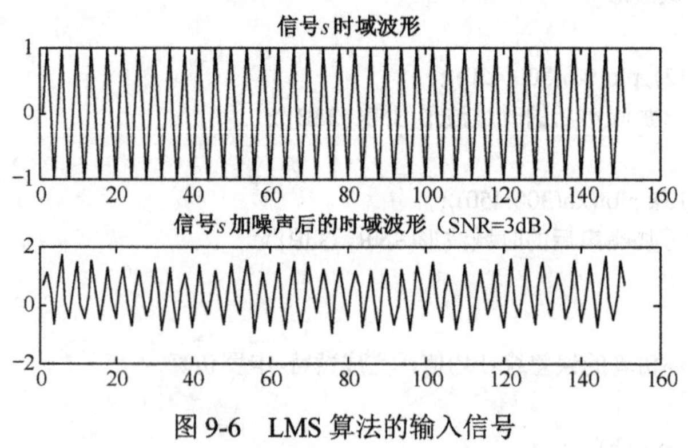


图 9-6　LMS 算法的输入信号

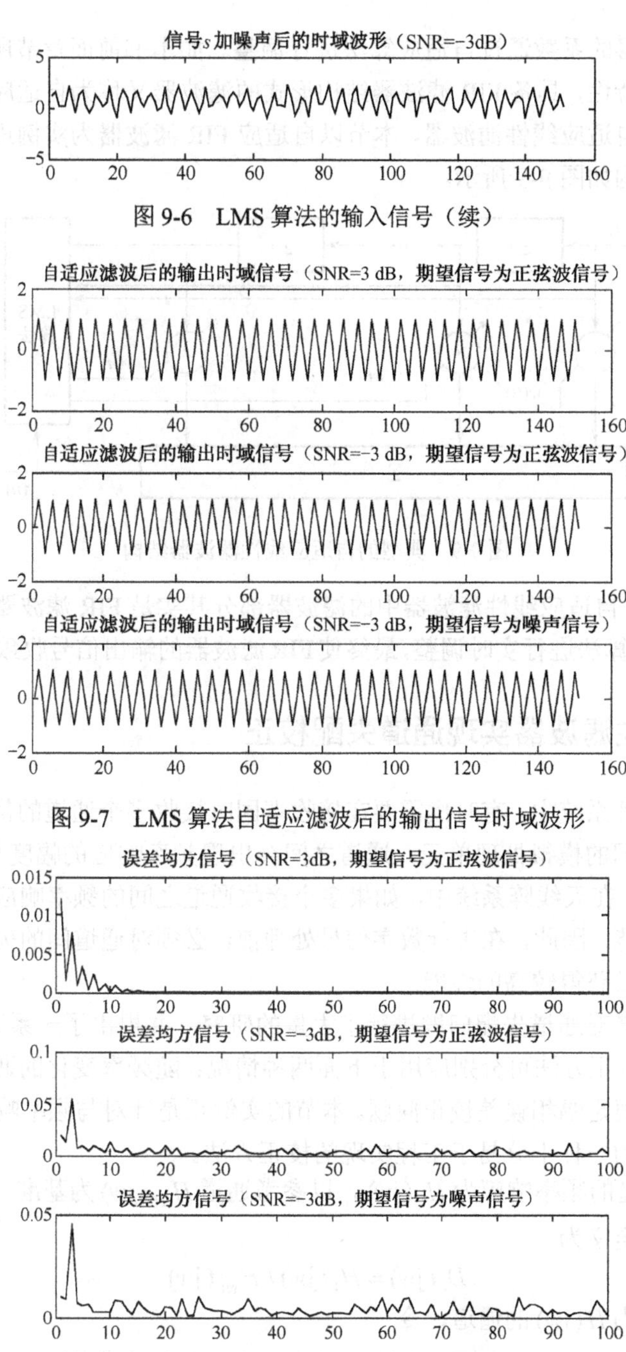


图 9-6　LMS 算法的输入信号（续）

图 9-7　LMS 算法自适应滤波后的输出信号时域波形

图 9-8　LMS 算法的误差信号曲线

## 9.5 自适应线性滤波器原理及仿真

### 9.5.1 自适应线性滤波器原理

自适应线性滤波器是指线性滤波器与自适应算法结合起来的滤波器，也就是说滤波器具有线性结构，滤波器的系数通过自适应算法进行调整。如本书前面章节所述，FIR 滤波器具有严格的线性相位特性，具备 FIR 滤波器结构形式的滤波器又称为自适应横向滤波器，这也是应用最为广泛的自适应线性滤波器，本节以自适应 FIR 滤波器为实例进行讨论。典型的自适应线性滤波器结构如图 9-9 所示。

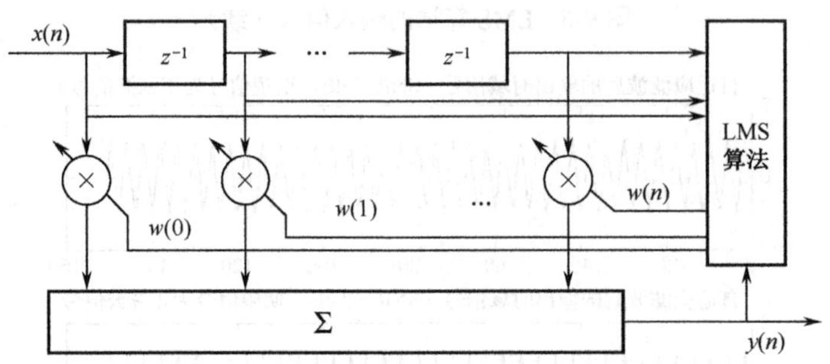


图 9-9　典型的自适应线性滤波器结构

如图 9-9 所示，自适应线性滤波器中的滤波器部分其实是 FIR 滤波器，且 FIR 滤波器的各抽头系数由 LMS 算法进行实时调整，最终使 FIR 滤波器的输出信号收敛到所需的信号上。

## 9.5.2　利用线性滤波器实现通道失配校正

在数字信号处理系统中，有时候需要在接收端同时接收多个通道的信号，由于每个通道包含多个不完全相同的模拟处理单元，通道之间会出现频率响应的幅度与相位的不一致性，即通道失配。例如，在天线阵系统中，如果多个接收通道之间的频率响应不一致，那么将严重影响天线阵的性能。因此，在进行数字信号处理前，必须对通道间的失配进行校正，以保证经系统后续处理后获得较高的性能。

国内外专家学者对通道失配问题进行了大量的研究，并提出了一系列较好的校正方法。归纳起来，所有的校正方法可分别应用于下面两种情况：随频率变化的通道失配情况，以及与频率响应无关的恒定幅相误差校正问题。本节的实例正是针对与频率响应无关的恒定幅相误差校正问题采用的一种十分易于工程实现的校正方法。

假设第 $k$ 个通道的频率响应为 $H_k(\mathrm{j}w)$，以参考通道 $H_{\mathrm{ref}}(\mathrm{j}w)$ 为基准，第 $k$ 个通道相对于它的通道失配特性定义为

$$D_k(\mathrm{j}w)=H_k(\mathrm{j}w)/H_{\mathrm{ref}}(\mathrm{j}w) \tag{9-17}$$

考虑一个频率响应为 $H(\mathrm{j}w)$ 的通道，令

$$D(\mathrm{j}w)=H(\mathrm{j}w)/H_{\mathrm{ref}}(\mathrm{j}w)=[1+\Delta H(\mathrm{j}w)]\mathrm{e}^{\mathrm{j}\Delta\varphi(w)} \tag{9-18}$$

对于与频率无关的恒定幅相误差校正来说，$\Delta H(\mathrm{j}w)$ 及 $\Delta\varphi(w)$ 均为常数，不妨设 $\Delta H(\mathrm{j}w)$ 为 $\delta$，$\Delta\varphi(w)$ 为 $\theta$，则

$$D(\mathrm{j}w)=H(\mathrm{j}w)/H_{\mathrm{ref}}(\mathrm{j}w)=[1+\delta]\mathrm{e}^{\mathrm{j}\theta} \tag{9-19}$$

对于一般通信系统来讲，接收端输入的信号可以看成平稳信号，因此在一次通信过程中可以认为天线阵每个通道的特性是不变的。这样，每次通信之前对天线阵的通道进行校正，校正完成后再开始正常通信，即从时间上把校正和正常通信分开，避免输入信号对后续的天线阵处理产生影响。不失一般性地，本节以 2 个通道为例对通道失配校正进行分析。

对于与频率响应无关的恒定幅相误差校正来说，由以上分析可知，通道失配校正就是要找出校正因子，即

$$C(\mathrm{j}w)=[1/(1+\delta)]\mathrm{e}^{-\mathrm{j}\theta} \tag{9-20}$$

据此，得到基于 LMS 算法的校正结构，如图 9-10 所示。

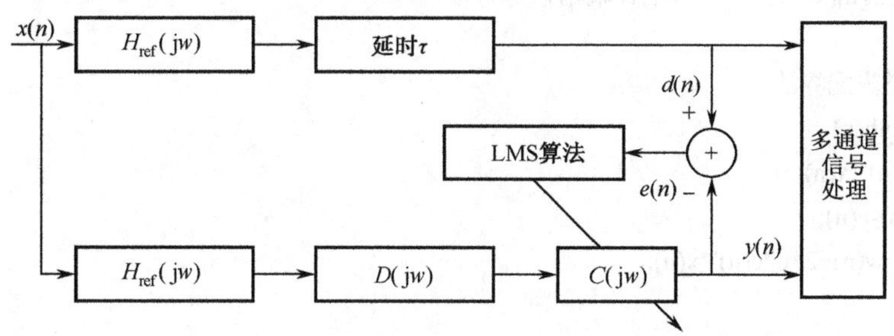


图 9-10　基于 LMS 算法的校正结构

在校正时，输入信号同时送至参考通道和待校正通道，当 LMS 算法收敛后，参考信号与经校正后的通道输出信号之间的均方差值趋向最小，从而迫使 $D(\mathrm{j}w)C(\mathrm{j}w)$ 的乘积近似为 1，即待校正通道得到了校正。

图 9-10 中参考信号通道中的延时等于待校正通道中参考信号与校正因子 $C(\mathrm{j}w)$ 相乘所需要的时间。由于需要同时校正幅度及相位，因此 LMS 算法中的运算为复数运算，滤波器长度为 1，即只需要一级复加权就可以实现幅度与相位的校正。

### 9.5.3　校正算法的 MATLAB 仿真

对于通道失配校正算法的仿真，有两种仿真模式：一是仿真算法的性能、找出校正算法所能校正的幅度及相位失配度，以及校正后的精度；二是针对确定的失配度，仿真校正前后的输入/输出数据，并与 FPGA 实现后的测试仿真数据进行对比，并作为判断 FPGA 实现是否正确的依据。

**例 9-2：对基于 LMS 算法的通道失配校正模型进行仿真。**

对基于 LMS 算法的通道失配校正模型进行仿真，要求进行算法的性能仿真、仿真权值在运算过程中的数据范围，仿真分析校正前后的通道失配度改善情况。LMS 算法的步长因子为 1/64，系统抽样频率为 12.5MHz，参考信号为 100kHz 的正弦波信号，输入信号为叠加有噪声的 100kHz 正弦波信号。

前面讨论了 LMS 算法中的有限字长效应，为了正确地确定 LMS 算法中各中间变量的字长，必须知道更新加权值的数据范围。同时，为了便于和 FPGA 实现后的仿真结果进行对比，还需要仿真出算法的误差性能数据。这一部分功能由本书配套资料中的“E9_2_lms_mismatch_sim.m”完成。

```
% E9_2_lms_mismatch_sim.m 程序清单
[r,x]=E9_2_lms_mismatch_in(snr);
u=1/64;                          %步长因子
snr=-20;                         %信噪比（dB）
```

```
w=zeros(1,length(x)+1);         %加权值信号
w(1)=1;                         %初始权值为 1
e=zeros(1,length(x)+1);         %误差信号
y=zeros(1,length(x)+1);         %估计输出信号

%LMS 通道失配算法
for n=1:length(x)
    y(n)=w(n)'*x(n);
    e(n)=r(n)-y(n);
    w(n+1)=w(n)+2*u*e(n)'*x(n);
end
Square_e=abs(e).^2;

%绘图
t=1:length(w);
subplot(211);
plot(t,imag(w),'-',t,real(w),'-.');
title('MATLAB 仿真的权值收敛图');
legend('MATLAB 仿真的权值虚部','MATLAB 仿真的权值实部');
grid on;
subplot(212);
plot(Square_e);title('MATLAB 仿真的误差收敛图');
grid on;
```

程序中的 E9_2_lms_mismatch_in(SNR)函数文件生成给定信噪比 SNR 的输入信号和参考信号，程序清单如下所示。

```
function [rn,xn]=E9_2_lms_mismatch_in(SNR)

fs=12.5*10^6;    %系统抽样频率
f=100*10*3;      %信号频率
N=200;           %数据仿真长度
SNR=-30;         %信噪比（dB）

%生成长度为 N，抽样频率为 fs 的时间序列
t=0:N-1;
t=t/fs;

%生成正弦波信号为原始信号
rs=sin(2*pi*f*t);

%产生 2 路互不相关的高斯白噪声序列，模拟通道的噪声
noise1=randn(1,N);
noise2=randn(1,N);
```

```
%计算信噪比所对应的增益比值
Gs=1;
Gn=Gs/(10^(SNR/20));
normal_gs=Gs/(Gs+Gn);
normal_gn=Gn/(Gs+Gn);

%产生混有噪声的正交参考信号
rn=(normal_gs*rs+normal_gn*noise1)+normal_gn*noise2*i;

%产生失配信号作为输入信号
mis_amp=0.5;      %幅度失配度
mis_ang=pi/4;     %相位失配度
xn=rn.*((1+mis_amp)*exp(j*mis_ang));
```

程序运行结果如图 9-11 所示，从图中可以明显看出，LMS 算法能很快收敛。由于仿真测试时的失配度设置幅度为 1.5，相位为 45°，即失配因子$\rho=2.5\times e^{j\pi/4}=1.7678+1.7678i$，则根据通道失配校正原理，最终校正后的加权值应当为失配因子的共轭$\rho^{H}=0.2828+0.2828i$。从图 9-11 中也可以明显看出，当误差曲线收敛后，加权值也收敛到了正确的失配补偿因子上。

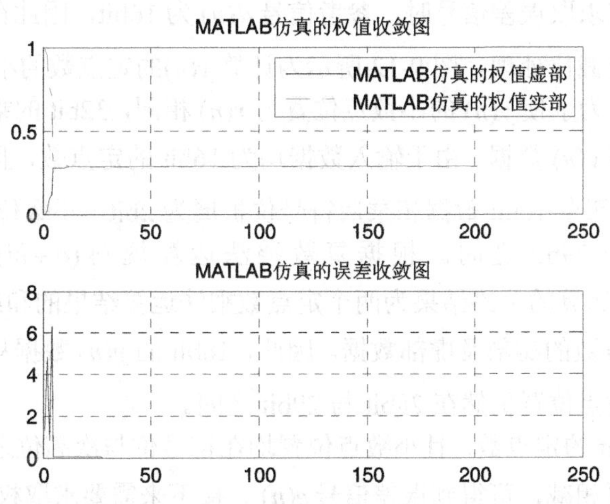


图 9-11　LMS 算法加权值数据及误差信号仿真图

## 9.6 通道失配校正算法的 Verilog HDL 设计

### 9.6.1 确定运算字长及数据截位方法

**例 9-3：基于 LMS 算法的通道失配校正算法 Verilog HDL 设计。**

采用 LMS 算法，利用 Verilog HDL 设计自适应线性滤波器，完成通道失配校正功能，并完成电路的仿真测试。数据速率为12.5MHz，系统时钟频率为数据速率的8倍，输入数据位宽为16bit、输入信号及参考信号均为频率100kHz的正弦波信号。LMS算法的步长因子为1/64。

在编写Verilog HDL程序之前，我们先讨论一下通道失配校正算法中的数据字长问题。根据定点运算的规则，在同一个系统中各定点数据的小数点位必须确保一致才能进行正确的运算。同时，为保证运算的精确性，还必须尽量保证更多的有效数据参与运算。在本实例中，由于涉及乘法运算，系统为闭环系统，数据截位操作是无法避免的。根据前面的MATLAB仿真结果可知，当输入数据范围为[−1,1]时，权值数据范围不超过输入数据，因此也在[−1,1]范围内。为了便于处理，通常将运算的小数点位定在符号位与次高位之间，即将数据范围限制在[−1,1]内。

为便于讨论，将重写式（9-10）为

$$(1)\quad y(n)=\boldsymbol{W}^{\mathrm{H}}(n)\boldsymbol{X}(n)$$

$$(2)\quad e(n)=d(n)-y(n)$$

$$(3)\quad \nabla\boldsymbol{W}(n)=2\mu\boldsymbol{X}(n)e^{*}(n)$$

$$(4)\quad \boldsymbol{W}(n+1)=\boldsymbol{W}(n)+\nabla\boldsymbol{W}(n)$$

整个通道失配校正系统其实就是要求在一个数据抽样周期内完成上面所列出的4个运算。需要注意的是，上式中的所有数据均为复数。先看第（1）个式子，$\boldsymbol{W}(n)$与$\boldsymbol{X}(n)$的数据位宽均为16bit，由于均在±1的范围内，因此相乘后结果数据并不会溢出。FPGA实现复数乘法运算时采用复数乘法器IP核的方式，保持全精度运算，则两个16bit复数数据的乘法输出为33bit。由于在求取误差信号时，参考信号$d(n)$为16bit，因此在求取$e(n)$时，必须对33bit的乘法结果进行截位处理。图9-12所示为计算$y(n)$的定点数的小数点位置。

由图9-12可知，为了使$y(n)$的小数点位置与$x(n)$相同，32bit的乘法结果数据需要截取16bit的数据，以获得$y(n)$数据。由于输入数据均为16bit的定点数，且小数点位定在符号位与次高位之间，因此两个16bit数据相乘后符号位扩展为2bit，小数位扩展为30bit，其中小数点位置在28bit与29bit之间。根据复数乘法运算规则$(a+b\mathrm{i})\times(c+d\mathrm{i})=(ac-bd)+(ad+bc)\mathrm{i}$，复数乘法运算的最终结果为两个定点数乘法运算结果的和或差，为确保数据不溢出，采用33bit存储复数的实部及虚部数据。因此，16bit的$y(n)$数据从复数乘法结果数据的15～31bit截取，小数点位置仍然在28bit与29bit之间。

由于$d(n)$为16bit的定点数，且小数点位置均在符号位与次高位之间，因此需要对$d(n)$扩展1bit符号位后再相减，可得到误差信号$e(n)$。接下来需要求取权值的更新值$\nabla\boldsymbol{W}(n)$，这一步运算也是整个通道失配系统的关键步骤。首先需要注意的是，步长因子$\mu=1/64$，则$2\mu=1/32$，可通过右移5bit来近似实现与$2\mu$的乘法运算。图9-13所示为计算$\nabla\boldsymbol{W}(n)$的定点数的小数点位置。与计算$y(n)$不同的是，需要对乘法结果右移5bit，实现与步长因子的乘法运算，也就是最高位再扩展5bit符号位而已。因此，$\nabla\boldsymbol{W}(n)$的截位方法为，取33bit乘法结果的20～32bit的数据，并扩展3bit符号位作为最终的$\nabla\boldsymbol{W}(n)$。根据复数乘法运算规则及其IP核输出数据位数，33bit的数据已包含了扩展的2bit符号位，因此再扩展3bit符号位，即可实现乘以1/32的运算。第（4）个式子就比较简单了，直接将两个16bit的定点数相加输出。

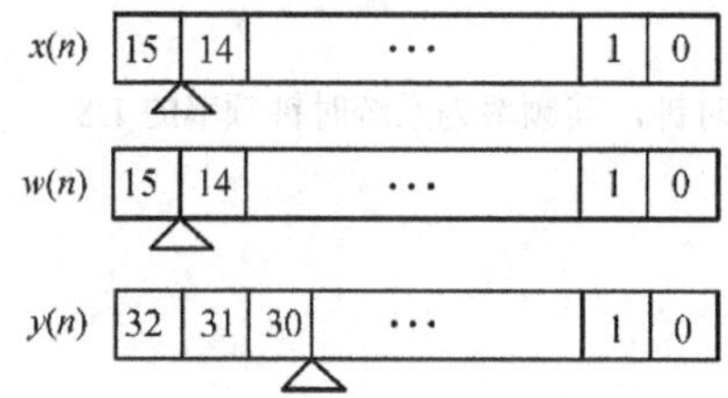

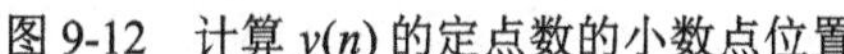

图 9-12　计算 $y(n)$ 的定点数的小数点位置

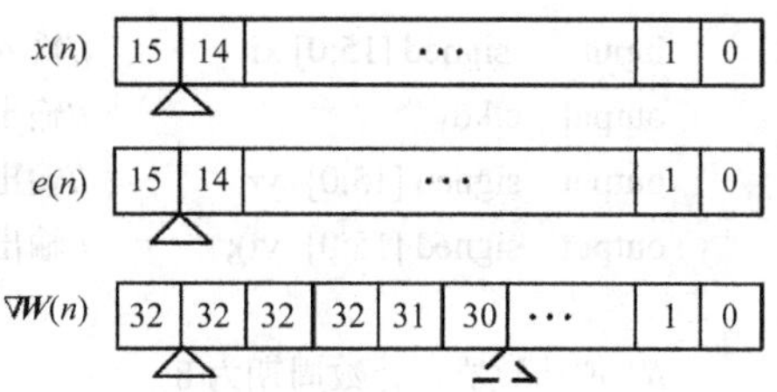


图 9-13　计算 $\nabla W(n)$ 的定点数的小数点位置

## 9.6.2　计算时钟频率并分配各步骤所需时钟周期

根据 LMS 算法原理，需要在一个数据抽样周期内完成一次完整的权值更新过程。根据设计需求，系统时钟频率为数据抽样周期的 8 倍，也就是说最多有 8 个系统时钟周期的时间来完成式（9-10）所示的各个运算步骤。

根据通道失配模型可知，本实例中的加权值只有一级。由前面讨论结果很容易得到顺序执行通道失配算法的运算量。计算 $y(n)$ 需要一次 $16\times16$ 复数乘法运算（采用 Vivado 提供的复数乘法器 IP 核，设置流水线级数为 3 个系统时钟周期），计算 $e(n)$ 需要一次减法运算，计算 $\nabla W(n)$ 也需要一次 $16\times16$ 复数乘法运算，最后进行权值更新需要一次加法运算。由于两次复数乘法运算共占用了 6 个系统时钟周期，因此可以分配给两个加、减法各 1 个系统时钟周期，总共刚好为 8 个系统时钟周期。

## 9.6.3　算法的 Verilog HDL 实现

经过上述分析，现在可以直接编写 Verilog HDL 程序，其中使用到了复数乘法器 IP 核，其部分参数如下。

输入数据位宽：16bit。

输出数据位宽：33bit。

输入数据 A 格式：signed。

输入数据 B 格式：signed。

运算流水线级数：3。

异步清零信号：有。

由于本实例中的加权值阶数为 1，算法的 Verilog HDL 代码并不复杂，在分析清楚了关键中间变量的字长和截位关系，以及各运算步骤所需的时钟周期后，相信读者很容易理解下面给出的 Verilog HDL 程序清单。

```
//通道失配校正算法 Verilog HDL 程序文件清单
module MisMatch (
    input     rst,                    //复位信号，高电平有效
    input     clk,                    //FPGA 系统时钟
    input     signed [15:0] rr,       //参考数据实部
    input     signed [15:0] ri,       //参考数据虚部
    input     signed [15:0] xr,       //输入数据实部
```

```
input     signed [15:0] xi,          //输入数据虚部
output    clkdv,                     //输出的数据同步时钟，其频率为系统时钟频率的 1/8
output    signed [15:0]  yr,         //输出数据实部
output    signed [15:0]  yi);        //输出数据虚部

//3 位计数器，计数周期为 8
reg [2:0] count;
reg clk_dv;
always @(posedge clk or posedge rst)
      if (rst)   begin
          count <= 3'd0;
          clk_dv <= 1'b0;
          end
      else   begin
          count <= count + 1;
          clk_dv <= count[2];
          end
//将 8 分频后的信号输出
assign clkdv = clk_dv;

reg signed [15:0] wit;
reg signed [15:0] wrt;
wire signed [15:0] whit;
wire signed [15:0] whrt;
wire signed [39:0] yit;
wire signed [39:0] yrt;
reg signed [15:0] xit;
reg signed [15:0] xrt;
reg clk_d;

always @(posedge clk or posedge rst)
    if (rst)
          clk_d <= 1'b0;
    else
          clk_d <= clk_dv;
//在 clk_dv 的上升沿将输入数据锁存输出
always @(posedge clk or posedge rst)
      if (rst) begin
            xit <= 16'd0;
            xrt <= 16'd0;
            rit <= 16'd0;
            rrt <= 16'd0;
            end
      else begin
```

```
            if (clk_dv==1'b1 && clk_d==1'b0) begin
                xit <= xi;
                xrt <= xr;
                rit <= ri;
                rrt <= rr;
            end
        end

//取加权值的共轭进行输出信号 yn 的运算
assign whrt = wrt;
assign whit = -wit;
complexmult uy  (
  .aclk(clk),                          // input wire aclk
  .aresetn(!rst),                      // input wire aresetn
  .s_axis_a_tvalid(1'b1),              // input wire s_axis_a_tvalid
  .s_axis_a_tdata({xit,xrt}),          // input wire [31 : 0] s_axis_a_tdata
  .s_axis_b_tvalid(1'b1),              // input wire s_axis_b_tvalid
  .s_axis_b_tdata({whit,whrt}),        // input wire [31 : 0] s_axis_b_tdata
  .m_axis_dout_tdata({yit,yrt}));      // output wire [79 : 0] m_axis_dout_tdata

//计算误差信号
reg signed [16:0] ehrt;
reg signed [16:0] ehit;
reg signed [15:0] rit;
reg signed [15:0] rrt;
always @(posedge clk or posedge rst)
    if (rst) begin
        ehrt <= 17'd0;
        ehit <= 17'd0;
        end
    else begin
        ehrt <= {rrt[15],rrt} - yrt[31:15];
        ehit <= yit[31:15] - {rit[15],rit};
        end

//将计算出的 yn 截位后输出
assign yr = yrt[30:15];
assign yi = yit[30:15];

//计算权值更新变量
wire signed [39:0] dwrt;
wire signed [39:0] dwit;
complexmult uw (
  .aclk(clk),                          // input wire aclk
```

```
        .aresetn(!rst),                              // input wire aresetn
        .s_axis_a_tvalid(1'b1),                      // input wire s_axis_a_tvalid
        .s_axis_a_tdata({xit,xrt}),                  // input wire [31 : 0] s_axis_a_tdata
        .s_axis_b_tvalid(1'b1),                      // input wire s_axis_b_tvalid
        .s_axis_b_tdata({ehit[15:0],ehrt[15:0]}),    // input wire [31 : 0] s_axis_b_tdata
        .m_axis_dout_tdata({dwit,dwrt}));            // output wire [79 : 0] m_axis_dout_tdata

    //进行权值更新
    always @(posedge clk or posedge rst)
        if (rst) begin
            wit <= 16'd0;
            wrt <= 16'b0111111111111111;
            end
        else begin
            if (clk_dv==1'b1 && clk_d==1'b0)    begin
                wit <= wit + {{3{dwit[32]}},dwit[32:20]};
                wrt <= wrt + {{3{dwrt[32]}},dwrt[32:20]};
                end
            end

endmoduleendmodule
```

Vivado 提供的复数乘法器 IP 核信号接口为 AXI4 总线结构，输入/输出数据接口的定义界面如图 9-14 所示。

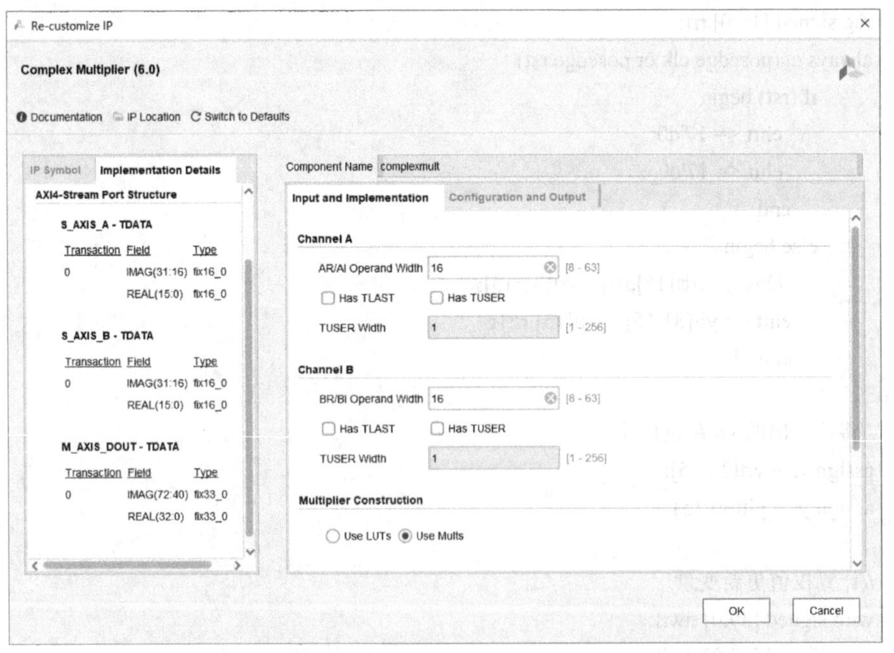


图 9-14 复数乘法器 IP 核输入/输出数据接口的定义界面

其中，32bit 的输入信号 S_AXIS_A-TDATA 中，低 16bit 接输入信号 A 的实部，高 16bit

接输入信号 A 的虚部；32bit 的输入信号 S_AXIS_B-TDATA 中，低 16bit 接输入信号 B 的实部，高 16bit 接输入信号 B 的虚部；80bit 的输出信号 M_AXIS_DOUT-TDATA 中，低 40bit 接输入信号的实部，高 40bit 接输入信号的虚部，且低位对齐。由于在复数的运算结果中，实际输出位宽为 33bit，因此需要截取低 33 位进行后续运算。

## 9.6.4　FPGA 实现后的仿真测试

为便于仿真通道失配电路的功能，新建测试数据生成模块 data.v，创建 DDS 核，在 50MHz 的时钟信号驱动下产生 100kHz 正弦波信号；新建时钟 IP 核，在 100MHz（CXD720 开发板时钟频率）的时钟信号驱动下分别产生 50MHz、12.5MHz 的信号；新建顶层文件 top.v，例化数据生成模块、时钟模块和通道失配校正模块。

通道失配校正电路的测试文件代码如下所示。

```
//通道失配校正电路的测试文件
module top(
      input gclk,
      input rst,
      input key,
      output [15:0] yr,yi,
      output rdy,
      output [15:0] data);

      wire clk100m,clk50m,clk12m5;
      wire signed [15:0] rr,xr;
      assign data = xr;

      clock u0 (
         .clk_out1(clk100m),
         .clk_out2(clk50m),
         .clk_out3(clk12m5),
         .clk_in1(gclk));

      data u1(
         .clk(clk50m),
         .key(key),
         .xr(xr),
         .rr(rr));

      MisMatch u2(
         .rst(rst),              //复位信号，高电平有效
         .clk(clk100m),          //FPGA 系统时钟
         .rr(rr),                //参考数据实部
```

```
        .ri(16'd0),                    //参考数据虚部
        .xr(xr),                       //输入数据实部
        .xi(16'd0),                    //输入数据虚部
        .clkdv(rdy),                   //输出的数据有效信号，其频率为时钟频率的 1/8
        .yr(yr),                       //输出数据实部
        .yi(yi));                      //输出数据虚部

endmodule
```

为简化仿真过程，参考信号及输入信号均采用实数信号，虚部数据设置为 0。采用 key 信号控制输出信号的幅度，观察通道的失配校正情况。测试数据的程序清单如下所示。

```
module data(
    input key,
    input clk,
    output [15:0] xr,
    output [15:0] rr
    );

    wire signed [31:0] sin100k;

    mdds u3 (
      .aclk(clk),                          // input wire aclk
      .s_axis_config_tvalid(1'b1),         // input wire s_axis_config_tvalid
      .s_axis_config_tdata(16'd131),       // input wire [15 : 0] s_axis_config_tdata
      .m_axis_data_tvalid(),               // output wire m_axis_data_tvalid
      .m_axis_data_tdata(sin100k)          // output wire [31 : 0] m_axis_data_tdata
    );

     assign rr = {sin100k[15],sin100k[15:1]};
     assign xr = (key)? {sin100k[15],sin100k[15:1]}: sin100k;

endmodule
```

在测试数据模块中，rr 为参考信号实部，对 16bit 满量程数据的幅度降低了 1/2；xr 为输入信号，通过 key 控制，分别产生了两种幅度的测试信号。

新建测试激励文件 tst.v，产生时钟信号，运行仿真工具，调整数据显示格式，可得到图 9-15 所示仿真波形。

由图 9-15 可知，输入信号 data 的幅度虽然发生了变化，但通道失配电路的输出信号基本保持为恒定幅度输出。当输入信号幅度发生变化时，输出信号幅度在较短的时间内调整稳定。LMS 算法的权值数据 wrt 根据输入信号 data 的幅度能够进行快速调整。

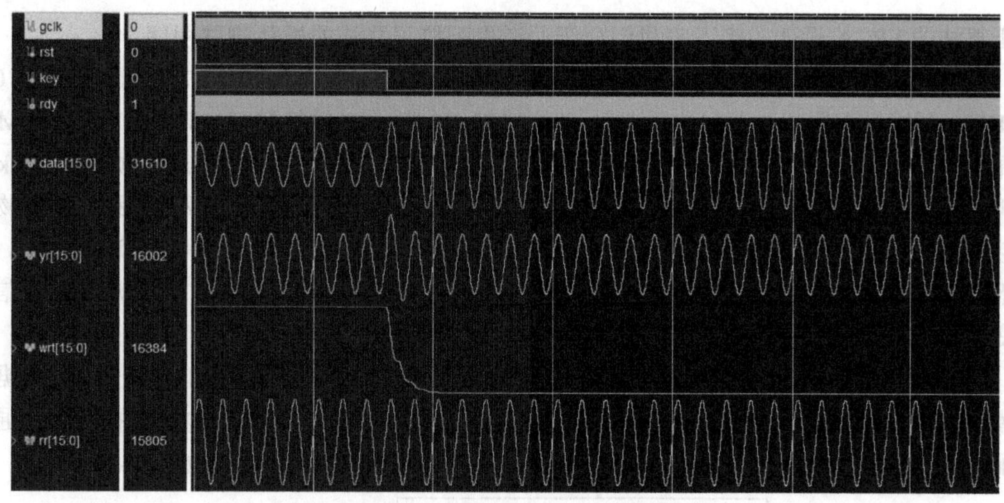


图 9-15 通道失配电路的仿真波形

### 9.6.5 关于通道失配校正算法数据范围的讨论

为便于分析，下面仅讨论信号的实数部分的幅度校正情况，且对通道失配校正电路中的各种信号以输入信号 xr 幅度为基准进行归一化处理。根据前面实例中对通道失配校正电路的 Verilog HDL 设计方法介绍，LMS 权值数据 wrt、输出数据 yr、参考信号 rr 的幅度均不大于 1。根据通道失配校正电路的工作原理，校正的目的是使得输入信号 xr 与权值数据 wrt 相乘，得到的输出数据 yr 与参考信号 rr 的幅度相同。当输入信号幅度大于参考信号幅度时，LMS 算法收敛后得到的权值 rr 小于 1；当输入信号幅度小于参考信号幅度时，LMS 算法收敛后得到的参考信号 rr 的幅度大于 1。

因此，在上面实例中，由于参考信号、输入信号、权值数据的位宽相同，小数点位置相同，数据表示范围相同。当输入信号幅度大于参考信号幅度时，权值数据能够收敛且不会溢出；当输入信号幅度小于参考信号幅度时，由于算法收敛时权值数据需要大于 1，超出了数据的表示范围，因此电路无法正常工作。

如何处理输入信号幅度小于参考信号幅度的情况呢？一种方法是在设计算法时，降低参考信号的幅度，同时通过硬件电路保证输入信号幅度大于参考信号幅度；另一种方法是在设计算法的 Verilog HDL 代码时，增加权值数据、输出信号位宽，增大权值数据和输出信号的表示范围。在具体工程实现时，大家可以根据实际工程需求选择一种方法进一步完善程序。

## 9.7 通道失配校正算法的板载测试

### 9.7.1 硬件接口电路

**例 9-4：通道失配校正算法的板载测试电路。**

本章介绍了自适应滤波器的原理及 FPGA 实现结构，完成了基于 LMS 算法的通道失配校正算法的 FPGA 设计。接下来我们介绍通道失配校正算法的板载测试程序。

为简化测试程序及测试过程，设置输入信号及参考信号均为实信号，信号的虚部均为 0。CXD720 开发板配置有 2 路独立的 D/A 转换接口、1 路 A/D 转换接口、1 个独立的 100MHz 晶振。为真实地模拟失配校正过程，采用 100MHz 的晶振作为驱动时钟，产生频率为 100kHz 的正弦波信号，经 DA2 通道输出；DA2 通道输出的模拟信号通过开发板上的跳线端子物理连接至 A/D 转换通道，并送入 FPGA 进行处理；FPGA 处理后的信号由 DA1 通道输出。程序下载到开发板后，通过示波器同时观察 DA1、DA2 通道的信号波形，判断滤波前后信号的变化情况，这样可验证通道失配校正电路的功能及性能。

需要注意的是，为便于验证输入信号幅度变化对通道失配校对电路工作的影响，数据生成模块输出满量程的信号，测试过程中通过调整开发板上 DA2 通道的电位器控制输入通道失配校正电路的信号幅度。通道失配校正算法的板载测试电路结构框图如图 9-16 所示。

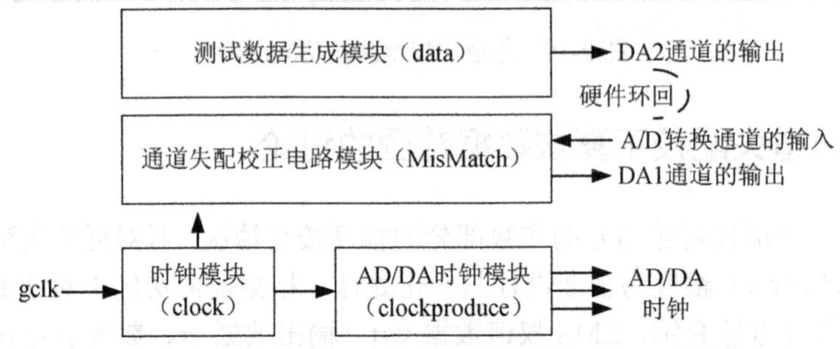


图 9-16　通道失配校正算法的板载测试电路结构框图

通道失配校正算法板载测试的接口信号定义如表 9-1 所示。

**表 9-1　通道失配校正算法板载测试的接口信号定义**

| 信号名称 | 引脚定义 | 传输方向 | 功能说明 |
|---|---|---|---|
| rst | P14 | →FPGA | 复位信号，高电平有效 |
| gclk | C19 | →FPGA | 100 MHz 时钟信号 |
| ad_clk | J2 | FPGA→ | A/D 抽样时钟信号 |
| ad_din[11:0] | B2/B1/C2/D2/D1/E3/E2/E1/F1/G2/G1/H2 | →FPGA | A/D 抽样输入信号 |
| da1_clk | W2 | FPGA→ | DA1 通道的时钟信号 |
| da1_wrt | Y1 | FPGA→ | DA1 通道的接口信号 |
| da1_out[13:0] | AB11/AB10/AB8/AA8/AB7/AB6/AA6<br>/AB5/AB3/AA3/AB2/AB1/AA1/Y2 | FPGA→ | DA1 通道的输出信号，滤波处理后的信号 |
| da2_clk | W1 | FPGA→ | DA2 通道的时钟信号 |
| da2_wrt | V2 | FPGA→ | DA2 通道的接口信号 |
| da2_out[13:0] | U2/U1/T1/R2/R1/P2/P1/N2/M2/M1/L1<br>K1/K2/J1 | FPGA→ | DA2 通道的输出信号，产生的测试信号 |

## 9.7.2　板载测试程序

根据前面的分析可知，板载测试程序需要设计与 ADC、DAC 之间的接口转换电路，以及生成 ADC、DAC 所需要的时钟信号。ADC、DAC 的数据信号均为无符号数，而滤波器模块及测试数据模块的数据信号均为有符号数，因此需要将 A/D 抽样的无符号数转换为有符号数送入滤波器进行处理，同时需要将测试数据信号及处理后的信号转换为无符号数送入DAC。

板载测试的顶层文件代码如下所示。

```
//top.v 文件的程序清单
module top(
    input gclk,
    input rst,

    //1 路 A/D 转换通道的输入
    output ad_clk,
    input signed [11:0] ad_din,

    //DA1 通道的输出，滤波后输出数据
    output da1_clk,da1_wrt,
    output reg [13:0] da1_out,
    //DA2 通道的输出，滤波前输出数据
    output da2_clk,da2_wrt,
    output reg [13:0] da2_out
    );

    wire clk100m,clk50m,clk12m5;
    wire signed [15:0] rr,xr,yr;
    reg signed [15:0] xin;

    //转换为有符号数送入滤波器处理
    always @(posedge clk12m5)
        xin <= {ad_din,4'd0} -32768;

    //转换为无符号数送入 DAC 输出
    always @(posedge clk12m5)
      da1_out = yr[15:2]+8192;

    //转换为无符号数送入 DAC 输出
    always @(posedge clk50m)
       da2_out = xr[15:2]+8192;

  clockproduce u3(
     .clk50m(clk50m),
     .clk12m5(clk12m5),
     .ad_clk(ad_clk),
     .da1_clk(da1_clk),
```

```
        .da1_wrt(da1_wrt),
        .da2_clk(da2_clk),
        .da2_wrt(da2_wrt));

    clock u0 (
        .clk_out1(clk100m),
        .clk_out2(clk50m),
        .clk_out3(clk12m5),
        .clk_in1(gclk));

    data u1(
        .clk(clk50m),
        .xr(xr),
        .rr(rr));

    MisMatch u2(
        .rst(rst),              //复位信号，高电平有效
        .clk(clk100m),          //FPGA 系统时钟
        .rr(rr),                //参考数据实部
        .ri(16'd0),             //参考数据虚部
        .xr(xin),               //输入数据实部
        .xi(16'd0),             //输入数据虚部
        .yr(yr),                //输出数据实部
        .yi());                 //输出数据虚部

endmodule
```

AD/DA 时钟模块产生 ADC、DAC 所需的时钟信号。为提高输出的时钟信号性能，对于 7 系列 FPGA 芯片，一般采用 ODDR（Dedicated Dual Data Rate，专用双倍数据速率）硬件模块，可在代码中直接例化硬件原语。大家可参考本书配套程序资料中的完整工程文件。

### 9.7.3 板载测试验证

设计好板载测试程序，添加引脚约束并完成 FPGA 实现，将程序下载至 CXD720 开发板后可进行板载测试。通道失配校正算法板载测试的硬件连接如图 9-17 所示。

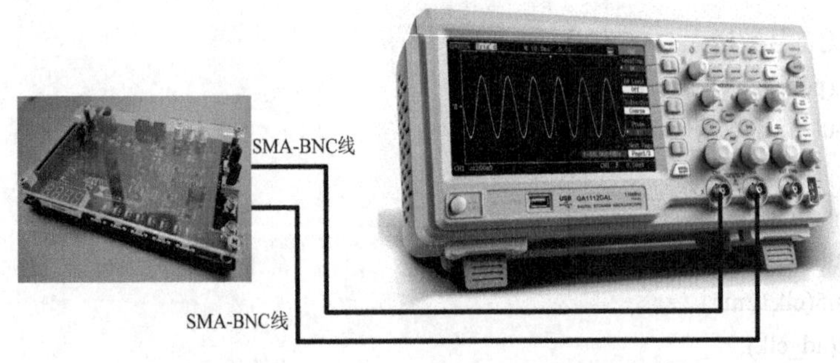


图 9-17 通道失配校正算法板载测试的硬件连接

进行测试时需要采用双通道示波器，将示波器通道 2 接 DA2 通道输出，观察输入的信号；通道 1 接 DA1 通道输出，观察校正后的信号。需要注意的是，在测试之前，需要适当调整 CXD720 开发板的电位器，使 AD/DA 接口的信号幅值基本保持满量程状态，且波形不失真。

将板载测试程序下载到 CXD720 开发板上后，合理设置示波器参数，可以看到两个通道的波形图如图 9-18 所示。从图中可以看出，输入信号峰峰值约为 8V，校正后的信号幅度约为 4V。

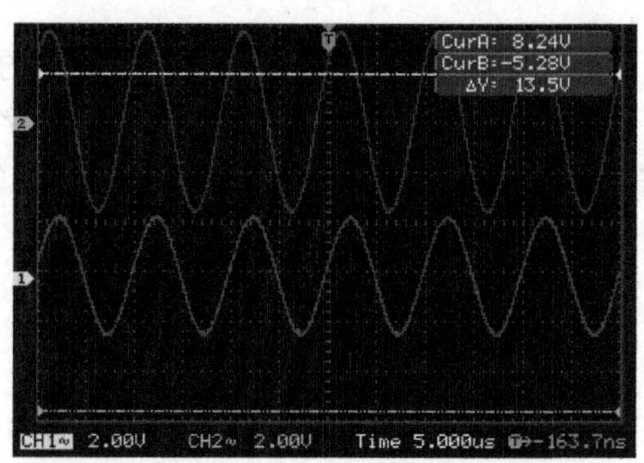


图 9-18　输入信号峰峰值为 8V 时的测试波形图

调整开发板通道 2 的电位器，降低 A/D 转换通道的输入信号幅度，当信号峰峰值大于 4V 时，校正后的信号峰峰值均为 4V，说明通道失配校正算法能够完成幅度的失配校正，如图 9-19 所示；继续调整电位器，使通道 2 的信号峰峰值小于 4V，即 A/D 转换通道的输入信号峰峰值小于 4V 时，校正后的信号波形出现畸变，无法校正到 4V，如图 9-20 所示。这是由于通道失配校正算法中，设置的权值数据范围无法满足输入信号幅度小于参考信号幅度的情况。

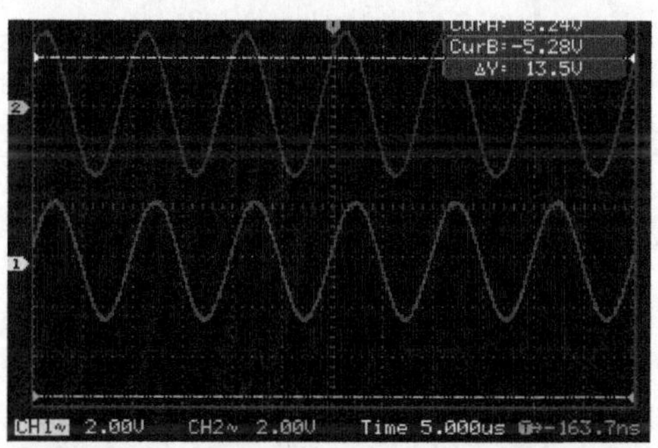


图 9-19　输入信号峰峰值为 6V 时的测试波形图

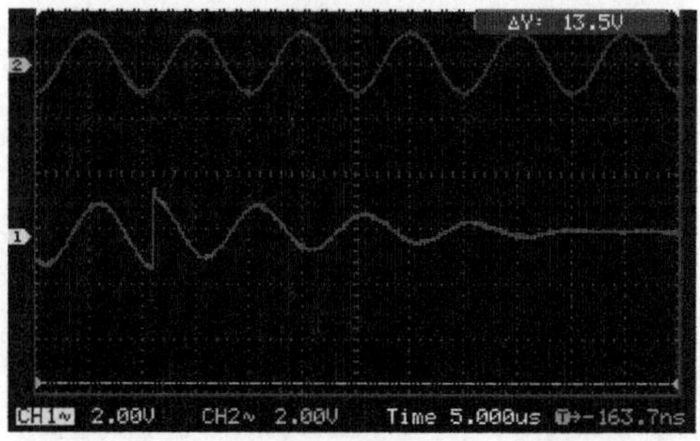


图 9-20　输入信号峰峰值小于 4V 时的测试波形图

## 9.8 小结

本章首先对自适应滤波器的概念、应用及一般原理进行了简单介绍，然后对应用广泛的 LMS 算法的原理、实现结构进行了阐述，并采用 MATLAB 对 LMS 算法进行了仿真验证。以 LMS 算法为基础，本章以通道失配校正算法为例，详细阐述了 FPGA 实现自适应滤波器算法的步骤、方法及过程。

相对常规滤波器来讲，在 FPGA 实现过程中，自适应滤波器的关键在于，清楚地掌握实现过程中各数据变量的变化范围，并以此确定各中间变量的数据字长及小数点的位置，同时需要根据各运算步骤所需的运算量，合理分配各时钟周期内的运算量，以提高系统的整体运算速度。

# 第 10 章 自适应天线阵及陷波器 Verilog HDL 设计

前面讨论了自适应滤波器的原理及 LMS 算法的 Verilog HDL 设计。LMS 是一种通用的算法，可以应用在不同的领域，实现自适应数字信号处理功能。本章讨论基于 LMS 算法的自适应天线阵及陷波器 Verilog HDL 设计。

## 10.1 自适应天线阵的原理

智能天线（Smart Antenna）是指采用天线阵列，根据信号的空间特性，能够自适应调整加权值，以调整其方向图，形成多个自适应波束，实现抑制干扰、提取有用信号的天线。智能天线通常需要用多个天线组成的阵列来实现。

智能天线的原理是，将无线电的信号导向某个具体的方向，产生空间定向波束，使天线主波束对准用户信号到达方向（Direction Of Arrival，DOA），旁瓣或零陷对准干扰信号到达方向，达到充分利用用户信号并去除或抑制干扰信号的目的。

智能天线以多个高增益的动态窄波束分别跟踪多个期望信号，来自窄波束以外的信号被抑制，但智能天线的波束跟踪并不意味着一定要将高增益的窄波束指向期望用户的物理方向。事实上，在随机多径信道上，移动用户的物理方向是难以确定的，特别是在发送端至接收端的直射路径上存在阻挡物时，用户的物理方向并不一定是理想的波束方向。智能天线波束跟踪的真正含义是在最佳路径方向形成高增益窄波束并跟踪最佳路径的变化，充分利用信号的有效发送功率来减小电磁干扰。

智能天线技术有两个主要分支：波束转换技术（Switched Beam Technology）和自适应空间数字处理技术（Adaptive Spatial Digital Processing Technology）。

波束转换天线具有数量有限的、固定的、预定义的方向图，通过天线阵列技术在同一信道中利用多个波束同时向多个用户发送不同的信号。波束转换天线从几个预定义的、固定波束中选择信号强度最大的波束，当移动台越过信号扇区时，从一个波束切换到另一个波束，在特定的方向上提高灵敏度，从而提高通信容量和质量。每个波束的方向是固定的，并且其宽度随着天线阵元的数量而变化。对于移动用户，基站选择不同的对应波束，使接收到的信号强度最大。但用户信号未必在固定波束中心，当使用者在波束边缘，干扰信号在波束中央时，接收效果最差。因此，与自适应天线阵比较，波束转换天线不能实现最佳的信号接收。由于扇形失真，波束转换天线的增益在方位角上不均匀分布。波束转换天线具有结构简单和不需要判断用户信号方向的优势，主要用于模拟信号通信系统。

融入自适应空间数字处理技术的智能天线，利用数字信号处理算法测量不同波束的信号强度，能动态地改变波束，使天线的传输功率集中。应用空间数字处理技术（Spatial Digital Processing Technology）可以增强信号强度，使多个用户共同使用一个信道。本节讨论的设计实例为采用自适应处理技术的智能天线阵，后文简称自适应天线阵。

自适应天线阵主要有两种实现方式：一种可以在中频利用模拟信号处理实现阵元加权，该方式可以减少 A/D 转换器的数量，避免射频处理非线性对波束成形的影响，缺点是不够灵活，射频信号处理难度大；另一种引人关注的方法是，利用数字信号处理的方法，在基带部分 A/D 转换之后进行波束成形，随着 FPGA 的发展，该方式实现灵活，可以利用软件无线电方法，便于算法更新。

自适应天线阵的组成结构有多种，其中最常用的是采用图 10-1 所示的等距直线阵结构。组成自适应天线阵的单个阵元的方向图是全向的，自适应算法的目的就是，要根据信号及干扰的波达方向调整各阵元的权值，使整个自适应天线阵形成的方向图的主波束尽量对准有用信号，而在干扰信号的来向尽量形成零陷。

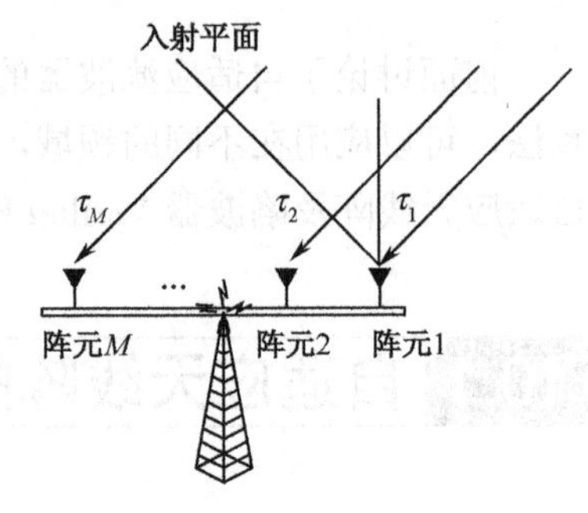


图 10-1 等距直线阵结构

在进行理论分析之前有一个重要假设，即接收信号满足以下两个条件。

（1）接收信号相对于阵列孔径（Array Aperture）是窄带信号。这样，在接收信号通过天线阵列的传播时间内，信号包络不会明显改变。如果信号或天线的带宽远小于载频，那么信号包络通常变化缓慢，该假设也成立。

（2）单天线的发送端位于天线阵列接收端的远场（Far Field）。这样，经过多径传播的每条路径到达天线阵列时可以近似地看成平面波，而不是球面波。

定义接收信号到达方向与法线的夹角$\theta$为波达方向。设天线的基本配置为$N$元等距直线阵，相邻阵元的间隔为$d$，各阵元为相似元，各阵元的权值分别为$w_1$、$w_2$、…、$w_N$（均为复数）。信号为窄带信号，波长为$\lambda$，波达方向为$\theta$，$\theta\in[0,\pi]$。等距直线阵的方向函数可表示为

$$\begin{aligned}f(\theta)&=w_1+w_2\mathrm{e}^{\mathrm{j}\frac{2\pi}{\lambda}d\sin\theta}+\cdots+w_N\mathrm{e}^{\mathrm{j}(N-1)\frac{2\pi}{\lambda}d\sin\theta}\\&=w_1+w_2\mathrm{e}^{\mathrm{j}\beta(\theta)}+\cdots+w_N\mathrm{e}^{\mathrm{j}(N-1)\beta(\theta)}\\&=\sum_{k=1}^{N}w_k\mathrm{e}^{\mathrm{j}(k-1)\beta(\theta)}\\&=\boldsymbol{w}^{\mathrm{T}}\boldsymbol{b}\end{aligned}\tag{10-1}$$

式中，

$$\beta(\theta)=\frac{2\pi}{\lambda}d\sin\theta\tag{10-2}$$

$$\boldsymbol{b}=\begin{bmatrix}1\\\mathrm{e}^{\mathrm{j}\beta(\theta)}\\\vdots\\\mathrm{e}^{\mathrm{j}(N-1)\beta(\theta)}\end{bmatrix}\tag{10-3}$$

$$\boldsymbol{w}=\begin{bmatrix} w_1 \\ w_2 \\ \vdots \\ w_N \end{bmatrix} \tag{10-4}$$

如果给定以下的方向性要求：

$$\begin{cases} f(\theta_1)=g_1 \\ f(\theta_2)=g_2 \end{cases} \tag{10-5}$$

则可写成以下的方程式：

$$\begin{cases} \sum_{k=1}^{N} w_k \mathrm{e}^{\mathrm{j}(k-1)\beta(\theta_1)} = g_1 = \boldsymbol{b}_1^{\mathrm{T}}\boldsymbol{w} \\ \sum_{k=1}^{N} w_k \mathrm{e}^{\mathrm{j}(k-1)\beta(\theta_2)} = g_2 = \boldsymbol{b}_2^{\mathrm{T}}\boldsymbol{w} \end{cases} \tag{10-6}$$

于是综合写成：

$$\begin{bmatrix} \boldsymbol{b}_1^{\mathrm{T}} \\ \boldsymbol{b}_2^{\mathrm{T}} \\ \vdots \\ \boldsymbol{b}_N^{\mathrm{T}} \end{bmatrix}\begin{bmatrix} w_1 \\ w_2 \\ \vdots \\ w_N \end{bmatrix}=\begin{bmatrix} g_1 \\ g_2 \\ \vdots \\ g_N \end{bmatrix} \tag{10-7}$$

式（10-7）为一组线性方程组，在已知方向矢量$\boldsymbol{\theta}$和增益矢量$\boldsymbol{g}$的前提下，可解出一组加权矢量$\boldsymbol{w}$。如要将某方向$\theta_k$所对应的增益$g_k$设为非 0，其他 $N$–1 个方向所对应的增益均设为 0，则根据解线性方程组的原理，式（10-7）有唯一解，即由 $N$ 个天线阵元组成的天线阵可在 $N$–1 个方向上形成零陷。对于通信抗干扰来说，也就是说，可以同时对抗 $N$–1 个方向上的干扰。推而广之，理论上对于 $N$ 元阵而言，在方向控制上有 $N$–1 个自由度，所以可以通过选择加权矢量，使得至多 $N$–1 个方向的天线增益满足既定的要求。当有大于 $N$–1 个方向的干扰同时送至天线阵时，式（10-7）没有唯一的解，但可以根据一定的准则，解出最逼近理想解的近似解，对于天线阵的方向图来说，可在干扰方向形成较小的功率增益，从而最大限度地增强抗干扰性能。但是，如果干扰信号来向与有用信号来向相同，则由以上分析可知，无法通过调整权值来达到抑制干扰的目的，这是因为如果在干扰来向使方向图上形成零陷，则同时会对有用信号形成零陷，这也是天线阵所无法克服的问题。在这种情况下，本书后面章节讨论的变换域滤波技术对其有良好的抑制性能。

由上文所述可知，等距直线阵是按相同距离等间隔排列阵元的，阵元之间的距离 $d$ 的选取也会影响到天线阵的性能，间距过大会使阵元接收信号之间彼此不相关，而阵元间距过小，则会在天线方向图中出现“栅瓣”，通常阵元间距选择为波长的一半。

## 10.2 自适应天线阵的 MATLAB 仿真

**例 10-1：自适应天线阵的 MATLAB 仿真。**

对基于 LMS 算法的自适应等距直线天线阵进行仿真，天线阵由 4 个全向天线组成，相邻阵元间隔为波长的一半。要求完成算法的性能仿真，仿真权值在运算过程中的数据范围，其中 LMS 算法的步长因子为 1/128。

本实例的实现由两部分组成：由 MATLAB 实现的天线阵输入信号仿真程序 E10_1_AntennaSigProduce.m、天线阵性能仿真程序 E10_1_AntennaSim.m，读者可在本书配套程序资料中查看完整的仿真程序文件。

天线阵的输入信号仿真程序 E10_1_AntennaSigProduce(SJNR,SNR,LEN,M,JANGLE)用于仿真产生天线阵元的输入信号及天线阵 LMS 算法的参考信号，并将参考信号及阵元输入信号转换成 16bit 的二进制数形式后存放在 COE 文件中，供 Verilog HDL 程序仿真时使用。其中，SJNR 为信干噪比（信号与干扰及噪声的功率比值），SNR 为信噪比（信号与高斯白噪声的功率比值），LEN 为数据码元长度，M 为每个码元的抽样点数，JANGLE 为干扰信号的入射角度。本实例假定有用信号（参考信号）的入射角度为 0°。

天线阵性能仿真程序 E10_1_AntennaSim.m 用于仿真 4 阵元直线天线阵的性能，根据 E10_ 1_AntennaSigProduce.m 程序仿真产生的数据，采用 LMS 算法仿真天线阵的收敛过程、LMS 算法中间变量的数据范围、算法收敛后天线阵所形成的方向图，以及算法误差收敛曲线。

下面是生成天线阵输入数据的程序清单。

```
%E10_1_AntennaSigProduce.m 程序清单
function output=E10_1_AntennaSigProduce(SJNR,SNR,LEN,M,JANGLE)
 %产生天线阵元的输入信号
 %output 为 10 行矩阵，每行代表一条支路输入信号
 %依次为:r1,i1,r2,i2,r3,i3,r4,i4,rr,ir

 %产生天线阵元的输入信号
 tsign=randsrc(1,LEN);
 tjam=randsrc(1,LEN);
 sign=zeros(1,LEN*M);
 jam=zeros(1,LEN*M);
 %进行 M 倍抽样
 for k=1:LEN
     sign(((k-1)*M+1):(k*M))=tsign(k);
     jam(((k-1)*M+1):(k*M))=tjam(k);
 end

 %原始信号和干扰经过 FIR 滤波器进行波束成形，去掉带外的频谱
 fn=2/M;                        %归一化频率（1 对应 fs/2）
 b=fir1(80,fn);                 %参考通道滤波器系数
 sign_filter= filter(b,1,sign);  %经波束成形后的有用信号
 jam_filter= filter(b,1,jam);    %经波束成形后的干扰信号

 %产生干扰信号
 u=pi*sin(JANGLE*(pi/180))*j;
```

```
 jam1=jam_filter;
 jam2=jam1*exp(-u);
 jam3=jam1*exp(-2*u);
 jam4=jam1*exp(-3*u);
 sign=sign_filter;

%产生 8 路互不相关的高斯白噪声序列
noise1=randn(1,LEN*M);
noise2=randn(1,LEN*M);
noise3=randn(1,LEN*M);
noise4=randn(1,LEN*M);
noise5=randn(1,LEN*M);
noise6=randn(1,LEN*M);
noise7=randn(1,LEN*M);
noise8=randn(1,LEN*M);

%计算信干噪比所对应的增益比值
Gs=1;
Gn=10^(-SNR/20);
Gj=10^(-SJNR/20);

%输出天线阵元信号
output=zeros(10,LEN*M);
output(1,:)=Gs*sign+Gn*noise1+Gj*real(jam1);
output(2,:)=Gn*noise2+Gj*imag(jam1);
output(3,:)=Gs*sign+Gn*noise3+Gj*real(jam2);
output(4,:)=Gn*noise4+Gj*imag(jam2);
output(5,:)=Gs*sign+Gn*noise5+Gj*real(jam3);
output(6,:)=Gn*noise6+Gj*imag(jam3);
output(7,:)=Gs*sign+Gn*noise7+Gj*real(jam4);
output(8,:)=Gn*noise8+Gj*imag(jam4);
output(9,:)=Gs*sign;
output(10,:)=zeros(1,LEN*M);

%归一化处理
m=max(max(abs(output)));
output(1,:)=output(1,:)/m;
output(2,:)=output(2,:)/m;
output(3,:)=output(3,:)/m;
output(4,:)=output(4,:)/m;
output(5,:)=output(5,:)/m;
output(6,:)=output(6,:)/m;
output(7,:)=output(7,:)/m;
output(8,:)=output(8,:)/m;
```

```
output(9,:)=output(9,:)/m;
output(10,:)=output(10,:)/m;

%将生成的数据以二进制数格式写入 COE 文件中
Q=16;                %16bit 量化
Q_x=round(output(1,:)*(2^(Q-1)-1));
fid=fopen('D:\Filter_Vivado\FilterVivado\FilterVivado_chp10\E10_2_x1r_in.coe','w');
fprintf(fid,'%s','memory_initialization_radix = 2;');
fprintf(fid,'\r\n');
fprintf(fid,'%s','memory_initialization_vector =');
fprintf(fid,'\r\n');
for k=1:length(Q_x)
    B_s=dec2bin(Q_x(k)+(Q_x(k)<0)*2^Q,Q)
    for q=1:Q
        if B_s(q)=='1'
            tb=1;
        else
            tb=0;
        end
        fprintf(fid,'%d',tb);
    end
    fprintf(fid,'\r\n');
end
fprintf(fid,';');
fclose(fid);

%量化其他数据，并写入相应的 COE 文件中
...
```

下面是基于 LMS 算法的自适应天线阵仿真程序清单。

```
%E10_1_AntennaSim.m 程序清单
function output=E10_1_AntennaSim
LEN=4096/8;
M=8;
JANGLE=60;
SNR=0;
SJNR=-10;

%根据 E10_1_AntennaSigProduce 函数获取天线阵元输入信号及参考信号
input=E10_1_AntennaSigProduce(SJNR,SNR,LEN,M,JANGLE);
x1=input(1,:)+input(2,:)*j;
x2=input(3,:)+input(4,:)*j;
x3=input(5,:)+input(6,:)*j;
```

```
x4=input(7,:)+input(8,:)*j;
r=input(9,:)+input(10,:)*j;
x=[x1;x2;x3;x4];
w=zeros(4,LEN*M+1);
w(:,1)=ones(4,1)/2;
e=zeros(1,LEN*M);
aw=zeros(4,LEN*M);
%LMS 算法
for k=1:LEN*M
    y(k)=w(:,k)'*x(:,k);
    e(k)=r(k)-y(k);
    aw(:,k)=(1/64)*x(:,k)*conj(e(k));
    w(:,k+1)=w(:,k)+aw(:,k);
end
clc;
%求取 LMS 算法中间变量时的最大绝对值
mry=max(max(abs(real(y))))
miy=max(max(abs(imag(y))))
mre=max(max(abs(real(e))))
mie=max(max(abs(imag(e))))
mrw=max(max(abs(real(w))))
miw=max(max(abs(imag(w))))

%绘图
%subplot(311);
subplot(211);
plot(e.*conj(e))
title('误差平方收敛图');xlabel('计算点数'); grid on;

f=zeros(1,360);
for k=1:360
    Ptheta=pi*sind(k-1)*i;
    x=[1;exp(-Ptheta);exp(-Ptheta*2);exp(-Ptheta*3)];
    f(k)=abs(w(:,LEN*M-1)'*x);
end
Polarf=f/max(f);
Triag=20*log10(Polarf);

angle=0:359;
PolarAngle=angle*pi/180;
subplot(212);
plot(angle,Triag);
title('权值所形成的直角坐标方向图(\theta=60,sjnr=-20dB,snr=0dB)');
xlabel('入射角度'); grid on;
```

自适应直线天线阵仿真结果如图 10-2 所示，从图中可以看出，基于 LMS 算法的天线阵能够较快地收敛，在信干噪比为-20dB、信噪比为 0 dB 的条件下，天线阵在算法收敛后所形成的方向图在干扰来向（60° ）形成了明显的零陷（−48dB），在信号来向（0° ）有最大的增益，达到了增强信号并抵制干扰的目的。同时，仿真程序给出了 LMS 算法中间变量的数据范围均小于 1（输入数据范围小于 1），在 FPGA 实现时，输入数据及各级中间变量的定点数中，小数点均可定位于符号位与次高位之间。

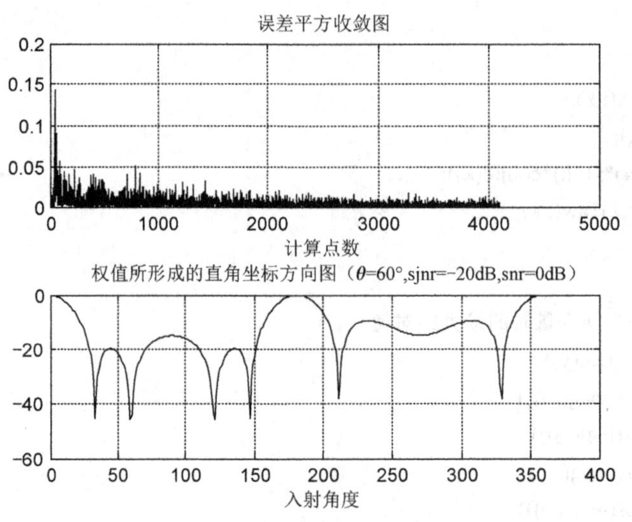


图 10-2 自适应直线天线阵仿真结果

# 10.3 自适应天线阵的 FPGA 实现

## 10.3.1 自适应天线阵的 Verilog HDL 设计

**例 10-2：自适应天线阵的 Verilog HDL 设计。**

在 FPGA 上实现基于 LMS 算法的自适应天线阵，其中数据位宽为 16bit，系统时钟频率为数据速率的 8 倍，最后进行 FPGA 实现后的测试仿真。

自适应天线阵的 FPGA 实现过程与本章前面讲述的通道失配校正实现过程相似，其关键仍然是定点数运算过程中小数点位置的确定、截位的处理，以及如何分配各运算步骤所需的时钟周期数量。详细的分析过程这里不再重复，请读者自行分析下面给出的 Verilog HDL 程序代码。采用 Vivado 提供的复数乘法器 IP 核，设置流水线级数为 3 个时钟周期。

```
// Antenna.v 程序清单
module Antenna (
	input  rst,    //复位信号，高电平有效
	input  clk,    //FPGA 系统时钟，其频率为数据速率的 8 倍
	input  signed [15:0]  x1r,x1i,x2r,x2i,x3r,x3i,x4r,x4i,     //输入数据
	input  signed [15:0]  rrin,                                 //参考数据
	output signed [15:0]  w1r,w1i,w2r,w2i,w3r,w3i,w4r,w4i, //权值数据
```

```
output signed [15:0]    er,ei,yr);        //LMS 算法的误差信号及滤波后的输出数据

//3 位计数器，计数周期为 8
reg [2:0] count;
reg signed [15:0] xr1,xi1,xr2,xi2,xr3,xi3,xr4,xi4,rr;
always @(posedge clk or posedge rst)
      if (rst) begin
            count <= 3'd0;
            xr1 <= 16'd0; xi1 <= 16'd0;
            xr2 <= 16'd0; xi2 <= 16'd0;
            xr3 <= 16'd0; xi3 <= 16'd0;
            xr4 <= 16'd0; xi4 <= 16'd0;
            rr   <= 16'd0;
            end
      else begin
            count <= count + 1;
            if (count==3'd0)
               begin
                 xr1 <= x1r; xi1 <= x1i;
                 xr2 <= x2r; xi2 <= x2i;
                 xr3 <= x3r; xi3 <= x3i;
                 xr4 <= x4r; xi4 <= x4i;
                 rr   <= rrin;
                 end
            end

//计算输出数据 yn
reg signed [15:0] xrt,xit,wrt,wit,whrt,whit;
reg signed   [15:0] wr1,wi1,wr2,wi2,wr3,wi3,wr4,wi4;
wire signed [15:0] whi1,whi2,whi3,whi4;
wire signed [39:0] yrt1,yit1,yrt2,yit2,yrt3,yit3,yrt4,yit4;
assign whi1 = -wi1;
assign whi2 = -wi2;
assign whi3 = -wi3;
assign whi4 = -wi4;

complexmult uy1(
  .aclk(clk),                                   // input wire aclk
  .aresetn(!rst),                               // input wire aresetn
  .s_axis_a_tvalid(1'b1),                       // input wire s_axis_a_tvalid
  .s_axis_a_tdata({xi1,xr1}),                   // input wire [31 : 0] s_axis_a_tdata
  .s_axis_b_tvalid(1'b1),                       // input wire s_axis_b_tvalid
  .s_axis_b_tdata({whi1,wr1}),                  // input wire [31 : 0] s_axis_b_tdata
  .m_axis_dout_tdata({yit1,yrt1}));             // output wire [79 : 0] m_axis_dout_tdata
```

```
complexmult uy2(
  .aclk(clk),                              // input wire aclk
  .aresetn(!rst),                          // input wire aresetn
  .s_axis_a_tvalid(1'b1),                  // input wire s_axis_a_tvalid
  .s_axis_a_tdata({xi2,xr2}),              // input wire [31 : 0] s_axis_a_tdata
  .s_axis_b_tvalid(1'b1),                  // input wire s_axis_b_tvalid
  .s_axis_b_tdata({whi2,wr2}),             // input wire [31 : 0] s_axis_b_tdata
  .m_axis_dout_tdata({yit2,yrt2}));        // output wire [79 : 0] m_axis_dout_tdata

complexmult uy3(
  .aclk(clk),                              // input wire aclk
  .aresetn(!rst),                          // input wire aresetn
  .s_axis_a_tvalid(1'b1),                  // input wire s_axis_a_tvalid
  .s_axis_a_tdata({xi3,xr3}),              // input wire [31 : 0] s_axis_a_tdata
  .s_axis_b_tvalid(1'b1),                  // input wire s_axis_b_tvalid
  .s_axis_b_tdata({whi3,wr3}),             // input wire [31 : 0] s_axis_b_tdata
  .m_axis_dout_tdata({yit3,yrt3}));        // output wire [79 : 0] m_axis_dout_tdata

complexmult uy4(
  .aclk(clk),                              // input wire aclk
  .aresetn(!rst),                          // input wire aresetn
  .s_axis_a_tvalid(1'b1),                  // input wire s_axis_a_tvalid
  .s_axis_a_tdata({xi4,xr4}),              // input wire [31 : 0] s_axis_a_tdata
  .s_axis_b_tvalid(1'b1),                  // input wire s_axis_b_tvalid
  .s_axis_b_tdata({whi4,wr4}),             // input wire [31 : 0] s_axis_b_tdata
  .m_axis_dout_tdata({yit4,yrt4}));        // output wire [79 : 0] m_axis_dout_tdata

//计算误差信号
reg signed[39:0] ehrt,ehit,yrt;
always @(posedge clk or posedge rst)
    if (rst) begin
        //初始化寄存器值为 0
        ehrt <= 33'd0;
        ehit <= 33'd0;
        yrt   <= 33'd0;
        end
    else begin
        ehrt <={{2{rr[15]}},rr,15'd0}-yrt1-yrt2-yrt3-yrt4;
        ehit <=yit1+yit2+yit3+yit4;
        yrt   <=yrt1+yrt2+yrt3+yrt4;
        end
assign yr = yrt[30:15];
```

```
    //计算权值更新
    wire signed    [39:0] dwr1,dwi1,dwr2,dwi2,dwr3,dwi3,dwr4,dwi4;
    complexmult udw1      (
      .aclk(clk),                                    // input wire aclk
      .aresetn(!rst),                                // input wire aresetn
      .s_axis_a_tvalid(1'b1),                        // input wire s_axis_a_tvalid
      .s_axis_a_tdata({xi1,xr1}),                    // input wire [31 : 0] s_axis_a_tdata
      .s_axis_b_tvalid(1'b1),                        // input wire s_axis_b_tvalid
      .s_axis_b_tdata({ehit[30:15],ehrt[30:15]}),    // input wire [31 : 0] s_axis_b_tdata
      .m_axis_dout_tdata({dwi1,dwr1}));              // output wire [79 : 0] m_axis_dout_tdata

  //计算权值更新
    complexmult udw2      (
      .aclk(clk),                                    // input wire aclk
      .aresetn(!rst),                                // input wire aresetn
      .s_axis_a_tvalid(1'b1),                        // input wire s_axis_a_tvalid
      .s_axis_a_tdata({xi2,xr2}),                    // input wire [31 : 0] s_axis_a_tdata
      .s_axis_b_tvalid(1'b1),                        // input wire s_axis_b_tvalid
      .s_axis_b_tdata({ehit[30:15],ehrt[30:15]}),    // input wire [31 : 0] s_axis_b_tdata
      .m_axis_dout_tdata({dwi2,dwr2}));              // output wire [79 : 0] m_axis_dout_tdata

    complexmult udw3      (
      .aclk(clk),                                    // input wire aclk
      .aresetn(!rst),                                // input wire aresetn
      .s_axis_a_tvalid(1'b1),                        // input wire s_axis_a_tvalid
      .s_axis_a_tdata({xi3,xr3}),                    // input wire [31 : 0] s_axis_a_tdata
      .s_axis_b_tvalid(1'b1),                        // input wire s_axis_b_tvalid
      .s_axis_b_tdata({ehit[30:15],ehrt[30:15]}),    // input wire [31 : 0] s_axis_b_tdata
      .m_axis_dout_tdata({dwi3,dwr3}));              // output wire [79 : 0] m_axis_dout_tdata

    complexmult udw4      (
      .aclk(clk),                                    // input wire aclk
      .aresetn(!rst),                                // input wire aresetn
      .s_axis_a_tvalid(1'b1),                        // input wire s_axis_a_tvalid
      .s_axis_a_tdata({xi4,xr4}),                    // input wire [31 : 0] s_axis_a_tdata
      .s_axis_b_tvalid(1'b1),                        // input wire s_axis_b_tvalid
      .s_axis_b_tdata({ehit[30:15],ehrt[30:15]}),    // input wire [31 : 0] s_axis_b_tdata
      .m_axis_dout_tdata({dwi4,dwr4}));              // output wire [79 : 0] m_axis_dout_tdata

    //在一个时钟周期内进行一次权值更新
    always @(posedge clk or posedge rst)
         if (rst) begin
              //初始化寄存器值为 0
              wr1 <= 16'h4000; wi1 <= 16'd0;
```

```
                wr2 <= 16'h4000; wi2 <= 16'd0;
                wr3 <= 16'h4000; wi3 <= 16'd0;
                wr4 <= 16'h4000; wi4 <= 16'd0;
                end
            else if (count==3'd0) begin
                wr1 <= wr1 + {{4{dwr1[32]}},dwr1[32:21]};
                wr2 <= wr2 + {{4{dwr2[32]}},dwr2[32:21]};
                wr3 <= wr3 + {{4{dwr3[32]}},dwr3[32:21]};
                wr4 <= wr4 + {{4{dwr4[32]}},dwr4[32:21]};
                wi1 <= wi1 + {{4{dwi1[32]}},dwi1[32:21]};
                wi2 <= wi2 + {{4{dwi2[32]}},dwi2[32:21]};
                wi3 <= wi3 + {{4{dwi3[32]}},dwi3[32:21]};
                wi4 <= wi4 + {{4{dwi4[32]}},dwi4[32:21]};
                end

    assign er = ehrt[30:15];
    assign ei = ehit[30:15];
    assign w1r = wr1;
    assign w1i = wi1;
    assign w2r = wr2;
    assign w2i = wi2;
    assign w3r = wr3;
    assign w3i = wi3;
    assign w4r = wr4;
    assign w4i = wi4;

endmodule
```

### 10.3.2 FPGA 实现后的仿真测试

为完成自适应天线阵的仿真测试，首先需要新建测试数据生成模块 data.v，产生天线阵的 8 路输入信号及 1 路参考信号。然后新建顶层文件 top.v，并在文件中例化测试数据生成模块 data.v 和天线阵模块 Antenna.v。最后新建测试激励文件 tst.v，产生时钟信号，运行仿真工具，观察天线阵电路的仿真测试情况。

测试数据生成模块需要产生9路信号，且这9路信号为叠加噪声的信号，直接编写 Verilog HDL 代码产生这些数据比较困难。在生成天线阵测试数据的 MATALB 程序中，已将 9 路测试数据写入 COE 文件中，可以采用 Vivado 提供的 ROM 核产生测试数据，即将测试数据存储在 ROM 核中，再依次读取 ROM 核中的数据。

下面先给出测试数据生成模块 data.v 的程序清单。

```
//测试数据生成模块 data.v 的程序清单
module data(
    input clk,
```

```
    input rst,
    output [15:0] x1r_out,x1i_out,x2r_out,x2i_out,x3r_out,x3i_out,x4r_out,x4i_out,
    output [15:0] rr_out
    );

reg [11:0] addr =0;
reg [2:0] cn=0;
always @(posedge clk or posedge rst)
   if (rst) begin
       addr <= 0;
       cn <= 0;
       end
   else begin
       cn <= cn + 1;
       if (cn==0) addr <= addr + 1;
       end

    x1r u1 (
      .clka(clk),              // input wire clka
      .addra(addr),            // input wire [11 : 0] addra
      .douta(x1r_out));        // output wire [15 : 0] douta

    x1i u2 (
      .clka(clk),              // input wire clka
      .addra(addr),            // input wire [11 : 0] addra
      .douta(x1i_out));        // output wire [15 : 0] douta

    x2r u3 (
      .clka(clk),              // input wire clka
      .addra(addr),            // input wire [11 : 0] addra
      .douta(x2r_out));        // output wire [15 : 0] douta

    x2i u4 (
      .clka(clk),              // input wire clka
      .addra(addr),            // input wire [11 : 0] addra
      .douta(x2i_out));        // output wire [15 : 0] douta

    x3r u5 (
      .clka(clk),              // input wire clka
      .addra(addr),            // input wire [11 : 0] addra
      .douta(x3r_out));        // output wire [15 : 0] douta

    x3i u6 (
      .clka(clk),              // input wire clka
```

```
    .addra(addr),          // input wire [11 : 0] addra
    .douta(x3i_out));      // output wire [15 : 0] douta

  x4r u7 (
    .clka(clk),            // input wire clka
    .addra(addr),          // input wire [11 : 0] addra
    .douta(x4r_out));      // output wire [15 : 0] douta

  x4i u8 (
    .clka(clk),            // input wire clka
    .addra(addr),          // input wire [11 : 0] addra
    .douta(x4i_out));      // output wire [15 : 0] douta

  rr u9 (
    .clka(clk),            // input wire clka
    .addra(addr),          // input wire [11 : 0] addra
    .douta(rr_out)         // output wire [15 : 0] douta
  );

endmodule
```

程序中例化了 9 个位宽为 16bit、存储深度为 4096 的 ROM 核，分别存储 8 路输入数据及 1 路参考数据。ROM 核的主要参数配置界面如图 10-3 所示。

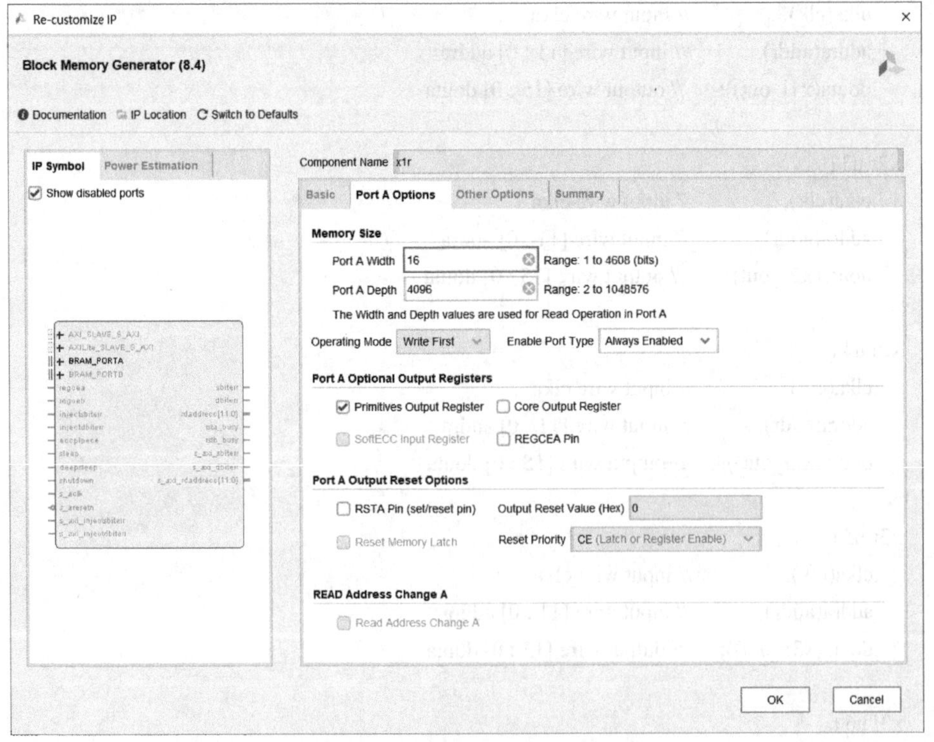


图 10-3　ROM 核的主要参数配置界面

运行仿真工具，调整数据显示波形，可得到图 10-4 所示波形图。

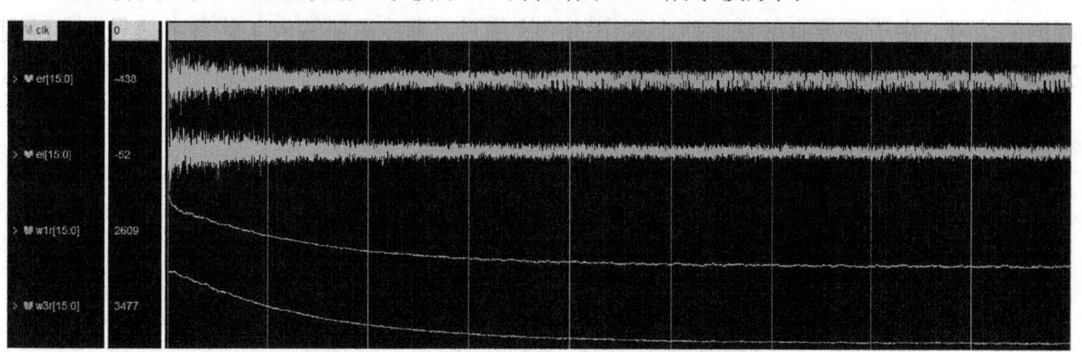


图 10-4　自适应天线阵 FPGA 仿真测试波形图

通过仿真波形查看天线阵的方向图比较困难，我们可以通过误差信号及权值信号的收敛情况判断自适应天线阵是否收敛。由图 10-4 可知，自适应天线阵的误差信号 er 能够逐渐收敛，权值数据 wr 也能够逐渐收敛，说明 LMS 算法能够收敛。

## 10.4 自适应陷波器原理

陷波器是一种滤波器，其主要作用是滤除输入信号中的某些已知频率信号。这里所说的已知频率信号，是指仅已知信号的频率，但不知信号的相位和幅度信息。例如，由于我国采用的是 50Hz 的交流电，所以在对信号进行采集处理和分析时，50Hz 的工频信号经常会对有用信号的处理造成很大的干扰，因此很有必要设计 50Hz 的陷波器，对这个已知频率的信号进行滤除。自适应陷波器可以根据干扰频率信号的频率，自适应地调整滤波器系数，跟踪其参数变化，保持对干扰信号的有效滤除。

陷波器的实现方法较多，除了本节将要讨论的数字处理方法，还有一种比较简单的方法是设计硬件电路，即直接设计一个带阻滤波器，使干扰信号的频率成分无法通过。由于这种硬件电路的滤波器无法做到很窄的过渡带，因此会对有用信号造成损失。本书后续章节将讨论频域滤波器，将信号变换至频域，在频域将窄带干扰（对于陷波器来讲，主要是单频信号干扰）滤除，再逆变换至时域。这种方法当然也可以有效滤除已知频率的干扰信号，但同时会滤除相同频率成分的有用信号。

本节讨论自适应陷波器的目的是采用 LMS 算法，在保证不损失其他有用信号的情况下，有效地抑制输入信号中某一频率的干扰信号（如果需要滤除多个频率，则只需要增加相应的运算资源）。图 10-5 所示为可同时滤除两个频率（$\omega_1$、$\omega_2$）干扰信号的自适应陷波器原理图。

图 10-5 中，$x(t)$ 是叠加有两个频率干扰信号的输入信号，自适应陷波器的目的就是滤出 $\omega_1$、$\omega_2$ 这两个频率的干扰信号，$s(t)$ 是需要保留的有用信号，可以是任意形式的信号。需要说明的是，在输入信号中，我们仅知道干扰信号的频率是 $\omega_1$、$\omega_2$，不知道其具体的幅度值（$A_1$、$A_2$）及相位值（$\theta_1$、$\theta_2$），自适应陷波器的目的就是估计两个未知的幅值及相位值。为了估计出单个频率信号的幅值和相位值，我们需要用两路相互正交的单频信号，如 $\cos(\omega_1 t)$、

$\sin(\omega_2 t)$，通过调整其权值 $w_1$、$w_2$（均为实数），就可以合成与干扰信号 $A_1\cos(\omega_1 t+\theta_1)$ 完全相同的信号。由于需要有效滤除两个频率的干扰信号，因此需要输入 4 路参考信号，通过调整相应加权值实现干扰信号的有效滤除。

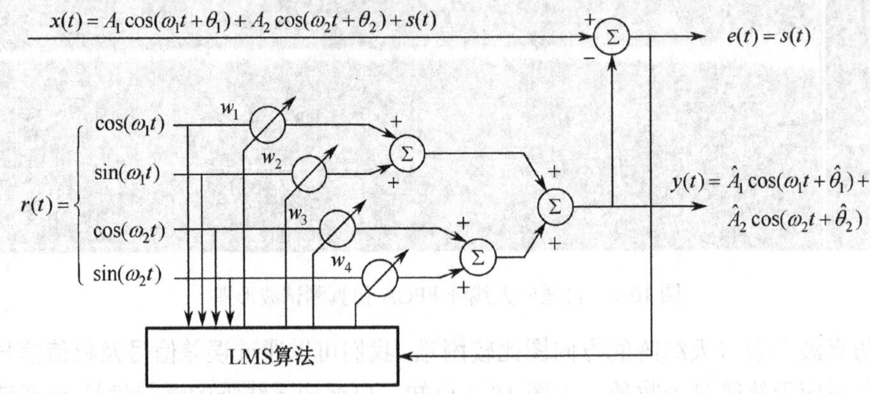


图 10-5 可同时滤除两个频率干扰信号的自适应陷波器原理图

经 LMS 算法调整后的加权值，与 4 路参考信号乘加输出的值就是两个频率的干扰信号的估计值，即 $y(t)=\hat{A}_1\cos(\omega_1 t+\hat{\theta}_1)+\hat{A}_2\cos(\omega_2 t+\hat{\theta}_2)$。LMS 算法的误差信号 $e(t)$ 就是滤除了干扰信号的有用信号。

经过上面的讨论可知，如果干扰信号只是一个单频信号，如 50Hz 的工频信号，则参考信号只需要 $\cos100\pi t$、$\sin100\pi t$ 两路信号；如果需要滤除 3 个频率的干扰信号，则参考信号需要 6 路。

再回过头来看看 LMS 算法的原理，回想一下本章前几个 LMS 算法实例中输入信号、参考信号、误差信号与 LMS 算法的对应关系。在 LMS 算法中，权值均是对输入信号的调整，期望信号 $d(n)$ 均是确知的信号，不需要权值调整。观察图 10-5 所示的结构，在进行自适应陷波器的 LMS 算法仿真及实现时，需要将图 10-5 中的输入信号 $x(t)$ 当成 LMS 算法的期望信号 $d(n)$；将 4 路参考信号 $r(t)$ 当成 LMS 算法的输入信号 $x(n)$；将权值调整后的乘加值 $y(t)$ 当成 LMS 算法的估计值 $y(n)$；将误差信号 $e(t)$ 当成 LMS 算法的误差信号 $e(n)$，也是自适应陷波器的最终输出结果。

## 10.5 自适应陷波器的 MATLAB 仿真

**例 10-3：对基于符号 LMS 算法的自适应陷波器进行仿真。**

在 MATLAB 仿真程序中，抽样频率为 12.5MHz，输入信号中有两个频率的干扰信号（$f_1$=200kHz，$f_2$=50kHz），要求对这两个频率的干扰信号进行滤除。仿真有用信号为 500kHz 的单频信号情况下的陷波器算法。符号 LMS 算法的步长因子设置为 1/128，绘制有用信号、干扰信号、叠加干扰后的信号，以及陷波器输出信号的时域波形图。

由于有前面讨论 LMS 算法的基础，相信大家容易理解自适应陷波器的程序清单，读者可在本书配套程序资料中查看完整的程序代码。

```
%E10_3_NotchFilter.m 程序清单
len=4000;          %数据长度
fs=12.5*10^6;      %抽样频率

t=1:len;
t=t/fs;

%两个单频干扰信号的频率/参考信号的频率
f1=200*10^3;
f2=50*10^3;
%生成 4 路参考信号
x1=cos(2*pi*f1.*t);x2=sin(2*pi*f1.*t);
x3=cos(2*pi*f2.*t);x4=sin(2*pi*f2.*t);
x=[x1;x2;x3;x4];

%生成干扰信号
J1=2*cos(2*pi*f1.*t+pi/3);
J2=2*sin(2*pi*f2.*t+pi/6);

%生成有用信号
s=cos(2*pi*500*10^3.*t); %频率为 500kHz 的单频信号

%生成混有干扰信号的输入信号
d=J1+J2+s;

%LMS 算法中间变量初始化
w=zeros(4,len+1);
w(:,1)=ones(4,1)/2;
e=zeros(1,len);
aw=zeros(4,len);
%LMS 算法
for k=1:len
    y(k)=w(:,k)'*x(:,k);
    e(k)=d(k)-y(k);
    %aw(:,k)=2*(1/128)*x(:,k)*conj(e(k));          %LMS 算法
    aw(:,k)=2*(1/128)*sign(x(:,k))*conj(e(k));   %符号 LMS 算法
    w(:,k+1)=w(:,k)+aw(:,k);
end

%绘图
disp_len=1000;   %显示 1000 个数据点
ax=1:disp_len+1;
subplot(511);
plot(ax,s(len-disp_len:len));legend('有用信号');
```

```
subplot(512);
plot(ax,J1(len-disp_len:len));legend('200kHz 的干扰信号');
subplot(513);
plot(ax,J2(len-disp_len:len));legend('50kHz 的干扰信号');
subplot(514);
plot(ax,d(len-disp_len:len));legend('叠加干扰后的信号');
subplot(515);
plot(ax,e(len-disp_len:len));legend('滤除干扰后的信号');
```

有用信号为单频信号的自适应陷波器仿真波形（显示 1000 个数据）如图 10-6 所示。从图中可以看出，自适应陷波器有效滤除了两个频率的干扰信号，输出的信号与有用信号完全一致。

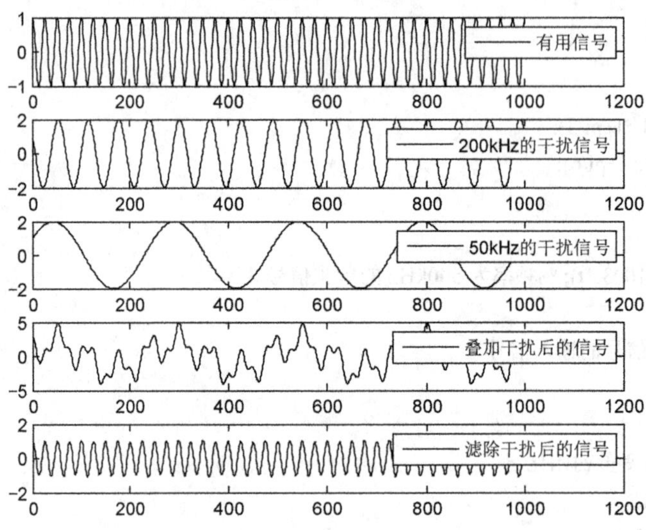


图 10-6　有用信号为单频信号的自适应陷波器仿真波形（显示 1000 个数据）

## 10.6 自适应陷波器的 FPGA 实现

### 10.6.1 自适应陷波器的 Verilog HDL 设计

**例 10-4：基于符号 LMS 算法的自适应陷波器 Verilog HDL 设计。**

经过前面对 LMS 算法的讨论，以及自适应滤波器、自适应天线阵等技术的 FPGA 工程设计实例讲解，容易发现本节讨论的自适应陷波器的设计并不复杂。

考虑到自适应陷波器的权值只有 4 级，本实例中各时钟周期的运算量分配方案：求取各权值与输入数据的乘法操作占 2 个时钟周期；求取 $y(n)$ 的 3 个双输入加/减法器运算占 1 个时钟周期；求取 $e(n)$ 的 1 个双输入减法器占 1 个时钟周期；求取 $\nabla \boldsymbol{W}(n)$ 的一次判断及取反操作占 1 个时钟周期；更新滤波器系数的加法操作占 1 个时钟周期；整个符号 LMS 算法需要占用 6 个时钟周期。

下面是自适应陷波器的 Verilog HDL 实现代码，请读者自行分析各级运算步骤的时钟分配方法，以及数据截位方法。

```
//NotchFilter.v 程序清单
module NotchFilter (
    input   rst,                          //复位信号，高电平有效
    input   clk,                          //FPGA 系统时钟，其频率为数据速率的 6 倍
    input   signed [15:0]  din,           //输入数据
    output  reg signed [15:0]    dout);   //滤波后的输出数据

    //例化两个 DDS 核，产生 4 路基准信号
    wire signed [15:0] Xin_Reg [3:0];
    wire [31:0] sin200k,sin50k;

    mdds u1 (
      .aclk(clk),                                  //75MHz
      .s_axis_config_tvalid(1'b1),                 // input wire s_axis_config_tvalid
      .s_axis_config_tdata(16'd175),               // 200k input wire [15 : 0] s_axis_config_tdata
      .m_axis_data_tdata({Xin_Reg[1],Xin_Reg[0]})); // output wire [31 : 0] m_axis_data_tdata

    mdds u2 (
      .aclk(clk),                                  //75MHz
      .s_axis_config_tvalid(1'b1),                 // input wire s_axis_config_tvalid
      .s_axis_config_tdata(16'd44),                // 50k input wire [15 : 0] s_axis_config_tdata
      .m_axis_data_tdata({Xin_Reg[3],Xin_Reg[2]})); // output wire [31 : 0] m_axis_data_tdata

    //3 位计数器，计数周期为 6
    reg [2:0] count;
    reg signed [15:0] Rin;
    always @(posedge clk or posedge rst)
        if (rst)
            count <= 3'd0;
        else begin
            if (count==3'd5) begin
                count <= 3'd0;
                Rin <= din;
                end
            else
                count <= count + 1;
            end

    //权值数据，每隔一个数据抽样周期更新一次
    reg signed[15:0] W_Reg[3:0];
    reg signed[15:0] DW_Reg[3:0];
```

```
reg [2:0] k;
always @(posedge clk or posedge rst)
    if (rst) begin
        //初始化移位寄存器的值为 0
        for (k=0; k<4; k=k+1)
        //初始化权值为 1
        W_Reg[k]<=16'b0011111111111111;
        end
    else begin
        if (count==5)
            for (k=0; k<4; k=k+1)
                W_Reg[k] <= W_Reg[k]+DW_Reg[k];
        end

//4 个乘法器，2 级流水线，并行完成权值与基准信号的乘法运算
wire signed [31:0] Y_Reg [3:0];
mult u3 (
    .SCLR (rst),
    .CLK (clk),
    .A (Xin_Reg[0]),
    .B (W_Reg[0]),
    .P (Y_Reg[0]));

mult u4 (
    .SCLR (rst),
    .CLK (clk),
    .A (Xin_Reg[1]),
    .B (W_Reg[1]),
    .P (Y_Reg[1]));

mult u5 (
    .SCLR (rst),
    .CLK (clk),
    .A (Xin_Reg[2]),
    .B (W_Reg[2]),
    .P (Y_Reg[2]));

mult u6 (
    .SCLR (rst),
    .CLK (clk),
    .A (Xin_Reg[3]),
    .B (W_Reg[3]),
    .P (Y_Reg[3]));
```

```
    //求取滤波输出信号 yn 及误差信号 en
    reg signed[34:0] Y_out;
    reg signed[34:0] E_out;
    always @(posedge clk or posedge rst)
        if (rst)begin
            //初始化移位寄存器的值为 0
            Y_out<= 35'd0;
            E_out <= 21'd0;
            end
        else begin
            //Y_out 在一个时钟周期内完成
            Y_out <={{3{Y_Reg[0][31]}},Y_Reg[0]}+{{3{Y_Reg[1][31]}},Y_Reg[1]}+
                    {{3{Y_Reg[2][31]}},Y_Reg[2]}+{{3{Y_Reg[3][31]}},Y_Reg[3]};
            //E_out 在两个时钟周期内完成
            E_out <={{4{Rin[15]}},Rin,15'd0}-Y_out;
            end

   always @(posedge clk)
     if (count==4)
     dout <= E_out[30:15];

   //根据误差信号 E_out 的符号，求取 DW 的值，延时一个时钟周期
   always @(posedge clk or posedge rst)
      if (rst) begin
       //初始化移位寄存器的值为 0
        for (k=0; k<4; k=k+1)
            DW_Reg[k]<=16'd0;
       end
     else begin
       for (k=0; k<4; k=k+1)
       if (E_out[34])
            DW_Reg[k] <= -{{7{Xin_Reg[k][15]}},Xin_Reg[k][15:7]};
        else
            DW_Reg[k] <= {{7{Xin_Reg[k][15]}},Xin_Reg[k][15:7]};
        end

endmodule
```

## 10.6.2 FPGA 实现后的仿真测试

为完成自适应陷波器的仿真测试，首先需要新建测试数据生成模块 data.v，产生自适应陷波器输入信号。然后新建顶层文件 top.v，并在文件中例化测试数据生成模块 data.v 和自适应陷波器模块 NotchFilter.v。最后新建测试激励文件 tst.v，产生时钟信号，运行仿真工具，可观察自适应陷波器的仿真测试情况。

测试数据生成模块 data.v 需要产生 3 路正弦波信号，创建 DDS 核并生成相应频率的正弦波信号，而后对 500kHz、200kHz、50kHz 的信号进行叠加。测试激励文件只需要生成时钟信号。完成测试电路设计后，运行仿真软件，调整数据显示波形，可得到图 10-7 所示的仿真波形。

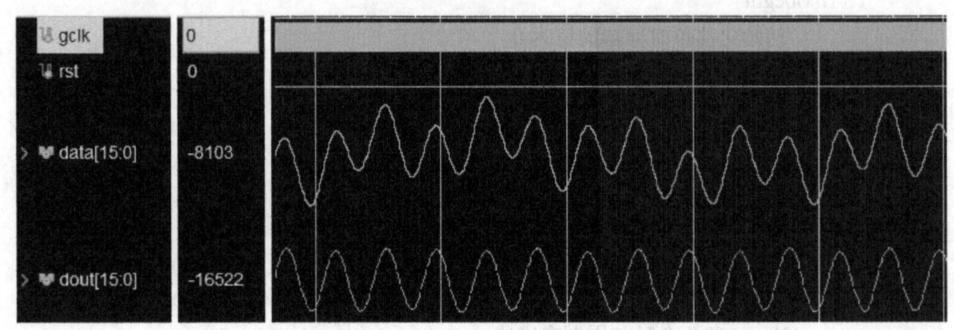


图 10-7 有用信号为正弦波信号的自适应陷波器仿真波形

图 10-7 中，输入数据中的有用信号为 500kHz 的正弦波信号，干扰信号为 200kHz 和 50kHz 的单频信号，也就是说图中 data 信号的包络起伏是由干扰信号引起的，图中的高频信号部分与输出信号 dout 一致，自适应陷波器达到了自动滤除干扰信号的目的。

# 10.7 自适应陷波器的板载测试

## 10.7.1 硬件接口电路

**例 10-5：自适应陷波器的板载测试。**

CXD720 开发板配置有 2 路独立的 D/A 转换接口、1 路 A/D 转换接口、1 个独立的 100MHz 晶振。为真实地模拟陷波器的处理过程，采用 100MHz 晶振作为驱动时钟，产生频率为 500kHz、200kHz、50kHz 的正弦波信号，经 DA2 通道输出；DA2 通道输出的模拟信号通过开发板上的跳线端子物理连接至 A/D 转换通道，并送入 FPGA 进行处理；FPGA 处理后的信号由 DA1 通道输出。程序下载到开发板后，通过示波器同时观察 DA1、DA2 通道的信号波形，判断滤波前后信号的变化情况可验证陷波器的功能及性能。自适应陷波器的板载测试结构框图如图 10-8 所示。

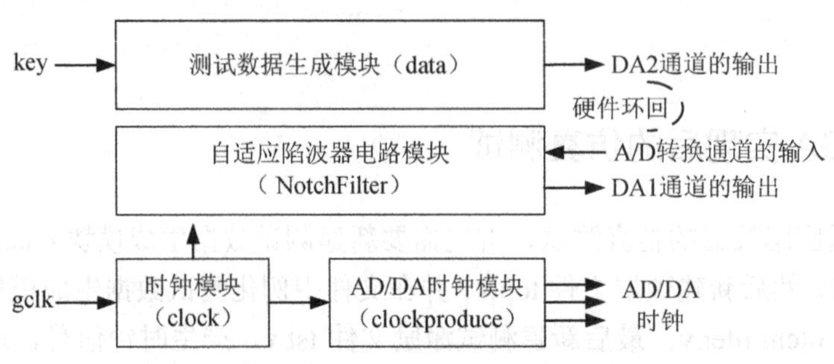


图 10-8 自适应陷波器的板载测试结构框图

自适应陷波器板载测试的接口信号定义如表 10-1 所示。

**表 10-1　自适应陷波器板载测试的接口信号定义**

| 信号名称 | 引脚定义 | 传输方向 | 功能说明 |
| --- | --- | --- | --- |
| rst | P14 | →FPGA | 复位信号，高电平有效 |
| gclk | C19 | →FPGA | 100MHz 时钟信号 |
| key | F4 | →FPGA | 按键信号，按下按键为高电平，按下按键时输出叠加信号，松开按键时输出单频信号 |
| ad_clk | J2 | FPGA→ | A/D 抽样时钟信号 |
| ad_din[11:0] | B2/B1/C2/D2/D1/E3/E2/E1/F1/G2/G1/H2 | →FPGA | A/D 抽样输入信号 |
| da1_clk | W2 | FPGA→ | DA1 通道的时钟信号 |
| da1_wrt | Y1 | FPGA→ | DA1 通道的接口信号 |
| da1_out[13:0] | AB11/AB10/AB8/AA8/AB7/AB6/AA6/AB5/AB3/AA3/AB2/AB1/AA1/Y2 | FPGA→ | DA1 通道的输出信号，滤波处理后的信号 |
| da2_clk | W1 | FPGA→ | DA2 通道的时钟信号 |
| da2_wrt | V2 | FPGA→ | DA2 通道的接口信号 |
| da2_out[13:0] | U2/U1/T1/R2/R1/P2/P1/N2/M2/M1/L1 K1/K2/J1 | FPGA→ | DA2 通道的输出信号，产生的测试信号 |

## 10.7.2　板载测试程序

根据前面的分析可知，板载测试程序需要设计与 ADC、DAC 之间的接口转换电路，以及生成 ADC、DAC 所需的时钟信号。ADC、DAC 的数据信号均为无符号数，而自适应陷波器模块及测试数据生成模块的数据信号均为有符号数，因此需要将 A/D 采样的无符号数转换为有符号数送入滤波器处理，同时需要将测试数据信号及滤波后的信号转换为无符号数送入 DAC。

板载测试电路的顶层文件代码如下所示。

```
//top.v 文件的程序清单
module top(
    input gclk,
    input rst,
    input key,

    //1 路 AD 输入
    output ad_clk,
    input signed [11:0] ad_din,

    //DA1 通道输出，滤波后输出数据
    output da1_clk,da1_wrt,
    output reg [13:0] da1_out,
    //DA2 通道输出，滤波前输出数据
    output da2_clk,da2_wrt,
```

```
    output reg [13:0] da2_out
    );

    wire clk75m,clk50m,clk12m5;
    wire signed [15:0] dat,dout;
    reg signed [15:0] xin;

   //转换为有符号数并送入滤波器处理
   always @(posedge clk12m5)
       xin <= {ad_din,4'd0} - 32768;

    //转换为无符号数并送入 DAC 输出
    always @(posedge clk12m5)
        da1_out = dat[15:2]+8192;

    //转换为无符号数并送入 DAC 输出
    always @(posedge clk50m)
        da2_out = dout[15:2]+8192;

   clockproduce u3(
      .clk50m(clk50m),
      .clk12m5(clk12m5),
      .ad_clk(ad_clk),
      .da1_clk(da1_clk),
      .da1_wrt(da1_wrt),
      .da2_clk(da2_clk),
      .da2_wrt(da2_wrt));

    clock u0 (
      .clk_out1(clk75m),        // output clk_out1
      .clk_out2(clk50m),        // output clk_out2
      .clk_out3(clk12m5),       // output clk_out3
      .clk_in1(gclk));          // input clk_in1

    data u1(
        .key(key),
        .clk(clk50m),
        .data(dat));

    NotchFilter u2(
      .rst(rst),
      .clk(clk75m),             //时钟
      .din(xin),                //输入数据：12.5MHz
      .dout(dout));             //滤波输出数据：12.5MHz
```

```
endmodule
```

AD/DA 时钟模块产生 ADC、DAC 所需的时钟信号。为提高输出的时钟信号性能，对于 7 系列 FPGA 芯片，一般采用 ODDR（Dedicated Dual Data Rate，专用双倍数据速率）硬件模块，可在代码中直接例化硬件原语。大家可参考本书配套程序资料中的完整工程文件。

### 10.7.3　板载测试验证

设计好板载测试程序，添加引脚约束并完成 FPGA 实现，将程序下载至 CXD720 开发板后可进行板载测试。自适应陷波器板载测试的硬件连接图如图 10-9 所示。

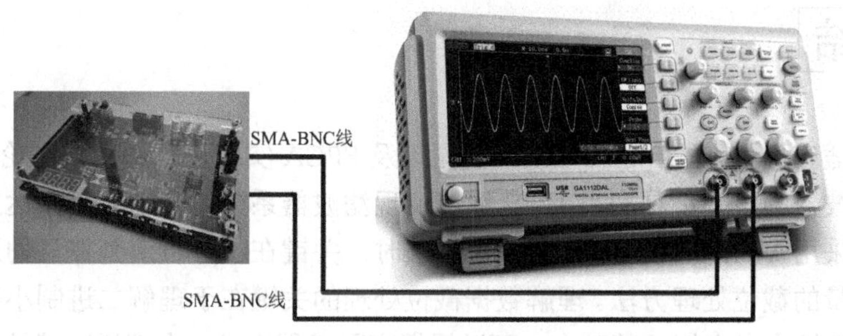


图 10-9　自适应陷波器板载测试的硬件连接图

进行测试时需要采用双通道示波器，将示波器通道 2 接 DA2 通道输出，观察输入的信号；通道 1 接 DA1 通道输出，观察陷波处理后的信号。需要注意的是，在测试之前，需要适当调整 CXD720 开发板的电位器，使 AD/DA 接口的信号幅值基本保持满量程状态，且波形不失真。

将板载测试程序下载到 CXD720 开发板上后，按下按键，设置输入为单频信号，合理设置示波器参数，可以看到两个通道的波形图如图 10-10 所示。从图中可以看出，由于输入无干扰信号，因此两路通道信号均为 500kHz 的单频信号，且幅度相近。

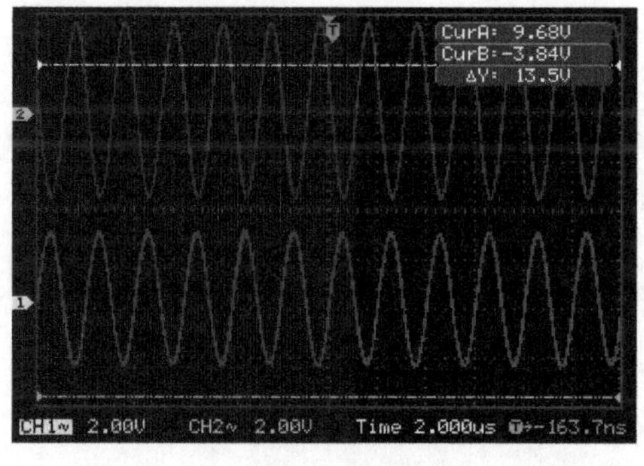


图 10-10　按下按键时的测试波形图

松开按键，设置输入信号为叠加信号，合理设置示波器参数，可以看到两个通道的波形图如图 10-11 所示。从图中可以看出，输出信号为已滤除干扰信号后的 500kHz 的单频信号。

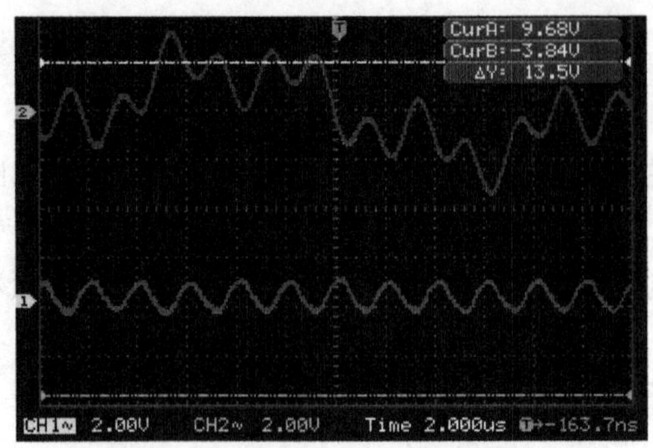


图 10-11 松开按键时的测试波形图

## 10.8 小结

本章对自适应天线阵、自适应陷波器的原理及 FPGA 实现进行了详细讨论。自适应天线阵和自适应陷波器的核心都是利用 LMS 算法实现滤波器系数的自动调整，达到最佳的参数估计状态。在采用 Verilog HDL 设计 LMS 算法时，关键在于分析清楚算法的运算时序，以及关键中间变量的截位处理方法。理解数据截位处理的关键在于理解二进制小数的四则运算规则。大家在理解本章实例的基础上，可以根据实际工程需求，合理增减滤波器的阶数，设计出满足性能需求的自适应滤波器。

# 第 11 章 变换域滤波器 Verilog HDL 设计

变换域滤波（Transform Domain Filtering）是指通过某种变换将时域信号变换到其他空间进行滤波处理，以达到抑制干扰、提取有用信号的一种技术。本书前面章节所述的滤波器设计及信号处理，都是在时域进行的，本章所讨论的变换域滤波是相对于时域来讲的其他域内的滤波处理。变换域最常用的是频域，即将时域信号通过快速傅里叶变换（Fast Fourier Transform，FFT）变换到频域进行滤波处理，再将处理后的频域信号通过快速傅里叶逆变换（Inverse Fast Fourier Transform，IFFT）变换成时域信号，从而完成滤波处理。本章将针对变换域滤波器的概念、FFT/IFFT、变换域抗窄带干扰技术的 FPGA 实现展开讨论。

## 11.1 变换域滤波器简介

采用变换域进行滤波处理的基本出发点是，处理在时域内无法进行滤波的情况或节约运算量。例如，扩频通信中的窄带干扰的滤除，在时域很难处理，采用自适应天线阵处理时，如果有用信号与干扰信号的波达方向相同，也无法通过波束成形算法滤除，但采用变换域滤波处理却十分容易。

总体来讲，变换域滤波有两种处理方法：一种处理方法是通过某种变换将时域信号映射到另一个域直接进行处理，且处理后直接得到所需的时域信号，而不需要再进行域的逆变换；另一种处理方法是通过某种变换将时域映射到另一个域进行滤波处理，处理后的信号再通过对应的逆变换处理，将信号再映射到时域，从而完成信号的滤波处理，如频域块 LMS 算法及变换域抗窄带干扰技术。其中后一种处理方法应用得更为广泛，滤波效果也更好，实现相对简单。本章主要讨论需要进行域的正变换及逆变换的变换域滤波器设计及实现。变换域滤波处理原理框图如图 11-1 所示。

图 11-1　变换域滤波处理原理框图

在变换域滤波处理系统中，要求正映射（正变换）唯一且非歧异，以确保逆映射（逆变换）存在，进而通过逆映射恢复有用信号，而 FFT/IFFT 正好满足这一条件，且目前大多的 FPGA 都提供现成的 FFT/IFFT IP 核，使用起来非常方便。接下来首先介绍 FFT/IFFT 的原理及 FPGA 的实现方法，然后讨论采用变换域技术进行抗窄带干扰算法的 FPGA 实现。

# 11.2 离散傅里叶变换简介

## 11.2.1 离散傅里叶变换原理

一般来讲，时域离散线性时不变系统理论和离散傅里叶变换是数字信号处理的理论基础，数字滤波和数字谱分析是数字信号处理的核心。我们知道，快速傅里叶变换并不是一种新的变换，而是离散傅里叶变换（Discrete Fourier Transform，DFT）的一种高效算法。

对于工程师来说，详细了解 FFT/IFFT 的实现结构是一件十分烦琐的事，如果自己动手采用 Verilog HDL 语言搭建一个 FFT/IFFT 模块，那么不知要耗费多少汗水和心血。通常来讲，如果某个 FPGA 工程设计中需要用到 FFT/IFFT 模块，那么一般会用到中高端的 FPGA，而中高端 FPGA 内大多提供了可以使用的 FFT/IFFT 核。绕了这么些圈子，想要说明的是，对于需要使用 FFT 的 FPGA 工程师来说，需要了解的知识是 DFT 的原理、使用 FFT 需要注意的加窗函数及栅栏效应等设计问题、FFT/IFFT 核的使用方法，而不是 FFT/IFFT 的实现结构及原理。

在讨论 DFT 之前，我们需要先牢固建立信号处理中的一个基本概念：如果信号在频域上是离散的，则该信号在时域就表现为周期性的时间函数；相反，如果信号在时域上是离散的，则该信号在频域必然表现为周期性的频率函数。不难设想，如果时域信号不仅是离散的，而且是周期的，那么由于它时域离散，其频谱必是周期性的，又由于时域是周期性的，相应的频谱必定是离散的。换句话说，一个离散周期时间序列，它一定具有既是周期性的又是离散的频谱。我们还可以得出一个结论：一个域的离散就必然造成另一个域的周期性延拓，这种离散变换，本质上都是周期性的。下面我们对 DFT 进行简单的推导。

一个连续信号经过理想抽样后的表达式为

$$x_a(t)=\sum_{n=-\infty}^{\infty}x_a(nT)\delta(t-nT) \tag{11-1}$$

其频谱函数 $X_a(\mathrm{j}\Omega)$ 是式（11-1）的傅里叶变换，容易得出其傅里叶变换为

$$X_a(\mathrm{j}\Omega)=\sum_{n=-\infty}^{\infty}x_a(nT)\mathrm{e}^{-\mathrm{j}\Omega nT} \tag{11-2}$$

式中，$\Omega$ 为模拟角频率，单位为弧度/秒，它与数字角频率 $\omega$ 之间的关系为 $\omega=\Omega T$。对于数字信号来说，处理的信号其实是一个数字序列。因此，可用 $x(n)$ 代替 $x_a(nT)$，同时用 $X(\mathrm{e}^{\mathrm{j}\omega})$ 代替 $X_a(\mathrm{j}\omega/T)$，则可以得到时域离散信号的频谱表达式，即

$$X(\mathrm{e}^{\mathrm{j}\omega})=\sum_{n=-\infty}^{\infty}x(n)\mathrm{e}^{-\mathrm{j}\omega n} \tag{11-3}$$

$X(\mathrm{e}^{\mathrm{j}\omega})$ 是周期为 $2\pi$ 的周期性函数，式（11-3）也印证了时域离散信号在频域表现为周期性函数的特性。

对于一个长度为 $N$ 的有限长序列，在频域表现为周期性的连续谱 $X(\mathrm{e}^{\mathrm{j}\omega})$。如果我们将有限长序列以周期为 $N$ 进行周期性延拓，则在频域必将表现为周期性的离散谱 $X(\mathrm{e}^{\mathrm{j}\omega_k})$，且单

个周期的频谱形状与有限长序列相同。因此，可以将 $X(\mathrm{e}^{\mathrm{j}\omega_s})$ 看成在频域对 $X(\mathrm{e}^{\mathrm{j}\omega})$ 等间隔抽样的结果。根据抽样理论，抽样后能够不失真地恢复出原信号，抽样频率必须满足一定的条件。假设时域信号的时间长度为 $NT$，则在频域的一个周期内，抽样点数 $N_0$ 必须大于或等于 $N$。

用离散角频率变量 $k\omega_s$ 代替 $X(\mathrm{e}^{\mathrm{j}\omega_s})$ 中连续变量 $\omega_s$，且取 $N_0 = N$，则有限长序列的频谱表达式为

$$X(\mathrm{e}^{\mathrm{j}k\omega_s}) = \sum_{n=0}^{N-1} x(n)\mathrm{e}^{-\mathrm{j}(2\pi/N)kn} \tag{11-4}$$

对于周期为 $N$ 的函数 $W_N^{kn} = \mathrm{e}^{-\mathrm{j}(2\pi/N)kn}$，令 $\tilde{X}(k) = X(\mathrm{e}^{\mathrm{j}k\omega_s})$，$\tilde{x}(n)$ 为序列 $x(n)$ 以 $N$ 为周期性延拓得到的序列，则式（11-4）可以写成

$$\tilde{X}(k) = \sum_{n=0}^{N-1} \tilde{x}(n) W_N^{kn} \tag{11-5}$$

将式（11-5）的两边同乘以 $\sum_{n=0}^{N-1} W_N^{-kn}$，可以得到

$$\tilde{x}(n) = (1/N)\sum_{n=0}^{N-1} \tilde{X}(K) W_N^{-kn} \tag{11-6}$$

需要注意的是，式（11-5）和式（11-6）中的序列均是周期性的无限长序列。虽然是无限长序列，但只要知道它在一个周期的内容，其他内容就全知道了，所以这种无限长序列实际上只有 $N$ 个序列值有信息。因此，周期性序列与有限长序列有着本质的联系。

由于式（11-5）和式（11-6）中只涉及 $0 \leqslant n \leqslant N-1$ 和 $0 \leqslant k \leqslant N-1$ 范围内的值，也就是说只涉及一个周期内的 $N$ 个样本。因此，也可以用有限长序列 $x(n)$ 和 $X(k)$，即各取一个周期来表示这些关系式。我们定义有限长序列 $x(n)$ 和 $X(k)$ 之间的关系为离散傅里叶变换（DFT）。

$$\begin{aligned} X(k) &= \tilde{X}(k) R_N(k) = \sum_{n=0}^{N-1} x(n) W_N^{kn}, \quad 0 \leqslant k \leqslant N-1 \\ x(n) &= \tilde{x}(n) R_N(n) = (1/N)\sum_{k=0}^{N-1} X(k) W_N^{-kn}, \quad 0 \leqslant n \leqslant N-1 \end{aligned} \tag{11-7}$$

时域抽样实现了信号时域的离散化，使我们能用数字技术在时域对信号进行处理。离散傅里叶变换理论实现了频域离散化，开辟了用数字技术在频域处理信号的新途径，从而推动了信号的频谱分析技术向更深、更广的领域发展。

## 11.2.2　栅栏效应与频率分辨率选择方法

DFT 是分析信号频谱的有力工具，在应用 DFT 分析连续信号的频谱时，其中涉及栅栏效应、序列补零、频谱泄漏、混叠失真、频率分辨率与 DFT 参数的选择等问题。下面分别进行简要介绍，以便在工程设计时加以注意。

### 1. 栅栏效应和序列补零

用 DFT 计算频谱，只能给出频谱的 $\omega_k = 2\pi k / N$ 或 $\Omega_k = 2\pi k / NT$ 的频率分量，即频谱的

抽样值，而不可能得到连续的频谱函数。就好像通过一个栅栏看信号频谱一样，只能在离散点上看到信号频谱，这种现象被称为栅栏效应。

在 DFT 中，如果序列长度为 $N$ 个点，则只要计算 $N$ 点 DFT。这意味着对序列 $x(n)$ 的傅里叶变换在 $(0,2\pi)$ 区间只计算 $N$ 个点的值，其频率抽样间隔为 $2\pi/N$。如果序列长度较小，那么频率抽样间隔 $\omega_s = 2\pi/N$ 可能太大，以至于不能直观地说明信号的频谱特性。然而，有一种非常简单的方法能解决这一问题，这种方法能对序列的傅里叶变换以足够小的间隔进行抽样。数字频率间隔 $\Delta\omega_k = 2\pi/L$，这里的 $L$ 是 DFT 的点数。要减小数字频率间隔，只需要增加 $L$ 即可。当序列长度 $N$ 较小时，可采用在数字序列后面增加 $L-N$ 个零值的办法，对 $L$ 点序列进行 DFT，以满足所需的频率抽样间隔。这样做可以在保持原来频谱形状不变的情况下，使谱线加密，使频域抽样点数增加，从而使原来看不到的频谱分量变得可以看到。

需要指出的是，补零可以改变频谱密度，但不能改变窗函数的宽度。换句话说，必须按照数据记录的有效长度选择窗函数，而不能按补零值后的长度来选择窗函数。关于在 DFT 中加窗处理的问题，正是接下来要讨论的频谱泄漏的内容。

**2. 频谱泄漏和混叠失真**

对信号进行 DFT，首先必须使其变成时宽有限的信号，方法是将序列 $x(n)$ 与时宽有限的窗函数 $\omega(n)$ 相乘。例如，选用矩形窗函数来截断信号，在频域中则相当于信号的频谱与窗函数频谱的周期卷积。卷积将造成频谱失真，且这种失真主要表现在原频谱的展宽，这个现象称为频谱泄漏。频谱泄漏会导致频谱扩展，从而使信号最高频率可能超过抽样频率的一半，造成混叠失真。

在进行 DFT 时，时域截断是必要的，因而频谱泄漏不可避免。为尽量减少频谱泄漏的影响，可采用适当形状的窗函数，如海明窗函数、汉宁窗函数等。需要注意的是，在进行 DFT 之前，预加窗函数可改善频谱泄漏情况，但必须对数据进行重叠处理以补偿窗函数边缘处对数据的衰减，通常采用汉明窗并进行 50%重叠处理。

**3. 频率分辨率与 DFT 参数的选择**

在通过 DFT 分析信号的频谱特征时，通常采用频率分辨率来表征在频率上所能得到的最小频率间隔。对于长度为 $N$ 的 DFT，其频率分辨率 $\Delta f = f_s/N$，其中 $f_s$ 为时域信号的抽样频率。需要注意的是，这里的数据长度 $N$ 必须是数据的有效长度。如果在 $x(n)$ 中有两个频率分别为 $f_1$、$f_2$ 的信号，则在对 $x(n)$ 用矩形窗截断时，要分辨这两个频率，就必须满足

$$2f_s/N < |f_1 - f_2| \tag{11-8}$$

在进行 DFT 时的补零操作并没有增加序列的有效长度，所以并不能提高分辨率；但补零可以使数据长度 $N$ 变为 2 的整数幂次方，以便于使用接下来要介绍的快速傅里叶变换（FFT）算法。补零对原 $X(k)$ 起到内插作用，一方面可克服栅栏效应，平滑频谱的外观；另一方面，由于数据截断时引起的频谱泄漏，有可能在频谱中出现一些难以确认的谱峰，补零后有可能消除这种现象。

# 11.3 快速傅里叶变换原理及仿真

## 11.3.1　FFT 算法的基本思想

在介绍 FFT/IFFT 算法的原理之前，我们先讨论一下 DFT 算法的运算量问题，因为算法的运算量直接影响到算法的实时性、所需的硬件资源及运算速度。根据式（11-7）可知，DFT 与 IDFT 的运算量十分相近，因此只讨论 DFT 的运算量问题。通常 $x(n)$、$X(k)$ 和 $W_N^{nk}$ 都是复数，因此每计算一个 $X(k)$ 值，必须要进行 $N$ 次复数乘法和 $N-1$ 次复数加法。而 $X(k)$ 共有 $N$ 个值（$0 \leqslant k \leqslant N-1$），所以完成全部 DFT 的运算要进行 $N^2$ 次复数乘法和 $N(N-1)$ 次复数加法。我们知道，乘法运算比加法运算复杂，且运算时间更长，所需的硬件资源更多，因此可以用乘法运算量来衡量一个算法的运算量。由于复数乘法最终还得通过实数乘法运算完成，而每个复数乘法运算需要 4 个实数乘法运算，因此完成全部 DFT 运算需要进行 $4N^2$ 次实数乘法运算。

直接计算 DFT，乘法运算次数与 $N^2$ 成正比。随着 $N$ 的增大，运算次数迅速增加。例如，当 $N=8$ 时，需要 64 次复数乘法，而当 $N=1024$ 时，则需要 1048576 次复数乘法，即 100 多万次复数乘法。如果信号处理要求实时进行，那么对计算速度的要求实在是太高了。正是因为直接进行 DFT 的计算量太大，才极大地限制了 DFT 的应用。

然而，我们仔细观察 DFT 和 IDFT，会发现系数 $W_N^{nk}$ 具有对称性和周期性，利用系数 $W_N^{nk}$ 的周期性，在 DFT 中有些项目可以合并，从而减少运算量。又由于 DFT 的运算量与 $N^2$ 成正比，因此 $N$ 越小越有利，我们可以利用对称性和周期性将大点数的 DFT 分解成很多小点数的 DFT。FFT 算法正是基于这样的基本思路发展起来的。为了能不断地进行分解，FFT 算法要求 DFT 的运算点数 $N=2^M$，$M$ 为正整数。这种 $N$ 为 2 的整数幂次方的 FFT，称为基-2 FFT。除了基-2 FFT 算法，还有其他基数的 FFT 算法，如 Vivado 提供的 FFT 核中有基-4 FFT 算法。

FFT 算法可分为按时间抽取（Decimation In Time，DIT）的和按频率抽取（Decima tion In Frequency，DIF）的两大类。为提高运算速度，将 DFT 逐次分解成较小点数的 DFT。如果算法是通过逐次分解时间序列 $x(n)$ 得到的，那么这种算法称为按时间抽取的 FFT 算法；如果算法是通过逐次分解频域序列 $X(k)$ 得到的，那么这种算法称为按频域抽取的 FFT 算法。

FFT 算法是由库利（J. W. Cooly）和图基（J. W. Tukey）等学者于 1965 年提出并在之后陆续完善的。这种算法使 DFT 运算得到了大大简化，其运算量约为 $(N/2)\log_2 N$ 次复数乘法运算。当 $N$ 较大时，其运算速度与 DFT 相比得到了极大的提高。例如，当 $N=1024$ 时，FFT 算法只需要 5120 次复数乘法运算，相当于 DFT 算法的 0.5%左右。限于篇幅，详细的 FFT 算法结构不再另行介绍，MATLAB 中提供了现成的 FFT/IFFT 函数，Vivado 中提供了大多数 FPGA 产品支持的 FFT/IFFT 核。有兴趣的读者可参考 FFT 核的数据手册了解 FFT/IFFT 的实现结构。

### 11.3.2 FFT 算法的 MATLAB 仿真

**例 11-1：采用 MATLAB 仿真 FFT 算法。**

仿真 FFT 参数对采用 FFT 算法分析信号频谱的影响。产生频率分别为 $f_1$=2Hz、$f_2$=2.05Hz 的正弦波叠加信号，抽样频率 $f_s$=10 Hz。根据式（11-8），要达到分辨两个单频信号的目的，DFT 的序列长度必须满足 $N>400$。分别仿真 3 种情况下的 FFT 变换：（1）取 $x(n)$ 的 128 点数据，计算 FFT；（2）将 128 点 $x(n)$ 以补零的方式加长到 512 点，计算 FFT；（3）取 512 点 $x(n)$，计算 FFT。

本实例的 MATLAB 程序并不复杂，下面直接给出 E11_1_FFTSim.m 的程序清单。

```
%E11_1_FFTSim.m 的程序清单
f1=2; f2=2.05;                                   %单频正弦波信号的频率
fs=10;                                           %抽样频率

%对 128 点时域序列进行 FFT
N=128;                                           %FFT 的点数
n=0:N-1;
xn1=sin(2*pi*f1*n/fs)+sin(2*pi*f2*n/fs);         %产生 128 点时域信号序列

XK1=fft(xn1);                                    %进行傅里叶变换，并进行归一化处理
MXK1=abs(XK1(1:N/2));
%对补零后的 512 点时域序列进行 FFT
M=512;
xn2=[xn1 zeros(1,M-N)];                          %在时域信号序列后补零
XK2=fft(xn2);                                    %进行傅里叶变换，并进行归一化处理
MXK2=abs(XK2(1:M/2));

%对 512 点时域序列进行 FFT
n=0:M-1;
xn3=sin(2*pi*f1*n/fs)+sin(2*pi*f2*n/fs);         %产生 128 点时域信号序列
XK3=fft(xn3);                                    %进行傅里叶变换，并进行归一化处理
MXK3=abs(XK3(1:M/2));

%绘图
subplot(321);
x1=0:N-1;
plot(x1,xn1);xlabel('n','fontsize',8);title('128 点 x(n)','fontsize',8);
subplot(322);
k1=(0:N/2-1)*fs/N;
plot(k1,MXK1);xlabel('f(Hz)','fontsize',8);title('128 点 xn 的 FFT ','fontsize',8);
subplot(323);
x2=0:M-1;
plot(x2,xn2);xlabel('n','fontsize',8);title('512 点补零 x(n)','fontsize',8);
```

```
subplot(324);
k2=(0:M/2-1)*fs/M;
plot(k2,MXK2);xlabel('f(Hz)','fontsize',8);title('512 点补零 xn 的 FFT ','fontsize',8);
subplot(325);
plot(x2,xn3);xlabel('n','fontsize',8);title('512 点 x(n)','fontsize',8);
subplot(326);
plot(k2,MXK3);xlabel('f(Hz)','fontsize',8);title('512 点 xn 的 FFT ','fontsize',8);
```

程序运行的结果如图 11-2 所示，从 128 点 $x(n)$ 的时域及频谱图可以看出，由于抽样点数不满足式（11-8）的要求，所以从图中无法区分序列中的两种频率成分；从 512 点补零 $x(n)$ 的时域及频谱图可以看出，补零对分辨率没有影响，只是对频谱图起到了平滑作用；从 512 点 $x(n)$ 的时域及频谱图可以看出，由于抽样点数满足式（11-8）的要求，所以可以明显地区分出来序列中的两个频率成分。

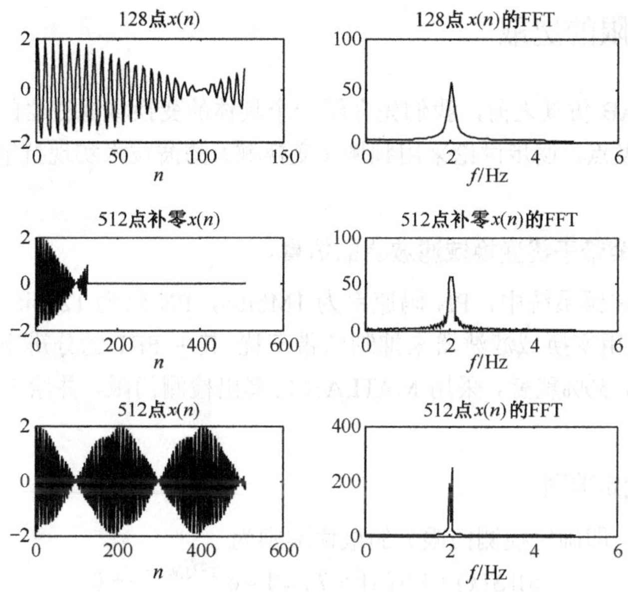


图 11-2　不同 FFT 参数分析时域信号的频谱

# 11.4 频域滤波器的原理及 MATLAB 仿真

## 11.4.1 抗窄带干扰滤波器的原理

虽然扩频通信具有较强的抑制干扰的能力，但当窄带干扰信号的功率远大于扩频信号的功率时，仅依靠扩频系统的处理增益（Processing Gain）来抑制窄带干扰（Narrow Band Interference，NBI）难以达到很好的性能，这时就需要采用其他方法来增强其抗干扰能力。常用的抑制窄带干扰的方法主要有自适应滤波器、变换域滤波技术、自适应天线阵及子空间处理（Subspace Processing）等，其中基于 FFT/IFFT 的变换域滤波技术由于其算法简单、可在不需要预先知道干扰信号统计特性的情况下快速处理的特点，更适合在 FPGA 上实现。

变换域滤波技术通过合适的变换把扩频信号、热噪声和干扰组成的叠加信号映射到另一个域处理，一般将 NBI 映射为类似于冲激的函数，将有用信号映射为与干扰正交、具有平坦频谱特性的波形。这样既能彻底地去除干扰，又对有用信号的损伤较小。与时域预测技术相比，变换域滤波技术具有以下优点。

- 时域很复杂的滤波过程可通过变换域滤波技术在频域中简单地完成。
- 在频域中设计滤波器比时域直接、简单，更易达到期望性能。
- 变换域滤波技术能快速调整，处理速度远远超过时域预测技术，在干扰的统计特性经常变化时，有明显的优势。

基于 DFT 的变换域滤波技术抑制 NBI 的性能对干扰功率、频率、带宽等参数非常敏感，为了获得较好的性能，在进行 DFT 之前，预加汉宁窗、海明窗等窗函数可改善频谱泄漏情况，但需要对数据进行重叠处理以补偿窗函数边缘处数据的衰减。

## 11.4.2 检测门限的选取

在进行 MATLAB 仿真之前，我们先介绍一个具体的变换域滤波器的工程设计实例，然后以这个实例为出发点，逐步讨论采用频域（变换域）滤波技术实现抗窄带干扰的设计、仿真及实现过程。

**例 11-2：抑制窄带干扰变换域滤波器的仿真。**

在某直接序列扩频系统中，PN 码速率为 1Mbit/s，PN 码为 127bit 的 m 序列，数据抽样频率为 4MHz，采用变换域滤波器来抑制窄带干扰，其中 FFT 的分辨率要求小于 20kHz，窗函数选用汉明窗，50%重叠，采用 MATLAB 仿真出检测门限，并绘制滤波前后的信号波形图。

**1. 检测门限确定准则**

干扰谱线检测，即确定检测门限 $T$ 的最优准则为

$$p\{|S(k)+W(k)|^2>T\}=1-\mathrm{e}^{-T^2/2N\sigma_{\mathrm{w}}^2}\to 0 \tag{11-9}$$

式中，$S(k)$、$W(k)$ 分别为信号谱线和热噪声谱线；$\sigma_{\mathrm{w}}^2$ 为热噪声方差。式（11-9）的物理解释为 $|S(k)+W(k)|^2$ 超过检测门限 $T$ 的概率尽量小，从而减少对有用信号的影响。应用式（11-9）时必须单独估计 $\sigma_{\mathrm{w}}^2$，这在实现时有一定的难度，在工程上我们可用 FFT 后的幅值的平方 $\{C_i / i=1,2,\cdots,N\}$（$N$ 为 FFT 的点数）来近似估计 $\sigma_{\mathrm{w}}^2$。为减少强干扰对 $\sigma_{\mathrm{w}}^2$ 估计的影响，可首先设定一较大的固定门限 $T_{\mathrm{m}}$，在估计 $\sigma_{\mathrm{w}}^2$ 时将幅值大于 $T_{\mathrm{m}}$ 的干扰谱线剔除，则检测门限为

$$T=\theta\frac{1}{N}\sum_{i=0}^{N-1}\{C_i,C_i<T_{\mathrm{m}}\} \tag{11-10}$$

式中，$\theta$ 为门限因子。现在的问题变成了如何选取合适的门限因子来使式（11-10）的概率尽量小。显然，在选取 $\theta$ 时，在无强干扰时（热噪声是无法滤除的，只能滤除干扰信号），$T$ 必须大于信号谱线幅值的最大值；在有强干扰时，$T$ 在大于信号谱线幅值最大值的同时应尽量小于干扰谱线幅值。

**2．检测门限的确定**

在综合考虑频率分辨率、所用 FPGA 器件资源的分布，以及 FFT/IFFT 核所需的逻辑资源之后，我们选用的是 256 点 FFT/IFFT 核。这样，由于输入数据抽样频率为 4MHz，扩频码速率为 1MHz，频率分辨率为 15.625kHz。确定检测门限 $T$，实际上就是确定 $\theta$。由于系统选用的是 127bit 的 m 序列，抽样频率为奈奎斯特频率的 2 倍，即每个 PN 码元抽样 4 个点，每个 PN 码周期共抽样 508 个点，在不同的起始位置进行 FFT 后所计算的谱线幅值会使 $\theta$ 存在一定的偏差，取其中最大的值即可。

确定检测门限的仿真程序文件请参考本书配套程序资料中的 E11_2_ FFTRsim.m 和 E11_2_PNCodeGenerator.m。MATLAB 仿真所得结果如图 11-3 所示。考虑一定的冗余度，由图可知可选取 $\theta=20$。E11_2_FFTRsim.m 还仿真了不同 SNR 条件下（单音干扰），谱线幅值最大值与均值的比值情况。从图 11-3 中可看出，对于单音干扰，只要 SNR 小于 5dB，则可很容易地将单音干扰分辨出来并加以滤除。

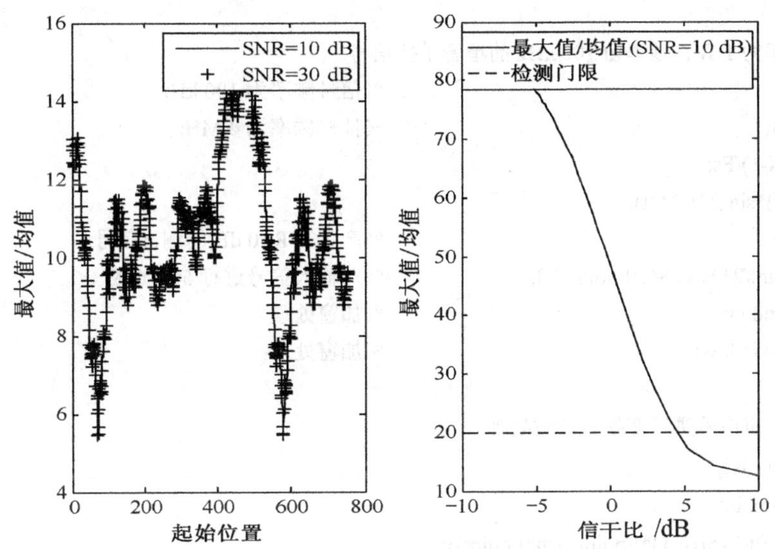


图 11-3 不同起始位置的 FFT 所对应的最大谱线幅值及 $\theta$ 值

## 11.4.3 频域滤波器的 MATLAB 仿真

在进行 FPGA 实现之前，先对频域滤波器的性能进行理论仿真。假设在 PN 码码率为 1MHz 的扩频信号中有一个频率为 100kHz 的单音干扰，且 SNR 为 0dB，信噪比为 10dB。采用 256 点 FFT/IFFT，窗函数为海明窗，50%重叠，门限因子 $\theta$=20。需要仿真出滤波前后信号的频谱及时域信号情况。下面给出了 E11_2_FFTFilter.m 的程序清单。

```
%E11_2_FFTFilter.m 的程序清单
Fpoint=256;                                  %256 点 FFT
poly=[1 0 0 1 0 1];                          %产生 PN 码的多项式

%根据多项式产生 PN 码，同时对 PN 码进行 4 倍抽样
%E8_2_PNCodeGenerator 为自定义函数，请在配套程序资料中查看函数代码
```

```
pn1=E8_2_PNCodeGenerator(poly);
window1=hamming(Fpoint)';                    %产生海明窗

%生成相同长度的 PN 码及窗函数数据 window
pn=pn1;
window=window1;
for i=1:9
    pn=[pn,pn1];
end
PN=pn(1:floor(length(pn)/Fpoint)*Fpoint);
N=length(PN);
for i=1:N/Fpoint-1
    window=[window,window1];
end

%产生功率为 1 W、频率为 100 kHz 的单音干扰信号
f=100000;                                    %信号频率为 100 kHz
Fs=4*10^6;                                   %抽样频率为 4 MHz
t=0:1/Fs:(N-1)/Fs;
jam=sqrt(2)*sin(2*pi*f*t);
S=PN+jam;                                    %产生 SJR=0 dB 的测试信号
S2=[S(Fpoint/2+1:N),S(1:Fpoint/2)];          %对输入信号进行 50%重叠
WS=S.*window;                                %加窗处理
WS2=S2.*window;                              %加窗处理

%对两路加窗信号进行变换域滤波处理
Fout=zeros(1,N);
for n=1:N/Fpoint
    FWS=fft(WS((n-1)*Fpoint+1:n*Fpoint));
    FWS2=fft(WS2((n-1)*Fpoint+1:n*Fpoint));
    AWS=abs(FWS).*abs(FWS);
    AWS2=abs(FWS2).*abs(FWS2);
    MAWS=sum(AWS)/Fpoint
    MAWS2=sum(AWS2)/Fpoint;
    for i=1:Fpoint
        if AWS(i)>(20*MAWS)
            FWS(i)=0;
        end;
        if AWS2(i)>(20*MAWS2)
            FWS2(i)=0;
        end;
    end;
    iS(((n-1)*Fpoint+1):n*Fpoint)=ifft(FWS);
    iS2(((n-1)*Fpoint+1):n*Fpoint)=ifft(FWS2);
```

```
end

%对滤波后的两路数据进行重叠处理后输出
Fout=iS+[iS2(N-Fpoint/2+1:N),iS2(1:N-Fpoint/2)];

%绘图
Fs=fft(S,256);as=abs(Fs);
Fsout=fft(Fout,256);asout=abs(Fsout);
%绘制滤波前后信号的频谱图
figure(1);
subplot(211);plot(abs(as));legend('叠加干扰的原始数据频谱(SJR=0dB)');
subplot(212);plot(asout);legend('滤波后的原始数据频谱');

%绘制滤波前后信号的时域波形图
figure(2);
p=1:200;
subplot(311);plot(p,PN(1:200)>0,'-',p,S(1:200)>0,'--',p,Fout(1:200)>0,'+');
axis([0 200 -0.2 1.2]);title('判决整形后的数据');xlabel('point');
legend('原始数据','滤波前数据','滤波后数据');
subplot(312);plot(S(1:200));legend('叠加干扰的原始数据');xlabel('point');
subplot(313);plot(Fout(1:200));legend('滤波后的原始数据');xlabel('point');
```

程序运行结果如图 11-4 和图 11-5 所示。由图 11-4 可以看出，滤波后单音干扰的谱线已经完全消除；由图 11-5 可以看出，对比经整形处理后的数据，经过变换域（频域）滤波处理的信号与原始数据完全一致，而未经过滤波处理的信号存在明显的误码；对比滤波前后的原始时域信号，可以看出，滤波后的时域信号明显比滤波前的波形规则得多。

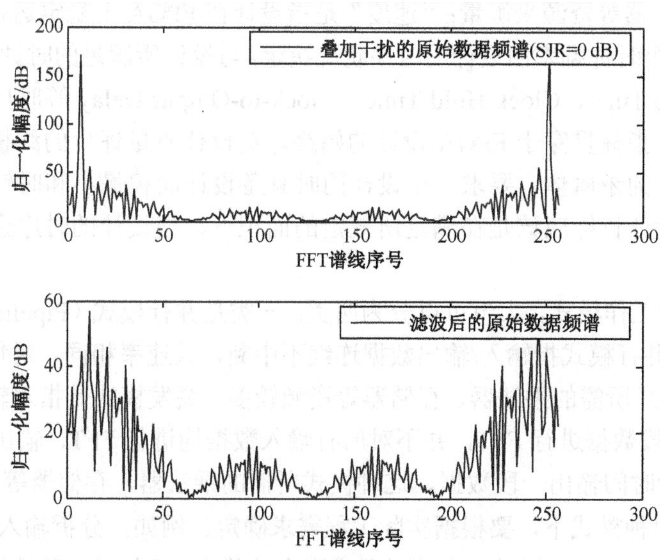


图 11-4 变换域滤波前后信号的频谱图

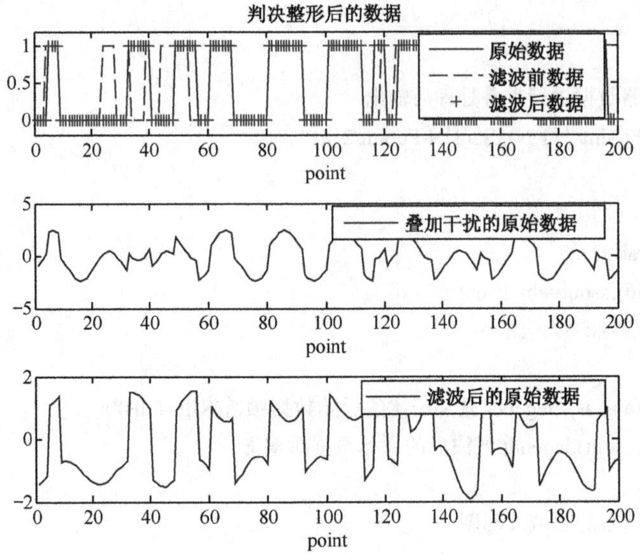


图 11-5　变换域滤波前后信号的时域波形

## 11.5 频域滤波器 FPGA 实现

### 11.5.1　频域滤波器的高效结构设计

在详细讨论频域滤波器的 FPGA 设计之前，我们先讨论一种频域滤波器的高效结构。

在 FPGA 设计中，有一个重要的原则是面积（Area）与速度（Speed）的平衡与互换。这里“面积”是指一个设计所需 FPGA 的逻辑资源的数量，可以用所需的触发器（FF）、查找表（LUT）、乘法器等资源来衡量；“速度”是指设计在 FPGA 上稳定运行时所能够达到的最高时钟频率，这个时钟频率由设计的时序状况决定，与设计所满足的时钟周期、PAD to PAD Time、Clock Setup Time、Clock Hold Time、Clock-to-Output Delay 等时序特征密切相关。面积和速度这两个指标贯穿于 FPGA 设计的始终，是设计质量评价的终极标准。面积和速度是一对对立统一的矛盾体，要求一个设计同时具备设计面积最小和时钟频率最高是不现实的。更科学的设计目标应该是在满足所规定的面积下，使设计的时序余量更大，时钟频率更高。

FFT 核有多种工作模式，大致可以分为两类：一类是并行模式（Pipelined），另一类是突发模式（Burst）。并行模式指输入/输出数据连续不中断，且速率相同，对每个输入数据均会进行 FFT，这种模式所需的乘法器、存储器等资源较多；突发模式是指对输入数据分段进行 FFT，每次仅取一段数据进行 FFT，并不对所有输入数据均进行 FFT，输出的 FFT 数据不是连续的，每隔一段时间输出一段数据，这种模式所需的乘法器、存储器等资源较少。

FFT 工作在何种模式下，要根据实际工程需求确定。例如，分析输入信号的频谱特性，由于输入信号的频谱特性在短时间内可以看成固定的状态，且任意一段数据分析出来的频谱特性相同，因此并不需要对每个输入数据均进行频谱分析，此时可采用突发模式。对于本章所讨论的频域变换滤波器来讲，需要滤除信号中的干扰，需要对每个数据均进行处理，如果处理时钟频率与数据速率相同，则需要采用并行模式。

如果提高处理速度呢？如数据速率为 4MHz，处理速度为 64MHz，则可以利用速度变换模块，将 4MHz 的数据变换成 64MHz 数据，如果每 256 个数据一组，则每两组数据之间存在 15×256 个空闲时钟周期，可以用来采用突发模式完成 FFT，最后设计速度逆变换模块，将 64MHz 变换后的 FFT 数据变换成 4MHz 数据。

具体到本实例中的变换域滤波器设计，一种可行的滤波器结构如图 11-6 所示，采用两条独立的滤波结构（同相支路 I 和正交支路 Q），将前后相差 128 点的 IFFT 后的数据直接相加处理，即可得出最后的滤波结果，实现了 50%的重叠。

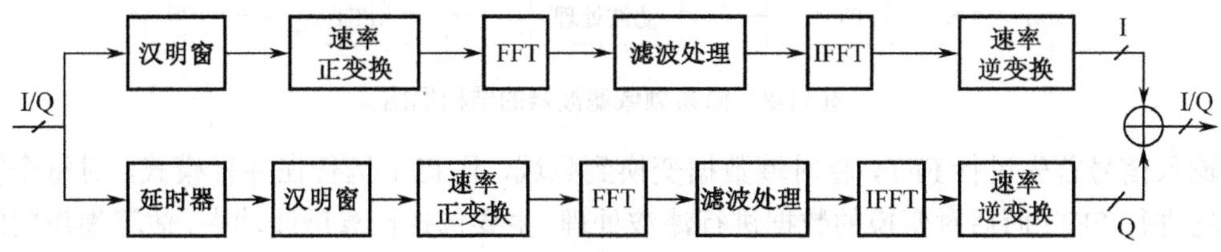


图 11-6　简单直接的变换域滤波器结构

汉明窗模块完成输入的两路正交信号的加窗功能；速率正变换模块将 4MHz 的输入数据转换成 64MHz 的数据流以进行 FFT；FFT 模块、IFFT 模块分别完成快速傅里叶变换和逆变换；滤波处理模块用来将谱线幅值高于检测门限的谱线置零，即完成频域滤波功能；速率逆变换模块将经变换域滤波处理后的数据还原成 4MHz 的数据流。

由于需要重叠处理，图 11-6 所示的结构几乎使用了两组完全相同的功能模块。按照系统的设计指标，数据速率仅为 4MHz，而系统所提供的时钟频率为 64MHz，这样每进行一次 256 点的变换域滤波处理，就有 4096 个时钟周期。又由 FFT/IFFT 核的使用手册可知，进行一次 FFT 只需要不到 2000 个时钟周期，这样，按图 11-6 所示的结构，则每个 FFT 核将有 2000 多个时钟周期处于空闲状态。按照前文所述的速度和面积的平衡与互换原则，在保证数据速率为 4MHz 的前提下，可以采取模块复用的方法减少所需的逻辑资源，节约产品成本。基于模块复用的变换域滤波器结构如图 11-7 所示，这种结构可以减少 FFT 模块所需的逻辑资源。

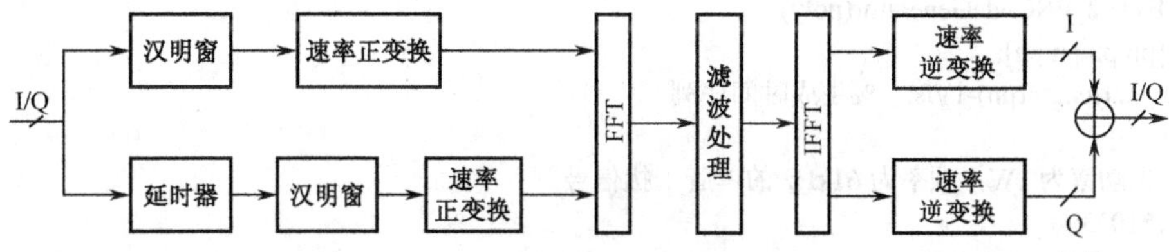


图 11-7　基于模块复用的变换域滤波器结构

采用图 11-7 的方案进行设计，难点在于对各运算步骤之间时序关系的准确理解和设计，尤其是因模块复用所带来的时序上的严格要求。为准确设计各运算步骤之间的时序，在设计过程中可以将速率正变换模块中输出的数据序号作为设计的时序参考。由于在 256 点的 4MHz 数据转换成 64MHz 数据时，总共有 4096 个 64MHz 时钟周期，且 FFT 和 IFFT 模块均以 256 点数据为一个数据块进行处理，因此采用 4096 个数据序号作为时序参考是合适的。

编著者在《数字滤波器的 MATLAB 与 FPGA 实现——Xilinx/VHDL 版》中采用了上述方案，在 ISE14.7/VHDL/CXD301 环境下完成了频域滤波器的设计与测试，大家可以参考。

本章主要讨论 FFT 核的用法，为简化设计，接下来讨论简易频域滤波器设计实例。

## 11.5.2 简易频域滤波器原理及仿真

简易频域滤波器的结构框图如图 11-8 所示。

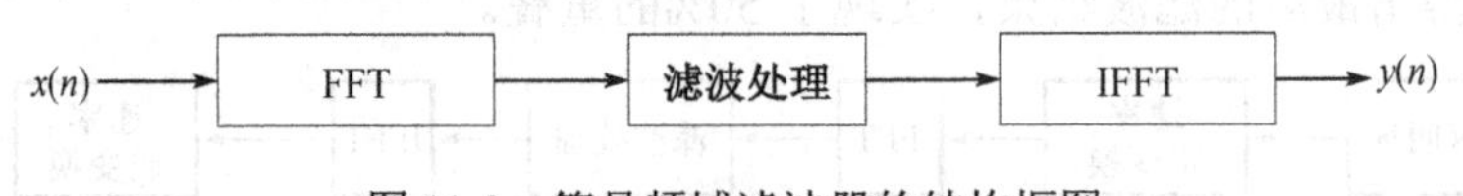


图 11-8 简易频域滤波器的结构框图

输入信号首先进行 FFT，将时域数据变换到频域，且 FFT 运行在并行模式，对每个输入数据均进行 FFT；而后对变换的数据进行滤波处理，主要包括计算谱线功率，估算噪声门限，对噪声进行滤波处理等；滤波处理后的数据经 IFFT 模块变换回时域，完成整个滤波处理。由于没有进行加窗及重叠处理，这种简易频域滤波器的性能有所降低，工程上可以通过增加频域变换的长度，降低对性能的影响。

**例 11-3：简易频域滤波器的 MATLAB 仿真。**

仿真简易频域滤波器的滤波功能。数据速率/抽样频率为 12.5MHz，PN 码速率为 3.125MHz，噪声为 61kHz 的单频信号，干扰信号与有用信号的功率比值为 0dB。

```
%E11_3_TransformSimple.m
%仿真简易频域滤波器工作过程
clc;clear;
fs=12.5*10^6;                          %数据速率/抽样频率
poly=[1 0 0 1 0 1];                    %产生 PN 码的多项式
N=2048;

%根据多项式产生 PN 码，同时对 PN 码进行 4 倍抽样，PN 码速率为 fs/4
%E11_2_PNCodeGenerator 为自定义的函数
pn=E11_2_PNCodeGenerator(poly);
pn=[pn pn pn pn];
t=0:1/fs:(length(pn)-1)/fs;   %生成时间序列

%产生功率为 1W，频率为 61kHz 的单音干扰信号
f=61*10^3;
jam=sqrt(2)*sin(2*pi*f*t);

s=pn+jam;                        %产生 SJR=0dB 的测试信号

fft_pn=fft(pn,N);                %对原始数据进行 FFT
fft_pn=abs(fft_pn).^2;           %求原始谱线功率
fft_s=fft(s,N);                  %对输入信号进行 FFT
fft_as=abs(fft_s).^2;            %求滤波前谱线功率
```

```
for i=1:length(fft_pn)
    if fft_as(i)>40000
        fft_s(i)=0;
    end
end
fft_as_out=abs(fft_s).^2;        %求滤波后谱线功率

data=ifft(fft_s);                %IFFT 变换成时域数据

%绘制滤波前后信号的频谱图
figure(1);
fn=0:length(fft_pn)-1;
fn=fn/length(pn)*fs/10^3;        %设置频率坐标单位为 kHz

subplot(311);stem(fn,fft_pn);
xlabel('频率（kHz）');ylabel('功率');
legend('原始数据频谱'); grid on;
subplot(312);stem(fn,fft_as);
xlabel('频率（kHz）');ylabel('功率');
legend('叠加干扰的数据频谱(SJR=0dB)'); grid on;
subplot(313);stem(fn,fft_as_out);
xlabel('频率（kHz）');ylabel('功率');
legend('滤波后数据频谱'); grid on;

figure(2);%绘制滤波前后信号的时域波形图
p=1:300;
subplot(311);plot(p,pn(1:300));
axis([1 300 -1.2 1.2]);legend('原始数据');grid on;
subplot(312);plot(p,s(1:300));legend('叠加干扰的数据');grid on;
subplot(313);plot(p,data(1:300));legend('滤波后数据');grid on;
```

从图 11-9 可知，叠加有单频干扰的 PN 码数据波形起伏大，且波形不规则；经变换域滤波后的数据波形起伏小，且波形较为规则，如果再进行判决输出，则可以恢复出原始的数据信号。从图 11-10 可知，叠加干扰的信号频谱中，存在明显高于有用信号的单频分量，经变换域滤波（将单频信号频率的功率置零）后，信号的频谱比较接近原始信号的频谱。因此，简易频域滤波器能够在一定程度上实现强窄带干扰信号的滤波功能。

需要注意的是，变换域滤波的效果与 FFT 的频谱分辨率、单频信号的频率位置有较大的关系。频谱分辨率越小，滤波效果越好。单频信号的谱线越集中（理想情况下只有一根强的谱线），滤波效果越好。根据 FFT 原理（可参考数字信号处理相关理论），只有当 FFT 的长度 $N$ 为信号单个周期内的采样点数的整数倍时，才会得到单根谱线，否则会得到多根谱线。

MATLAB 仿真程序中，FFT 的长度 $N$ 取 2048，抽样频率 $f_s$ 取 12.5MHz，干扰信号频率为 61kHz，则干扰信号单个周期内的采样点数 $m$ 为 12.5MHz/61kHz=204.99，$N/m$= 9.99424，接近于整数 10，因此干扰信号频线基本呈单根谱线状态，滤波效果较好。

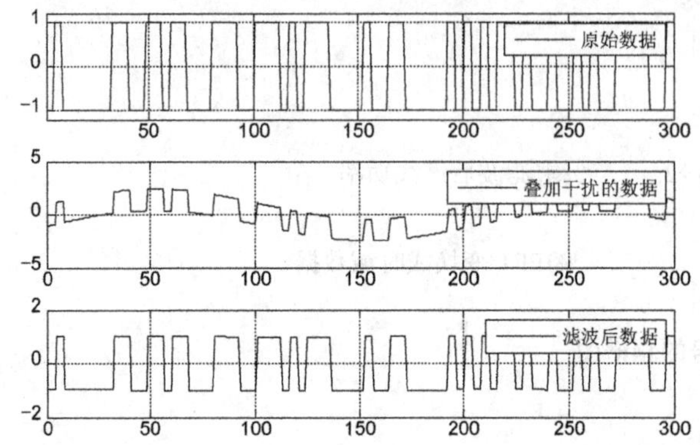


图 11-9 简易频域滤波器时域仿真图（干扰信号频率为 61kHz）

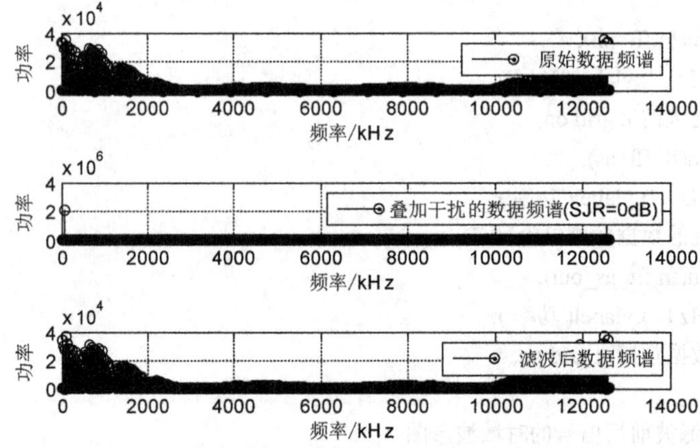


图 11-10 简易频域滤波器频域仿真图（干扰信号频率为 61kHz）

修改上面程序中的信号频率，设置为 200kHz，则干扰信号单个周期内的采样点数 $m$ 为 12.5MHz/200kHz=62.5，$N/m$=32.768，与整数 33 的差值为 0.232，因此干扰信号谱线不呈单根谱线状态，滤波效果较差，滤波效果如图 11-11 和图 11-12 所示。

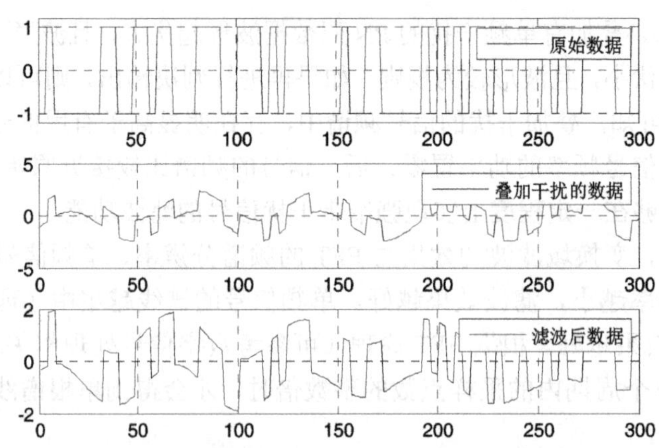


图 11-11 简易频域滤波器时域仿真图（干扰信号频率为 200kHz）

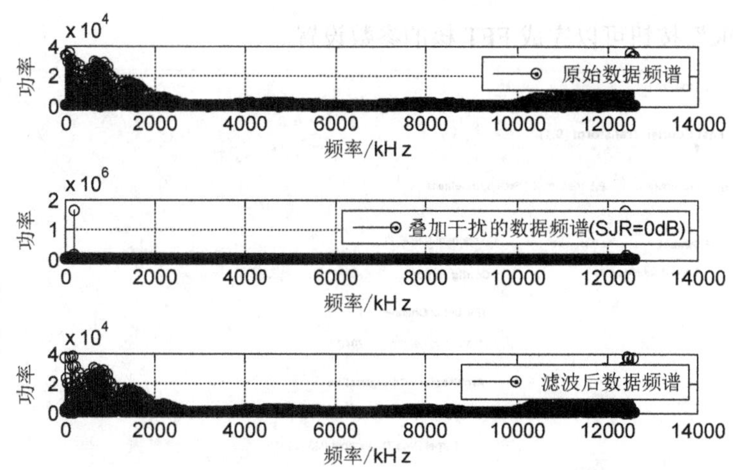


图 11-12 简易频域滤波器频域仿真图（干扰信号频率为 200kHz）

## 11.5.3 FFT 核设置方法

**例 11-4：简易频域滤波器的 Verilog HDL 设计。**

设计简易频域滤波器电路，数据速率及系统时钟频率均为 12.5MHz，输入数据位宽为 12bit，有用信号是速率为 3.125MHz 的 PN 码数据，干扰信号为 61kHz 的单频信号，完成频域滤波器的 Verilog HDL 设计及仿真测试。

FFT 核是频域滤波器的关键部件，在讨论完整的频域滤波器电路之前，先介绍 FFT 核的创建及参数设置方法。

打开 Vivado 软件，新建 TransformVerilog 工程，新建 IP 核。在 IP Catalog 界面中的搜索编辑框中输入“fft”搜索 FFT 核，选择“Digital Signal Processing”→“Transforms”→“FFTs”→“Fast Fourier Transform”选项，打开 FFT 核设置界面，如图 11-13 所示。

在“Component Name”编辑框中输入 FFT 核的名称为 fft；在“Number of Channels”下拉列表中设置 FFT 的转换通道数为 1；在“Transform Length”下拉列表中设置 FFT 的长度为 2048；在“Target Clock Frequency(MHz)”中输入处理时钟频率为 50MHz，在“Target Data Throughput(MSPS)”中输入数据速率为 50MHz；在“Architecture Choice”中选择 FFT 结构为并行结构“Pipelined，Streaming I/O”。需要说明的是，处理时钟频率和输入数据速率的参数虽然被设置为 50MHz，但电路实际工作的频率为输入 FFT 的 clk 信号的频率。例如，参数中虽然被设置为 50MHz，但工程实例中输入的 clk 信号为 12.5MHz，则 FFT 工作的实际频率为 12.5MHz。IP 核界面中的时钟不能设置为小数，只能设置为整数。

单击 IP 核界面右侧中的“Implementation”选项卡，进入 FFT 核接口界面，同时可以在界面左侧查看 AXI4 总线的接口定义，如图 11-14 所示。

在“Data Format”下拉列表中选择定点数运算“Fixed Point”；在“Scaling Options”下拉列表中选择输出数据为全精度运算“Unscaled”；在“Rounding Modes”下拉列表中选择“Truncation”；在“Input Data Width”下拉列表中选择数据位宽为“12”；在“Phase Factor Width”下拉列表中选择相位因子位宽为“16”；在“Output Ordering”下拉列表中设置 FFT 后的数据按自然顺序输出“Natural Order”；勾选“XK_INDEX”复选框，设置输出 XK_INDEX 信号接口。单击“OK”按钮可以完成 FFT 核的参数设置。

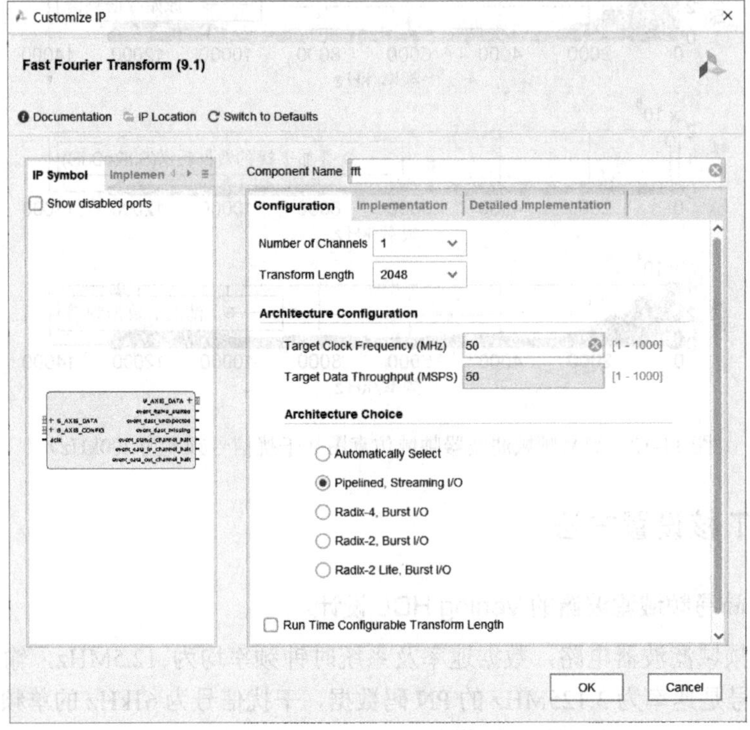

图 11-13 FFT 核设置界面

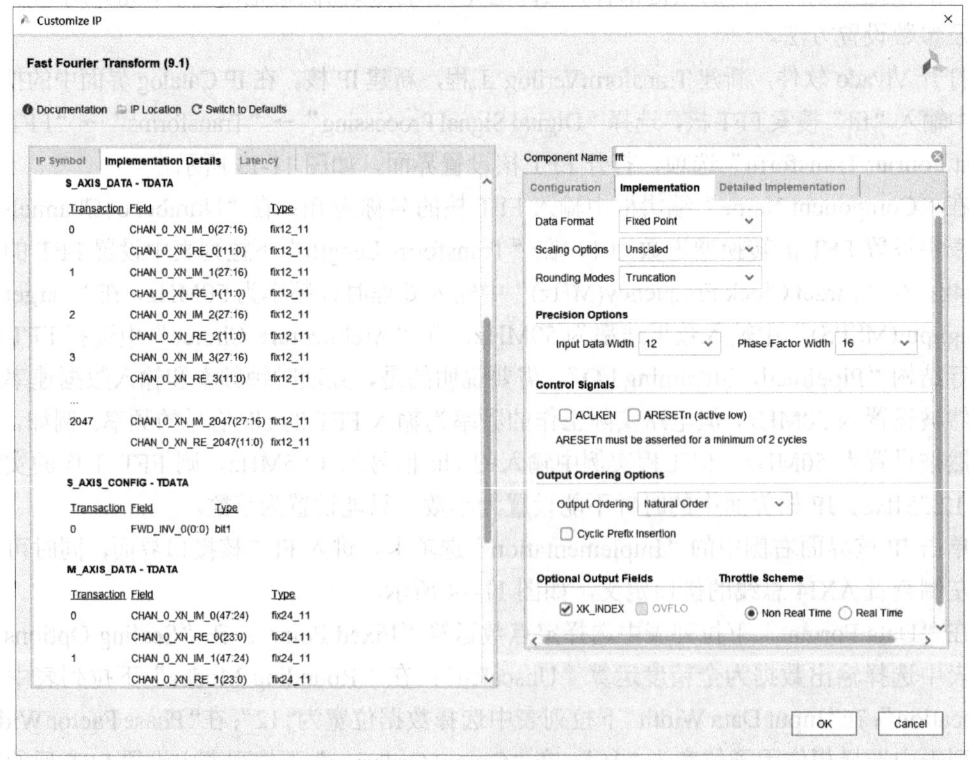

图 11-14 FFT 核接口设置界面

FFT 核的接口为 AXI4 总线格式，如图 11-14 左侧界面所示。S_AXIS_DATA-TDATA 数据中，（11:0）为输入数据的实部，（27:16）为输入数据的虚部；S_AXIS_CONFIG-TDATA 为 1bit 数据，低电平表示 FFT，高电平表示 IFFT；M_AXIS_DATA-TDATA 数据中，（23:0）为输出数据的实部，（47:24）为输出数据的虚部。

## 11.5.4 频域滤波器的顶层文件 Verilog HDL 设计

为便于分析讲解，下面先给出频域滤波器的顶层文件程序清单。

```
//TransformVerilog.v 程序清单
module TransformVerilog(
    input clk,              //12.5MHz
    input [11:0] din,
    output [13:0] dout
    );

  wire fft_last;
  wire signed [23:0] fft_im,fft_re;
  wire signed [23:0] dat_im,dat_re;
  wire signed [11:0] ifft_im,ifft_re;
  wire [10:0] fft_index,ifft_index;

  //FFT
  fft u1 (
    .aclk(clk),                                   // input wire aclk
    .aresetn(1'b1),
    .s_axis_config_tdata(8'd0),                   // input wire [7 : 0] s_axis_config_tdata
    .s_axis_config_tvalid(1'b1),                  // input wire s_axis_config_tvalid
    .s_axis_data_tdata({16'd0,4'd0,din}),         // input wire [31 : 0] s_axis_data_tdata
    .s_axis_data_tvalid(1'b1),                    // input wire s_axis_data_tvalid
    .s_axis_data_tlast(1'b0),                     // input wire s_axis_data_tlast
    .m_axis_data_tdata({fft_im,fft_re}),          // output wire [47 : 0] m_axis_data_tdata
    .m_axis_data_tuser(fft_index),                // output wire [15 : 0] m_axis_data_tuser
    .m_axis_data_tready(1'b1),                    // input wire m_axis_data_tready
    .m_axis_data_tlast(fft_last));                // output wire m_axis_data_tlast

   fft_filter u2 (
     .clk(clk),
     .fft_im(fft_im),
     .fft_re(fft_re),
     .fft_last(fft_last),
     .ifft_start(ifft_start),
     .ifft_im(ifft_im),
     .ifft_re(ifft_re) );
```

```
    //IFFT
    fft u3 (
      .aclk(clk),                                          // input wire aclk
      .aresetn(ifft_start),
      .s_axis_config_tdata(8'd1),                          // input wire [7 : 0] s_axis_config_tdata
      .s_axis_config_tvalid(1'b1),                         // input wire s_axis_config_tvalid
      .s_axis_data_tdata({4'd0,ifft_im,4'd0,ifft_re}),     // input wire [31 : 0] s_axis_data_tdata
      .s_axis_data_tvalid(ifft_start),                     // input wire s_axis_data_tvalid
      .s_axis_data_tlast(1'b0),                            // input wire s_axis_data_tlast
      .s_axis_data_tready(s_axis_data_tready),             // output wire s_axis_data_tready
      .m_axis_data_tdata({dat_im,dat_re}),                 // output wire [47 : 0] m_axis_data_tdata
      .m_axis_data_tuser(ifft_index),
      .m_axis_data_tready(1'b1),                           // input wire m_axis_data_tready
      .m_axis_data_tlast());                               // output wire m_axis_data_tlast


    assign dout = dat_re[20:7];


endmodule
```

其中 fft u1 模块为 FFT，对 12bit 的输入数据 din 进行 FFT，形成频域信号 fft_im、fft_re；fft_filter u2 为频域滤波模块，完成 FFT 谱线功率的计算、谱线功率与干扰门限的比较、干扰信号谱线的滤除等功能；fft u3 为 IFFT，将谱线滤波后的频域信号变换至时域，从而完成频域滤波器的功能。

### 11.5.5 FFT 基本接口时序仿真分析

FFT 核的接口种类较多，接口时序比较复杂，正确应用 FFT 核首先需要理解 FFT 核的基本时序。基本接口时序是指输入信号、FFT 起始信号、FFT 信号的谱线位置等信号的时序关系。

对于 FFT 来讲，如果输入频率 $f$ 为 61kHz 的单频信号，由于 FFT 的长度 $N$ 为 2048，数据速率 $f_s$ 为 12.5MHz，根据 FFT 原理，第一根谱线位置 $n=f/f_s \times N=9.99424$，取整数为 10，第二根谱线位置为 $N-n=2038$。

FFT 核设置为并行模式，输入数据及 FFT 输出的数据均是连续的。设置异步复位信号 aresetn 始终为高，不复位；s_axis_config_tdata 为 0，表示进行 FFT；s_axis_config_tvalid 为 1，表示始终允许进行 FFT 方式设置；s_axis_config_tvalid 为 1，表示 FFT 方式设置始终有效；s_axis_data_tdata 为输入的时域数据，为 32bit 的 AXI4 总线形式，低 16bit 为实部，高 16bit 为虚部；s_axis_data_tvalid 为 1，表示输入数据始终有效；s_axis_data_tlast 为 0，表示输入数据始终没有结束；m_axis_data_tdata 为 FFT 输出的频域信号，低 24 位为实部，高 24 位为虚部；m_axis_data_tuser 为谱线位置信号；m_axis_data_tready 设置为 1，表示始终准备好接收 FFT 输出数据；m_axis_data_tlast 指示每帧 FFT 输出数据的最后一个数据位置。

为便于仿真测试 FFT 的时序，新建数据生成模块文件 data.v，产生 61kHz 的单频信号。

新建顶层文件 top.v，例化时钟模块文件、数据生成模块文件和频域滤波器文件。新建测试激励文件 tst.v，运行仿真工具，调整数据显示格式，可得到图 11-15 所示波形图。

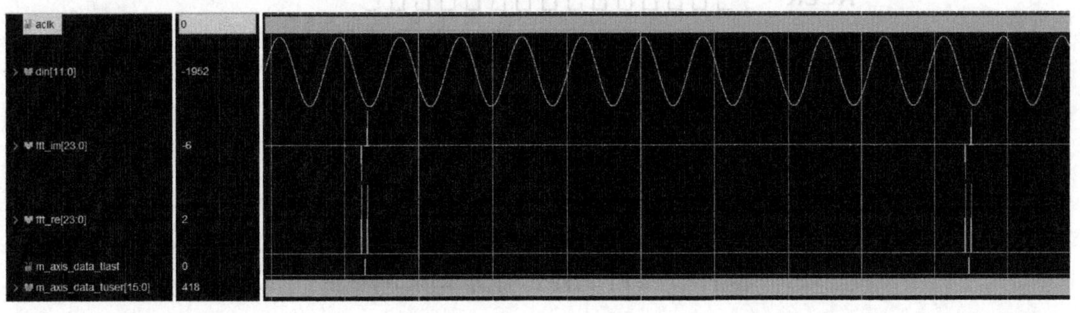


图 11-15　FFT 波形图（全局）

从图 11-15 可知，输入信号 din 为单频信号，FFT 输出的数据为连续数据，且每 2048 个数据有 2 条明显的谱线。

放大仿真波形图查看谱线对应的位置信息，如图 11-16 所示。从图中可以看出，当位置信号 m_axis_data_tuser 为 2047 时，m_axis_data_tlast 出现一个高电平脉冲，指示一帧 FFT 结束。两条谱线对应的位置分别为 2038、10，与 FFT 的理论结果相符。

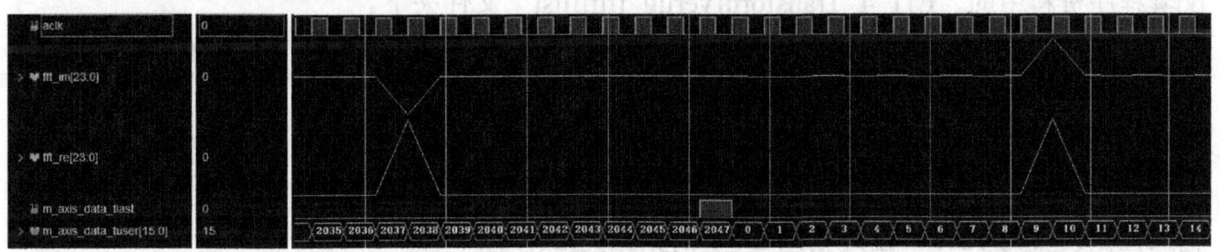


图 11-16　FFT 波形图（放大显示）

## 11.5.6　IFFT 基本接口时序仿真分析

由于 FFT 核设置为并行运算模式，FFT 核对输入的每个数据均会进行 FFT，而每段时域信号的频谱特征基本不变，因此不需要考虑 FFT 的起始位置。对于 IFFT 而言，即使也进行并行变换，即对每个数据均进行 IFFT，不同起始位置的 IFFT 结果完全不同，因此必须明确指定正确的 IFFT 起始位置。

对于图 11-16 所示的 FFT 结果来讲，完成逆变换时，输入到 FFT 核的频线位置必须在 10 和 2038 的位置上出现，IFFT 后才能得到正确的 61kHz 正弦波信号。本实例中，IFFT 被设置为并行运算模式，因此只需要指定第一帧数据的起始位置，则后续每帧数据的起始位置会根据 FFT 长度自动对齐。

根据 FFT 核的数据手册，可知 FFT（IFFT）的基本接口时序图如图 11-17 所示。

当 TVALID(s_axis_data_tvalid)信号拉高后 3 个时钟周期，TREADY（s_axis_data_tready）输出为高，此时 FFT 开始载入当前变换帧的第一个数据。

在实例中，由于 IFFT 被设置为并行运算模式，TVALID 需要始终设置为高电平。可以通过 FFT 的 m_axis_data_tlast 信号，以及 IFFT 的 aresetn 和 s_axis_data_tvalid 信号控制 IFFT

的起始位置。

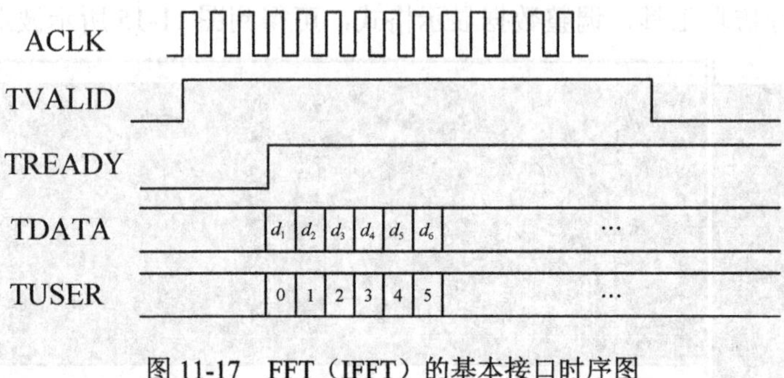


图 11-17　FFT（IFFT）的基本接口时序图

具体来讲，上电时设置 IFFT 的 aresetn 有效进行复位，s_axis_data_tvalid 为低，在检测到 FFT 的 m_axis_data_tlast 为高时，设置 aresetn 和 s_axis_data_tvalid 为高，启动 IFFT。由于 m_axis_data_tlast 为高时标识出了 FFT 数据帧的最后一个数据位置，因此可以控制 IFFT 数据帧的起始位置。

为便于测试 IFFT 的信号接口时序，我们修改频域滤波器代码，不对 FFT 后的谱线进行滤波，直接将 FFT 后的谱线经 3 级流水线延时输出，送入 IFFT 模块处理。测试工程在本书配套程序资料中的“E11_4_TransformVerilg_fftifftst”文件夹下。

首先需要测试 FFT 后数据的有效位宽。输入数据为满量程的单频信号，由于信号能量只集中在一根谱线上，找出谱线信号最高有效位即 FFT 后的最高有效位。

由图 11-18 可知，对 61kHz 的单频信号进行 FFT 后，在谱线置为 10 的位置处得到对应的谱线数据，24bit 的输出数据有效位为第 21bit，因此有效位宽为 22bit。本实例中的 FFT 核输入位宽设置为 12bit，因此输入 IFFT 的数据为[21:10]。

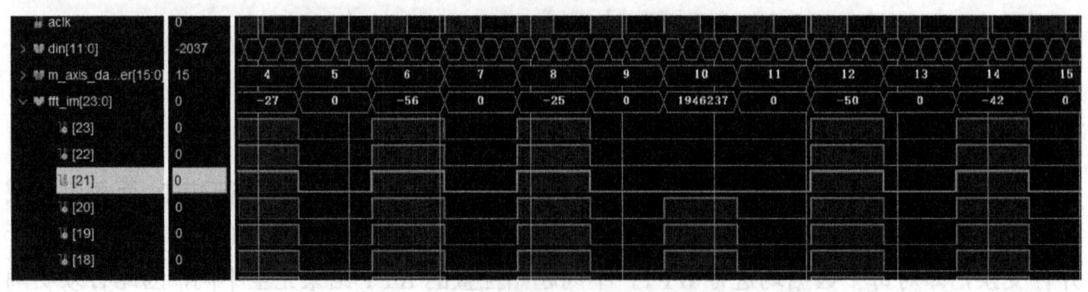


图 11-18　FFT 后有效位宽仿真波形图

继续查看 IFFT 模块的复位信号、输入数据有效信号、输入数据准备好的指示信号之间的时序波形，如图 11-19 所示。

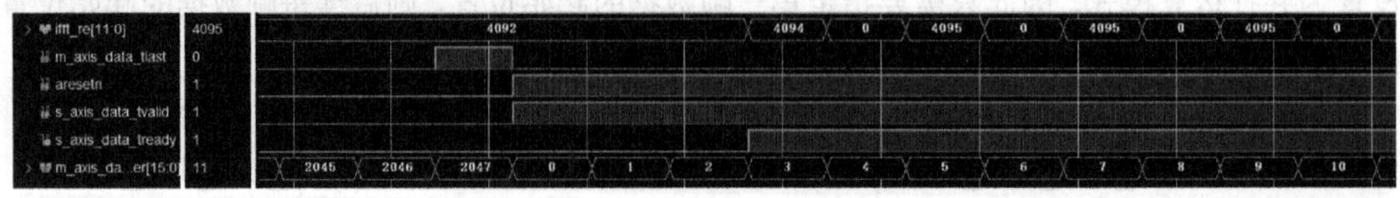


图 11-19　IFFT 模块接口时序仿真波形

由图 11-19 可知，当 FFT 模块输出的 m_axis_data_tlast 出现一个周期的高电平脉冲后，IFFT 模块的复位信号 aresetn 和数据有效信号 s_axis_data_tvalid 延时一个周期后均被拉高，再经过 3 个周期后，数据准备好的指示信号 s_axis_data_tready 被拉高，表示开始载入第一帧数据。此时，IFFT 当前帧的第一个数据对应于 FFT 模块谱线位置信号 m_axis_data_user 的值为 3。

FFT 后的当前帧第一个数据对应于 m_axis_data_user 的值为 0，因此进入 IFFT 时，需要进行 3 级流水线延时处理，使得进行 IFFT 的数据帧位置正确。

通过查看 IFFT 后的有效数据位宽情况，可知 IFFT 后的有效位宽为 14bit，取[13:0]为最后的逆变换输出。查看 IFFT 数据帧起始位置的仿真时序波形图如图 11-20 所示。

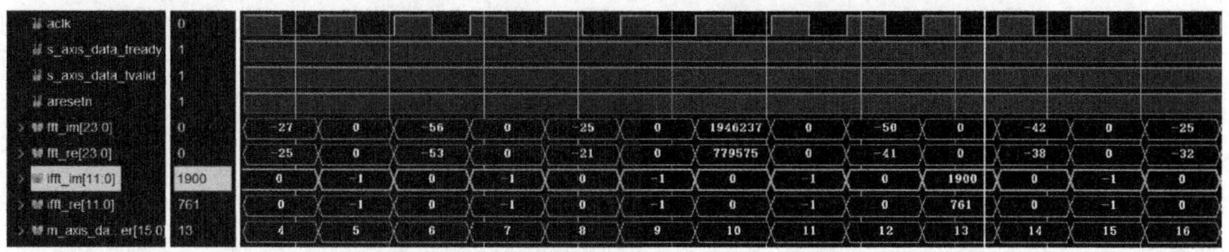

图 11-20　IFFT 数据帧起始位置的仿真时序波形图

由图 11-20 可知，当 FFT 的频线位置信号 m_axis_data_user 为 13 时，IFFT 模块的输入信号 fft_re、fft_im 为 61kHz 的谱线值。由于 fft_re、fft_im 为 FFT 后的数据进行了 3 个周期的延时处理，因此 IFFT 时实际对应的谱线位置为 10，即 61kHz 的谱线。图 11-21 所示为 FFT 输入的数据及 IFFT 后输出数据的波形图。

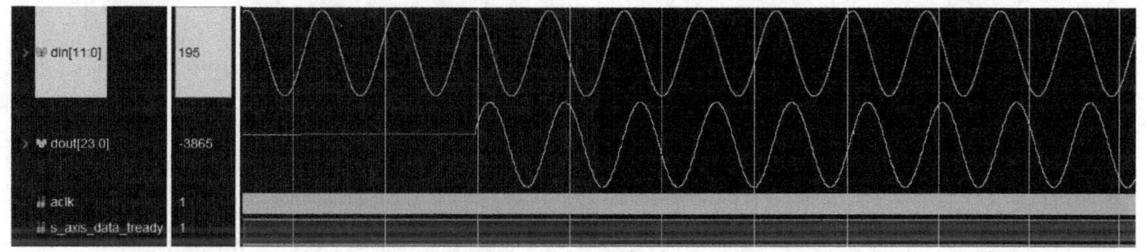

图 11-21　FFT 输入的数据及 IFFT 后输出数据的波形图

由图 11-21 可知，输入为 61kHz 的正弦波信号，经 FFT、IFFT 后又还原成了同频率的正弦波，说明整个 FFT 频域滤波器的时序是正确的。

接下来，只需要在频域滤波模块文件 fft_filter.v 中，实现对干扰谱线的检测及滤除，就可以完成整个频域滤波器的设计。

## 11.5.7　频域滤波模块 Verilog HDL 设计

FFT 的数据需要进行滤波处理，即需要完成检测门限计算、谱线功率判决、谱线置零等操作。根据频域滤波原理，计算检测门限的设计比较重要。门限的原则是高于有用信号的频谱，低于干扰信号的频谱。门限过高无法检测到干扰信号并进行滤除；门限过低容易将有用信号滤除，降低信号质量。为简化设计，本实例采用仿真的方法，通过观察叠加干扰信号的频谱，选取能够滤除干扰的门限值为 100000000。

计算每根谱线的功率需要采用两个 18×18 的乘法器核。乘法器设置为 1 级流水线操作。

求功率时，需要完成实部平方与虚部平方的加法运算，其采用 1 级流水线。谱线与门限的判断及输出采用 1 级流水线操作。因此，整个频域滤波处理采用 3 级流水线操作。

滤波处理功能由 fft_filter.v 完成，程序清单如下。

```
// fft_filter.v 程序清单
module fft_filter(
    input   clk,
    input   signed [23:0] fft_im,fft_re,
    input   fft_last,
    output ifft_start,
    output reg [11:0] ifft_im,ifft_re
    );

 wire signed [35:0] powre,powim;
 reg signed [35:0] pow;
 reg signed [11:0] r1,r2,i1,i2;

 reg start=0;
 always @(posedge clk)
     if (fft_last) start<=1;
 assign ifft_start = start;

 //1 级流水线
 mult_power u1 (
      .CLK(clk),              // input wire CLK
      .A(fft_re[21:4]),       // input wire [17 : 0] A
      .B(fft_re[21:4]),       // input wire [17 : 0] B
      .P(powre));             // output wire [35 : 0] P

  mult_power u2 (
      .CLK(clk),              // input wire CLK
      .A(fft_im[21:4]),       // input wire [17 : 0] A
      .B(fft_im[21:4]),       // input wire [17 : 0] B
      .P(powim));             // output wire [35 : 0] P

   //求谱线功率
   always @(posedge clk) pow <= powre + powim;

   always @(posedge clk)
      begin
      //延时 2 个时钟周期，与 power 时序对齐
      r1 <= fft_re[21:10];
      r2 <= r1;
      i1 <= fft_im[21:10];
```

```
        i2 <= i1;
        //将干扰谱线置零
        if (pow>1000000000) begin
            ifft_re <= 12'd0;
            ifft_im <= 12'd0;
            end
        else begin
            ifft_re <= r2;
            ifft_im <= i2;
            end
        end

endmodule
```

## 11.5.8　FPGA 实现后的仿真测试

根据实例要求，频域滤波器的输入信号为 3.125MHz 的 PN 码，干扰信号为 61kHz 的单频信号，新建数据生成模块 data.v，产生叠加干扰信号的伪随机序列信号。再新建顶层文件 top.v，例化数据生成模块 data.v、频域滤波器电路 TransformVerilog.v 和时钟模块文件。数据生成模块 data.v 的代码如下所示。

```
module data(
    input clk,//50MHz
    output reg [13:0] dout
    );

    wire signed [31:0] sine;

    mdds u1 (
      .aclk(clk),                          // input wire aclk
      .s_axis_config_tvalid(1'b1),         // input wire s_axis_config_tvalid
      .s_axis_config_tdata(16'd80),        // 61k-input wire [15 : 0] s_axis_config_tdata
      .m_axis_data_tvalid(),               // output wire m_axis_data_tvalid
      .m_axis_data_tdata(sine)             // output wire [31 : 0] m_axis_data_tdata
    );

   reg [4:0] cn=0;
   always @(posedge clk) cn <= cn + 1;

   //PN：0 1 0 0 0 0 1 0 1 0 1 1 1 0 1 1 0 0 0 1 1 1 1 1 0 0 1 1 0 1 0
   reg [4:0] cn5=0;
   reg pn=0;
   always @(posedge clk)
      if (cn[3:0]==0) begin
```

```
            if (cn5==30) cn5<=0;
            else cn5 <= cn5 + 1;
            case (cn5)
                1,3,4,7,8,9,10,11,15,16,18,19,20,22,24,29: pn<=1;
                default: pn<=0;
            endcase
            end

    always @(posedge clk)
        if (pn) dout <= 14'b00111111111111+{sine[13],sine[13:1]};
        else dout <= 14'b11000000000000+{sine[13],sine[13:1]};

endmodule
```

新建测试激励文件 tst.v，产生时钟信号，运行仿真工具，调整数据显示格式，可得到图 11-22 所示仿真波形图。

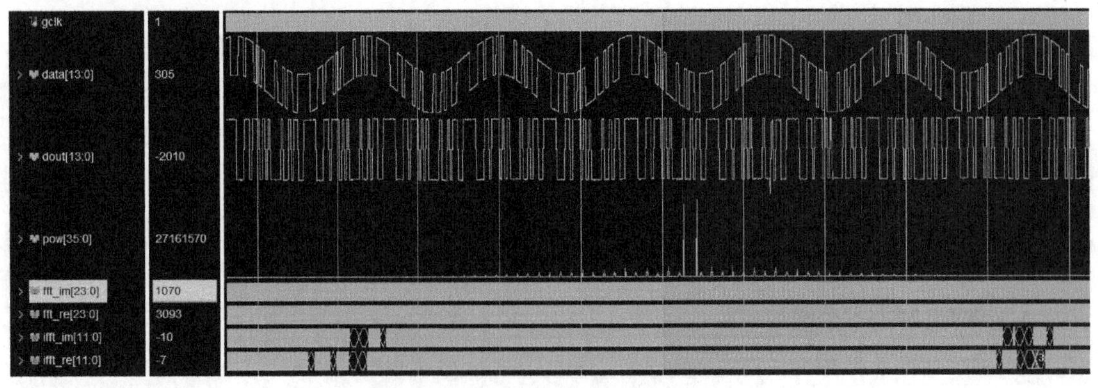


图 11-22 频域滤波器 FPGA 仿真波形图

由图 11-22 可知，叠加单频信号的伪随机序列信号的谱线中，出现两根幅度明显较大的干扰谱线。输入信号的时域信号中，叠加干扰信号的伪随机序列呈现明显的起伏状态，经过频域滤波处理后的信号呈现更为规则的形状，说明频域滤波器实现了较好的单频干扰滤除功能。

# 11.6 频域滤波器的板载测试

## 11.6.1 硬件接口电路

**例 11-5：频域滤波器的板载测试电路。**

CXD720 开发板配置有 2 路独立的 D/A 转换接口、1 路 A/D 转换接口、1 个独立的 100MHz 晶振。为真实地模拟频域滤波器的处理过程，采用 100MHz 的晶振作为驱动时钟，产生频率为 61kHz 的正弦波信号和 3.125MHz 的 PN 码，经 DA2 通道输出；DA2 通道输出的模拟信号通过开发板上的跳线端子物理连接至 A/D 转换通道，并送入 FPGA 进行处理；FPGA 处理后的信号由 DA1 通道输出。程序下载到开发板后，通过示波器同时观察 DA1、DA2 通道的信号波形，判断滤波前后信号的变化情况可验证滤波器电路的功能及性能。频域滤波器电路的板载测试电路结构框图如图 11-23 所示。

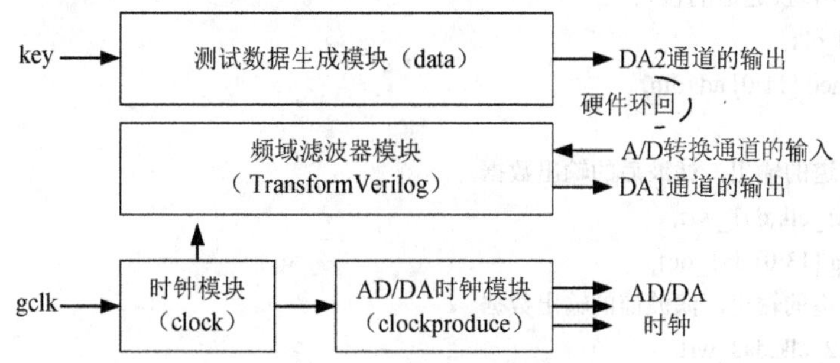


图 11-23　频域滤波器电路的板载测试电路结构框图

频域滤波器板载测试的接口信号定义如表 11-1 所示。

**表 11-1　频域滤波器板载测试的接口信号定义**

| 信号名称 | 引脚定义 | 传输方向 | 功能说明 |
|---|---|---|---|
| gclk | C19 | →FPGA | 100 MHz 时钟信号 |
| key | F4 | →FPGA | 按键信号，按下按键为高电平，按下按键时输出叠加信号，松开按键时输出 PN 码 |
| ad_clk | J2 | FPGA→ | A/D 抽样时钟信号 |
| ad_din[11:0] | B2/B1/C2/D2/D1/E3/E2/E1/F1/G2/G1/H2 | →FPGA | A/D 抽样输入信号 |
| da1_clk | W2 | FPGA→ | DA1 通道的时钟信号 |
| da1_wrt | Y1 | FPGA→ | DA1 通道的接口信号 |
| da1_out[13:0] | AB11/AB10/AB8/AA8/AB7/AB6/AA6/AB5/AB3/AA3/AB2/AB1/AA1/Y2 | FPGA→ | DA1 通道的输出信号，滤波处理后的信号 |
| da2_clk | W1 | FPGA→ | DA2 通道的时钟信号 |
| da2_wrt | V2 | FPGA→ | DA2 通道的接口信号 |
| da2_out[13:0] | U2/U1/T1/R2/R1/P2/P1/N2/M2/M1/L1 K1/K2/J1 | FPGA→ | DA2 通道的输出信号，产生的测试信号 |

## 11.6.2　板载测试程序

根据前面的分析可知，板载测试程序需要设计与 ADC、DAC 之间的接口转换电路，以及生成 ADC、DAC 所需要的时钟信号。ADC、DAC 的数据信号均为无符号数，而频域滤波器模块及测试数据模块的数据信号均为有符号数，因此需要将 AD 采样的无符号数转换为有符号数送入滤波器处理，同时需要将测试数据信号及滤波后的信号转换为无符号数送入 DAC。

板载测试电路的顶层文件代码如下所示。

```
//top.v 文件的程序清单
```

```
module top(
    input gclk,
    input key,

    //1 路 AD 转换通道的输入
    output ad_clk,
    input signed [11:0] ad_din,

    //DA1 通道的输出，滤波后的输出数据
    output da1_clk,da1_wrt,
    output reg [13:0] da1_out,
    //DA2 通道的输出，滤波前的输出数据
    output da2_clk,da2_wrt,
    output reg [13:0] da2_out
    );

    wire clk100m,clk50m,clk12m5;
    wire signed [13:0] dat,dout;
    reg signed [11:0] xin;

   //转换为有符号数送入滤波器处理
   always @(posedge clk12m5)
       xin <= ad_din- 2048;

    //转换为无符号数并送入 DAC 输出
    always @(posedge clk12m5)
       da1_out = dat+8192;

    //转换为无符号数并送入 DAC 输出
    always @(posedge clk50m)
       da2_out = dout+8192;

   clockproduce u3(
       .clk50m(clk50m),
       .clk12m5(clk12m5),
       .ad_clk(ad_clk),
       .da1_clk(da1_clk),
       .da1_wrt(da1_wrt),
       .da2_clk(da2_clk),
       .da2_wrt(da2_wrt));

    clock u0 (
       .clk_out1(clk100m),        // output clk_out1
       .clk_out2(clk50m),         // output clk_out2
```

```
        .clk_out3(clk12m5),          // output clk_out3
        .clk_in1(gclk));             // input clk_in1

    data u1(
        .key(key),
        .clk(clk50m),
        .dout(dat));

    TransformVerilogu2(
        .clk(clk12m5),             //时钟
        .din(xin),                 //输入数据：12.5MHz
        .dout(dout));              //滤波输出数据：12.5MHz

endmodule
```

AD/DA 时钟模块产生 ADC、DAC 所需的时钟信号。为提高输出的时钟信号性能，对于 7 系列 FPGA，一般采用 ODDR（Dedicated Dual Data Rate，专用双倍数据速率）硬件模块，可在代码中直接例化硬件原语。大家可参考本书配套程序资料中的完整工程文件。

## 11.6.3　板载测试验证

设计好板载测试程序，添加引脚约束并完成 FPGA 实现，将程序下载至 CXD720 开发板后可进行板载测试。频域滤波器板载测试的硬件连接图如图 11-24 所示。

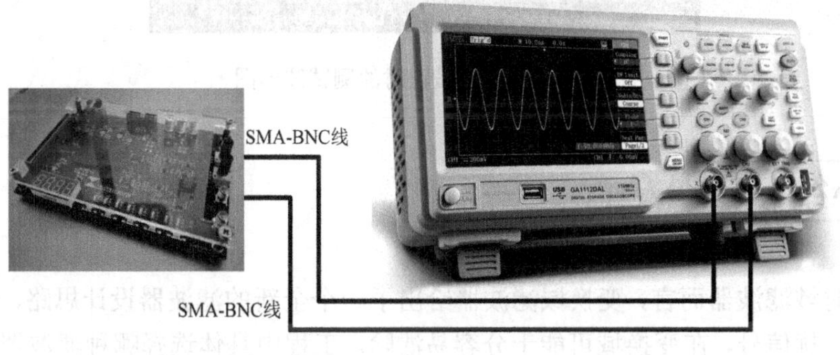


图 11-24　频域滤波器板载测试的硬件连接图

进行测试时需要采用双通道示波器，将示波器通道 2 接 DA2 通道输出，观察输入的信号；通道 1 接 DA1 通道输出，观察滤波后的信号。需要注意的是，在测试之前，需要适当调整 CXD720 开发板的电位器，使 AD/DA 接口的信号幅值基本保持满量程状态，且波形不失真。

将板载测试程序下载到 CXD720 开发板上后，按下按键，设置输入为有干扰的 PN 码，合理设置示波器参数，可以看到两个通道的波形如图 11-25 所示。从图中可以看出，输入信号波形起伏明显，输出信号为已滤除干扰信号的 PN 码，波形规则且几乎无起伏状态，说明滤波器较好地滤除了单频干扰。

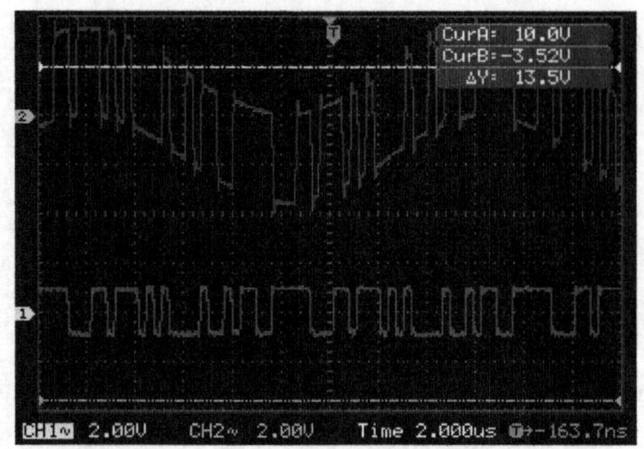


图 11-25 按下按键时的测试波形图

松开按键，设置输入信号为无干扰的 PN 码，合理设置示波器参数，可以看到两个通道的波形如图 11-26 所示。从图中可以看出，由于输入无干扰信号，两路通道信号均为规则的 PN 码。

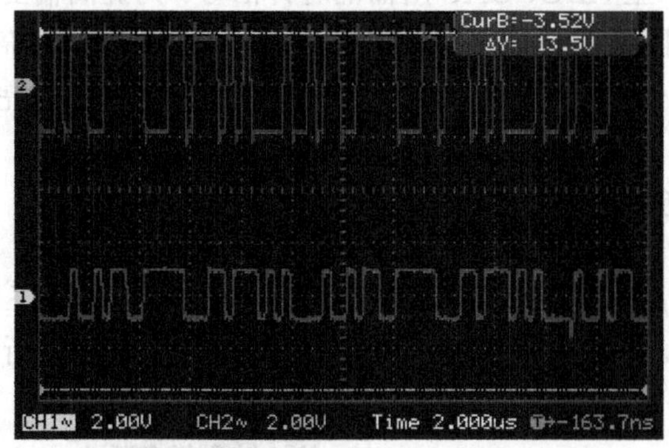


图 11-26 松开按键时的测试波形图

## 11.7 小结

相对于时域滤波器而言，变换域滤波器给出了一个全新的滤波器设计思路，一些在时域无法滤除的干扰信号，在变换域可能十分容易滤除。工程中具体选择哪种滤波器，要根据输入信号的统计特征、滤波器实现的复杂度、运算速度等因素综合考虑。

采用变换域滤波技术抑制窄带干扰的原理并不复杂，在 FPGA 设计与实现过程中，难点在于准确把握各模块之间、各运算步骤之间、各信号接口之间的时序关系，并在设计中严格按照这些时序关系编写程序，从本章的实例中读者可以进一步体会到时序在 FPGA 设计中的重要性。

# 第 12 章 DPSK 解调系统 Verilog HDL 设计

本书前面的章节对各种数字滤波器进行了详细的讨论，对于数字信号处理、无线通信等工程设计来讲，数字滤波器的设计将贯穿于整个工程的设计与实现过程。为了使读者更好地理解数字滤波器的作用、设计与实现方法，以及数字接收机实现的整体概念，本章以 DPSK 解调技术的工程实现为例，详细讨论 DPSK 解调环路的设计过程，重点讨论解调环路中数字滤波器的设计与实现。

## 12.1 数字接收机的一般原理

自 Jeo Mitola 在 1992 年 5 月美国电信系统会议上首次提出了软件无线电的概念以后，基于软件无线电架构或思想的无线通信技术很快成为各国研究的热点。随着现代电子硬件平台的不断发展，特别是以可编程器件为代表的大规模集成芯片性能的不断提高，软件无线电的设计思想正在逐渐转变为实际的电子通信产品。毫无疑问，其中的中频数字接收机技术是软件无线电中最为关键的技术之一。不同体制的无线信号，需要采用不同的解调技术和方法，详细讨论各种解调技术不属于本书涉及的范围。接下来本节首先介绍目前已经被大多数无线通信厂商所采用的中频数字接收机结构及原理，然后对常用的几种数字接收机解调技术、数字接收机的关键技术进行简要介绍，以便读者在理解采用 PFGA 实现 DPSK 解调的原理之前形成一个总体概念。

### 12.1.1 通用数字接收机处理平台

Jeo Mitola 提出的软件无线电，指的是可编程或可重构电台，即用同一个硬件在不同时刻实现不同的功能。软件无线电的思想在第三代移动通信系统中已得到成功应用。例如，TD-SCDMA 等方案均将软件无线电技术应用于设计多频/多模（可兼容 GSM、WCDMA，以及现有的大多数模拟体制）可编程手机与基站。软件无线电提出尽可能地对射频模拟信号直接进行数字化方案，并通过对大规模集成器件或可编程数字信号处理器的软件化编程来完成各种功能。通用数字接收机的功能框图如图 12-1 所示。

射频模拟信号的直接数字化方案的一个“瓶颈”是 A/D 转换器的性能（包括转换速率、工作带宽、动态范围等指标）和可编程数字信号处理器的速度。目前可实现的方案是在中频对信号进行 A/D 转换，此结构以相对复杂的射频前端处理换来 A/D 转换器设计的极大简化和后续可编程数字信号处理器负担的极大减轻，具有较好的波形适应性、信号带宽适应性和可扩展性。在 A/D 转换器性能和可编程数字信号处理器速度等受限的情况下，此结构无疑是近期软件无线电的可行设计方案，如图 12-2 所示。

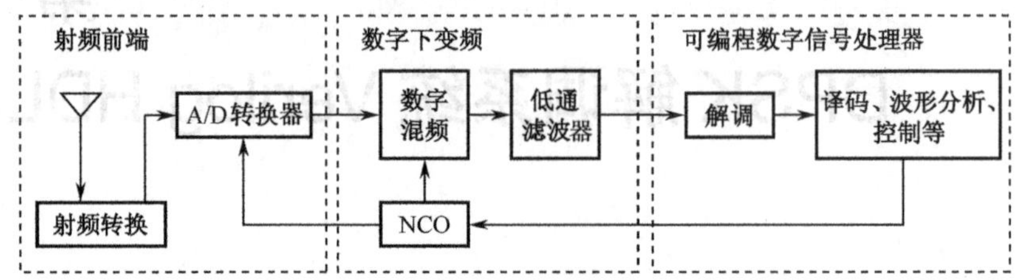


图 12-1 通用数字接收机的功能框图

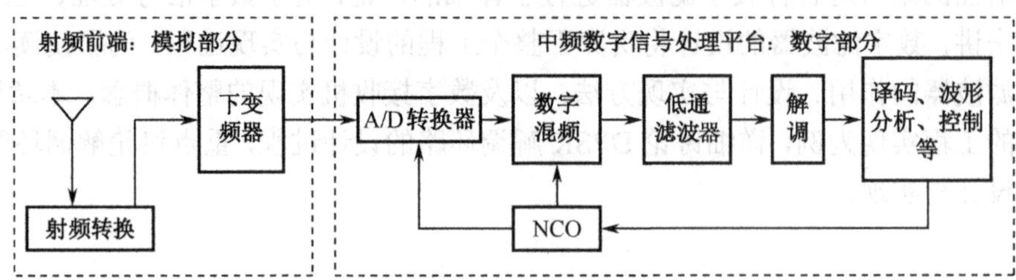


图 12-2 软件无线电的可行设计方案

通常将中频频率选择为 70MHz，且将 A/D 转换器与可编程数字信号处理器放置在一块印制电路板或一个硬件处理平台上。由于中频数字信号处理平台大多由可编程的器件组成，因此只要在平台上加载不同的处理软件，便可实现不同调制制式、不同码速率的数据解调处理。软件无线电潜在的技术实现方案主要有高速数字信号处理器（Digital Signal Processor，DSP）、现场可编程门阵列（Field Programmable Gate Array，FPGA）、采用通用计算机的虚拟无线电等。FPGA 和 DSP 都具有可重复编程的特点，在实现可重构通用数字接收机平台方面各有优劣。总体来讲，FPGA 的功能是通过硬件电路实现的，具有速度优势；而 DSP 是通过执行指令来实现各种算法的，适合进行复杂的数学运算。大多数的中频数字接收机均同时配置了 FPGA 及 DSP，以适应不同运算量、不同运算复杂度的需求。

### 12.1.2 基本调制/解调技术

#### 1. 调制/解调的概念及分类

在通信系统中为了适应不同的信道情况（如数字信道或模拟信道、单路信道或多路信道等），常常要在发信端（发送端）对原始信号进行调制，得到便于信道传输的信号，然后在收信端（接收端）完成调制的逆过程——解调，还原出原始信号。用来传送消息的信号 $u_c(t)$ 称为载波或受调信号，代表欲传送消息的信号 $u_\Omega(t)$ 称为调制信号，调制后的信号 $u(t)$ 称为已调信号。用调制信号 $u_\Omega(t)$ 控制载波的某些参数，使这些参数随 $u_\Omega(t)$ 变化，就可实现调制。

受调信号可以是正弦波或脉冲波信号。欲传送的消息既可以是语音、图像或其他物理量，也可以是数据、电报和编码等。调制是一种非线性过程，载波被调制后产生新的频率分量，通常它们分布在载频 $f_c$ 的两边，占有一定的频带，分别称为上边带和下边带。这些新的频率分量与调制信号有关，是携带着消息的有用信号。调制的目的是实现频谱搬移，即把欲传送消息的频谱变换到载波附近的频带，使消息便于传输或处理。

调制的分类方法很多。按调制信号的形式可分为模拟调制和数字调制，用模拟信号调制的称为模拟调制，用数据或数字信号调制的称为数字调制；按被调制信号的种类可分为脉冲调制、正弦波调制和强度调制等。调制的载波可以是脉冲、正弦波和光波等。正弦波调制有幅度调制、频率调制和相位调制三种基本方式，后两者合称为角度调制。此外还有一些经过改进的调制方式，如单边带调幅、残留边带调幅等。脉冲调制也可以按类似的方法分类。此外还有复合调制和多重调制等。不同的调制方式有不同的特点和性能。

在信息传输或处理系统中，发送端用欲传送的消息对载波进行调制，产生携带这一消息的信号。接收端必须恢复所传送的消息才能加以利用，这就是解调，解调是调制的逆过程。调制方式不同，解调方式也不同。与调制的分类相对应，解调可分为正弦波解调（有时也称为连续波解调）和脉冲波解调。正弦波解调还可再分为幅度解调、频率解调和相位解调。此外还有一些与改进过的调制方式相对应的解调，如单边带信号解调、残留边带信号解调等。同样，脉冲波解调也可分为脉冲幅度解调、脉冲相位解调、脉冲宽度解调和脉冲编码解调等。对于多重调制需要配以多重解调。

调制的主要性能指标是频谱宽度和抗干扰性，而这正好是一对矛盾。调制方式不同，这些指标也不一样。一般来说，调制频谱越宽，抗干扰性能越好；反之，抗干扰性能越差。调制的另一重要性能指标是调制失真。总体来说，数字调制比模拟调制具有更强的抗调制失真的能力。

理论上讲，数字调制与模拟调制在本质上没有什么不同，它们都属于正弦波调制。但是，数字调制是调制信号为数字型的正弦波调制，而模拟调制是调制信号为连续型的正弦波调制。最基本的数字调制方式有幅移键控（Amplitude Shift Keying，ASK）、频移键控（Frequency Shift Keying，FSK）和相移键控（Phase Shift Keying，PSK）。

#### 2. 幅移键控（ASK）

载波幅度随着调制信号变化的调制方式称为幅度调制，其最基本的形式是载波在二进制调制信号控制下产生通、断状态，即 ASK，这种方式还被称为通断键控或开关键控（On-Off Keying，OOK），它是以单极性不归零码来控制载波的开启和关闭的，其调制方式出现得比模拟调制还早。虽然 ASK 的抗干扰性能不如其他调制方式的抗干扰性能，在无线通信中的应用较少，但由于其实现简单，在光纤通信中获得了广泛的应用。

ASK 通常使用相乘器来实现调制，调制类型有 2ASK 及 MASK（多进制数字调制）。在二进制数字调制中每个符号只能表示 0 和 1（+1 或−1）。但在许多实际的数字传输系统中却往往采用多进制的数字调制方式。与二进制数字调制系统相比，多进制数字调制系统具有以下两个特点：第一，在相同的信道码源调制中，每个符号可以携带 $\log_2 M$ 比特的信息，因此，当信道频带受限时可以使信息传输速率增加，提高频带利用率，但由此付出的代价是增加信号功率和实现上的复杂性；第二，在相同的信息传输速率下，由于多进制方式的信道传输速率比二进制方式的信道传输速率低，因而多进制信号码元的持续时间要比二进制信号码元宽。加宽码元宽度，就会增加信号码元的能量，也能减小由于信道特性引起的码间干扰的影响。虽然 MASK 是一种高效率的调制方式，但由于它的抗噪声能力较差，尤其是抗衰落的能力不强，因而它一般只适合在恒参信道下使用。

ASK 有两种解调方式：相干解调和非相干解调。相干解调也称为同步解调，一般定义为利用与接收信号同频同相的恢复载波来进行的解调，其原理是首先从接收信号中提取离散的载波分量，使得所恢复的载波频率及相位与接收的信号相同，然后将恢复的载波与接收信号相乘，经过低通滤波后消除二倍频分量，最后对信号经过抽样、判决，即可恢复出所发送的数据信号。

**3. 频移键控（FSK）**

FSK 是指用数字信号去调制载波的频率。FSK 是信息传输中使用得较早的一种调制方式，它的主要优点是实现起来较容易，抗噪声与抗衰减的性能较好。FSK 在中低速数据传输中得到了广泛的应用。

FSK 的信号可以看成两个不同载波频率的 ASK 已调信号之和，其解调方法也有相干法和非相干法两种。FSK 的调制类型与 ASK 的调制类型类似，也分为二进制频移键控（2FSK）和多进制频移键控（MFSK）。

**4. 相移键控（PSK）**

相移键控是指根据数字基带信号的两个电平使载波相位在两个不同的数值之间切换的一种调制方法。PSK 是一类性能优良的调制方式，在数字通信的三种调制方式（ASK、FSK、PSK）中，就频带利用率和抗噪声性能（或功率利用率）两个方面来看，一般而言，PSK 是最佳的，所以 PSK 在中、高速数据传输中得到了广泛的应用。

产生 PSK 信号有两种方法：调相法和选择法。调相法是将基带数字信号（双极性）与载波信号直接相乘的方法；选择法是用数字基带信号去对相位相差 180° 的两个载波进行选择产生调制信号。PSK 的调制类型与 ASK 的调制类型类似，也分为二进制相移键控（2PSK）和多进制相移键控（MPSK）。

### 12.1.3 改进的数字调制解调技术

随着大容量和远距离数字通信技术的发展，出现了一些新的问题，主要是信道的带宽限制和非线性对传输信号的影响。在这种情况下，传统的数字调制方式已不能满足应用的需求，需要采用新的数字调制方式以减小信道对所传信号的影响，以便在有限的带宽资源条件下获得更高的传输速率。这些技术的研究，主要是围绕充分节省频谱和高效利用频带展开的。多进制调制是提高频谱利用率的有效方法，恒包络技术能适应信道的非线性，并且保持较小的频谱占用率。

从传统数字调制技术发展而来的技术有最小移频键控（MSK）、高斯滤波最小移频键控（GMSK）、正交幅度调制（QAM）、正交频分复用调制（OFDM）等。

在二进制 ASK 系统中，其频带利用率是 1bit/s·Hz，若利用正交载波调制技术传输 ASK 信号，则可使频带利用率提高一倍。如果再把多进制与其他技术结合起来，还可进一步提高频带利用率。能够完成这种任务的技术称为正交幅度调制（QAM），它是利用正交载波对两路信号分别进行双边带抑制载波调幅形成的，通常有二进制 QAM、四进制 QAM（16QAM）、八进制 QAM（64QAM）等。

当信道中存在非线性的问题和带宽限制时，幅度变化的数字信号通过信道会使已滤除的带外频率分量恢复，发生频谱扩展现象，同时要满足频率资源限制的要求。因此，对已调信号有两点要求：一是要求包络恒定；二是具有最小频谱占用率。因此，现代数字调制技术的发展方向是最小功率谱占有率的恒定包络数字调制技术。现代数字调制技术的关键在于相位变化的连续性，从而减少频谱占用率。近年来，新发展起来的技术主要分两大类：一是连续相位调制技术（CPFSK），在码元转换期间无相位突变，如 MSK、GMSK 等；二是相关相移键控技术（CORPSK），利用部分响应技术，对传输数据先进行相位编码，再进行调相（或调频）。

MSK（最小频移键控）是 FSK 的一种改进形式。在 FSK 中，每个码元的频率不变或跳变一个固定值，而用频率跳变表示两个相邻的码元，其相位通常是不连续的。MSK 就是 FSK 中相邻码元的相位始终保持连续变化的一种特殊方式，可以看成调制指数为 0.5 的 CPFSK。

实现 MSK 调制的过程：先将输入的基带信号进行差分编码，然后将其分成 I、Q 两路，并互相交错一个码元宽度，再用加权函数 $\cos(\pi t/2T_b)$和 $\sin(\pi t/2T_b)$分别对 I、Q 两路数据进行加权，最后将两路数据分别用正交载波调制。MSK 使用相干载波最佳接收机解调。

GMSK 是使用高斯滤波器的连续相位频移键控，它具有比未经滤波的连续相位移频键控更窄的频谱。在 GSM 中为了满足移动通信对相邻信道干扰的严格要求，采用高斯滤波最小移频键控（GMSK）调制方式，该调制方式的调制速率为 270833kbit/s，每个时分多址 TDMA 帧占用一个时隙来发送脉冲簇，其脉冲簇的速率为 33.86kbit/s，它使调制后的频谱主瓣窄、旁瓣衰落快，从而满足 GSM 的要求，节省频谱资源。

正交频分复用调制（Orthogonal Frequency Division Multiplexing，OFDM）采用了正交频分复用技术，实际上 OFDM 是多载波调制的一种，其主要思想：将信道分成若干正交子信道，将高速数据转换成并行的低速子数据流后调制到每个子信道上进行传输。正交信号可以通过在接收端采用相关技术来分开，这样可以减少子信道之间的相互干扰。每个子信道上的信号带宽小于信道的相关带宽，信道均衡变得相对容易。在 3G/4G 演进过程中，OFDM 是关键的技术之一，通过结合分集、时空编码、信道间干扰抑制和智能天线技术，最大限度地提高了系统性能。

## 12.2 DPSK 调制/解调原理

### 12.2.1 DPSK 调制原理及信号特征

DPSK 是为了克服 PSK 相位模糊问题而产生的一种调制方式。由于 PSK 是用载波的绝对位来调制数据的，在信号传输过程及解调过程中，容易出现相位翻转，则在解调端无法准确判断原始数据。例如，在 2PSK 中，调制数据的 0° 相位代表数据 0，180° 相位代表数据 1，在接收端发生相位翻转时将导致数据错误。DPSK 是根据前后数据之间的相位差来判断数据信息的，即使在接收端发生相位翻转，由于数据之间的相对相位差不会发生改变，因此可以有效解决相位翻转带来的问题。与 2PSK 相比，DPSK 只需要在发送端将原始绝对码转换成相对码，在接收端再将相对码转换成绝对码即可。

设输入调制器的二进制比特流为$\{b_n, n\in(-\infty,\infty)\}$，2PSK 的输出信号形式为

$$s(t)=\begin{cases}A\cos(\omega_c t+\varphi), & b_n=0\\ -A\cos(\omega_c t+\varphi), & b_n=1\end{cases}\quad nT_b\leqslant t\leqslant(n+1)T_b \tag{12-1}$$

由式（12-1）可以看出，可以将输入信号看成幅度为±1 的方波信号，调制过程为原始信号与载波信号直接相乘的结果。图 12-3 所示为 DPSK 的调制信号过程波形图，图中 clk 为原始数据时钟，s 为绝对码，ds 为相对码，ms 为已调信号。

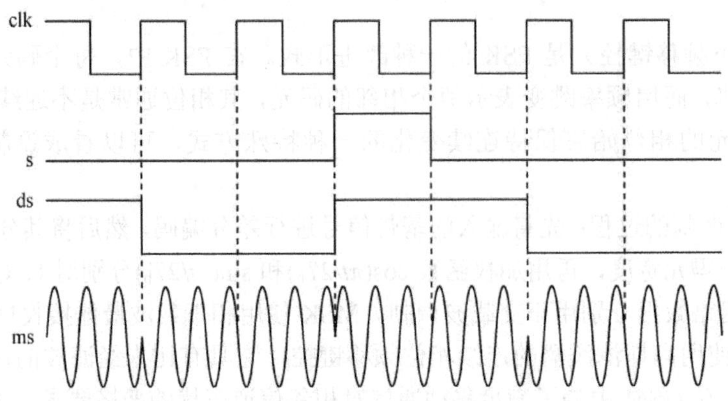


图 12-3　DPSK 的调制信号过程波形图

信号的频谱特性往往更能体现无线信号的特征，信号带宽是其中最为重要的一个频谱特性。信号的带宽有多种定义，一个常用的定义为信号能量或功率的主要部分集中的频率范围。信号的绝对带宽定义为信号的非零值功率在频域上占用的范围。常用的带宽度量方法是使用 3dB 带宽（也称为半功率带宽）来刻画频谱的分散程度。3dB 带宽定义为功率比峰值低 3dB 的频率范围。此外，频谱主瓣宽度概念的使用也很频繁，即零点带宽。

在 DPSK 中，虽然原始信号的带宽无限大，但 90%的能量均集中在频谱主瓣内，因此，为提高发送端的功率利用率，降低噪声的影响，通常需要在调制之前对原始基带信号进行成形滤波，以滤除主瓣外的信号及噪声。根据奈奎斯特第一准则的原理，即使信号传输后的波形发生了变化，但只要其特征点的抽样值保持不变，那么用再次抽样的方法，仍然可以准确无误地恢复出原始信号。满足奈奎斯特第一准则的成形滤波器有很多种，在无线通信中应用最为广泛的是幅频响应具有奇对称升余弦形状过渡带的一类滤波器，通常也称为升余弦滚降滤波器。升余弦滚降滤波器本身是一种有限脉冲响应滤波器，其传递函数的表达式为

$$X(f)=\begin{cases}T_s, & 0\leqslant|f|\leqslant\dfrac{1-\alpha}{2T_s}\\ \dfrac{T_s}{2}\left\{1+\cos\left[\dfrac{\pi T_s}{\alpha}\left(|f|-\dfrac{1-\alpha}{2T_s}\right)\right]\right\}, & \dfrac{1-\alpha}{2T_s}<|f|\leqslant\dfrac{1+\alpha}{2T_s}\\ 0, & |f|>\dfrac{1+\alpha}{2T_s}\end{cases} \tag{12-2}$$

式中，$\alpha$ 为大于 0、小于或等于 1 的滚降因子。当 $\alpha=0$ 时，该滤波器的带宽为 $R_s/2$，称为奈奎斯特带宽；当 $\alpha=0.5$ 时，该滤波器的截止频率为 $(1+\alpha)R_s/2=0.75R_s$；当 $\alpha=1$ 时，该滤波器的截止频率为 $(1+\alpha)R_s/2=R_s$。

### 12.2.2　DPSK 的 MATLAB 仿真

本章主要讨论 DPSK 的 FPGA 设计及实现，并在 FPGA 上实现对中频抽样 DPSK 数字信号的解调。为测试工程实例最终实现后的性能，需要利用 MATLAB 仿真出输入 FPGA 的数字信号。根据 12.1.1 节介绍的内容，目前的数字接收机大多是在中频进行抽样的，然后全部进行数字化处理。因此，需要仿真出中频抽样后的 DPSK 已调信号。在编写仿真程序之前，需要先了解 DPSK 调制及传输模型。

**1．DPSK 调制及传输模型**

根据 DPSK 调制原理，需要先将原始二进制数转换成相对的二进制数。为了提高发送端的功率利用率，降低噪声的影响，需要对相对数据进行成形滤波，滤波后的数据通过相乘器与载波信号相乘来完成调制过程。载波频率一般比较高，以利于无线传输。在接收端则需要通过下变频器，将射频信号变换成标准的 70MHz 中频信号，最后进行 A/D 转换生成数字信号并送入 FPGA 处理。

众所周知，DPSK 的调制、下变频运算，其实是一个简单的频谱搬移过程，调制信号的频谱形状并不发生任何变化。需要注意的是，抽样过程也是对被抽样信号的频谱搬移过程。对中频信号的直接抽样涉及三个问题：抽样的频率、抽样位数，以及抽样后频谱搬移的情况。

根据带通信号抽样定理，抽样频率并不需要一定大于信号最高频率的 2 倍，用较低的抽样频率也可以正确地反映带通信号的特性。对于某带通信号，假设其中心频率为 $f_0$，上/下边带的截止频率分别为 $f_h = f_0 + B/2$，$f_l = f_0 - B/2$，$B$ 为所需处理的信号带宽（注意与 3 dB 带宽相区别）。对其进行均匀抽样，满足抽样值不失真地重建信号的充要条件为

$$\frac{2f_h}{k+1} \leqslant f_s \leqslant \frac{2f_l}{k},\quad 0 \leqslant k \leqslant K, K = \lfloor f_l/B \rfloor \tag{12-3}$$

式中，$\lfloor f_l/B \rfloor$ 表示不大于 $f_l/B$ 的最大整数。

根据 DPSK 解调原理，在中频对已调信号进行抽样后，仍需要进一步对信号进行下变频，实现信号的零频搬移。最简单的方法是产生与载波（中频）频率相同的本地载波，根据直接数字频率合成（Direct Digital Synthesizer，DDS）的原理，产生 70MHz 的标准中频载波，至少需要 140MHz 的参考时钟。这将大大增大系统设计的难度，而利用抽样信号的镜像频谱实现零频搬移，可以有效克服 DDS 实现过程中所需参考时钟频率过高的问题。根据信号抽样理论，在进行抽样的同时实现了信号频谱的 $kf_s$ 搬移，这样就可以利用最靠近零频的镜像频谱实现零频搬移，从而有效简化本地 NCO 的设计。

一般来说，A/D 转换器的转换位数越多越好，这是因为 A/D 转换器的动态范围指标主要取决于转换位数，且转换位数越多，其动态性能越好。但同时需要注意，A/D 转换器的转换位数越多，后续数字信号处理的复杂度也越高，所需硬件资源也会增加。

**2．中频抽样 DPSK 信号仿真**

为便于本章后续讨论 DPSK 解调系统的 FPGA 实现，先给出一个具体工程实例，并逐步讲解该工程实例的设计、实现、测试过程，方便读者全面掌握 DPSK 的设计与实现方法。

**例 12-1：DPSK 的 FPGA 设计。**

在 DPSK 调制系统中，原始数据码元速率 $R_s$ 为 4MHz，发送端成形滤波器系数 $\alpha = 0.8$，接收端中频为 70MHz，中频抽样位数为 12bit，要求在中频数字化后实现 DPSK 解调，且在输入信噪比大于 6dB 时环路能正常锁定。

由于需要仿真中频抽样的 DPSK 信号，首先需要确定 A/D 转换器的速率。根据前述成形滤波器（升余弦滚降滤波器）的频谱特性可知，当 $\alpha = 0.8$ 时，该滤波器截止频率为 $0.9R_s =$ 3.6MHz。考虑到中频接收端进行抽样前需要增加一级抗混叠滤波器。抗混叠滤波器必须有一个过渡带，其通带为成形滤波器的截止频率，设置过渡带为 1.6MHz，则信号处理信号带宽范围为 64.8～75.2MHz。根据式（12-3）容易得出，满足无失真重建信号的抽样频率（单位为 MHz）为

$$(25.0667, 25.92)\cup(30.08, 32.4)\cup(37.6, 43.2)\cup(50.1333, 64.8)\cup(75.2, 129.6)\cup(150.4, \text{inf})$$

一般选取码元速率整数倍频率作为抽样频率，本实例中选择的抽样频率 $f_s$=32MHz，再根据 A/D 转换器对信号频谱的搬移情况，容易得出最靠近零频的中心频率为 6MHz。有了以上的数据分析后，就可以编写程序仿真产生 70MHz 中频抽样的 DPSK 信号了。

下面直接给出程序文件 E12_1_DPSKSignalProduce.m 的程序清单（图 12-4 所示为程序运行产生的信号频谱）。

```
%E12_1_DPSKSignalProduce.m 的程序清单
ps=4*10^6;                          %码元速率为 4MHz
fs=32*10^6;                         %抽样频率为 32MHz
fc=70*10^6;                         %载波频率为 70MHz
fd=5.2*10^6;                        %数据处理带宽
snr=10;                             %信噪比（dB）
N=10000;                            %仿真数据的长度

t=0:1/fs:(N*fs/ps-1)/fs;
s=(randi(2,N,1)-1);                 %产生随机数据作为原始数据，并将绝对码转换为相对码
ds=ones(1,N);
for i=2:N
    if s(i)==0
        ds(i)=ds(i-1);
    else
        ds(i)=-ds(i-1);
    end
End

rcos=rcosflt(ds,ps,fs,'fir',0.8);   %进行升余弦滤波，且滤波后以 fs 频率进行抽样
rcosf=rcos(1:length(t));
f0=cos(2*pi*fc*t);                  %产生 70MHz 的载频信号
dpsk=sqrt(2)*rcosf'.*f0;            %产生 DPSK 已调信号，功率为 0dBW

n_dpsk=dpsk;
```

```
%仿真中产生中频抗混叠滤波器，带外抑制约 38dB，处理带为(6-3.6)MHz~(6+3.6)MHz
fd=[800000 2400000 9600000 11200000];              %过渡带
mag=[0 1 0];                                        %窗函数的理想滤波器幅度
dev=[0.05 0.015 0.05];                              %纹波
[n,wn,beta,ftype]=kaiserord(fd,mag,dev,fs)          %获取凯塞窗参数
b=fir1(n,wn,ftype,kaiser(n+1,beta));
f_s=filter(b,1,n_dpsk);                             %中频滤波器滤波
f_s=awgn(f_s,snr);                                  %叠加白噪声

m_dpsk=20*log10(abs(fft(f_s,1024)));
m_dpsk=m_dpsk-max(m_dpsk);
m_rcos=20*log10(abs(fft(rcosine(ps,fs,'fir',0.8),1024)));
m_rcos=m_rcos-max(m_rcos);
m_kaiser=20*log10(abs(fft(b,1024)));

%设置幅频响应的横坐标单位为 Hz
x_f=[0:(fs/length(m_kaiser)):fs/2];
%只显示正频率部分的幅频响应
m1=m_kaiser(1:length(x_f));m2=m_dpsk(1:length(x_f));
m3=m_rcos(1:length(x_f));

%绘制幅频响应曲线
plot(x_f,m1,'-.',x_f,m2,'-',x_f,m3,'--');
legend('中频滤波器','中频抽样的 DPSK 信号','升余弦滚降滤波器');
xlabel('频率/Hz');ylabel('幅度/dB');grid on;
```

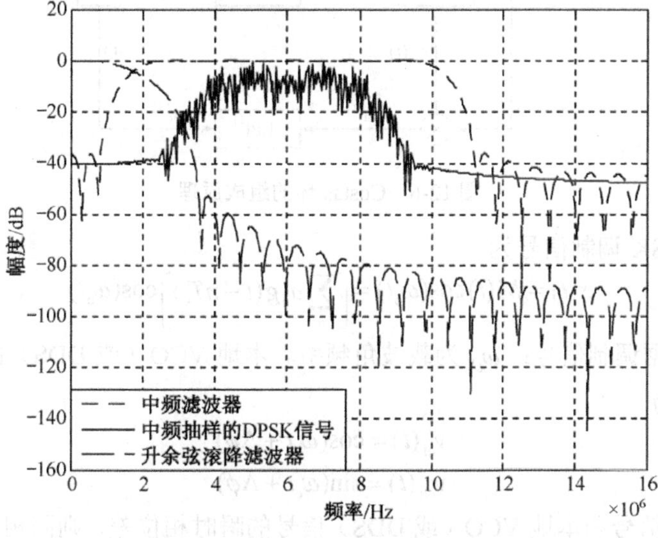


图 12-4　程序运行产生的信号频谱

### 12.2.3 DPSK 解调原理

简单来说，DPSK 解调实际上是由两个锁相环路实现的：载波同步环及符号同步环。其中，载波同步环用于在接收端恢复出与发送端同频同相的载波信号，以便实现接收端的相干解调；符号同步环则用于在接收端恢复出与发送码元速率相同的位同步时钟信号，以确保每个数据位只抽样一次，且在眼图张开最大处抽样，以保证抽样时的信噪比最高。DPSK 解调总体原理图如图 12-5 所示。下面我们分别介绍 Costas 环（载波同步环）和符号同步环的工作原理，并对 Costas 环的 FPGA 设计方法及步骤进行详细讨论。

图 12-5　DPSK 解调总体原理图

#### 1. Costas 环的工作原理

目前的载波恢复电路有多种，其中最常用的有平方环、Costas 环、判决反馈环及通用载波恢复环等。J. P. Costas 在 1956 年首先提出采用同相正交环来恢复载波信号，随后 Riter 证明跟踪低信噪比的抑制载波信号的最佳装置是 Costas 环及平方环。传统的模拟 Costas 环因存在同相支路与正交支路的不平衡性，从而使环路的性能受到一定的影响，且模拟电路还存在直流零点漂移、难以调试等缺点，而采用全数字的实现方式则可有效避免这些问题。

Costas 环的组成原理如图 12-6 所示，主要由 VCO（数字实现时为 DDS 或 NCO）、低通滤波器（LPF）、鉴相器（PD）及环路滤波器（LF）组成。

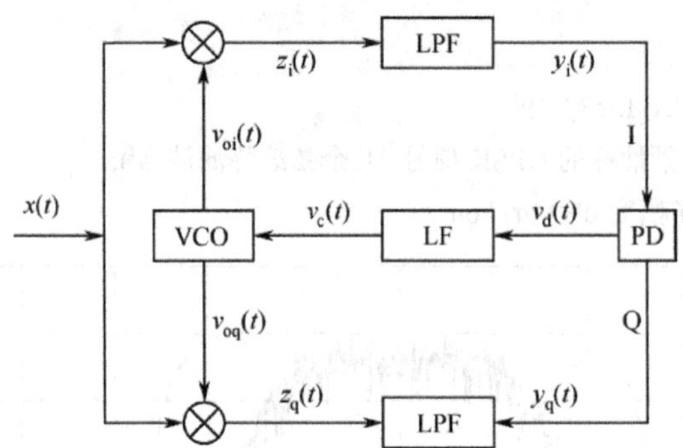


图 12-6　Costas 环的组成原理

设输入的 BPSK 调制信号为

$$x(t)=M(t)\cos(\omega_c t)=\left[\sum_n a_n g(t-nT_s)\right]\cos(\omega_c t) \tag{12-4}$$

式中，$M(t)$ 为数据调制信号；$\omega_c t$ 为载波角频率。本地 VCO（或 DDS）的同相与正交支路乘法器输出分别为

$$\begin{aligned} v_{oi}(t)&=\cos(\omega_c t+\Delta\phi) \\ v_{oq}(t)&=\sin(\omega_c t+\Delta\phi) \end{aligned} \tag{12-5}$$

式中，$\Delta\phi$ 为输入信号和本地 VCO（或 DDS）信号的瞬时相位差，则同相、正交支路乘法器输出分别为

$$z_{\mathrm{i}}(t)=K_{\mathrm{p1}}\left[\sum_{n}a_{n}g(t-nT_{\mathrm{s}})\right]\cos\omega_{\mathrm{c}}t\cos(\omega_{\mathrm{c}}t+\Delta\phi)$$
$$z_{\mathrm{q}}(t)=K_{\mathrm{p2}}\left[\sum_{n}a_{n}g(t-nT_{\mathrm{s}})\right]\cos\omega_{\mathrm{c}}t\sin(\omega_{\mathrm{c}}t+\Delta\phi) \tag{12-6}$$

式中，$K_{\mathrm{p1}}$、$K_{\mathrm{p2}}$ 为乘法器的系数，经过低通滤波器（LPF）后可得到

$$y_{\mathrm{i}}(t)=\frac{1}{2}K_{\mathrm{p1}}K_{\mathrm{l1}}\left[\sum_{n}a_{n}g(t-nT_{\mathrm{s}})\right]\cos(\Delta\phi)$$
$$y_{\mathrm{q}}(t)=\frac{1}{2}K_{\mathrm{p2}}K_{\mathrm{l2}}\left[\sum_{n}a_{n}g(t-nT_{\mathrm{s}})\right]\sin(\Delta\phi) \tag{12-7}$$

式中，$K_{\mathrm{l1}}$、$K_{\mathrm{l2}}$ 为低通滤波器系数，滤波后的同相、正交支路经过 PD 和 LF 后，可得

$$v_{\mathrm{c}}(t)=\frac{1}{8}K_{\mathrm{p}}K_{\mathrm{p1}}K_{\mathrm{p2}}K_{\mathrm{l1}}K_{\mathrm{l2}}\sin(2\Delta\phi)=K_{\mathrm{d}}\sin(2\Delta\phi) \tag{12-8}$$

式中，$K_{\mathrm{p}}$ 为鉴相增益；$K_{\mathrm{d}}$ 为环路增益。式（12-8）表明，VCO（或 DDS）的输入是受 $\Delta\phi$ 控制的，LF 的输出为跟踪 $\Delta\phi$ 提供了所需的误差控制电压。

**2. 符号同步环的工作原理**

在数字通信系统中，接收端为了从接收信号中恢复出原始数据信号，需要对解调器输出信号以码元速率进行周期性的抽样、判决，因而在接收端必须有一个与收到的数字基带信号码元速率同步的时钟信号，以得到准确的抽样时刻。因此，符号同步是正确抽样数据的基础，所提取的符号同步信息是频率等于码元速率的定时脉冲，相位则根据判决时信号的波形决定。

接收端不仅要使恢复的时钟频率与接收到的数字信号的时钟频率一致，还需要在每个符号间隔内的最大信噪比处进行抽样，这与恢复时钟的相位有关。在符号间隔内所选择的抽样瞬时称为定时相位。在实际工程应用中，由于收发时钟之间存在时钟漂移，因此，接收端恢复出时钟必须实时地调整其时钟频率和定时相位来补偿频率漂移，以确保对解调输出信号定时相位的最佳化。

实现符号同步的方法有多种，在某些无线通信系统中，收发端的时钟同步于同一主时钟，如 GPS 系统，该时钟提供一个非常精确的定时信号。在此情况下，接收端必须估计和补偿收、发信号之间的相对延迟。符号同步最常用的方法有插入导频法和直接法。插入导频法需要占用宝贵的频带资源，一般不常用。直接法是从数字信号流中提取位同步信息，分为滤波法、锁相法和超前-滞后型同步法，其中应用最为广泛的是超前-滞后型同步法，其原理框图如图 12-7 所示。

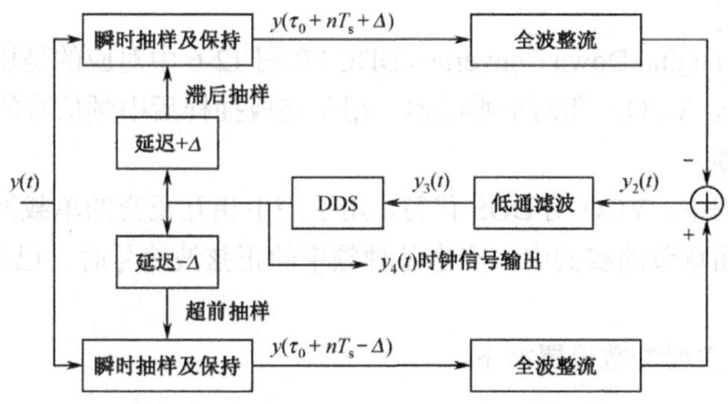


图 12-7　超前-滞后型同步法的原理框图

通过示波器可以观察到，信号的脉冲波形对称于最佳抽样时刻。图 12-7 所示的方法是利用信号脉冲波形对称的特点来进行符号同步的。$y(t)$ 表示接收滤波器的输出信号波形，假设在眼图张开最大时进行抽样，即在最佳时刻进行抽样，得到的抽样值为 $y(\tau_0+nT_s)$，$\tau_0$ 是最佳定时相位。

设 $\Delta$ 是偏离最佳抽样时刻的偏离值，在偏离值为 $\Delta$ 的两个抽样时刻的抽样值是相等的，一个为超前抽样，用 $y(\tau_0+nT_s-\Delta)$ 表示；另一个为滞后抽样，用 $y(\tau_0+nT_s+\Delta)$ 表示，两者的绝对值近似相等。在未同步时，抽样相位 $\tau\neq\tau_0$，此时的超前抽样和滞后抽样分别为 $y(\tau+nT_s-\Delta)$、$y(\tau+nT_s+\Delta)$，分别对它们进行全波整流，并将二者相减，可得到

$$y_2(t)=|y(\tau_0+nT_s-\Delta)|-|y(\tau_0+T_s+\Delta)| \tag{12-9}$$

再将 $y_2(t)$ 经过低通滤波器，相当于对 $y_2(t)$ 进行时间平均，可得到 $y_3(t)$；再将 $y_3(t)$ 送给 DDS，以控制 DDS 的频率。若 DDS 产生的时钟是最佳定时相位，则滤波输出为 0；若超前，则输出负值；若滞后，则输出正值。以此不断调节 DDS 的频率。当同步时，输出同步于接收信号的时钟信号。需要注意的是，该电路需要避免输入数据全 1 或全 0 的情况，可以通过在发送端增加数据编码电路，以使接收数据的 1 和 0 等概率出现。

## 12.3 DPSK 解调参数设计

DPSK 解调参数的设计主要是指载波同步环参数的设计。详细分析载波同步环的工作状态是一件十分繁杂的事情，对于工程设计来讲，必须明确环路设计的总体技术指标，并根据技术指标来设计环路参数，最后采用 FPGA 实现。与滤波器设计一样，其中的难点及关键点在于有限字长效应、环路参数的数字化及环路各模块信号时序关系的设计。

DPSK 解调系统可分为载波同步环、符号同步环及码型转换模块，重点和难点在于载波同步环的设计。符号同步环及码型转换模块不涉及滤波器内容，本书不进行讨论。随着讨论的继续深入，读者会发现，载波同步环的难点又在于其中的低通滤波器及环路滤波器的设计与实现。因此，滤波器的设计在 DPSK 解调系统中起着十分重要的作用，往往也需要耗费工程师极大的工作量。本节只讨论载波同步环相关参数的设计。

### 12.3.1 数字下变频器的设计

数字下变频器（Digital Down Converter，DDC）在图 12-6 中对应的是压控振荡器（Voltage-Controlled Oscillator，VCO）和两个乘法器，用于完成抽样后中频信号的下变频功能，将数字信号下变频至零频。

在数字信号处理中，VCO 用 DDS 代替，用于产生相互正交的单载波信号，分别与输入数据相乘。本书前面章节的实例中，产生各种频率的正弦波信号时，已多次使用 Vivado 提供的 DDS 核。

新建 DDS 核，主要参数设置如下。

```
//DDS 核部分参数
系统时钟频率（System Clock）：32MHz
```

相位累加字位宽（Phase Width）：33bit
输出数据位宽（Output Width）：12bit
相位累加字可编程性（Phase Increment Programmability）：可编程（Programmable）
输出信号种类（Output Selection）：sine and cosine

由于在载波同步环中需要对 DDS 的频率进行实时更新，因此必须设置成频率调制状态。其中，频率字$\Delta\theta$、输出频率$f_{out}$、系统时钟频率$f_{clk}$、频率字位宽$B_{dds}$之间的关系为

$$f_{out} = f_{clk} \times \Delta\theta / 2^{B_{dds}} \tag{12-10}$$

显然，频率字位宽越大，频率分辨率就越高。在设计整个载波同步环时，环路的总增益是一个非常重要的参数，而其中 DDS 的增益$K_{dds}$为

$$K_{dds} = 2 \times \pi \times T_{dds} \times f_{clk} / 2^{B_{dds}} \tag{12-11}$$

式中，$T_{dds}$为 DDS 频率字更新周期。DDS 的频率字位宽越大，DDS 的增益就越小；频率字更新周期越长，DDS 增益就越大。在解调环路设计中，DDS 的输出数据位数一般取输入数据位宽，本例中取$B_{dds}=12$；DDS 的驱动时钟一般取数据抽样频率，因此$f_{clk}=f_s$=32MHz；接下来是频率字位宽及频率字更新周期参数的确定。确定 DDS 频率字更新周期的基本原则有两条：一是更新周期大于整个锁相环路的处理延时；二是尽量缩短更新周期，以增加频率字与当前输入信号的相关性。具体到载波同步环而言，处理延时主要有下变频器的乘法运算延时（本例中为$3T_s$）、低通滤波器处理延时（根据 FIR 滤波器原理，如滤波器长度为$N$，则处理延时为$N/2$个抽样时钟周期，根据后续介绍可知，低通滤波器处理延时为$8T_s$）、鉴相器延时（采用符号判断法，只需要一个$T_s$）、环路滤波器处理延时（设置为$4T_s$），共 16 个抽样时钟周期。因此，本例中可选择 DDS 频率字更新周期为$16T_s$。

单独确定频率字位宽参数比较困难，因为这个参数的选择本身比较灵活，同时与整个环路的性能紧密相关。为便于理解，在后续讨论环路滤波器参数时，再给出频率字位宽参数的设计依据及方法。为叙述方便，先给出本例中的设计值，频率字位宽为 33bit。根据例 12-1 的设计要求，中频抽样后的载波频率为 6 MHz，根据式（12-9）可计算出对应的频率字。

$$\Delta\theta = 2^{B_{dds}} \times f_{out} / f_{clk} = 1610612736$$

乘法器的设计比较简单，采用 Vivado 提供的乘法器 IP 核生成即可，为提高运算速度，选取$2T_s$的处理延时，本节不再详细说明。

## 12.3.2 低通滤波器参数的设计

低通滤波器参数的设计是载波同步环中的一个重点，关键在于如何确定低通滤波器的通带及阻带截止频率。低通滤波器的截止频率选择与信号带宽一致，为确保不损失有用信号信息，本例中取 3.6 MHz。因此，接下来的关键问题是选择阻带的截止频率。

滤波器过渡带带宽的选择有两个原则：一是必须确保滤除相邻的 A/D 抽样镜像频率成分；二是需要滤除数字下变频器引入的倍频分量。根据通带抽样定理，容易推导出相邻 A/D 抽样镜像频率的最小间隔，即

$$\Delta f_{ad} = \min[2f_l - kf_s, (k+1)f_s - 2f_h] \tag{12-12}$$

式中，$f_l$为中频信号的下限频率（本例为 66.4MHz）；$f_h$为中频信号的上限频率（本例为 73.6MHz）；$f_s$为抽样频率（本例为 32MHz）；$k$为整数。容易求出$\Delta f_{ad}=4.8$ MHz。数字下

变频器引入倍频分量的最低频率为

$$f_{\text{cddc}} = \min[-2f_0 + (m+1)f_s, 2f_0 - mf_s] - B_f / 2 \tag{12-13}$$

式中，$f_0$ 为中频抽样后的载波频率（本例为 6MHz）；$B_f$ 为中频信号处理带宽（本例为 7.2MHz）；$m$ 为整数。容易求出 $f_{\text{cddc}} = 8.4\text{MHz}$。

再根据前面所述的过渡带选择原则，可知低通滤波器的截止频率为

$$f_c = \min[f_{\text{cddc}}, B_f / 2 + \Delta f_{\text{ad}}] \tag{12-14}$$

容易求出低通滤波器的截止频率 $f_c$。需要注意的是，式（12-12）、式（12-13）和式（12-14）是设计低通滤波器的重要依据。在此前提下，若硬件资源允许，则通带衰减应尽可能小，阻带衰减应尽可能大。

确定了低通滤波器的过渡带等参数后，就可以采用 MATLAB 提供的滤波器函数设计滤波器系数了。本例采用凯塞窗函数进行设计。在 FPGA 实现中，还需要对滤波器系数进行量化处理。量化位数越多，精度越高，同时占用硬件资源也越多。量化位数的多少也会对整个环路的增益产生影响，因为系数的量化位数直接影响 FPGA 实现后滤波器输出的位数。本书前面章节详细讨论了量化位数对 FIR 滤波器性能的影响，工程上一般取大于 10bit 的量化位数。与 DDS 的部分参数一样，量化位数最终需要在讨论环路滤波器参数设计时综合考虑。本例采用 12bit 量化，具体设计依据在环路滤波器设计时讨论。读者可参见本书配套程序资料中的“FilterVivado_chp12\E12_1_DPSK_ LPF.m”代码。低通滤波器的频率特性如图 12-8 所示。

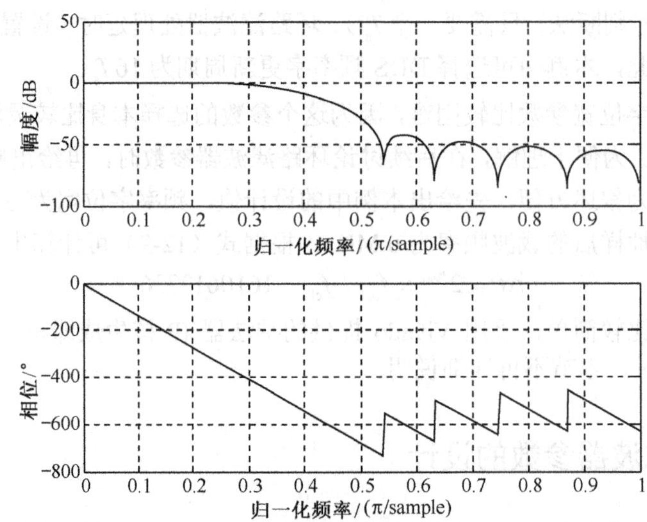

图 12-8 低通滤波器的频率特性

另外一个参数是滤波器的系统时钟频率。一般来说，系统时钟频率越高，所需硬件资源越少，芯片内部时序要求也更严格，芯片功耗也会越大。这个参数可以根据硬件资源、芯片规模、数据速率等情况灵活选择，本例设置为数据抽样频率。FIR 滤波器可以采用 FIR 核实现，FIR 滤波器输入数据位数为乘法器输出的 16bit 有效数据（取[22:7]），输出取全部有效数据，共 28bit（[27:0]），主要参数设置如下。

```
//FIR 核部分参数
```

系数量化位宽（Coefficient Width）：12bit
滤波器结构（Filter Structure）：Systolic Multiply Accumulate
运算时钟数（Select Format）：Input Sample Period/1
输入数据通道数（Number of Path）：1
输入数据类型（Input Data Type）：有符号二进制数据（Signed Binary）
输入数据位宽（Input Data Width）：16bit
输出数据位宽（Output Rounding Mode）：全精度（Full Precision）
滤波器系数（Coefficient File）：D:/Filter_Vivado/FilterVivado/FilterVivado_chp12/E12_1_lpf.coe

### 12.3.3　数字鉴相器的设计

根据图 12-6 所示的结构，鉴相器实际上是同相支路与正交支路的相乘运算。在 FPGA 实现过程中，乘法运算不仅需要耗费较多的硬件资源，而且运算速度会受到一定限制。图 12-9 给出的数字鉴相器结构十分简单，且易于 FPGA 实现，只需要取同相支路的符号位作为过零检测脉冲，并与正交支路进行异或运算即可，数字鉴相器输出的数据位宽仍为 28bit。

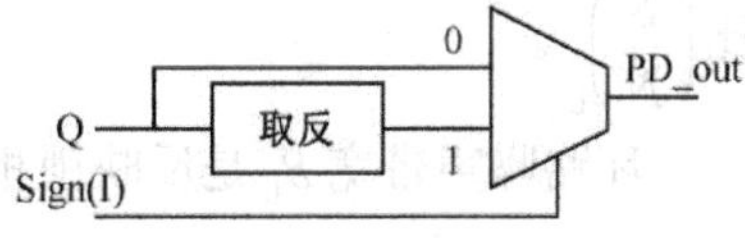

图 12-9　数字鉴相器原理图

### 12.3.4　环路滤波器的设计

环路滤波器在载波同步环中起着非常重要的作用，不仅起到低通滤波作用，而且更重要的是对环路参数调整起着决定性的作用。在模拟环路中，实际采用的滤波器有简单的 RC 滤波器、无源比例积分滤波器、有源比例积分滤波器。其中，高增益的有源比例积分滤波器又称为理想积分滤波器。数字环路里的滤波器与模拟环路相对应。

由于理想二阶锁相环的性能远优于其他环路，锁定时稳态相差为零，捕获带宽及同步带宽无限大，因此在载波同步环路中得到广泛应用。需要注意的是，这里所说的理想二阶锁相环是指整个载波同步环的传输函数是二阶的，而其中的环路滤波器则为与理想积分滤波器对应的一阶数字积分滤波器。环路滤波器（一阶数字积分滤波器）及整个锁相环路的数字域传递函数分别由式（12-15）和式（12-16）表示。

$$F(z)=\frac{(C_1-C_2)z^{-1}+C_2}{1-z^{-1}} \tag{12-15}$$

$$H(z)=\frac{C_2z^{-1}+(C_1-C_2)z^{-2}}{1+(C_2-2)z^{-1}+(1+C_1-C_2)z^{-2}} \tag{12-16}$$

式中，

$$C_1=\frac{1}{K}\times\frac{4(\omega_\mathrm{n}T_\mathrm{s})^2}{4+4\xi\omega_\mathrm{n}T_\mathrm{s}+(\omega_\mathrm{n}T_s)^2} \tag{12-17}$$

$$C_2=\frac{1}{K}\times\frac{4(\omega_\mathrm{n}T_\mathrm{s})^2+8\xi\omega_\mathrm{n}T_\mathrm{s}}{4+4\xi\omega_\mathrm{n}T_\mathrm{s}+(\omega_\mathrm{n}T_\mathrm{s})^2} \tag{12-18}$$

式中，$\xi$ 为环路阻尼系数，对于理想二阶锁相环来说，工程上一般取 0.707；$\omega_\mathrm{n}$ 为环路无阻尼振荡频率（也称为自然角频率）；$T_\mathrm{s}$ 为数据抽样周期，$T_\mathrm{s}=1/f_\mathrm{s}$；$K$ 为环路总增益；$C_1$、$C_2$

为环路滤波器的系数。计算环路滤波器的系数关键在于根据要求设计 $\omega_n$、$K$。由式（12-15）和式（12-16）可知，环路滤波器其实是一个一阶 IIR 滤波器，整个锁相环路则构成一个二阶 IIR 滤波器。而对于一个线性系统来说，系统稳定的充要条件是极点必须在单位圆内。对于环路滤波器来说，极点在单位圆上，因此不是一个稳定的系统，但对于整个锁相环系统来说，只要系统的极点在单位圆内，则系统一定是一个稳定系统。因此，根据式（12-17）可以推算出锁相环系统能稳定工作的充要条件是

$$2C_2-4<C_1<C_2,\quad C_1>0 \tag{12-19}$$

根据上述 DPSK 解调系统中环路部件参数的讨论可知，环路总增益 $K$ 主要受输入数据位宽、DDS 频率字位宽、DDS 系统时钟、DDS 频率字更新周期等因素影响，完全可以在 FPGA 实现过程中进行调整、计算。环路自然角频率 $\omega_n$ 应如何确定呢？主要受哪些因素的限制呢？要回答这个问题，还需要了解另外两个环路参数，即环路噪声带宽 $B_L$ 和环路信噪比 $\left(\frac{S}{N}\right)_L$。

环路噪声带宽 $B_L$ 是反映锁相环路对输入噪声滤除能力的一个参数，$B_L$ 越小，则环路对噪声的滤除能力越强。环路信噪比 $\left(\frac{S}{N}\right)_L$ 定义为环路输入端的信号功率与可通过单边噪声带宽 $B_L$ 的噪声功率 $N_0B_L$ 之比，且 $\left(\frac{S}{N}\right)_L$ 与环路锁定后的相位方差 $\sigma^2_{\theta n0}$ 之间的关系为

$$\left(\frac{S}{N}\right)_L=1/\sigma^2_{\theta n0} \tag{12-20}$$

毫无疑问，环路锁定后本地载波相位与接收信号的载波相位相差越小，则解调的误码率越小。因此，环路信噪比直接决定了环路的解调信噪比，且要求信噪比越大越好。理论分析表明，只有当环路信噪比大于一定值时，环路才有可能被锁定，工程上一般必须保证环路信噪比大于 6 dB，才能确保锁相环路能够正常工作。$B_L$ 与 $\left(\frac{S}{N}\right)_L$ 之间的关系式为

$$\left(\frac{S}{N}\right)_L=\left(\frac{S}{N}\right)_i\frac{B_i}{B_L} \tag{12-21}$$

式中，$\left(\frac{S}{N}\right)_i$ 为输入中频信号的信噪比，该参数确定了调制/解调方式的接收误码率，对于 DPSK 相干解调来说，理论上当 $\left(\frac{S}{N}\right)_i$=8.8dB 时，误码率为 $10^{-4}$；$B_i$ 为中频信号处理带宽，相当于中频滤波器的通带带宽，本例为 7.2 MHz。图 12-10 所示为常用调制方式接收信号信噪比（一般用单比特符号能量与噪声谱密度之比 $E_b/N_0$ 表示）与误码率之间的关系图。

$B_L$ 与环路自然角频率 $\omega_n$ 之间的关系式为

$$\omega_n=8\xi B_L/(4\xi^2+1) \tag{12-22}$$

因此，确定了环路噪声带宽 $B_L$，即可根据式（12-22）确定环路自然角频率 $\omega_n$。在给出 $B_L$ 取值依据之前，我们还需要了解另一个环路的重要参数，即快捕带带宽 $\Delta\omega_L$。经过前面的讨论，我们知道，理想二阶锁相环的捕获带带宽和同步带带宽理论上是无限大的，而快捕带则是指环路在一个 2π 周期内完成环路捕获、锁定的最大差值。显然，快捕带越大，则环路的性能越好。快捕带带宽 $\Delta\omega_L$ 与环路自然角频率 $\omega_n$ 的关系为

$$\Delta\omega_{\text{L}} = 2\xi\omega_{\text{n}} \tag{12-23}$$

快捕带带宽与环路自然角频率成正比，与环路的噪声带宽成正比。对于提高环路性能来讲，当然是环路噪声带宽 $B_{\text{L}}$ 越小越好，快捕带带宽 $\Delta\omega_{\text{L}}$ 越大越好。因此，在两者之间必须进行合理设计，以满足设计要求。

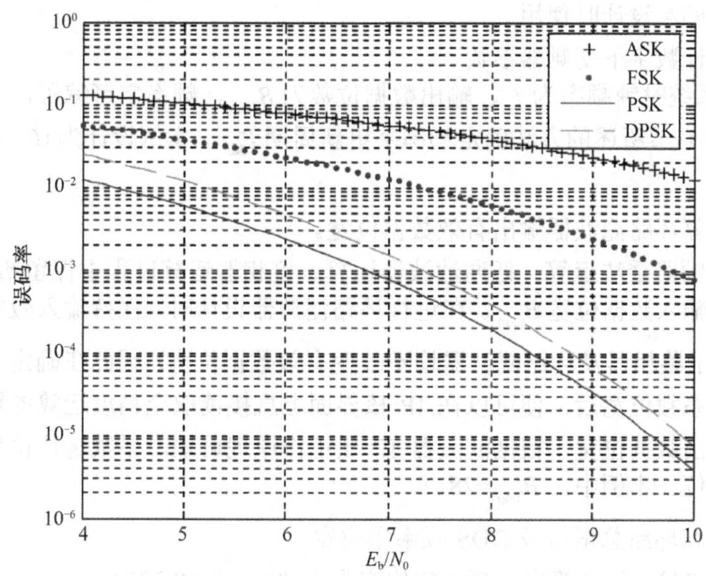


图 12-10　常用调制方式接收信号信噪比与误码率之间的关系图

正是为了兼顾环路噪声带宽与快捕带带宽的技术要求，工程上一般取环路噪声带宽小于或等于码元速率的 1/10，即 $B_{\text{L}} \leqslant 0.1R_{\text{s}}$。需要说明的是，环路噪声带宽的取值并非一定要按码元速率的 1/10 来设计，完全可以根据设计的具体要求调整，只要确保环路信噪比大于 6dB 即可。

前面讨论时说过，环路总增益是一个重要的参数，其计算方法为

$$K = 2^{B_{\text{loop}}-2} \times 2\pi \times T_{\text{dds}} \times f_{\text{clk}} / 2^{B_{\text{dds}}} \tag{12-24}$$

式中，$B_{\text{loop}}$ 为环路滤波器输出的有效数据位宽；$B_{\text{dds}}$ 为 DDS 的频率字位宽；$T_{\text{dds}}$ 为频率字更新周期；$f_{\text{clk}}$ 为数据抽样时钟频率。显然，$T_{\text{dds}}$ 及 $f_{\text{clk}}$ 的参数比较容易确定，则环路总增益主要由环路滤波器输出的有效数据位宽及频率字位宽调整、确定。确定好环路总增益、环路自然角频率后，便可依此设计出环路滤波器的系数 $C_1$、$C_2$，从而完成整个环路滤波器参数的设计。

## 12.3.5　载波同步环设计的一般步骤

经过前面的讨论，现在可以开始整个 Costas 环（载波同步环）参数的设计了。环路滤波器各参数的设计有先有后，且需要对部分参数进行不断调整，以满足最终的设计需求。为使读者更好地掌握载波同步环的设计方法，下面我们对前面的叙述再进行重新整理，结合例 12-1 的工程实例设计，提供一个更为容易操作的设计步骤。

**第一步：**明确基本的设计参数及需求。

当设计一个载波同步环时，首先需要明确的几个基本参数：数据抽样频率 $f_{\text{s}} = 32\text{MHz}$、

中频输入信号的信噪比 $(S/N)_i = 6$ dB 和中频信号带宽 $B_i = 7.2$ MHz。

**第二步：** 用 MATLAB 仿真低通滤波器系数。

采用 12.3.2 节所述的方法确定低通滤波器的过渡带，并仿真出低通滤波器的阶数，将低通滤波器系数量化长度设置为大于 10bit，本例中设置为 12bit，并将低通滤波器系数存入 COE 文本文件，供 FPGA 设计时使用。

**第三步：** 设计数字下变频器参数。

取 DDS 的系统时钟频率为 $f_s$，输出数据位数为 $B_{data}$，频率字可编程，相位偏移字不可编程，根据 12.3.1 节所述的方法确定频率字更新周期 $T_{dds}$，本例设计为 $16/f_s$，频率字位宽最后确定。

**第四步：** 计算环路滤波器输出有效数据位宽。

在数字下变频器乘法运算、低通滤波器运算、鉴相器运算过程中保留所有有效数据位，计算环路滤波器输入数据位宽 $B_{loop}$。在进行环路滤波器设计时，保持输入数据位宽与输出数据位宽相同。由于鉴相器及环路滤波器均不改变有效数据位宽，因此在确定了低通滤波器的输入数据位宽、系数位宽后，便可以在 IP 核界面上直接读取全精度运算的输出数据位宽，即环路滤波器输出数据位宽。根据滤波器 IP 核工作原理可知，系数量化位数增加一位，则输出位数增加一位。本例中，$B_{loop}$=28。

**第五步：** 计算环路总增益及 DDS 频率字位宽。

根据式（12-24），可计算出当频率字位宽为 33 时，$K$=0.7854。

**第六步：** 计算环路滤波器的其他参数。

为叙述方便，重写环路滤波器计算公式为

$$\left(\frac{S}{N}\right)_L = \left(\frac{S}{N}\right)_i \frac{B_i}{B_L} \tag{12-25}$$

$$\omega_n = 8\xi B_L / (4\xi^2 + 1) \tag{12-26}$$

$$\Delta\omega_L = 2\xi\omega_n \tag{12-27}$$

$$C_1 = \frac{1}{K} \times \frac{4(\omega_n T_s)^2}{4 + 4\xi\omega_n T_s + (\omega_n T_s)^2} \tag{12-28}$$

$$C_2 = \frac{1}{K} \times \frac{4(\omega_n T_s)^2 + 8\xi\omega_n T_s}{4 + 4\xi\omega_n T_s + (\omega_n T_s)^2} \tag{12-29}$$

根据式（12-25）～式（12-28），可以计算出本例的 $\left(\frac{S}{N}\right)_L$ =18.5527 dB，$C_1 = 0.0007$，$C_2 =$ 0.042。计算完之后，还需要验证锁相环是否满足稳定工作的条件，即 $\left(\frac{S}{N}\right)_L$ 必须大于 6 dB，锁相环传输函数的极点必须在单位圆内，计算可得传输函数的极点为 $0.9833 \pm 0.0164i$，因此锁相环满足稳定工作的条件。

到此，锁相环的参数设计工作基本完成了。下面再讨论工程上设计环路参数的一些基本原则。

（1）根据式（12-25）可知，$B_L$ 越大，则 $\left(\frac{S}{N}\right)_L$ 越小，由于 $\left(\frac{S}{N}\right)_L$ 必须大于 6dB 时，锁相环才能稳定工作，因此 $B_L$ 也有上限限制，不能过大。

（2）$B_L$ 越大，则 $\omega_n$ 越大，$\Delta\omega_L$ 越大，即锁相环的快捕带带宽越大。

（3）当 $K$ 越小，$\omega_n$ 越大时，$C_2$ 值越大，根据式（12-19）可知，保证环路稳定工作的条件是 $C_2 < 2$，也就是说越接近环路稳定工作的最低条件。$K$ 值与 DDS 频率字更新周期成正比，为尽量增加频率字更新周期与当前输入数据的相关性，要求频率更新字周期尽量短。

（4）可以增加滤波器系数量化位数、环路滤波器输出数据位宽来增加环路总增益，可以通过增加 DDS 频率字位宽来降低环路总增益。

（5）在硬件资源允许的情况下，应尽量增加滤波器系数量化位宽和频率字位宽，以提高运算精度。

（6）在其他参数不变的情况下，增加 $C_1$、$C_2$ 等同于增加环路快捕带带宽 $\Delta\omega_L$、加快环路锁定速度，但同时会增加环路锁定后的稳态相差，降低环路信噪比 $\left(\frac{S}{N}\right)_L$，降低解调信噪比，增加误码率；降低 $C_1$、$C_2$ 则刚好起相反的作用。因此，在一些要求比较严格的工程设计中，在环路未锁定前加大 $C_1$、$C_2$ 的取值，以增加锁定速度；在环路锁定后降低 $C_1$、$C_2$ 的取值，以减小稳态相差。

（7）因数据有限字长效应，以及参数估计过程中的近似估计特性，根据仿真或板载测试情况调整 $C_1$、$C_2$ 等解调环电路参数，完成满足工程需求的解调环路设计。

## 12.4 DPSK 解调电路的 Verilog HDL 设计

### 12.4.1 顶层模块的 Verilog HDL 设计

通常来讲，进行 FPGA 设计时采用自底而上的设计方式比较多。为叙述方便，使读者易于弄清整个 Costas 环的设计过程，先介绍 Costas 环的顶层结构，以便在阅读模块设计时更容易准确理解各模块功能，从而准确把握整个 Costas 环的设计思路。

图 12-11 所示为 Costas 环的顶层文件综合后的 RTL 原理图。由图 12-11 中可以清楚地看出 Costas 环由 1 个 dds 模块（u0）、2 个用于下变频的乘法器模块 mult（u1、u2）、2 个低通滤波器模块 lpf（u3、u4），以及 1 个鉴相器及环路滤波器模块 PD_LoopFilter（u5）组成。

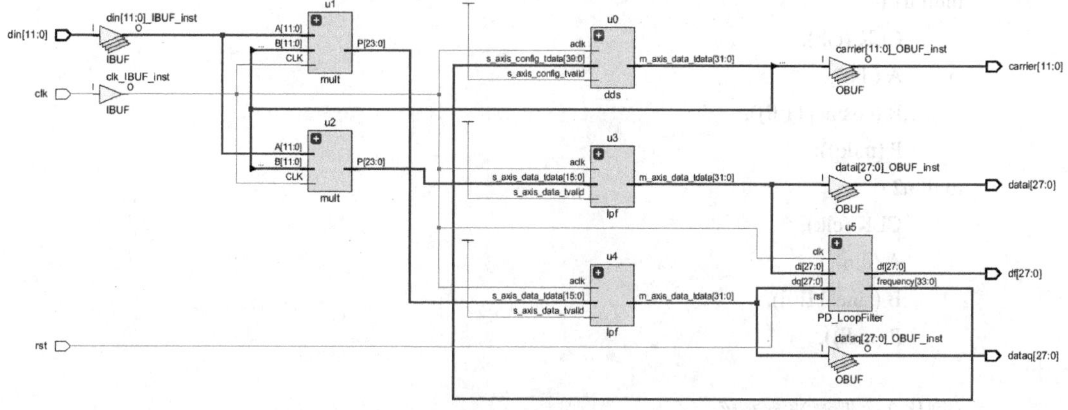

图 12-11 Costas 环的顶层文件综合后的 RTL 原理图

其中，dds 模块直接由 DDS 核生成，其 IP 核参数参见 12.3.1 节；mult 模块直接由乘法器核生成，两路输入数据均为 12bit 的有符号数，输出保留所有的有效位，共 24bit（在后续滤波运算时，取 16bit 有效数据[22:7]），为提高运算速度，设置 2 个时钟周期处理延时；lpf 模块直接由 FIR 滤波器核生成，其 IP 核的主要参数详见 12.3.2 节。这些模块的 FPGA 实现都十分简单，最为复杂的设计在于 PD_LoopFilter 模块。PD_LoopFilter 模块需要实现鉴相器功能和环路滤波器功能。因此，本文后面直接对 PD_LoopFilter 模块的 Verilog HDL 设计进行讨论。下面首先给出顶层模块 Dpsk.v 的程序清单。

```
//Dpsk.v 的程序清单
module Dpsk (
    input    rst,                              //复位信号，高电平有效
    input    clk,                              //FPGA 系统时钟：32 MHz
    input    signed [11:0]  din,               //输入数据：4 MHz
    output   signed [11:0] carrier,            //提取出的载波信号
    output   signed [27:0]  datai,             //同相支路输出数据
    output   signed [27:0]  dataq,             //正交支路输出数据
    output   signed [27:0]  df);               //环路滤波器输出数据

    //例化 DDS 核
    wire signed [15:0]sine,cosine ;
    wire signed [32:0] frequency;

   dds u0 (
     .aclk(clk),                               // input wire aclk
     .s_axis_config_tvalid(1'b1),              // input wire s_axis_config_tvalid
     .s_axis_config_tdata(frequency),          // input wire [32 : 0] s_axis_config_tdata
     .m_axis_data_tdata({sine,cosine})         // output wire [31 : 0] m_axis_data_tdata
    );

    //例化 2 个乘法器核
    wire signed [23:0] mdq,mdi;
    mult u1 (
          .CLK (clk),
          .A (din),
          .B (cosine[11:0]),
          .P (mdq));
    mult u2 (
          .CLK (clk),
          .A (din),
          .B (sine[11:0]),
          .P (mdi));

    //例化 2 个低通滤波器核
    wire signed [27:0] di,dq;
```

```
        lpf u3 (
          .aclk(clk),                          // input wire aclk
          .s_axis_data_tvalid(1'b1),            // input wire s_axis_data_tvalid
          .s_axis_data_tdata(mdi[22:7]),        // input wire [15 : 0] s_axis_data_tdata
          .m_axis_data_tdata(di));              // output wire [31 : 0] m_axis_data_tdata

        lpf u4 (
          .aclk(clk),                          // input wire aclk
          .s_axis_data_tvalid(1'b1),            // input wire s_axis_data_tvalid
          .s_axis_data_tdata(mdq[22:7]),        // input wire [15 : 0] s_axis_data_tdata
          .m_axis_data_tdata(dq));              // output wire [31 : 0] m_axis_data_tdata

        PD_LoopFilter u5(
                .rst (rst),
                .clk (clk),
                .di (di),
                .dq (dq),
                .df(df),
                .frequency(frequency));

        assign datai = di;
        assign dataq = dq;
        assign carrier = sine[11:0];

endmodule
```

## 12.4.2 鉴相器及环路滤波器的 Verilog HDL 设计

鉴相器的设计也不复杂，可直接根据图 12-9 所示的结构编写 Verilog HDL 代码，为增加系统运算速度，可在图 12-9 所示的结构后面再增加一级寄存器输出。前面我们讨论过，环路滤波器其实就是一个典型的一阶 IIR 滤波器，我们完全可以采用本书第 6 章介绍的方法进行设计。文献[69]给出了另一种比较容易实现的环路滤波器的数字化结构，如图 12-12 所示。

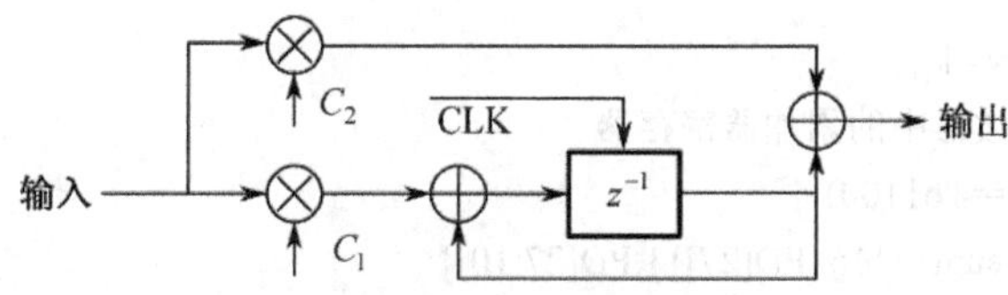


图 12-12　一种比较容易实现的环路滤波器的数字化结构

这种结构的一个难点在于输入数据与滤波器系数 $C_1$、$C_2$ 的乘法运算。小数的乘法运算相当于除法运算，而 FPGA 实现除法运算不仅需要耗费大量的逻辑资源，而且需要较大的运算延时，还会影响到系统的运算速度。但当系数是 2 的负整数幂次方时，采用向右移位的方法实现除法的近似运算，则可大大简化运算，节约逻辑资源，提高运算速度。具体到例 12-1 的工程实例来说，$C_1=0.0007$，$C_2=0.042$。我们可以采用近似取值的方法来实现，即 $C_1\approx0.00098\approx2^{-10}$，$C_2\approx0.031\approx2^{-5}$。由锁相环的分析讨论可知，$C_1$ 和 $C_2$ 的取值只要满足锁相环稳定工作的条件即可，其大小只会影响到环路的快捕带带宽及锁定后的稳态相差。

通过以上的分析，就可以开始设计鉴相器及环路滤波器功能模块了。相信读者在学习完本书前面章节基本滤波器的设计方法后，会比较容易读懂 PD_LoopFilter 模块的程序清单。

```
//PD_LoopFilter.v 的程序清单
module PD_LoopFilter (
    input   rst,                                        //复位信号，高电平有效
    input   clk,                                        //FPGA 系统时钟：32 MHz
    input   signed [27:0] di,dq,                        //输入数据：32 MHz
    output   [27:0] df,
    output   reg signed [32:0]   frequency);            //环路滤波器输出数据

    reg [3:0] count;
    reg signed [27:0] PD;
    reg signed [33:0] sum,loopout;
    always @(posedge clk or posedge rst)
      if (rst)
        begin
         PD <= 0;
         count <=0;
         sum <= 0;
         loopout <= 0;
         frequency <= 33'd1610612736;//6MHz
         end
     else
         begin
         count <= count + 1;
         //鉴相器
         if (di[27]==1'b0)
            PD <= dq;
         else
            PD <= -dq;
         //环路滤波器中的累加器寄存器
         if (count==4'b1100)
           sum<=sum+{{15{PD[27]}},PD[27:10]};
         if (count==4'b1101)
           loopout<=sum+{{10{PD[27]}},PD[27:5]};
           frequency <= sum+{{10{PD[27]}},PD[27:5]} +33'd1610612736;
         end

    assign df = loopout[27:0];
```

```
endmodule
```

### 12.4.3 DPSK 解调电路的仿真测试

DPSK 解调电路本质上就是载波同步电路，测试 DPSK 解调电路也相当于测试载波同步环电路的工作过程。

测试载波同步环电路主要查看载波同步环电路是否收敛，即载波同步环电路误差信号是否收敛，以及 DPSK 解调出的数据是否正确。

根据 DPSK 调制原理，需要对原始数据进行绝对码到相对码的转换，而后对相对码进行成形滤波输出，再与载波相乘完成 DPSK 调制。为简化测试过程，原始数据采用 2MHz 的正弦波模拟频率为 4MHz，且经成形滤波后的相对码方波信号（每个正弦波信号周期都包含 2 个数据码元），将 2MHz 的正弦波信号与 6MHz 的载波信号相乘完成 DPSK 调制。

新建测试数据生成模块 data.v，代码清单如下所示。

```
//data.v 程序清单
module data(
    input key,
    input clk,//64MHz
    output reg [13:0] dout
    );

    wire signed [31:0] sine6m,sine2m;
    //产生 6MHz 的载波信号
    mdds u1 (
      .aclk(clk),                          // input wire aclk
      .s_axis_config_tvalid(1'b1),         // input wire s_axis_config_tvalid
      .s_axis_config_tdata(16'd6144),      // input wire [15 : 0] s_axis_config_tdata
      .m_axis_data_tvalid(),               // output wire m_axis_data_tvalid
      .m_axis_data_tdata(sine6m));         // output wire [31 : 0] m_axis_data_tdata

     //产生 2MHz 的正弦波信号，模拟 4MHz 的方波信号经成形滤波后的数据
     mdds u2 (
      .aclk(clk),                          // input wire aclk
      .s_axis_config_tvalid(1'b1),         // input wire s_axis_config_tvalid
      .s_axis_config_tdata(16'd2048),      // input wire [15 : 0] s_axis_config_tdata
      .m_axis_data_tvalid(),               // output wire m_axis_data_tvalid
      .m_axis_data_tdata(sine2m));         // output wire [31 : 0] m_axis_data_tdata

    //乘法运算，完成 DPSK 调制
    wire [23:0] psk;
    mult u3 (
```

```
                .CLK (clk),
                .A (sine6m[13:2]),
                .B (sine2m[13:2]),
                .P (psk));

        always @(posedge clk)
            dout <= (key)?sine6m[13:0]:psk[22:9];

    endmodule
```

新建顶层文件 top.v，并在文件中例化数据生成模块 data.v、时钟模块 clock.v 和 DPSK 解调电路模块 Dpsk.v，将 data.v 产生的 DPSK 调制数据输入 Dpsk.v 模块进行解调。新建测试激励文件 tst.v，产生时钟信号。运行仿真工具，调整数据显示格式，可得到图 12-13 和图 12-14 所示的波形。

图 12-13　DPSK 解调电路中的环路滤波器收敛波形

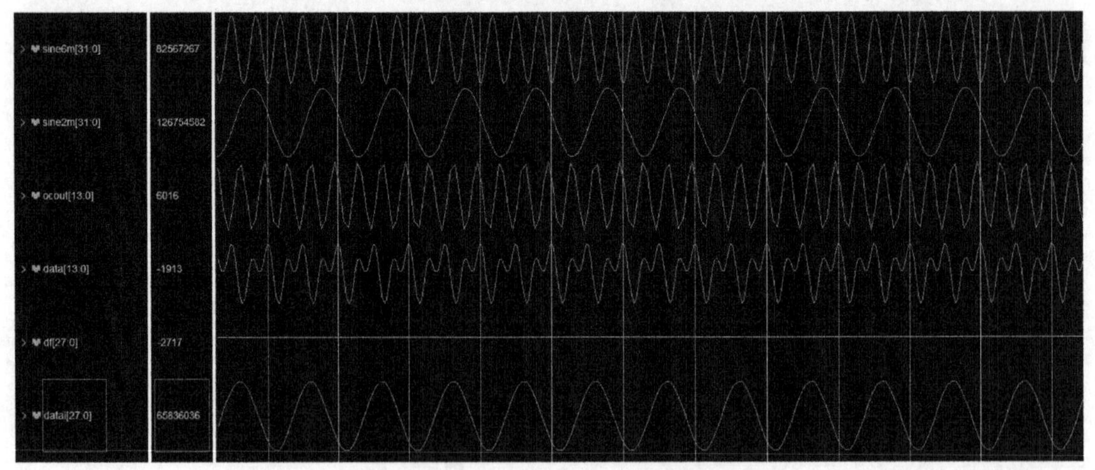


图 12-14　DPSK 信号调制及解调仿真波形

从图 12-13 中可以看出，载波同步环电路中的环路滤波器输出信号 df 能够很快收敛，收敛后，同相支路输出幅度稳定的正弦波信号（见图 12-14），正交支路输出接近于零值的信号，完成了 DPSK 的解调功能。图 12-14 可以看出 DPSK 调制源数据 sine2m，载波信号 sine6m，DPSK 调制信号 data 的波形，以及解调出的同相支路信号 datai。

# 12.5 DPSK 解调电路的板载测试

## 12.5.1　硬件接口电路

**例 12-2：DPSK 解调电路的板载测试电路。**

CXD720 开发板配置有 2 路独立的 D/A 转换接口、1 路 A/D 转换接口、1 个独立的 100MHz 晶振。为真实地模拟 DPSK 的调制解调处理过程，采用 100MHz 的晶振作为驱动时钟，产生载波为 6MHz，数据速率为 4MHz 方波信号（用 2MHz 的正弦波信号代替）的 DPSK 调制信号，经 DA2 通道输出；DA2 通道输出的模拟信号通过开发板上的跳线端子物理连接至 A/D 转换通道，并送入 FPGA 进行处理；FPGA 处理后的信号由 DA1 通道输出。程序下载到开发板后，通过示波器同时观察 DA1、DA2 通道的信号波形，判断解调前后信号的变化情况可验证调制解调电路的功能及性能。DPSK 调制解调板载测试电路结构框图如图 12-15 所示。

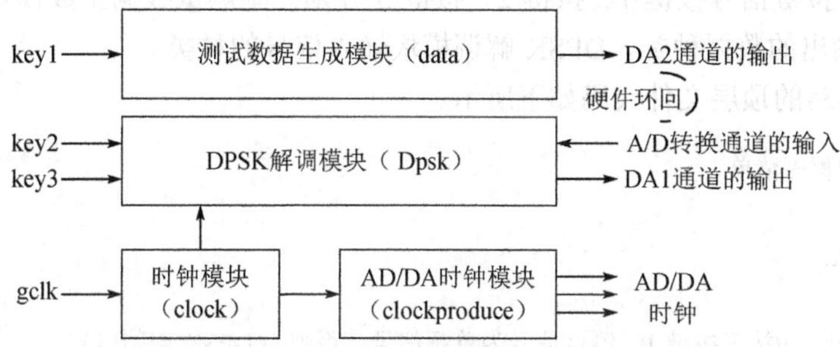


图 12-15　DPSK 调制解调板载测试电路结构框图

DPSK 解调电路板载测试的接口信号定义如表 12-1 所示。

表 12-1　DPSK 解调电路板载测试的接口信号定义

| 信号名称 | 引脚定义 | 传输方向 | 功能说明 |
|---|---|---|---|
| gclk | C19 | →FPGA | 100 MHz 的时钟信号 |
| key1 | F4 | →FPGA | 按键信号，按下按键 1 为高电平，按下按键 1 时输出单频载波信号，松开按键 1 时输出 DPSK 调制信号 |
| key2 | H4 | →FPGA | 按键信号，按下按键 2 为高电平，按下按键 2 时输出本地载波信号，松开按键 2 时输出解调信号 |
| key3 | K4 | →FPGA | 按键信号，按下按键 3 为高电平，按下按键 3 时 DPSK 模块输入为 AD 采样信号，松开按键 3 时无输入信号 |
| ad_clk | J2 | FPGA→ | A/D 抽样时钟信号 |
| ad_din[11:0] | B2/B1/C2/D2/D1/E3/E2/E1/F1/G2/G1/H2 | →FPGA | A/D 抽样输入信号 |
| da1_clk | W2 | FPGA→ | DA1 通道的时钟信号 |
| da1_wrt | Y1 | FPGA→ | DA1 通道的接口信号 |

续表

| 信号名称 | 引脚定义 | 传输方向 | 功能说明 |
|---|---|---|---|
| da1_out[13:0] | AB11/AB10/AB8/AA8/AB7/AB6/AA6 /AB5/AB3/AA3/AB2/AB1/AA1/Y2 | FPGA→ | DA1 通道的输出信号，滤波处理后的信号 |
| da2_clk | W1 | FPGA→ | DA2 通道的时钟信号 |
| da2_wrt | V2 | FPGA→ | DA2 通道的接口信号 |
| da2_out[13:0] | U2/U1/T1/R2/R1/P2/P1/N2/M2/M1/L1 K1/K2/J1 | FPGA→ | DA2 通道的输出信号，产生的测试信号 |

## 12.5.2 板载测试程序

根据前面的分析可知，板载测试程序需要设计与 ADC、DAC 之间的接口转换电路，以及生成 ADC、DAC 所需的时钟信号。ADC、DAC 的数据信号均为无符号数，而 DPSK 解调模块及测试数据模块的数据信号均为有符号数，因此需要将无符号数转换为有符号数送入滤波器处理，同时需要将测试数据信号及滤波后的信号转换为无符号数送入 DA 芯片。为便于测试，设置 3 个按键信号按键 1、按键 2、按键 3 分别控制测试数据生成模块产生的信号种类、DA1 通道输出的数据种类、DPSK 解调模块输入信号的种类。

板载测试电路的顶层文件代码如下所示。

```
//top.v 文件的程序清单
module top(
    input gclk,
    input rst,
    input key1,   //按下按键 1，测试信号为单频信号，否则为 DPSK 调制信号
    input key2,   //按下按键 2，输出本地载波信号，否则输出解调信号
    input key3,   //按下按键 3，DPSK 输入为 AD 信号，否则无输入信号

    //1 路 AD 输入
    output ad_clk,
    input signed [11:0] ad_din,

    //DA1 通道的输出，本地载波信号或解调数据
    output da1_clk,da1_wrt,
    output reg [13:0] da1_out,
    //DA2 通道的输出，测试模块数据输出
    output da2_clk,da2_wrt,
    output reg [13:0] da2_out
    );

    wire clk64m,clk32m;
    wire signed [13:0] dat,dout;
    reg signed [11:0] xin;

    //转换为有符号数后送入滤波器处理
```

```
    always @(posedge clk32m)
        xin <= ad_din - 2048;

    //转换为无符号数并送入 DAC 输出
    always @(posedge clk64m)
        da2_out = dat+8192;

    //转换为无符号数并送入 DAC 输出
    always @(posedge clk64m)
        da1_out = dout+8192;

    clockproduce u3(
        .clk64m(clk64m),
        .clk32m(clk32m),
        .ad_clk(ad_clk),
        .da1_clk(da1_clk),
        .da1_wrt(da1_wrt),
        .da2_clk(da2_clk),
        .da2_wrt(da2_wrt));

    wire clk64m,clk32m;
    wire signed [13:0] dat;
    wire signed [11:0] carrier;
    assign data = dat;

    clock u0 (
        .clk_out2(clk64m),
        .clk_out3(clk32m),
        .clk_in1(gclk));

    data u1(
        .key(key1),
        .clk(clk64m),
        .dout(dat));

    wire [27:0] datai,dataq;
    wire [11:0] din;
    assign din = key3? 12'd0: xin;
    Dpsk u2 (
        .rst(rst),
        .clk(clk32m),
        .din(din),
        .datai(datai),
        .dataq(dataq),
        .carrier(carrier),//32MHz 抽样，6MHz 载波
```

```
        .df(df));

    //将 32MHz 内插为 64MHz
    wire [23:0] oc;
    reg vd=0;
    always @(posedge clk64m) vd<=!vd;
     inter u4 (
       .aclk(clk64m),                      // input wire aclk
       .s_axis_data_tvalid(vd),            // input wire s_axis_data_tvalid
       .s_axis_data_tdata(carrier),        // input wire [15 : 0] s_axis_data_tdata
       .m_axis_data_tdata(oc));            // output wire [31 : 0] m_axis_data_tdata

    assign dout = key2 ? oc[22:9]:datai[27:14];

endmodule
```

由于 DPSK 解调模块的处理时钟频率为 32MHz，载波频率为 6MHz，为便于采用示波器观察到更为平滑的本地载波信号，设计了 2 倍插值滤波器 inter，将 DPSK 模块输出的本地载波信号进行了 2 倍内插处理。

AD/DA 时钟模块产生 ADC、DAC 所需的时钟信号。为提高输出的时钟信号性能，对于 7 系列 FPGA，一般采用 ODDR（Dedicated Dual Data Rate，专用双倍数据速率）硬件模块，可在代码中直接例化硬件原语。大家可参考本书配套程序资料中的完整工程文件。

## 12.5.3 板载测试验证

设计好板载测试程序，添加引脚约束并完成 FPGA 实现，将程序下载至 CXD720 开发板后可进行板载测试。DPSK 解调电路板载测试的硬件连接图如图 12-16 所示。

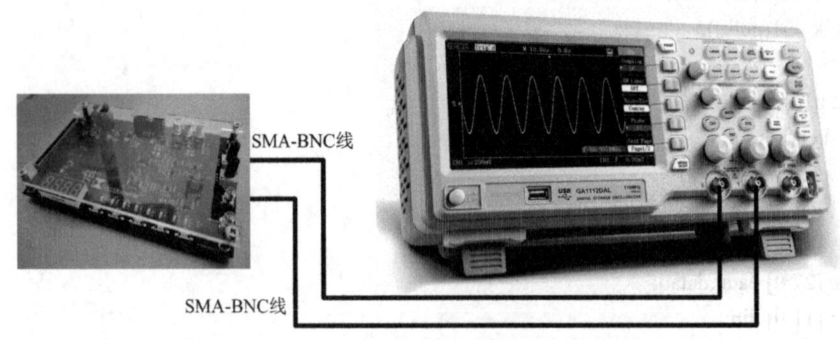


图 12-16 DPSK 解调电路板载测试的硬件连接图

进行测试时需要采用双通道示波器，将示波器通道 2 接 DA2 通道输出，观察输入的信号；通道 1 接 DA1 通道输出，观察处理后的信号。需要注意的是，在测试之前，需要适当调整 CXD720 开发板的电位器，使 AD/DA 接口的信号幅值基本保持满量程状态，且波形不失真。

将板载测试程序下载到 CXD720 开发板上，不按下任意一个按键，合理设置示波器参数，可以看到两个通道的波形如图 12-17 所示。从图中可以看出，通道 2 输出为 DPSK 调制信号，通道 1 输出为解调出的 2MHz 正弦信号（相当于 4MHz 的方波信号）。

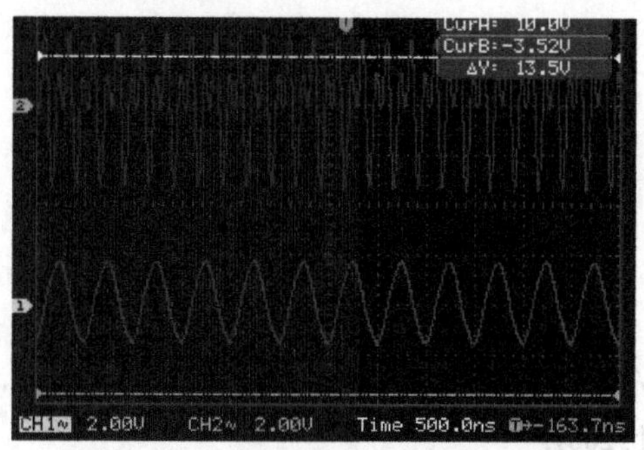


图 12-17　按下按键时的测试波形图

同时按下按键 1、按键 2，设置通道 2 输出 6MHz 单频信号，通道 1 输出本地载波信号，合理设置示波器参数，可以看到两个通道的波形如图 12-18 所示。从图中可以看出，两路信号相位关系固定，且从示波器上可以观察到两路信号之间没有相对滑动，说明实现了载波同步环的锁定同步功能。

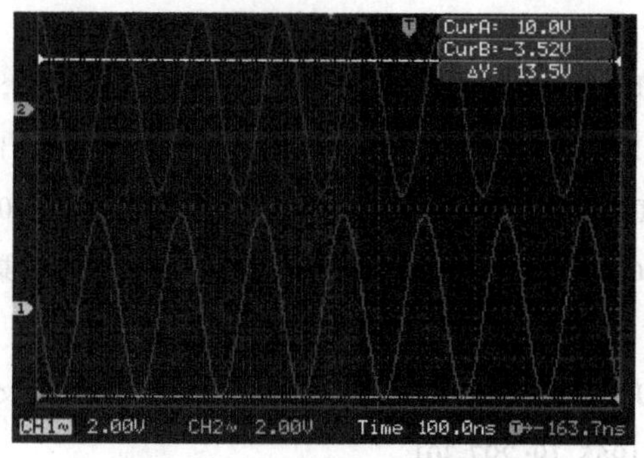


图 12-18　松开按键时的测试波形图

同时按下按键 1、按键 2、按键 3，设置通道 2 输出 6MHz 单频信号，通道 1 输出本地载波信号，且 DPSK 模块无输入信号，合理设置示波器参数，示波器上可以观察到两路信号之间始终存在相对滑动，说明环路没有锁定，这是因为 DPSK 解调模块没有输入信号。

从整个测试情况来看，DPSK 解调电路能够完成载波信号的同步提取，以及数据解调功能。

## 12.6 小结

对于一个完整的无线通信系统来说，解调技术无疑是其中最为核心的技术之一。本章以一个 DPSK 系统为例，在简单介绍数字接收机、DPSK 调制/解调原理的基础上，详细分析讨论了整个工程设计的全过程，尤其是对载波环路的参数设计、FPGA 实现进行了详尽的分析，并给出了具有指导意义的几个设计原则。在整个工程设计过程中可以看到，滤波器设计是解调系统的重要组成部分，其性能的优劣将直接影响整个系统的性能。通过详细分析、理解，并动手设计 DPSK 解调系统，相信读者会对数字通信技术的 FPGA 实现方法、手段、过程有较为深刻的理解。

# 参考文献


[1] OPPENHEIM A V, SCHAFER R W, BUCK J R. 离散时间信号处理[M]. 2 版. 刘树棠, 黄建国, 译. 西安: 西安交通大学出版社, 2001.

[2] 李素芝, 万建伟. 时域离散信号处理[M]. 长沙: 国防科技大学出版社, 1998.

[3] 张国斌. FPGA 开发全攻略——工程师创新设计宝典（电子书）[Z]. 2018.

[4] 杜勇. FPGA/VHDL 设计入门与进阶[M]. 北京: 机械工业版社, 2011.

[5] 田耘, 徐文波, 张延伟, 等. 无线通信 FPGA 设计[M]. 北京: 电子工业出版社, 2008.

[6] 西瑞克斯（北京）通信设备有限公司. 无线通信的 FPGA 和 MATLAB 实现[M]. 北京: 人民邮电出版社, 2009.

[7] UWE M B. 数字信号处理的 FPGA 实现[M]. 刘凌, 胡永生, 译. 北京: 清华大学出版社, 2003.

[8] 邹鲲, 袁俊泉, 龚享铱. MATLAB 6.x 信号处理[M]. 北京: 清华大学出版社, 2002.

[9] 刘波, 文忠, 曾涯. MATLAB 信号处理[M]. 北京: 电子工业出版社, 2006.

[10] INGLE V K, PORAKIS J G. 数字信号处理（MATLAB 版）[M]. 刘树棠, 译. 西安: 西安交通大学出版社, 2008.

[11] COOLEY, JAMES W, JOHN W T. An algorithm for the machine calculation of complex Fourier series[J]. Math Comput, 1965, 19: 297-301.

[12] BRENNER N, RADER C. A New Principle for Fast Fourier Transformation[J]. IEEE Acoustics Speech & Signal Processing, 1976, 24: 264-266.

[13] 朱敏. MATLAB 数字信号处理工具箱的开发和应用——数字滤波器 FIR 设计[J]. 信息与电脑, 2010（2）: 154-155.

[14] 施琴红, 赵明镜. 基于 MATLAB/FDATOOL 工具箱的 IIR 数字滤波器的设计与仿真[J]. 科技广场, 2010（7）: 56-58.

[15] 杜勇, 刘帝英. MATLAB 在 FPGA 设计中的应用[J]. 电子工程师, 2007, 33（1）: 9-11.

[16] 张淼, 伏云昌. 基于 DSP Bulider 和 14 阶 FIR 滤波器的设计[J]. 现代电子技术, 2007（21）: 185-186.

[17] DANIELE B. 插值查找表: 实现 DSP 功能的简便方法[J]. 赛灵思中国通讯, 2009（33）: 22-27.

[18] 赵晓春. 莱布尼茨[M]. 上海: 上海交通大学出版社, 2009.

[19] 杜勇. SSB 短波自适应天线抗干扰系统中关键技术的设计与实现[D]. 长沙：国防科技大学, 2005.

[20] 杜勇, 韩方剑, 韩方景, 等. 多输入浮点加法器算法研究[J]. 计算机工程与科学, 2006, 28（10）: 87-88, 97.

[21] 杜勇, 朱亮, 韩方景. 一种高效结构的多输入浮点乘法器在 FPGA 上的实现[J]. 计算机工程与应用. 2006, 42（10）: 103-104.

[22] 王世练．宽带中频数字接收机的实现及其关键技术的研究[D]．长沙：国防科技大学, 2004．
[23] WIDROW B．Statistical theory of quantization[J]．IEEE Transactions on Instrumentation and Measurement．1996, 45（2）: 353-361．
[24] BERNARD W, ISTVÁN K．Quantization Noise: Roundoff Error in Digital Computation, Signal Processing, Control, and Communications[M]．Cambridge: Cambridge University Press, 2008．
[25] 康华光．电子技术基础: 数字部分[M]．5 版．北京: 高等教育出版社, 2010．
[26] MICHAEL D C．Verilog HDL 的数字系统应用设计[M]．张雅绮，译．北京: 电子工业出版社, 2007．
[27] 李旰, 王红胜, 张阳, 等. 基于 FPGA 的移位减法除法器优化设计与实现[J]. 国防技术基础. 2010（8）: 37-40．
[28] 胡修林, 杨志专, 张蕴玉. 基于 FPGA 的快速除法算法设计与实现[J]. 自动化技术与应用. 2006, 25(11): 27-29．
[29] 侯志荣, 吕振肃．基于雷米兹交换算法设计线性相位对数 FIR 滤波器[J]．电讯技术．2003, 2（43）: 66-69．
[30] PEI S C, SHYU J J．Design of Arbitrary FIR filter by weighted least technique[J]．IEEE Tans Processing 1994, 42(9): 2495-2499．
[31] RABINER L R, MCCLELLAN J H, PARKS T W．FIR digital filter design techniques using weighted chebyshev approximations[J]．Proc. IEEE 63 (1975)．
[32] 赵岚, 毕卫红, 刘丰．基于 FPGA 的分布式算法 FIR 滤波器设计[J]．电子测量技术, 2007（7）．
[33] 陈亦欧, 李广军．采用分布式算法的高速 FIR 滤波器 ASIC 设计[J]．微电子学, 2007, 37（1）．
[34] PELEDA, LIU B．A new hardware realization of digital filters[J]. IEEE Trans. on Acoust., Speech,Signal Processing, 1974, ASSP-22:456-462．
[35] WHITE S A. Applications of distributed arithmetic to digital signal processing[J]. IEEE ASSP Magazine. 1989,6（3）:4-19．
[36] 宗孔德．多抽样频率信号处理[M]．北京: 清华大学出版社, 1996．
[37] 杨小牛, 楼才义, 徐建良．软件无线电原理与应用[M]．北京: 电子工业出版社, 2001．
[38] MEYER R A, NBURRUS C S. A unified analysis of multirate and periodically time varying digital filters. IEEE Trans. On Circuits and System[J]. 1975, CAS-22: 162-168．
[39] 皇甫堪, 陈建文, 楼生强．现代数字信号处理[M]．北京: 电子工业出版社, 2003 ．
[40] SIMON H．自适应滤波器原理[M]．4 版．郑宝玉，译．北京: 电子工业出版社, 2006．
[41] WIDROW B, HOFF M E. Adaptive Switching Circuits[J]. IRE WESCON Conv. 1960, 4: 96-104．
[42] 刘威, 邵高平. 基于 FPGA 的高速低功耗自适应滤波器的实现[J]. 数据采集与处理. 2006,（B12）: 150-152．
[43] 张林让, 保铮, 张玉洪．通道响应失配对 DBF 天线旁瓣电平的影响[J]．机载预警雷达技术交流会论文集, 1993,4: 181-188．
[44] 苏卫民, 倪晋麟, 刘国岁, 等．通道失配对 MUSIC 空间谱及分辨率的影响[J]．电子学报, 1998, 26（9）: 142-145．
[45] PAULRAJ A. Direction of arriveal estimateon by eigenstructure methods with unknown sensor gain and phase[J]. Proc IEE ICASSP, 1998: 640-643．

[46] ROCKAH Y. Array shape calibration using sources in unknown locations-Partl:Far-field sources[J]. IEE ASSP, 1987, 35（3）: 286-299.
[47] 万明坚，肖先赐. 用信号子空间法校准天线阵各通道增益和相位的不一致性[J]. 电子学报，1992, 20(6): 93-96.
[48] 杜勇，韩方景，韩方剑，等. 一种基于 LMS 算法的天线阵通道失配校正技术及 VLSI 实现[J]. 现代电子技术，2005, 28（23）: 29-31.
[49] 吴莉莉，廖桂生，张林让. 一种智能天线通道失配的校正技术[J]. 电子学报，2001, 29(12): 1845-1847.
[50] LUCKY R W. Automatic equalization for digital communications[J]. Bell System Technology,J., 1965,44:547- 588.
[51] LUCKY R W. Echniques for adaptive equalization of digital communication[J]. Bell System Technology,J.,1966, 45:255-286.
[52] 李小强，胡健栋. 自适应天线与滤波[J]. 北京邮电大学学报，1998,（A000）: 77-81.
[53] 韩方景. 自适应天线抗干扰技术[D]. 长沙：国防科技大学，2002.
[54] KOHNOR, IMAIH. Combination of adaptive array antenna and a canceller of interference for direct-sequence spread-spectrum multiple-access system[J]. IEEE Journal on Selected Areasin Communications,1990,8（4）: 675-681.
[55] 罗小武，刘勤让. 窄波束全向接收的自适应天线阵研究[J]. 电波科学学报，2003, 18（1）: 100-102.
[56] 李琳. 扩频通信系统中的自适应抗窄带干扰技术研究[D]. 长沙：国防科技大学，2004.
[57] 查光明，熊贤祚. 扩频通信[M]. 西安：西安电子科技大学出版社，1997.
[58] 曾兴雯，刘乃安，孙献璞. 扩展频谱通信及其多址技术[M]. 西安：西安电子科技大学出版社，2004.
[59] 刘树军. TD-SCDMA 技术概述与发展概况[J]. 移动通信，2002（2）: 1-4.
[60] WALDEN R H. Analog-to-Digital Converter Survey and Analysis[J]. IEEE JSAC, 1999, 17（4）:539-550.
[61] HAMADA N. Digital signal processing: progress over the last decade and the challenges ahead. IEICE Trans. Fundamentals[J], 2001, E84-A（1）:80-90.
[62] 高凯，王世练，张尔扬. 中频数字化直扩接收机的设计与实现[J]. 电子技术，2002（9）: 29-31.
[63] 高凯，王世练，张尔扬. 基于 FPGA 的数字直扩接收机中伪码测距电路的设计与实现[J]. 电子工程师，2002, 28（6）: 44-46, 59.
[64] 周资伟，王世练，张尔扬. 多功能调制平台的设计与实现[J]. 通信技术，2003（11）: 19-20.
[65] CUMMINGS M. FPGA in the Software Radio[J]. IEEE Communications Magazine, 1999, 37（2）:108-112.
[66] BOSE V G. Design and Implementation of Software Radios Using a General Purpose Processor[D]. Massachusetts Institute of Technology. 1999.
[67] KOHNO R. Signal processing and ASICs for ITS telecommunications－spread spectrum, array antenna and software defined radio for ITS. IEICE Trans. Fundamentals[J]. 2002, E85-A（3）:566-572.
[68] 郭刚，胡新华. 直接数字频率合成器（DDS）的实现方法[J]. 河南科学，2000, 18（2）: 184-186.
[69] 张欣. 扩频通信数字基带信号处理算法及其 VLSI 实现[M]. 北京：科学出版社，2004.
[70] COSTAS J P. Synchronous communication[J]. Proc. IRE, 1956,44（12）:1713-1718.

[71] RITER S. An Optimum Phase Reference Detector for Fully Modulated Phase Shift Keyed Signal[J]. IEEE AES-5, 1969.4（7）.

[72] 张厥盛, 郑继禹, 万心平. 锁相技术[M]. 西安: 西安电子科技大学出版社, 1998.

[73] 张安安, 杜勇. 全数字 Costas 环在 FPGA 上的设计与实现[J]. 电子工程师, 2006（1）: 18-20.

[74] 徐彦凯, 双凯, 纪文. 基于 FPGA 快速位同步的实现[J]. 微计算机信息, 2008, 24（29）: 173-175.

[75] SHAYAN Y R, LE-NGOC T. All digital phase-locked loop: Concepts, design and applications[J]. IEE Proceedings.1989, 136（1）: 53-56.

[76] MECHLENBRAUKER W F G. Remarks on the zero-input behaviour of second order digital filters designed with one magnitude truncation quantiser[J]. IEEE T-ASSP, 1975, 23（3）: 240-242.

[77] 杜勇. 锁相环技术原理及 FPGA 实现[M]. 北京: 电子工业出版社, 2016.